河北食用菌产业
经济分析及组织创新研究

张润清　白　丽　于　洁　等　编著

中国农业出版社

农村读物出版社

北　京

本书得到以下项目支持：

河北省科技厅软科学项目（编号：21557656D）

河北省食用菌产业技术体系创新团队产业经济岗

国家特菜产业技术体系创新团队产业经济岗

河北省哲学社会科学研究基地（农业经济发展战略研究基地）

河北软科学研究基地（"三农"问题研究基地）

河北省委宣传部河北新型智库——河北省"三农"问题研究中心

主　编：张润清　白　丽　于　洁

副主编：吕雅辉　赵　清　周晓旭

顾　问：李　明　王　旗

参　编：陈　希　崔光伟　李　彬　刘　昊　刘佳莉
　　　　刘　倩　李含悦　谢艳辉　张思琪　邹　楠

序

　　20世纪90年代初，河北平泉、遵化最先利用当地优越的气候条件、丰富的自然资源，开启了我国食用菌产业"南菇北移"之路，为河北食用菌产业探索起步和稳步成长奠定了良好发展基础。2013年现代农业产业技术体系食用菌产业创新团队的成立为全省食用菌产业发展插上了科技的翅膀，在河北省政府优惠产业政策引导和有力支持下，经过迅速扩张和集群式发展两个阶段，完成了食用菌全产业链空间布局，河北食用菌无论从规模还是总量上都进入了全国先进省行列，2020年河北113个县（市、区）栽培食用菌，带动农户34万户，栽培面积达35万亩，总产量达到326万吨，产值达245亿元，产业总体水平排在全国第5位，食用菌产业已经成为河北现代农业重要支柱产业。河北食用菌产业生产经营组织模式不断丰富和创新，逐渐形成了工厂化经营组织模式、家庭分散经营组织模式、农业产业化联合体经营组织模式以及专业大户带动模式、龙头企业带动模式、专业合作社带动模式的合作型经营组织模式。培育了18家食用菌省级农业创新驿站、44家食用菌省级农业产业化龙头企业、6家食用菌产业化联合体、361家代表性食用菌农民合作社；创建了30个食用菌规模化生产基地、7个食用菌特色农产品优势区、25个食用菌现代农业园区和1个国家级食用菌产业集群。特别是平泉食用菌产业经营组织"三零"模式和阜平食用菌产业经营组织"六位一体"模式在食用菌产业扶贫中起到了榜样示范作用。

　　2013年河北省现代农业产业技术体系食用菌产业创新团队成立以来，食用菌经济岗团队伴随着产业发展不断成长壮大，完成实地调研400余次，设计发放回收问卷10 000余份，精准掌握河北食用菌产业发展实际情况，科学把握河北食用菌产业发展规律，准确判断国际食用菌产业发展潮流与趋势，及时追踪学术领域前沿动态，团队学术水平和影响力不断提升。经济岗团队始终保持理论来源于实践，并指导实践的基本理念，围绕国内外食用菌市场发展形势、产业发展动态、产业核心竞争力、新技术新品种集成应用效果、产业支持政策持续展开研究，针对河北省食用菌现代农业园区、食用菌特优区、食用菌产业集群建设及河北省食用菌品牌创建、居民消费行为进行专项研究。在推动产业转型升级过程中，研究领域不断拓展与深化；在产学研有机结合过程中，学术水平和影响力持续提升；在学科交叉融合贯通过程中，新文科研究成果不断增加。在产业结构、龙头培育、品牌建设、组织模式、集群创设、综合效益等领域取得了一系列研究成果，为河北食用菌产业顶层设计和规划发展提供了丰富的理论支撑，为壮大全省食用菌产业规模，提升食用菌产品质量和品质作出了重要贡献。河北省食用菌产业经济岗团队发表食用菌产业相关学术论文 30 多篇，出版专著 2 部，撰写专题报告 100 余个，为政府部门科学决策提供有针对性、前瞻性的建议和咨询报告 20 余次，得到省级领导批示和政府采纳 10 余次。其中，《河北省食用菌产业扶贫经营组织模式研究》于 2018 年获得河北省社科优秀成果一等奖，培养博士研究生 1 名，硕士研究生 15 名。

已经出版的《河北省食用菌产业发展研究》和《河北省食用菌产业化组织模式研究》两本专著，重点从产业环境、产业发展、产业实践、产业化组织及模式的视角介绍了河北食用菌产业发展。本书是经济岗团队系列研究成果之一，该书从历史的视角，系统梳理了河北食用菌 40 年的发展历程，为我们了解河北食用菌开阔了新的眼界；从经济的视角，客观评价了河北主要食用菌品种产业经济效益和竞争力，让我们更好地理解食用菌产业在富民路上的重要价值；从组织的视角，全面分析了食用菌市场、主体和品牌创新发展的新趋势，为河北食用菌产业发展提供了新思路和新方向。希望产业经济岗团队，再接再厉、继续努力、持续关注、深入研究取得新成就，把握河北食用菌产业发展规律，继续做好食用菌产业顶层设计，为政府部门制定政策提供科学依据，为河北食用菌产业发展壮大作出新的贡献。

教授、博士生导师

国家特菜产业技术体系经济岗位科学家

教育部农林经济管理教学指导委员会副主任　　赵帮宏

河北农业大学副校长

2022 年 5 月 31 日

前　言

　　河北优越的气候条件、丰富的自然资源为食用菌产业发展奠定了坚实的基础，优秀的产业体系专家创新团队为食用菌产业发展提供了有力的科技支撑，省、市（县）各级政府的优惠产业政策为食用菌产业发展给予了有力的保障。在361家代表性食用菌农民合作社、44家食用菌省级农业产业化龙头企业、6家食用菌产业化联合体、18家省级农业创新驿站引领下，形成了7个食用菌特色农产品优势区、25个食用菌现代农业园区和1个国家级食用菌产业集群。经历起步、稳步成长、迅速扩张、集群式发展四个阶段，河北食用菌无论从规模还是总量上都进入了全国先进省行列。2020年河北食用菌栽培面积达35万亩，产量326万吨，产值245亿元，产业总体水平排在全国第五位。其中，白灵菇产量1.7万吨，居全国第一；香菇产量167万吨，居全国第二；平菇和杏鲍菇产量分别为74万吨和22万吨，均位于全国第三；珍稀类食用菌总产量30万吨，全国排名第五。河北食用菌在产业扶贫中起到了关键作用。

　　河北省现代农业产业技术体系创新团队食用菌产业经济岗分别对香菇、平菇、黑木耳、双孢菇、珍稀菌和工厂化食用菌产业发展，从成长历程、资源禀赋、生产技术、价格波动、成本效益、市场需求、产业政策和综合竞争力多维度进行了分析和阐述，特别是对农业创新驿站、农业产业化联合体、特色农产品优势区等新型经营模式作了详细介绍，较全面地展示了河北食用菌产业发展的规模水平和趋势走向，对研究食用菌产业发展规律、制定产业发展政策、借鉴产业发展经验具有重要的参考价值，对促进河北食用菌产业振兴和产业高质量发展具有重要现实意义。

　　为了把河北食用菌产业做大做强，更好地发挥食用菌产业在脱贫攻坚和乡村振兴之间的衔接作用，本书还简要介绍了河北省"十四五"食用菌产业规划，该规划完成了太行山周年菇产区、燕山优质菇产区、坝上错季菇产区、环京津特色菇产区、冀中南草腐菌产区产业总体布局，明确了以食用菌产业集群建设为抓手，以特色农产品优势区为重点，实施差异化战略，加强种质资源搜集、保护、鉴定和育种材料的改良创制，开展新材料和新技术等基础性研究，推动育繁推一体化菌种企业建立基地，配套建设菌种繁育中心。拓展延伸产业链条，加强食用菌产品精深加工技术引进、研发，着力开发超微粉碎、多糖提取等精深加工产品，提高产品附加值，高质量建设河北越夏食用菌优势特色产业集群，升级食用菌交易市场，逐渐形成品种多样化、产业层次化、产品多元化发展格局。

张润清

2021 年 10 月 29 日

目 录

第一章

河北食用菌概述

第一节　河北食用菌产业发展历程

一、起步阶段

家庭消费的稳定增长已经成为拉动食用菌产业持续发展的重要动力，随着中国城乡居民收入及消费水平的不断提高，食用菌需求量进一步提升，"一荤一素一菇"的膳食结构逐步被消费者接受，食用菌成为居民消费中的重要部分。河北是全国食用菌生产、流通的主要省份之一，食用菌作为一个农业产业真正发展起来，最早起源于平泉。

平泉素有"蘑菇之乡"的美誉，20世纪六七十年代，承德平泉开始有了袋料平菇栽培，当时食用菌种植仅是一家一户根据各自经验零散培植，后来慢慢形成规模。平泉县委、县政府也逐渐意识到食用菌产业对于县域经济的重要作用。1985年，梁希才被平泉县农业局派到保定微生物研究所参加食用菌培训班，回到平泉，在主管领导的支持下，投资1 000元，引进500袋平菇进行种植试验，一举取得了成功，从此，平泉食用菌产业进入萌芽阶段。到1989年，食用菌的发展覆盖了平泉10个乡镇40个行政村，总产量达100吨，但菇农效益不好，菇卖不出去，平泉食用菌陷入低谷。1990年，梁希才经过考察分析，认为平泉生产平菇在市场竞争中处于劣势，难以大规模发展。于是其认真研究本地的气候特点和优劣势，提出选择低温品种的木腐菌发展思路。从铁岭到岫岩，再到庄河，经过对辽宁食用菌产业实地考察、反复比对，引进了适合平泉生产的滑子菇。同时，政府组织了30多人南下到广东省庆元县考察学习香菇栽培技术。1994年平泉政府斥资20万元保供给、保生产、保销售，保障产业发展稳定性，县委、县政府因势利导，提出了"围绕龙头建基地、连片开发扩基地"的发展思路，促使农户集中连片，形成规模。经过三年发展，基本形成了以柳溪乡、七家岱乡、黄土架子镇为主的北部滑子菇生产区域，以沙蛇子乡、杨树岭、王土房为主的中部香菇生产区域，以松树台乡、党坝镇、南五十家子乡为主的东部双孢菇、鸡腿菇等草腐菌生产区域，以榆树林子镇为主的平菇珍稀品种生产区域。全县已形成食用菌乡镇11个，专业村80个，实现了由庭院分散生产向田间集约生产转移，优化了食用菌产业布局，使中高档食用菌产品相互补充、合理、规范，平泉食用菌产业有了发展雏形。

河北香菇产业发展的关键节点事件是"南菇北移"。河北香菇栽培起源于1993年福建省罗源县的两位菇农将南方的香菇引种到河北省兴隆县的森林里，进行实验栽培，但因未取得经济效益而被放弃。1994年时任遵化市西留村乡政府的赵建荣，将废弃的香菇菌棒运回遵化，进行再次实验并出菇成功，产品被北京市大钟寺的香菇批发商宋春领发现，同时吸引日本千叶县商人高野仁于遵化签订了鲜香菇出口协议书，遵化香菇逐渐发展起来。随着遵化香菇生产发展规模扩大及产业需求增大，1995 年 5 月，遵化市立强研究所成立，研究所是唐山食用菌产业研发中心技术依托单位，承担多项国家、省、市食用菌科研项目，是集食用菌技术研究、试验、示范、推广于一体的食用菌研发类科普基地。1996 年 12 月 10 日，河北省委、省政府专题研究总结了遵化食用菌产业化发展的经验，在唐山召开了河北农业产业化典型现场会，把遵化香菇作为典型向全省推广。

河北食用菌产业发展最早地区还有唐山市迁西县和石家庄市灵寿县。20 世纪 80 年代，迁西科技人员与中国农业科学院合作研究栗蘑人工驯化栽培技术，1991 年，迁西成立了迁西县栗蘑研究课题组，承担了河北"八五"攻关课题"栗蘑人工驯化栽培技术研究"，开启了迁西栗蘑栽培。同年，河北食用菌协会成立，这是一个经民政厅登记注册的具有独立法人资格的全省性行业社会团体，是由食用菌（含药用菌）及相关行业的生产、加工、流通企业和科研、教学院所以及专业合作社、地方性行业组织等自愿参加的非营利性社团组织。河北食用菌协会作为全省性食用菌行业组织，竭诚为会员、为行业提供全方位的服务。1992 年，其开始小片区试验并取得较大进展，栗蘑仿野生栽培获得成功。1994 年，科研成果通过了中国科学院、中国农业科学院等单位的技术鉴定，同年被国家科委列入"星火计划"并推广到全国各地。1995 年，迁西成立了栗蘑办公室和栗栗菌业公司，迁西获得"国际食品及加工技术博览会"金奖，大面积推广栗蘑栽培。迁西多年来致力于全产业链的服务，从选种育种、种植培训、招商引资、技术交流、推广销售到品牌升级，以龙头企业为引领，以合作社为纽带，带领菇农发展栗蘑特色农业产业。

1996 年 6 月，石家庄市创新食用菌研究所成立，其前身是石家庄市开发区高新食用菌技术推广站。该研究所主要服务于提供优良菌种、菌需物资供应、食用菌技术支持，并指导食用菌专业生产基地建设。

二、稳步成长阶段

21 世纪前十年，京津冀食用菌产业发展进入黄金期，产业化水平不断提高。该阶段河北食用菌主要种植基地依托各地的农业技术推广站及研究所不断进行规模扩张与产业优化。各县县委、县政府在政策与资金上不断配套跟进，促进产业迅速发展。例如，2000—2003 年，平泉县政府无偿为企业提供资金 300 多万元，协调信用贷款 500 多万元，促进平泉食用菌产业发展。并且每建一个标准棚安排扶贫贷款 2 000 元，无偿提供 1 000 元，帮助企业解决产业生产中的各种问题，建保鲜库 13 家，鲜贮窖面积达 4 000 米²。2003 年，平泉县长带领 20 多人的队伍二次南下，考察古田、庆元等 5 个食用菌生产基地、4 家龙头企业、2 个科研单位和 3 个市场，重新调整平泉食用菌产业发展思路，实施 1 188 工程，即到 2007 年，食用菌生产基地规模达到 1 000 万米²，食用菌生产总量达到 10 万吨，销售收入 8 亿元，全县农户户均增收 8 000 元，跨入全国食用菌生产前十强。为保证目标实现，提出以滑子菇和香菇两个主栽品种为主，鼓励引进适路新品种、扶持开发新品种，引导建立 6 个食用菌生产示范园，并给菇农增加 150 万元贷款贴息。

为了规范行业，进行标准化生产，食用菌产业发展中出现了一系列的行业标准。例如，2001 年，农业部发布了迁西县李宝营主编的栗蘑农业行业标准。2005 年，迁西县出台了《无公害栗蘑（灰树花）生产技术规程》地方标准。此外，食用菌产业发展进入产学研融合发展阶段。2004 年，河北平泉食用菌技术传播站正式运行，聘请中国农业大学、中国科学院、河北农业大学、华南农业大学及河北农林科学院等高等院校和科研院所专家教授，在平泉建立科技研发、成果转化的基地，进行食用菌优良菌种引进选育、先进栽培技术、加工技术、废弃料处理技术的开发、中试、熟化，开展食用菌行业的关键技术引进、开发、示范、传播服务，对广大菇农进行食用菌生产先进适用技术培训和现场技术指导。食用菌及制品质量监督也逐渐被重视。2008 年，能够承担香菇、滑子菇、平菇、黑木耳、双孢菇、鸡腿菇等八大系列 30 多种产品及制品的质量检验工作，能够完成重金属、农药残留、防腐剂、着色剂等全部检验的河北首个食用菌及制品质量监督检验站落户平泉。

三、迅速扩张阶段

2013 年，河北省现代农业产业技术体系食用菌产业创新团队成立，目标是促进河北食用菌产业向着高质量、专业化、品牌化发展，以李明教授为首席的食用菌产业创新团队帮助各市、县以及食用菌企业组建科研队伍，提高食用菌科技创新能力，有力地指导了河北食用菌产业持续稳定健康发展，为食用菌产业发展作出了重大贡献。

（一）阜平香菇产业从无到有

2012 年 12 月习近平总书记到河北省保定市阜平县考察扶贫开发工作。2013 年国务院扶贫办报请总书记批准，将阜平确定为"燕山—太行山山区区域发展与扶贫攻坚试点"。经过反复考察论证，确定了阜平将食用菌产业列为"三年脱贫、五年致富、八年小康"的重点产业。在岗位专家通占元研究员的帮助指导下，阜平先后从北京和河北平泉、辛集、易县、涿州、宁晋、遵化等地引进了 10 家具有较强经济实力的菌种繁育、生产加工龙头企业，单独或与当地企业共同注册成立了公司，辐射带动天生桥、城关镇、城南庄等区域食用菌产业发展。2015 年 10 月，阜平鼓励该县嘉鑫种植有限公司，建设了现代食用菌产业核心园区，建设食用菌冷棚 217 个、暖棚 41 个。该园区采用统一回收产品、统一销售加工的模式，利用现代化设施设备及先进技术，进行集约化、现代化生产经营。阜平以香菇为主，毛木耳为辅，通过引进龙头企业，规划完成了"一核、四带、百园"（即建设天生桥核心区、沿沟域干道四条产业带、星罗棋布覆盖边远山区全部贫困村的百余个产业园）食用菌产业总体布局，总结了"六位一体、六统一分"产业扶贫模式（政府、金融、科研、龙头、园区、农户形成一个利益共同体，由企业统一建棚、统一品种、统一制袋、统一技术、统一品牌、统一销售，农户分户栽培管理）来发展食用菌产业，打造了阜平"老香菇"区域品牌，实现了优势集聚，促进了县域食用菌产业集约化、产业化、标准化发展。

2016 年阜平为降低技术风险，聘请 10 位省内外知名专家成立食用菌产业专家委员会，吸收栽培技术、加工销售、产业政策、社会经济等多领域专家，做好食用菌产业发展的规划制定、培训指导、关键问题技术支持等工作。一期栽培规模达到 100 万棒左右的园区，每个园区由政府出资聘请 1 名有丰富经验的技术员，通过培训、考核、试用正式上岗，逐棚逐户、手把手教菇农栽培管理。在此基础上，县财政拿出财政收入的 1％用来充实科研基金，筹备成立太行山食用菌研究院，从全国聘请具有深厚理论基础和丰富实践经验的优秀专家担任研究工作，从菌种选育、设施设备、栽培基料、栽培技术、精深加工、文化餐饮6个方面，研究开发、引进推广世界一流、先进实用的创新技术，培养发展当地技术人员，支撑引领全县食用菌产业创新发展，将阜平建成全国食用菌产业研究开发、推广应用、技术领先的示范县。

阜平打造"老乡菇"为全县食用菌统一品牌，并筹备了阜平县食用菌网站——"老乡菇网"，同时成立阜平县老乡菇股份有限公司，依托"老乡菇"品牌，从事筹融资、技术研发、基地建设、市场开发、产品销售等业务。截至2019年底，阜平食用菌规模达2.1万亩[*]，产量近6万吨，产值4.68亿元。其中目前，已建成食用菌规模园区102个，建设标准化大棚4 610个，直接带动1.5万户群众年增收3.5亿元，覆盖140个行政村，带动建档立卡贫困户8 620户18 750人，人均年增收9 400元。

（二）平泉食用菌产业转型升级

2016年河北平泉举办了"全国食用菌标准园建设规范与栽培技术培训班"。此次培训由农业部全国农业技术推广服务中心主办，河北省农业环境保护监测站、承德市农业环境保护监测站和平泉县食用菌产业服务局共同承办。来自全国24个省份的食用菌主管部门和标准园创建单位负责人及有关专家共计90多位代表参加了培训。培训目的主要是规范食用菌标准园建设，提高食用菌标准化生产技术水平。

平泉积极与中国农业大学等8所高校、科研院所深度合作，建设国家级食用菌产业技术研发中心等专业研究机构15所，建立国家级食用菌产业技术研发中心等产学研合作平台7个，引进食用菌领域高端人才122人。通过科技的力量，平泉食用菌产业产值累计达到54亿元，尤其是错季香菇为全国菌类产量单品冠军，总体实力稳居全国县级第一位。2016年，基于自主研发的菌丝体发酵与菌丝体自溶技术，困扰食用菌饮料行业多年的营养物质提取难题在平泉被攻克。在岗位专家王立安教授的帮助下，承德森源绿色食品有限公司正式向市场推出一种保健功能饮料——森源蛹虫草生力饮，这标志着该县在食用菌深加工方面迈出坚实一步。森源公司与河北师范大学共同建立了省级食用菌加工工程科技研究中心，按照产业、园区、项目一体化支撑，食品、科技、旅游一体化发展的建设思路，投资3.1亿元新建食用菌产业科技园。此次投产的食用菌功能饮料项目由该研究中心自主研发，可以将菌丝体中的营养物质全部释放到发酵液中，填补了国内空白。

（三）脱贫致富首选食用菌产业

河北其他贫困县，尤其是贫困山区，陆续根据资源条件将食用菌产业作为扶贫重要产业，带动贫困农民致富。一些县域以食用菌产业发力，形成了"公司＋基地＋农户"等各类模式，如秦皇岛市抚宁区将食用菌作为农业供给侧结构性调整的重要产业，组织开展学习、参观，并制定扶持政策，采取"公司＋合作社＋农户"的生产模式，推进了县域食用菌产业的快速发展，打造成为食用菌生产先行区，基本形成了以杏鲍菇、香菇、银耳、平菇为主，以秀珍菇、猴头菇、金针菇、木耳、灵芝等品种为辅的食用菌产业格局。邢台市宁晋县根据市场需求，企业与合作社实行订单生产，合作社再组织农户进行标准化种植，

---

[*] 亩为非法定计量单位，15亩＝1公顷。——编者注

企业对产品实行最低保护价收购，保护了菇农利益，分担了市场风险，"企业＋合作社＋农户"的经营模式逐渐形成。邢台市广宗县大力推广"棉秆规模化栽培食用菌配套技术"，引导鼓励农民发展特色食用菌种植产业。承德市平泉市蕴香园生态农业有限公司建设了蕴香园食用菌现代产业园，采取"公司＋合作社＋政府＋基地＋农户"的运行机制，以及由公司统一菇棚规格，统一购置原材料，统一引进菌种（808），统一制作菌棒，统一按农牧局食用菌要求的标准实施，统一按收购企业的要求品牌销售，分户栽培的"六统一分"管理模式，带动周边村镇100多户农户从事食用菌生产，吸纳劳动力300多人。

（四）河北食用菌产业位置不断前移

这一阶段，河北食用菌产业已在全国占据一定的市场地位。例如，2015年11月，中国食用菌协会在北京全国农业展览馆召开的中国食用菌产业"十二五"（2011—2015年）百项成果展示交易会上，平泉获得"全国食用菌优秀主产基地县"奖牌。平泉食用菌产业整体实力稳居全国县级首位，先后荣获"中国食用菌之乡""中国产业集群品牌50强""全国食用菌行业十大主产基地县""全国食用菌出口示范基地"等多项殊荣。另外，迁西县也获得多项荣誉。2012年，"迁西栗蘑"取得了农业部颁发的国家农产品地理标志登记证书；2013年，迁西县被中国食用菌协会授予"中国栗蘑之乡"称号；2014年，迁西栗蘑宴荣获中国烹饪协会和中国食用菌协会联合主办的全国食用菌烹饪大赛团体赛冠军；2015年，"迁西栗蘑"通过了国家工商总局商标注册；2019年4月，迁西县荣获中国食用菌协会"一县一业"优势特色品牌荣誉称号。2017年11月，抚宁区万民食用菌种植专业合作社生产的优质银耳获得有机食品认证，这是河北首个获得有机食品认证的银耳产品。

四、集群式发展阶段

经过分散式一家一户经营到企业引领、合作社遍地开花，园区化、规模化、产业化发展阶段，河北食用菌产业走向集群化发展之路。2020年4月，农业农村部批准了河北省越夏食用菌产业集群建设项目。该项目计划用三年时间完成品种选育、良种繁育、生产栽培、储藏运销、产品加工、综合利用和技术服务生态循环的食用菌高效绿色全产业链的转型升级，推动产业形态由"小蘑菇"升级为"大产业"；培育一批良种本地化、制繁标准化、生产规范化、过程精准化、结构合理化、产品多样化、加工精细化、物流高级化的国家级食用菌龙头企业；积极鼓励食用菌加工型龙头企业牵头，创建"龙头企业＋合作社＋家庭农场＋专业大户"食用菌产业化联合体，完善联合体内各经营主体的利益联结机制，组建更大范围的食用菌产业联盟，实现主体关系由"同质竞争"转变为"合作共赢"；积极发展食用菌精深加工项目，努力提高二、三产业所占比重，促进一二三产业有机融合，拓宽食用菌产业功能，推进食用菌空间布局由"平面分布"转型为集群发展。

到2022年，建成年产值超过150亿元，一二三产业比重达到65：25：10的优势特色产业集群，带动全省食用菌产业总体规模综合排名进入全国前三位，提高食用菌产业对农民收入增长和地方经济发展的贡献率，走出一条惠及全民的食用菌产业强省富民之路，使食用菌产业集群成为全省实施乡村振兴的新支撑、农业转型的新亮点和产业融合发展的新载体。

第二节 河北食用菌产业地位

我国食用菌产量和产值不断提升，分别从 2001 年的 781.87 万吨和 314.75 亿元增加到 2019 年的 3 933.87 万吨和 3 126.67 亿元（表 1-1）。河北食用菌总量水平从第十名上升到第五名，河北成为食用菌生产大省。

表 1-1 2001—2019 年全国食用菌产量变动

年份	产量（万吨）	产值（亿元）	年份	产量（万吨）	产值（亿元）
2001	781.87	314.75	2011	2 571.74	1 543.24
2002	876.49	408.90	2012	2 827.99	1 772.06
2003	1 038.69	437.83	2013	3 169.69	2 017.90
2004	1 160.36	481.72	2014	3 270.09	2 258.10
2005	1 334.60	585.48	2015	3 476.27	2 516.38
2006	1 474.10	638.72	2016	3 480.05	2 345.79
2007	1 682.22	796.60	2017	3 619.05	2 813.66
2008	1 827.22	864.99	2018	3 791.65	2 809.22
2009	2 020.60	1 103.31	2019	3 933.87	3 126.67
2010	2 201.16	1 413.22			

数据来源：《中国食用菌年鉴（2020）》。

2020 年河北食用菌栽培面积达 35 万亩，产量 326 万吨，产值 245 亿元，产业总体水平排在全国第五位。其中，白灵菇产量居全国第一，香菇产量居全国第二，平菇和杏鲍菇产量均位于全国第三，珍稀类食用菌总产量全国排名第五。河北食用菌工厂化企业 26 家，在全国处于中上游水平。

一、食用菌产业综合竞争力

依据 2020 年河北食用菌种植面积、产量、规模、用工、耗水量、投入、产出等基础数据，对河北食用菌产业中香菇、平菇、黑木耳、双孢菇四大主导产品的生产效率进行了测算。

（一）河北食用菌规模优势突出

规模优势指数达到了 2.34，香菇、平菇、双孢菇和黑木耳的规模优势指数分别为1.63、3.36、13.03 和 1.83，均具有规模优势。由于双孢菇在种植过程中逐步实现了工厂化，摆脱了对土地的依赖，所以双孢菇在种植过程中规模优势逐步显现出来。香菇多采用立体栽培和架式结构，单产达到 14.56 万千克/公顷左右，单位面积的土地可以产出更高的产量，这在一定程度上拉低了香菇的规模优势指数，但也造就了香菇较高的效率优势指数，综合来看，香菇在河北大宗食用菌种植中拥有较高的综合优势指数。黑木耳在种植过程中，规模优势指数与香菇相近，但是河北与黑龙江相比，黑木耳种植生产技术不够先进，造成了黑木耳单产较低，进而造成其效率优势指数偏低，仅为 0.20。根据计算结果，双孢菇效率优势指数为 0.06。指数结果非常低，说明河北双孢菇生产与其他农作物相比仍有很大差距，究其原因为河北双孢菇单产低，单产为 12 544.86 千克/公顷。双孢菇单产低的很大一部分原因为建棚标准低，人工调控难度大；水、通风条件不合适；菌种质量不高等。通过计算发现，双孢菇综合优势指数为 0.88，仅比黑木耳综合优势指数略高，位列河北食用菌四大主要品种综合优势指数第三名。

(二) 河北食用菌生产标准化率较高

河北大宗类食用菌标准化率总体为 90.17%，其中香菇标准化率为 90.03%，平菇标准化率为 78.69%，双孢菇标准化率为 95.95%，黑木耳标准化率为 88.00%。河北整体标准化率较高，其中双孢菇标准化率最高，其主要原因为河北基本实现了双孢菇工厂化生产，在生产原料、温度控制、出菇质量等方面具有明显优势；香菇和黑木耳的标准化率基本达到 90% 左右，低于双孢菇标准化率，其主要原因是香菇和黑木耳的栽培模式主要以非工厂化模式生产，在生产中执行生产标准不到位，导致香菇和黑木耳的标准化率低于双孢菇；平菇的标准化率最低，部分菇农为节约生产成本，常常自留种、自制种，或者从技术水平差的家庭作坊式菌种场购种、引进劣质菌种，不仅造成菌种退化，还易感染病虫害，严重影响食用菌产量和品质，并且平菇栽培设施条件可控性差，造成平菇标准化率低。双孢菇标准化率达到 95.95%，优质品率达到 84.52%，产品质量合格率为 99.68%，三项指标均高于香菇，位列食用菌四大主要品种各项指标首位。

(三) 河北香菇竞争力明显

食用菌生产全程需水量少，其中用水量较多的主要为平菇和双孢菇，需水量为 40 米³/亩左右。香菇等品种需水量中等，每亩用水量为 35 米³ 左右。需水量较小的有金针菇、杏鲍菇和白灵菇等品种，每亩用水量为 13 米³ 左右。

香菇具有短平快的种植特点，投入产出比为 1.77，成本利润率为 77.31%，所以成为各地脱贫致富的有力抓手，并且其采用架式栽培和立体栽培两种方式，空间利用率较高，具有较高的土地产出率，其每亩产值可高达 87 900.04 元/亩。黑木耳主要采用地栽模式，对土地空间利用较差，土地产出率较低，每亩 27 636.10 元，其投入产出比居于第二位，为 1.73。双孢菇多采用工厂化种植，土地产出率较高，为 73 286.00 元/亩，但由于建造厂房、引进技术等固定资产投入较大，所以其投入产出比较小，为 1.18，成本利润率也较低，为 37.65%（表 1-2）。

表 1-2 河北食用菌产业效率比较

指标	项目	单位	总体	香菇	平菇	双孢菇	黑木耳
产业基本指标	总产量	万吨	360.15	143.14	73.57	7.69	3.81
	播种面积	万公顷	2.371	0.983	0.497	0.613	0.086
	单产	千克/公顷	151 897.93	145 605.29	148 028.17	12 544.86	44 302.33
	产量全国占比	%	8.01	18.27	13.84	3.90	0.52
	面积全国占比	%	11.81	8.23	16.93	6.57	8.37

（续）

指标	项目	单位	总体	香菇	平菇	双孢菇	黑木耳
竞争力指标	规模优势指数	—	2.34	1.63	3.36	13.03	1.83
	效率优势指数	—	0.66	2.16	0.80	0.06	0.20
	综合优势指数	—	1.24	1.88	1.64	0.88	0.60
投入产出指标	土地产出率	元/亩	65 914.48	87 900.04	35 595.82	73 286.00	27 636.10
	用工量	工日/亩	1.24	1.50	1.34	1.11	0.80
	劳动生产率	元/人	55 590.37	58 570.13	46 584.74	34 253.22	60 685.10
	投入产出比	倍	1.65	1.77	1.33	1.18	1.73
	成本利润率	%	65.97	77.31	33.34	37.65	73.48
	单位产品耗水系数	米³/亩	35.08	35.00	40.00	40.00	20.00
其他指标	标准化率	%	90.17	90.03	78.69	95.95	88.00
	优质品率	%	83.56	84.44	72.72	84.52	83.38
	产品质量合格率	%	94.98	98.00	89.65	99.68	97.82
	商品率	%	94.26	94.06	93.32	91.34	92.96

数据来源：调研数据整理计算所得。

二、大宗类食用菌产业地位

可以进行人工栽培的食用菌有60种，在我国实现商品化规模栽培的有30多种。2018年，河北香菇、平菇、黑木耳大宗类食用菌产量在各省份同类产品总产量中的排名分别为第二、第三和第十四。

2018年河北食用菌总产量位列全国第五，居于河南、福建、山东、黑龙江之后。河北食用菌生产主要以香菇为主，香菇产量具有绝对优势，占河北食用菌总产量的56.95%，平菇产量位于全国第三，其他大宗类食用菌品种产量与全国其他省份相比不具有明显优势（表1-3）。2019年全国食用菌鲜品总产量3 933.87万吨，产量在300万吨以上的大省有5个，河北产量310.02万吨，排名第五。

表1-3 2018年大宗食用菌重点省份生产情况

地区	香菇		平菇		黑木耳	
	产量（万吨）	排名	产量（万吨）	排名	产量（万吨）	排名
河南	288.863 4	1	111.164 2	2	11.470 9	6
河北	172.000 0	2	66.000 0	3	3.663 2	14
福建	116.569 8	3	21.065 4	7	63.606 0	3
湖北	105.766 5	4				
陕西	60.562 0	5	14.509 0	12	19.575 0	5
辽宁	60.524 0	6	9.981 0	18	7.800 0	9
贵州	42.424 9	7	8.549 5	19		

（续）

地区	香菇		平菇		黑木耳	
	产量（万吨）	排名	产量（万吨）	排名	产量（万吨）	排名
山东	33.683 7	8	131.323 6	1	28.228 6	4
浙江	31.325 4	9	0.942 0	24	9.760 0	7
江西	20.737 5	10	28.102 8	6	7.837 2	8
湖南	15.800 0	11	16.800 0	11	—	—
四川	12.423 2	12	33.012 3	5	5.662 4	12
山西	11.685 0	13	11.330 0	16	2.930 0	15
江苏	10.211 2	14	20.968 9	8	0.248 0	20
云南	9.991 7	15	13.919 8	13	2.660 3	16
广西	8.457 8	16	10.356 7	17	7.523 2	10
重庆	7.721 6	17	7.894 4	20	0.514 8	18
安徽	7.662 7	18	16.983 1	10	6.123 0	11
天津	7.140 0	19	0.063 2	26	0.003 6	21
内蒙古	4.727 5	20	18.137 5	9	5.526 0	13
吉林	4.568 0	21	61.300 0	4	154.300 0	2
广东	2.860 0	22	13.630 0	14	—	—
甘肃	2.582 8	23	4.507 1	22	0.675 8	17
黑龙江	1.439 7	24	11.410 2	15	304.575 9	1
宁夏	1.200 0	25	6.500 0	21	0.000 8	22
上海	0.366 2	26	0.244 8	25	—	—
北京	0.315 8	27	3.702 7	23	0.367 3	19
新疆	—	28	—	—	—	—
全国	1 041.61	—	642.71	—	643.30	—

数据来源：《中国食用菌年鉴（2019）》。

从河北 2018 年大宗食用菌产量及占比（表 1-4）来看，香菇逐渐成为全省乃至全国消费者最主要的食用菌品种，全国总产量达 1 041.61 万吨，河北香菇产量为 172.00 万吨，占全国总产量的 16.51%，产量仅次于河南，居全国第二。河北平菇的总产量为 66.00 万吨，占全国总产量 642.40 万吨的 10.27%，仅次于山东、河南，列于全国第三。全国黑木耳总产量为 643.30 万吨，总产量居于所有菇种排名的第二位，黑木耳的主要种植区域为黑龙江和吉林，两省总产量之和为全国产量的 71.33%，河北黑木耳产量仅为 3.66 万吨，占全国产量的 0.57%，居全国第十四。

表 1-4 河北大宗食用菌产量及占比

类别	全国总产量（万吨）	河北产量（万吨）	河北产量排名	全国占比（%）	全国排名
香菇	1 041.61	172.00	1	16.51	2
平菇	642.40	66.00	2	10.27	3
黑木耳	643.30	3.66	7	0.57	14

数据来源：《中国食用菌年鉴（2019）》。

三、工厂化食用菌产业地位

河北食用菌产业在近些年快速发展，逐渐成为河北农业的支柱产业，伴随着脱贫攻坚工作的浪潮，食用菌产业因其特有的产业优势成为河北脱贫的"明星"产业。随着食用菌产业的发展，食用菌产业的工厂化发展已经成为产业转型升级的必然趋势。

近些年，工厂化生产模式在河北得到了长足的发展。各品种产量虽有波动，但总体呈上升趋势。数据汇总显示，2019 年河北食用菌工厂化生产总产量为 25.63 万吨。生产品种集中在杏鲍菇、双孢菇、金针菇。杏鲍菇 2008 年产量为 4.23 万吨，经过十一年的发展，产量达到 14.72 万吨，增长 10.49 万吨，增幅 248%，约占 2019 年河北食用菌工厂化年总产量的 57.4%。双孢菇产量自 2009 年开始出现下跌，直到 2014 年，产量剧增，从 2013 年的 4.47 万吨增长到了 10.03 万吨，达到近几年历史之最，增幅达 124.38%。最近几年，双孢菇年产量趋于平稳，稳中有降。双孢菇 2018 年共产出 6.82 万吨，约占 2018 年河北食用菌工厂化年总产量的 31%；2019 年共产出 5.07 万吨，约占 2019 年河北食用菌工厂化年总产量的 19.78%。金针菇产量是三个菇种中波动最大的，其波动过程大致可分为三个阶段：2008 年金针菇年产 18.52 万吨，2008—2010 年，虽有小幅波动，但呈下降趋势；2011 年是金针菇发展最快的一年，实现了井喷式的发展，产量达到 47.86 万吨，较 2008 年增长了 29.34 万吨，增幅 158.42%；但在 2012 年出现断崖式下降，降幅达到 67.57%，之后几年产量基本稳定在 15 万吨左右（表 1-5）。

表 1-5　2008—2019 年河北工厂化主要菇种产量变化情况

单位：万吨

年份	杏鲍菇	双孢菇	金针菇
2008	4.23	7.69	18.52
2009	2.99	7.57	19.49
2010	3.3	3.70	16.29
2011	14.81	3.78	47.86
2012	5.76	3.56	15.52
2013	6.87	4.47	13.84
2014	6.01	10.03	12.62
2015	7.18	7.36	16.14
2016	8.71	7.95	14.27
2017	8.33	7.69	14.10
2018	13.55	6.82	15.04
2019	14.72	5.07	14.21

数据来源：河北省农业环境保护监测站。

食用菌工厂化生产是集智能化、自动化、机械化、规模化于一体的现代化生产模式，可以不受季节影响，定时定量连续出菇，从而进行周年化生产。20 世纪 80 年代兴起了第一轮食用菌工厂化，近些年工厂化生产企业不断减少，但产量逐年攀升。全国工厂化企业主要集中在福建、江苏、山东等地。2019 年排名前三的省份工厂化企业数量占全国食用菌工厂化企业总数的 46.5％，其余工厂化企业零星分布在各省份。河北食用菌工厂化种植起步较晚，发展相对缓慢，2019 年共有 17 家工厂化企业，约占全国工厂化企业数量的4.1％。纵观全国工厂化发展情况，河北在全国处于中游水平，仍有很大提升空间，产业发展潜能巨大（表 1-6）。

表 1-6　2017—2019 年各省份工厂化企业数量变化情况

单位：家

省份	2017 年	2018 年	2019 年	省份	2017 年	2018 年	2019 年	省份	2017 年	2018 年	2019 年
北京	6	5	3	安徽	4	6	7	重庆	3	3	9
天津	13	10	8	福建	161	163	84	四川	4	9	16
河北	16	14	17	江西	7	8	14	贵州	1	3	6
山西	15	11	4	山东	51	38	30	云南	6	6	6
内蒙古	4	4	3	河南	32	36	28	新疆	6	2	2
辽宁	16	16	10	湖北	7	7	9	陕西	7	6	5
吉林	2	3	5	湖南	6	6	4	甘肃	5	6	7
黑龙江	4	3	5	广东	17	14	14	青海	2	1	1
上海	7	8	7	广西	8	7	6	宁夏	1	1	2
江苏	88	69	80	浙江	30	33	23	海南	—	—	1
西藏	—	—	1								

数据来源：《中国食用菌年鉴（2018—2020）》。

四、珍稀类食用菌产业地位

我国珍稀菌生产主要集中在河南、福建、四川、山东、河北、江西、广西、辽宁 8 个省份，其中河南、福建、四川、山东四个省份一直保持在全国前列，珍稀类食用菌产量占全国珍稀类食用菌总产量的比重在 70％ 以上，其中 2016 年达到最高水平，比重为80.88％，平均每年珍稀类食用菌产量占全国珍稀类食用菌产量的 76.64％。其余各省份珍稀类食用菌产量较少，平均每省份珍稀类食用菌产量比重不足 8％（表 1-7）。横向对比来看，河南珍稀类食用菌在全国占比最大，2018 年占全国珍稀类食用菌总产量的25.6％，福建次之，占比为 23.3％，河北占比为 5.2％，居于河南、福建、四川、山东、江西之后，居于第六位。

纵向对比来看，河北珍稀类食用菌产量占比呈波动性下降趋势，2010 年占比为13.14％，居于全国第四位，2013 年占比下降到 5.81％，2014 年出现短暂上升，占比达到 11.4％，之后又继续呈现波动性下降，2018 年珍稀类食用菌占比为 5.2％。

表1-7　全国珍稀类食用菌主产区占比情况

单位：%

排名	省份	2010年	2011年	2012年	2013年	2014年	2015年	2016年	2017年	2018年
1	河南	15.52	11.16	22.55	27.75	40.78	14.02	28.42	24.78	25.6
2	福建	29.57	27.03	25.75	26.41	15.71	27.07	24.48	24.86	23.3
3	四川	19.08	18.67	11.86	12.87	6.08	23.93	15.94	16.62	17.2
4	山东	8.08	17.64	13.1	9.89	9.95	15.76	12.04	13.55	12.6
5	河北	13.14	6.92	6.84	5.81	11.4	4.18	4.25	4.61	5.2
6	江西	4.38	4.24	8.83	7.23	5.65	8.38	6.72	7.35	7.3
7	广西	2.81	3.21	4.42	4.91	2.2	5.85	3.95	4.01	3.98
8	辽宁	7.43	11.12	6.63	5.13	8.23	0.83	4.19	4.2	4.5

数据来源：《中国食用菌年鉴（2014—2019）》。

第三节　河北食用菌产业结构

一、食用菌种植品种结构

从规模总量来看，河北食用菌种植面积、总产量和总产值分别从2000年的0.43万公顷、27.50万吨和12.80亿元提高到2019年的2.23万公顷、310.79万吨和202.31亿元，总产值占农业种植业产值的比重超过5%，食用菌产业成为农业支柱产业。全国排名从2000年第十位上升到2019年的第五位，其中白灵菇产量居全国第一，香菇和平菇产量分别居全国第二和全国第三。河北食用菌产业辐射全省113个县（市、区），带动34万户农户种植，食用菌年产值超过亿元的县（市、区）有19个，产值在2 000万元以上的工厂化食用菌企业27个，年产值500万元以上的食用菌企业和合作社达到136家，百亩以上园区302个。

2020年河北食用菌在原有种植基础上，依旧保持上涨趋势。2020年河北食用菌总产量为326.57万吨，与2019年的310.79万吨相比，增长率为5.08%。2020年河北食用菌种植面积达到35万亩，食用菌种植依旧发挥土地利用的高效率性，较小的种植面积创造较大的产值，2020年河北食用菌创造总产值245亿元，土地产出率高达7万元/亩（表1-8）。

河北食用菌产业经过多年快速发展，逐渐形成了品种多样化、产业层次化、产品多元化的食用菌产业发展格局。河北共有食用菌种植品种二十余种，品种涉及香菇、平菇、黑木耳等大宗类食用菌品种，金针菇、杏鲍菇、双孢菇等工厂化类食用菌品种，羊肚菌、灰树花等珍稀类食用菌品种，形成了以大宗类食用菌种植为主导，工厂化菇种为补充，珍稀类菇种不断探索发展的食用菌产业发展新局面。香菇、平菇、黑木耳等大宗类品种作为河北食用菌产业的主导品种，产量之和占到了河北食用菌总产量的85%左右，基本代表了河北食用菌产业的总体发展水平，这些菇种产量的变化也直接影响着河北食用菌产业格局（图1-1）。

表1-8 2000—2020年河北食用菌产量、面积、产值变动

年份	产量（吨）	面积（亩）	产值（亿元）	年份	产量（吨）	面积（亩）	产值（亿元）
2000	275 005	65 000	12.80	2011	2 077 913	248 333	119.86
2001	322 528	80 000	16.00	2012	2 100 894	273 784	126.34
2002	399 727	100 000	25.00	2013	2 096 994	273 152	126.80
2003	522 723	130 000	30.00	2014	2 300 745	283 992	150.00
2004	720 479	170 000	35.00	2015	2 708 407	295 280	202.83
2005	861 845	200 000	41.00	2016	2 762 028	300 038	216.89
2006	1 126 130	240 000	49.30	2017	2 918 936	319 000	213.03
2007	1 340 323	280 000	60.10	2018	3 020 000	331 000	196.59
2008	1 541 878	177 391	73.25	2019	3 107 863	335 000	202.31
2009	1 907 134	231 835	100.39	2020	3 265 728	350 000	245.00
2010	1 893 595	246 343	115.98				

数据来源：河北省农业农村厅特色产业处。

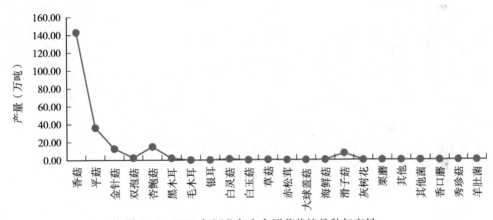

图1-1 2019年河北各个食用菌栽培品种年产量

资料来源：河北省农业农村厅特色产业处。

二、食用菌种植地域结构

河北十一个地级市均有食用菌种植，从种植面积上看，河北食用菌种植主要集中在承德市（129 332亩）、邯郸市（38 455亩）、保定市（26 333亩，含定州市），三个市种植面积占全省食用菌种植总面积的74%，唐山市食用菌种植面积为20 280亩，种植面积排名居于第四位。廊坊市、衡水市及沧州市虽然也进行食用菌种植，但是种植面积较小，三个市食用菌种植总面积仅为3 592亩，占全省总面积的1%（图1-2）。

在栽培用菌的十一个地级市中，承德市产量、产值居于各个市的首位，2019年承德市食用菌总产量为120.54万吨，总产值达到102.53亿元，唐山市次之，总产量为33.42万吨，实现总产值27.64亿元，沧州市产量和产值均最低，分别为0.42万吨和0.38亿元（图1-3）。

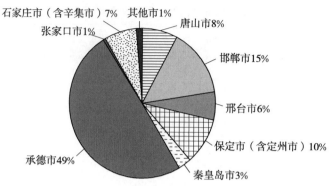

图 1-2 河北各地级市食用菌种植面积占比

资料来源：河北省农业农村厅特色产业处。

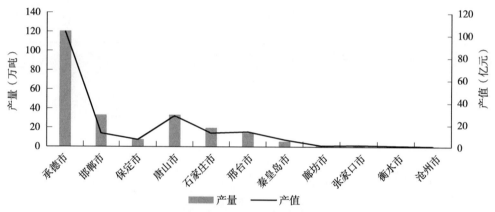

图 1-3 河北各地级市食用菌产量及产值

资料来源：河北省农业农村厅特色产业处。

从总体上看，河北食用菌产业已经完成"两山一港"总体空间战略布局，形成"一环五带"产业功能区：环京津产区、燕山香菇产业带、太行山黑木耳产业带、双孢菇产业带、黑龙港平菇产业带和姬菇产业带。河北食用菌的重点产区分布在"两山一港"地区，即燕山、太行山及黑龙港流域的承德、邯郸、石家庄、保定和邢台五个地区。"两山"山场面积广阔，栽培资源丰富，昼夜温差大，适合发展食用菌产业；黑龙港流域小麦、玉米秸秆和棉籽壳资源丰富，水资源匮乏，土地资源相对贫瘠，也非常适合发展节水型食用菌产业。河北食用菌生产集中度较高，基本属于寡占市场类型。

第四节 河北食用菌栽培资源优势

一、气候条件优越

河北地处东经 113°27′—119°50′，北纬 36°5′—42°40′，气候属于温带大陆性季风气候，大部分地区四季分明。冬季寒冷、降雪量少，春季干旱、风沙多，夏季高温多雨，秋季天气晴朗，降水季节分配不均匀，年均降水量 484.5 毫米，降水量分布特点为东南多、西北少；全年平均气温在 $-0.5 \sim 13.9℃$，年温差较大，由南向北、自东向西逐渐降低，

1月是河北气温最低的月份，气温最高的月份为7月，南北温差明显，张北高原的极端最高气温在35℃以下，而长城以南极端最高气温多在40℃以上（表1-9）。优越的气候条件为河北生产不同类型、不同品种的食用菌提供了良好的基础。

表1-9　河北年度气温变化

单位：℃

月份或季节	日均最高气温	日均最低气温	历史最高气温	历史最低气温
1月	3	-6	11	-13
2月	7	-3	17	-10
3月	16	5	33	-4
4月	24	12	34	0
5月	30	18	40	8
6月	33	22	41	15
7月	33	25	40	19
8月	32	23	37	16
9月	27	18	34	11
10月	21	11	28	0
11月	11	2	20	-7
12月	6	-3	12	-11
春季	8	-1	33	-13
夏季	29	17	41	0
秋季	31	22	40	11
冬季	13	3	28	-11

数据来源：天气网。

二、原材料资源丰富

食用菌生产所用原料为农产品和林产品副产品，包括农产品及农产品加工副产品，如稻草、稻壳糠、米糠、麦草、麦糠、玉米芯、玉米秸秆、棉籽壳、棉秆粉、豆秸粉、豆荚皮等；林产品及林产品加工副产品，如木屑；畜牧产品的副产品，如牛的粪便等。河北是农业和畜牧业大省，林木资源丰富，2019年林木产量107万米³（表1-10），产生果木屑450万吨，木腐菌渣200万吨；粮食作物栽培量较大，秸秆生产资源丰富，农作物秸秆总量为6 176万吨；畜牧业发达，每年可产生牛粪3 000万吨。如仅将农作物秸秆总量1/4用作菌棒原料，每年可生产近1 000万吨鲜菇。河北在2005—2019年年平均利用畜禽粪便13.4万吨，年平均转化秸秆245.1万亩（表1-11）。丰富的秸秆和粪便资源为河北食用菌产业的发展提供了良好的资源竞争力。

表1-10　全国27个省（自治区、直辖市）木材产量

单位：万米³

省（自治区、直辖市）	2015年	2016年	2017年	2018年	2019年
广西	2 106	2 687	3 059	3 175	3 500
广东	791	756	793	860	945
云南	348	392	488	551	745

（续）

省（自治区、直辖市）	2015 年	2016 年	2017 年	2018 年	2019 年
福建	497	576	524	580	648
山东	364	356	422	474	516
安徽	458	447	434	451	510
湖南	263	274	328	286	331
贵州	175	165	249	278	309
湖北	227	193	200	210	304
江西	232	228	233	257	277
河南	229	274	246	258	256
四川	170	202	224	231	244
江苏	132	156	141	134	233
海南	107	150	174	198	209
吉林	288	185	186	165	205
黑龙江	157	116	91	71	155
浙江	124	108	96	123	124
辽宁	166	187	194	171	107
河北	80	82	79	87	107
内蒙古	143	82	84	75	85
重庆	50	55	52	60	63
新疆	34	36	43	44	63
天津	17	18	15	20	31
山西	14	21	22	26	26
陕西	7	12	8	8	21
北京	13	15	13	14	17
甘肃	3	2	2	4	6

数据来源：国家统计局。

表 1 - 11   2005—2019 年河北食用菌利用粪便量及转化秸秆量

年份	利用畜禽粪便（万吨）	转化利用秸秆（万亩）
2005	6.03	488.44
2006	7.35	271.4
2007	9.71	340.06
2008	50.06	343.81
2009	20.22	406.94
2010	15.91	419.43
2011	18.85	269.28
2012	18.04	240.39
2013	13.97	203.03
2014	9.86	164.6
2015	9.11	100.38
2016	8.4	117.19
2017	6.53	102.16
2018	3.71	129.52
2019	2.87	80.36

数据来源：河北省农业环境保护监测站。

三、资源利用率高

河北作为传统农业大省，其传统农业的发展为河北食用菌产业发展提供了优质的原料基础。河北玉米、小麦等传统农业所产生的秸秆将作为食用菌栽培的原料，这种生产资源就地转化利用的循环发展模式既提高了资源的利用效率，又减小了食用菌生产原材料从其他地区购买的运输成本，在一定程度上缓解了河北的生态环境压力。从综合利用效率来看（表1-12），从2012年的78.00%上升到2019年的97.20%，说明秸秆资源利用效率不断提高，从2015年以后秸秆综合利用效率基本保持在95%左右，说明河北食用菌产业随着生产、管理等技术的不断成熟，其生产效率在不断上升。

表1-12　2012—2019年河北食用菌产业资源利用率情况

年份	秸秆收集量（万吨）	综合利用量（万吨）	综合利用率（%）	转化利用秸秆（万亩）
2012	6 176	4 824	78.00	240.39
2013	6 180	5 130	83.00	203.03
2014	6 176	5 365	86.80	164.61
2015	5 960	5 635	95.00	100.38
2016	5 688	5 440	95.60	117.20
2017	5 842	5 656	96.80	102.63
2018	5 842	5 656	96.80	129.52
2019	5 981	6 123	97.20	80.36

资料来源：河北省农业农村厅特色产业处。

木屑是木腐菌类食用菌的主要生产配料，地区的林业资源是否丰富，关系到该地区木腐菌类食用菌产业的发展，河北相比其他省份而言资源禀赋具有一定的优势。平泉是香菇主产区，该地区有着大量的适合香菇栽培的樟树、桦树、榛柴等硬杂阔叶树种原料资源，林木蓄积量高达330万米^2，而且随着返耕还林和荒山治理的开展，林木蓄积量还在大量增加。全市有100多个木材加工厂，年产各种木屑近3万吨，每年还有近5万吨阔叶树枝条下树，可供加工利用。每年新增8万亩刺槐林，其枝干是生产香菇的良好培养基。另一香菇主产区遵化市有林地面积116万亩，林业加工下脚料、板栗、苹果、梨等修剪下来的枝条为食用菌生产提供了丰富的原材料。阜平县是河北在2015年开始发展起来的香菇种植大县，阜平地区森林覆盖率达35.09%，植被覆盖率达80.8%，被誉为深山老峪"香格里拉"，林木资源丰富，资源禀赋优势突出，能够为香菇提供充足的原材料。

四、科技应用转化能力强

（一）河北食用菌产业的科技人员逐渐增加

随着科技的发展，河北食用菌技术正在稳步增强。截至2019年，河北食用菌相关的技术人员达到3 721人，相比2005年3 600人增长了3.36%；栽培菇农34.722 9万人，相比2005年126.360 0万人降低了72.52%（表1-13）。虽然栽培菇农在减少，但食用菌的产量在逐年增加，这就说明了伴随着科技的进步，河北从事食用菌的技术人员在增多，河北食用菌在向技术创新逐步加强、人工成本逐步降低的高效率生产方向发展。

表 1 - 13　2005—2019 年河北食用菌菇农和技术人员情况

年份	菇农（万人）	技术人员（人）	产量（万吨）
2005	126.360 0	3 600	86.18
2006	138.256 0	4 697	112.61
2007	146.793 0	4 331	134.03
2008	162.219 0	5 135	154.19
2009	163.597 0	4 436	190.71
2010	163.499 0	4 842	189.36
2011	80.157 3	6 378	207.79
2012	74.210 7	5 277	210.09
2013	65.627 9	5 928	209.70
2014	58.153 5	6 198	230.07
2015	37.329 5	5 634	270.84
2016	36.108 1	3 805	276.20
2017	39.574 0	5 656	291.89
2018	39.334 5	3 288	302.00
2019	34.722 9	3 721	310.79

数据来源：河北省农业环境保护监测站。

（二）河北食用菌产业体系支撑能力强

河北省农业农村厅为大力发展河北食用菌产业，于 2013 年建立了河北现代农业食用菌产业体系，按照食用菌产业链条关键环节点设专业技术岗位 7 个，试验站 5 个；2018 年河北第二期食用菌产业体系按照食用菌类型设立专业技术岗位 8 个，试验推广站 5 个，企业试验推广站 10 个。

（三）菌糠转化率高

食用菌菌糠处理集中在菌糠有机肥料处理和加工饲料，菌糠有效的转化不仅减少食用菌菌糠对于环境的污染，而且能够对菌糠进行循环经济效益利用，增加产业附加值。菌糠加工饲料最高年份是 2015 年，为 38 477.50 吨；加工有机肥最高年份是 2018 年，为 2 528.310 万米^3（表 1 - 14）。菌糠加工技术的增强为河北食用菌产业提供了有力的技术竞争优势。

表 1 - 14　2005—2019 年河北菌糠转化情况

年份	菌糠加工有机肥（万米^3）	菌糠加工饲料（吨）
2005	299.820	6 820.00
2006	1 078.160	7 915.50
2007	667.068	10 186.00
2008	636.448	10 213.00
2009	498.900	10 320.00

（续）

年份	菌糠加工有机肥（万米³）	菌糠加工饲料（吨）
2010	355.320	8 895.40
2011	307.350	8 109.00
2012	189.050	8 301.63
2013	317.860	7 063.19
2014	197.610	3 385.68
2015	41.470	38 477.50
2016	16.085	12 975.00
2017	43.900	24 819.50
2018	2 528.310	5 923.00
2019	461.408	913.00

数据来源：河北省农业环境保护监测站。

第五节　河北食用菌产业政策与规划

一、河北食用菌产业扶持政策

河北省委、省政府对食用菌产业发展高度重视，把食用菌作为贫困地区脱贫和促进农民增收致富的重要产业来抓，出台了《河北省食用菌产业发展意见》，编制了《河北省燕太山区食用菌产业扶贫规划》，配套《各种食用菌产业支持政策》等一系列文件。食用菌已被河北省委、省政府列为推进农业结构调整、重点扶持发展的新兴产业和十二大类优势农产品之一，产业发展受到高度重视。2018 年 3 月 8 日制定了《关于印发〈河北省特优农产品提质增效实施方案〉的通知》（冀农业计发〔2018〕12 号），据此编制了《河北省香菇产业提质增效实施方案》。2018 年 9 月 7 日制定了《关于印发〈河北省食用菌产业扶贫行动计划（2018—2020 年）〉的通知》（冀农业特发〔2018〕11 号），该文件对河北食用菌产业在扶贫工作中的行动目标、重点任务、保障措施等进行了规划。2019 年 4 月 30 日制定了《河北省农业供给侧结构性改革工作领导小组关于印发〈河北省做大做强农业优势特色产业行动方案（2019—2020 年）〉的通知》，该文件对做大做强国家级食用菌优势区提出了具体要求。

在充分发挥河北自身资源禀赋优势的基础上，河北省政府整合使用项目资金，使其向食用菌产业倾斜，加大省级财政资金投入和用地保障力度。同时，把食用菌产业纳入每年政府工作要点，明确发展目标，不断壮大产业规模、提升层次、形成品牌。

二、县（市、区）食用菌产业扶持政策

（一）阜平县食用菌产业政策

阜平县政府委托农业农村部规划设计研究院编制了《阜平县现代农业产业发展规划》，为全县加快农业产业结构调整、构建现代农业产业体系、实现农业可持续发展理清了思路。并且按照"村村有致富产业，户户有脱贫门路"的思路，委托河北农业大学、河北省

农林科学院编制了《阜平县致富产业到村入户规划》和《阜平县"十三五"产业精准脱贫规划》，实现了产业规划到村、到户、到地块，为全县产业扶贫提供了科学指引。组织专家组编制了食用菌、林果、中药材、畜牧水产、旅游等产业发展规划，明确了产业推进措施和发展目标。

2017年，为加快推进食用菌产业发展，拓宽农民增收渠道，增加农民收入，以"高产、优质、高效、生态"为目标，按照"政府引导、科技支撑，龙头带动、农民参与，合理布局、市场运作"的原则，进一步加大政策扶持力度，全面提升阜平县食用菌产业发展水平，推动农业增效、农民增收，同时借鉴其他地区成熟经验，特制定《阜平县人民政府关于食用菌产业发展的若干扶持政策（试行）》。扶持政策分为技术支撑政策、金融保障政策、基地（片区）扶持政策、菌棒加工厂、香菇生产大棚、产品保鲜库补贴、菌棒补贴7项主要内容。

（二）平泉市食用菌产业政策

自20世纪80年代开始，平泉就坚定不移地把食用菌作为促进农民增收致富的第一产业来抓，先后制定出台了《平泉县食用菌产业中长期发展规划（2016—2025）》《食用菌产业持续健康发展实施意见》《平泉市现代农业产业园建设规划》等一系列文件，并把食用菌产业纳入每年的政府工作要点，明确发展目标，坚持换届换人目标在，一张蓝图绘到底，一任接着一任干，持续用力，久久为功，采取"接力赛跑"的方式，"全面抓菌、全员抓菌、全方位抓菌"。在资金支持上，每年都制定《平泉市农业产业化扶持政策》《平泉市产业扶贫扶持政策》《平泉市农业产业结构调整扶持政策》等，市本级财政每年都安排3 000多万元，用于扶持食用菌产业发展；同时建立了"政融保"食用菌融资平台，政府与人保公司合作向共管账户注入"风险补偿金"1 000万元，进行10倍放大，撬动1亿元贷款专门用于食用菌产业融资。

（三）承德县食用菌产业政策

承德市县两级党委、政府对食用菌产业发展高度重视。承德市出台了"一环六带"产业布局与"五个百万"基地规划，食用菌产业作为优先发展的重点。承德县委县政府确定食用菌为五大农业主导产业之一。自2011年以来，先后制定出台了《扶持食用菌产业暂行办法》《关于提升食用菌产业发展的实施意见》《关于扶持农村主导产业快速发展促进农民可持续增收的意见》《承德县农村主导产业标准考核验收奖补办法》《关于加强金融支持促进农民增收的实施意见》《承德县扶贫产业园区（含易地扶贫搬迁"两区同建"产业园区）补助暂行办法》等政策文件。对食用菌产业发展在基地建设、菌棒生产设备、园区基础设施、园区用地用电、品牌建设等方面予以政策扶持和倾斜，有力地促进了全县食用菌产业快速发展。2014年12月河北省农业环境保护监测站下发了《关于转发〈承德县刘杖子乡香菇"蒲公英"发展模式〉的通知》，刘杖子乡采用"公司（合作社）＋基地＋农户"的生产经营方式，推广产加销一体化，完善了"粉料—装料—装袋—蒸料灭菌—接种—栽培—冷藏—废弃物综合利用"闭合式生产体系和园区内集种植、采摘、冷藏等于一体的生产模式，既保证了市场的销售，又保证了蘑菇质量，使得香菇产业成为刘杖子乡现代农业发展和农民致富的重要途径。县政府委托中国农业科学院编制了《承德县农业发展总体规划（2014—2020）》，明确了食用菌产业发展思路、目标任务、总体布局。根据总体发展规划，编制了《承德县食用菌产业"十三五"发展规划（2015—2020）》。

（四）宽城满族自治县食用菌产业政策

"十三五"以来，通过政策扶持、技术支撑、龙头带动，宽城食用菌产业发展规模已进入市级前三名。2018年被省农业厅列入《河北省特色优势农产品区域布局规划》（冀农业计发〔2018〕11号）中的燕山特色香菇优势区，同时列入市级食用菌特色发展优势区。县政府相继制定出台了《宽城满族自治县"十三五"食用菌产业发展规划》《宽城满族自治县关于推进食用菌产业转型升级加速发展实施方案》《宽城满族自治县发展食用菌和蔬菜产业扶持办法》《关于加快构建政策体系培育新型农业经营主体的实施意见》等发展规划及配套支持政策。财政资金投入1亿元，直接撬动银行贷款8亿元资金用于产业发展。积极向国家、省部级单位争取项目资金达2 000多万元，并促使2017年全省唯一菌种厂项目落户宽城。全面落实现代农业园区各项优惠政策，在用电、水利配套、土地等方面提供优惠政策，放宽条件，全力支持食用菌产业发展。

（五）兴隆县食用菌产业政策

兴隆县委、县政府高度重视食用菌产业发展，将食用菌产业作为兴隆县农业主导产业之一，编制了兴隆县人民政府《关于食用菌产业发展规划（2020—2025年）》，先后制定实施了兴隆县人民政府《关于大力开展"4个10"工程建设的实施意见》、兴隆县人民政府办公室《关于印发〈2013年农业"4个10"工程建设方案〉的通知》、兴隆县人民政府办公室《关于印发〈兴隆县"菜篮子"工程建设实施方案〉的通知》、兴隆县人民政府《关于食用菌产业发展扶持政策实施办法》、兴隆县人民政府《关于食用菌产业发展的指导意见》系列文件。县财政局、发改局、农业农村局、林业和草原局、水务局、国土局、交通运输局等单位充分发挥自身优势，整合使用项目资金，使其向食用菌产业倾斜，同时加大县财政资金投入和用地保障力度，对符合要求的建设项目按县政府文件规定给予补贴。自2012年开始，县财政每年拿出一定资金支持食用菌产业发展：一是整合水利项目资金，建设水利配套设施；二是对新建食用菌生产园区投资500万元以上的县财政一次性补贴10万元；三是对新获得绿色食品认证的食用菌企业，县财政一次性奖励3万元；四是对从事食用菌生产经营的农户，每户贷款额度在5万元以内的，县财政给予1年贴息。全县累计扶持食用菌产业发展资金1亿元，进一步夯实了产业发展的根基。

（六）遵化市食用菌产业政策

遵化市委、市政府围绕做大做强食用菌产业，在规划、政策、技术、资金、信息、质量、菌种管理等诸多方面，制定了一系列优惠政策和扶持措施，促进了食用菌产业的稳健发展。制定了《食用菌产业连片开发建设示范园区的奖励办法》，对食用菌生产园区集中规划建设路、水、电等基础设施，对贡献突出的食用菌经纪人公开表彰，对重点龙头企业重点优先扶持，有力地推动了全市食用菌产业的迅速扩张。下发了《关于加强我市食用菌菌种管理工作的通知》，借鉴学习菌种管理方面先进地区的经验，依据相关国家和省市法律法规，结合遵化市现状，研究制定了《加强我市食用菌菌种管理的实施意见》，启动遵化市食用菌菌种的依法管理，并采取得力措施，切实加强食用菌菌种管理。

制定了《河北省遵化市食用菌产业发展规划（2009—2022）》，坚持"稳规模、调结构、抓管理、促增收"的方针，以市场需求为导向，以质量效益为核心，以品种结构优化为基础，以科技创新为动力，以示范带动为载体，加速标准化、优质化、产业化进程，着力创建知名品牌，全面提升食用菌生产规模和效益，实现从食用菌大市向食用菌强市的跨越。对发展食用菌生产的农户，积极协调农行、信用社等金融部门给予每棚 1 万～5 万元的小额贷款支持，政府给予每棚 1 500 元至 1.5 万元的资金补贴；对规模大的科技种菇带头人和贡献突出的经纪人，市委、市政府还给予物质奖励。2018 年投资 296 万元建设了遵化市智慧农业平台，下联乡镇、村户、龙头企业的农业信息中心。2019 年投资 230 多万元建设了食用菌管理大数据平台，宣传食用菌新品种，介绍菌类市场价格，及时掌握国内外信息，实现了与外界信息的顺畅沟通，有力推动了食用菌产业的发展。投资 160 万元，建成省内县（市）级一流水平的农产品检测中心，定期对香菇生产基地的产品进行检验和监测，保证了全市香菇安全、健康生产。

（七）临西县食用菌产业政策

临西县先后出台了《关于加快食用菌特色优势主导产业发展的实施意见》等一系列政策文件，对引进建设食用菌工厂化生产企业、农户发展食用菌种植等予以支持。《临西县食品产业发展规划（2018—2025 年）》（临政办发〔2018〕3 号）更是对食用菌生产及加工行业进行了详细规划，目标是充分发挥临西县食用菌产业优势，依托河北光明九道菇生物科技有限公司、河北东苑农业发展有限公司、临西县天和食用菌开发有限公司和临西县嘉恒食用菌有限公司等，做大做强食用菌生产及加工产业，打造"菌菇王国"。

（八）青龙满族自治县食用菌产业政策

在秦皇岛市人民政府办公厅《关于促进食用菌产业快速发展的意见》指导下，青龙满族自治县出台了各项食用菌产业支持政策，包括青龙满族自治县人民政府《关于食用菌产业发展的指导意见》（青政〔2014〕24 号）、《关于印发青龙满族自治县食用菌产业发展规划（2014—2017）的通知》（青政〔2014〕25 号），青龙满族自治县人民政府办公室《关于印发青龙满族自治县中药材、食用菌产业脱贫攻坚实施方案的通知》（青政办〔2016〕16 号）、《印发关于支持蔬菜（食用菌）、中药材扶贫产业发展的实施方案的通知》（青政办〔2016〕79 号）等。

（九）灵寿县食用菌产业政策

自 2002 年开始，在政府的主导下，由灵寿县食用菌合作社、农户、相关企业联合成立了灵寿县食用菌协会，不断修正完善符合灵寿县食用菌产业的标准，并配合河北省农业厅共同制定了《河北省金针菇标准化生产技术规程》。灵寿县严格按照标准化生产技术规程，对食用菌生产、加工、销售环节进行操作，不仅提高了食用菌产品的质量，而且在销售价格方面也有所提高。2004 年会同省农业厅制定了河北省地方标准《无公害金针菇生产技术规程》（DB13/T 571—2004），2007 年金针菇获得无公害农产品认证，2010 年进行了"灵寿金针菇"地理标志登记，生产基地实行生产过程登记制度，基地准出、市场准入制度，未经检测合格产品不得上市销售。2015 年县政府出台《灵寿县加快食用菌产业发展的实施意见》，明确发展规划和配套支持政策。2016 年为适应市场新的形势变化，会同省农业厅重新修订了河北省地方标准《无公害金针菇生产技术规程》（DB13/T 571—2016），代替 DB13/T 571—2004，目前，实行了二维码追溯制度来保证产品质量。

2019 年，灵寿县农业农村局出台《关于 2020 年加快蔬菜（食用菌）示范基地建设实施方案》，经单位申报，县局评审，确定了灵寿县万源家庭农场、灵寿县新健食用菌种植园、灵寿县力顺家庭农场、灵寿县灵骅家庭农场、灵寿县合诚家庭农场、灵寿县盛发家庭农场、灵寿县华泽家庭农场、灵寿县五瑞家庭农场、灵寿县雷林家庭农场、灵寿县张龙家庭农场承担 2020 年县级蔬菜（食用菌）示范基地创建工作。

三、"十四五"产业规划布局

食用菌作为富民利民的朝阳产业，省农业农村厅积极统筹部署产业发展。《河北省"十四五"推进农业农村现代化规划》以及《河北省特色产业发展"十四五"规划》都对全省食用菌产业发展区域布局和品种布局做了详细规划。

品种布局：太行山、燕山食用菌产业带重点发展以木屑为主要原料的香菇、木耳、滑子菇和金针菇，坝上错季产区重点发展香菇、双孢菇、秀珍菇和杏鲍菇等，环京津特色产区重点发展海鲜菇、白灵菇和杏鲍菇等，冀中南草腐菌产区重点发展平菇、姬菇等。实施差异化发展，促进适宜品种向优势产地聚集。形成各具特色、影响力较强的以太行山、燕山食用菌产业带和坝上错季食用菌产区、环京津特色食用菌产区、冀中南草腐菌产区为代表的"一带三区"产业布局。重点打造 15 个规模化生产基地，建设 20 个精品示范基地，形成平泉卧龙、阜平天生桥、遵化平安城、西下堡寺等 30 多个规模化产区；创建 1 个食用菌加工业产业集群，建设河北越夏食用菌优势特色产业集群；规划建设食用菌交易市场，逐渐形成品种多样化、产业层次化、产品多元化发展格局。

区域布局：太行山周年菇产区包括阜平、唐县、涞源、顺平、涞水、望都、易县、曲阳、行唐、平山、灵寿、临城、内丘、邢台等。燕山优质菇产区包括平泉、承德、宽城、兴隆、滦平、丰宁、隆化、围场、青龙和遵化等。坝上错季菇产区包括宣化、张北、康保、沽源、尚义、蔚县、阳泉、怀安、万全、赤城、涿鹿和崇礼等。环京津特色菇产区包括涞源、涞水、易县、丰宁、赤城、怀来、迁西、遵化、滦平等。冀中南草腐菌产区包括柏乡、赵县、宁晋、邱县、肥乡、成安、冀州、南宫、威县、魏县等。

重点任务：突出食用菌优势品种。以食用菌产业集群建设为抓手，平泉、遵化、宽城、阜平、迁西、宁晋特优区为重点，提升香菇质量、恢复平菇产量、扩大珍稀菇种植面积，调优食用菌结构。实施差异化战略，促进适宜品种向优势产地聚集。加强种质资源搜集、保护、鉴定和育种材料的改良创制，开展新材料和新技术等基础性研究，推动育繁推一体化菌种企业建立基地，配套建设菌种繁育中心。拓展延伸产业链条，加强食用菌产品精深加工技术引进、研发，着力开发超微粉碎、多糖提取等精深加工产品，提高产品附加值。重点打造 15 个规模化生产基地，高质量建设河北越夏食用菌优势特色产业集群。到 2025 年全省食用菌面积、产量、产值分别比"十三五"增长 17.6％、17.2％、14.3％。

河 北 香 菇

第一节　河北香菇历史

一、河北香菇栽培历史

我国食用菌品种繁多，栽培品种超过 70 种，形成商品的约为 50 种，生产规模较大的有 20 种以上，主要包括香菇、平菇、黑木耳、金针菇、双孢菇、滑子菇、杏鲍菇等，其中香菇产量居于第一位。

香菇原系野生物，因其味甘、嫩脆、营养丰富而被长期驯化，是人类实施人工栽培最早的食用菌类植物。我国香菇栽培历史悠久，早在 2 000 多年前就已将香菇作为极珍贵的食品，列子的《汤问篇》、庄子的《逍遥游》到后魏贾思勰的《齐民要术》等典籍中的"食所加庶，羞有芝杨"和"菰菌鱼羹"论述充分证明这一点。早在宋朝年间，浙江省庆元县龙岩村的农民吴三公发明了砍花栽培法，后扩散至全国，经僧人交往传入日本，源于此法日本人研究出了椴木纯菌丝接种栽培方法。

20 世纪 50 年代我国制成香菇木屑纯菌种，成功用于椴木栽培，70 年代浙江省庆元县的吴克甸利用木屑人工代料栽培香菇成功，80 年代香菇大田荫棚露地木屑袋栽技术在福建省古田县取得成功，掀起了南方地区香菇生产热潮，香菇传统主产区主要集中在浙江、福建、湖北、广东、上海等地。1989 年，中国香菇总产首次超过日本，一跃成为世界香菇生产第一大国。20 世纪 90 年代初由时任庆元县食用菌研发中心副主任的韩省华启动组织举办了第一、第二届"庆元国际香菇节"，南方香菇种植在全国产生了非常大的影响。香菇木屑袋栽模式在河南、河北、辽宁、山西、陕西、贵州、广西等中西部地区得到全面推广。随着"南菇北移"等发展战略的推进，目前已遍及除西藏等个别省份之外的全国各地。

1994 年 12 月，赵建荣根据中央电视台《神州风采》节目"中国（国际）庆元香菇节"的报道，赴庆元拜师求艺，得到了庆元县政府的大力支持，不但实现了拜吴克甸老先生（当时的全国人大代表、五一劳动奖章获得者）为师的愿望，同时与庆元县政府签订了"香菇南北合作协议书"，并聘请张东平（现遵化市亿昌食用菌研发中心董事长）、吴从军（现上海大山合集团庆元有限公司总经理）两名骨干技术员到河北遵化驻场指导。从此，遵化和庆元开始了"南菇北移"技术探讨和开发进程，正式启动并形成了"南菇北移"全国性的香菇大产业格局。

遵化香菇生产从 20 万棒做起，分别由赵建荣名下的"遵化市北方食用菌有限公司"和 25 个种植农户进行试验，所有种植参与者均出菇成功，每亩旧蔬菜大棚改造后香菇纯获利高达 5 万多元，这个数字引起了当地政府和农民的高度反响，掀起了一阵香菇种植热潮。1996 年 12 月 9 日，时任中央书记处书记的温家宝到遵化农村调研，对利用农、林、牧等附属品生产香菇的项目给予了高度赞扬，认为"为农村农民找到了一条快速致富的好路子"，"是一个农村经济发展的好模式"。1996 年 12 月 10 日，河北省委、省政府专题研究总结了遵化食用菌产业化发展的经验，在唐山召开了河北省农业产业化典型现场会，把遵化香菇作为典型和市场畅销的信息传到大江南北，"农业产业化"一词和"公司＋农户"模式，由此开始了全国性的完善和推广。

在遵化典型引导下，省内的平泉、兴隆等相继到遵化考察学习，部分村干部和农民也积极参加了遵化的技术培训班，并引进了遵化香菇栽培技术，大范围香菇栽培热潮在我国北方兴起，形成了南北香菇大发展的格局。

1985 年，梁希才被平泉农业局派到保定微生物研究所参加食用菌培训班，回到平泉，在主管领导的支持下，投资 1 000 元，引进 500 袋平菇进行种植试验，一举取得了成功，从此开始了他的菌业拓荒之路。

到 1989 年，食用菌的发展覆盖了平泉 10 个乡镇 40 个行政村，总产量达 100 吨，但菇农效益不好，又赶上闹学潮，菇卖不出去，平泉食用菌陷入低谷。1990 年，梁希才经过考察分析认为，平泉生产平菇、姬菇与中原地区市场竞争处于劣势，难以大规模发展。其认真研究本地的气候特点和优劣势，提出发展木腐菌，选择低温品种的发展思路。

1994 年，梁希才受领导指派到浙江庆元、福建寿宁、河南西峡考察香菇生产项目。通过对庆元、寿宁、西峡等香菇种植县的考察，对香菇种植效益、种植技术、生产环境有了一定的了解，认为香菇生产具有短、平、快的特点，且平泉四季分明、昼夜温差大，非常适合香菇这种低温型木腐菌的栽培，在平泉发展香菇产业大有可为。2000 年平泉引进地栽香菇模式，从而解决了 7—9 月没有香菇的难题。香菇生产较高的效益性，吸引了大批农户的加入。随着香菇产业的蓬勃发展，平泉不断引入香菇生产技术，2011 年引进了香菇免割膜栽培，节省了大量人力物力，进一步提升了香菇种植的效益。在香菇发展中，不断提高种植技术水平，创造性地引进使用双拱棚结构，减小了气温对香菇生产的制约，使香菇生产实现周年化。

二、河北香菇栽培条件

（一）气候条件适宜

香菇是河北食用菌产业的一个主栽品种，在河北燕山、太行山区以及冀中南地区均有栽培，近几年在河北发展势头强劲。特别是随着产业扶贫的推进，70% 的贫困地区选择食用菌产业作为脱贫攻坚的主导产业，又有 70% 的贫困户选择香菇作为主栽品种，产业扶贫的推动使得全省的香菇产业规模跃居到全省各类食用菌品种的首位。

香菇是木腐菌，不能进行光合作用，只能靠吸取同化培养基中的有机物来获取生长所需营养，营养物质分为碳源、氮源、无机盐及其他生长因子。在配制培养基时，菌丝生长阶段培养基中碳氮比要求在（25～40）：1 为宜，高氮源会抑制原基分化。在生殖生长阶段，最适碳氮比为 73：1，因此，子实体生长阶段碳源要充足。香菇生育过程中无机盐和生长因子也不可或缺，尤其是维生素 B_1 需补充。现在香菇生产主原料是阔叶树杂木屑，还可以用蔗渣、棉柴、玉米芯、野草（类芦、芦苇、芒萁、斑茅、五节芒等）做主料，辅料主要是麸皮和米糠，这些原料为香菇提供碳源和氮源。温度是影响香菇生长最活跃的因素。香菇菌丝发育温度范围在5～32℃，最适温度为23～25℃，低于10℃或高于30℃则生长受到抑制，35℃的环境下，香菇菌丝则会停止生长甚至引起死亡。在低温中菌丝生长慢，从15℃起菌丝生长加速，温度超过25℃菌丝生长速度下降，30～35℃基本停止生长。所以香菇的生产对环境、气温及当地资源禀赋条件有一定要求，河北自引入香菇生产以来，逐步发展为香菇种植大省，这与河北的自然条件密不可分。

香菇为低温和变温结实性的菇类，河北四季分明、昼夜温差大，非常适宜香菇的生长。河北香菇在生产模式中具有明显的南北差异，中南平原地区香菇生产规模较小，出菇期为10月到次年3月，燕山、太行山山区香菇生产规模较大，出菇期主要集中在4—11月，近年来河北香菇产业主产区有承德平泉、唐山遵化、保定阜平等。

（二）资源条件突出

香菇菌棒的配料方案如表2-1所示，木屑是香菇菌棒的主要生产配料，在香菇生产实践中，积极用一年生林木、果木废枝等对生长周期长的林木进行替代，并尝试进行实验，2018年6月河北晋州生产"梨木香菇"，成功变废为宝。用梨木屑作培养基的香菇，呈现出较浅的黄褐色，虽然香菇个头偏小但单棒产量很大，一个出菇期内平均一个香菇棒上能结四五十个香菇，从8月开始采摘，一直持续到来年2—3月，每个棚产出"梨木香菇"两万千克左右，净收入高达五六万元。可见河北香菇种植有着得天独厚的优势，并且充分利用自身的资源优势发展香菇产业。

表2-1　香菇菌棒的配料方案

配方序号	具体配料
配方1	木屑79%，麦麸20%，石膏1%
配方2	木屑60%，棉籽壳20%，麦麸18%，石膏1%，红糖1%
配方3	玉米芯81%，麦麸18%，石膏1%
配方4	稻麦草40%，木屑20%，废菌糠20%，麦麸18%，石膏1%，红糖1%
配方5	棉秆40%，木屑40%，麦麸19%，石膏1%
配方6	巨菌草50%，木屑30%，麦麸19%，石膏1%

数据来源：聂建军（2018），《香菇栽培与加工技术100问》。

三、河北香菇栽培技术特征

香菇虽然对种植技术要求较小，但是随着种植者的增多、种植范围的扩大，生产者要想在众多竞争者中获取利润，实现个人利益最大化，就要充分发挥各个要素在产业中的作用。香菇种植过程中涉及微生物学、环境工程学、机械工程学、气象学等多个学科理论，多学科交叉下，产业技术在产业中的应用就显得尤为重要。河北香菇种植者充分发挥自己多年的种植经验优势，将香菇种植作为一个现代化大产业项目进行宏观调控，充分利用综合学科理论作指导。用微生物学理论研究其生长特性；用建筑工程学知识不断完善栽培设施，以机械工程为基础研制新设备；用气象学和控制论进行人工调控温、湿、光、气四因子；掌握发酵学技术以培养基质原料；预防为主，用昆虫学知识防治病虫害；运用市场营销策略开展产品销售等。

河北在引进香菇生产以来，长期坚持以食用菌生长发育所需环境条件分析为基础，不断研究、设计食用菌生产的环境、设施、生产环节及其控制方法，包括产供销、科工贸等与现代食用菌产业相配套的综合内容，坚持气候—地理—原料—市场—设施—技术—服务与发展的和谐统一，形成香菇生产的标准化产业技术体系，做到整体功能的科学合理，保证系统的每一环节结构功能的良好，获得高产优质的香菇产品，取得最佳经济效益，形成完整的现代化大香菇产业。2013 年成立了河北省现代农业产业技术体系食用菌产业创新团队，团队内包含食用菌产业技术岗位专家、经济岗位专家，为食用菌新品种研发、食用菌种植、种植效益等提供全方位指导。同时，在生产规模较大的种植县，政府成立食用菌产业相关技术部门，入村、入户为各个种植户提供技术指导，并且鼓励龙头企业定期为种植者提供培训，全程为小户提供技术指导。部分种植大市和县还自发组织成立香菇产业协会，将食用菌种植者联合起来，共同引进新技术，规避小户种植引进新技术的风险及较高的资金投入。

（一）软技术支撑

北方香菇从一起步，就十分注重业内专家的作用，求得专家现场指导。例如，中国香菇人工代料栽培发明人吴克甸、中国科学院研究员文华安、中国农业大学教授王贺祥、中国香菇走向世界创始人韩省华、国家食用菌产业技术体系首席科学家张金霞、河南省农业科学院研究员贾身贸、上海市食用菌研究所所长谭琦等多名食用菌专家多次亲临河北香菇种植基地现场指导，各个产业基地都有经验丰富的专家，如平泉的梁希晨老师、遵化的赵建荣老师、阜平的侯桂森老师，他们对地区的香菇生产进行技术把控，对各个环节进行监督。目前，河北食用菌技术体系拥有 183 名知名专家，在 50 多个县组建成立了服务体系，组建了专家顾问组。

（二）硬技术支撑

河北对用于香菇产业生产的农机农具进行发明或改良，获得多项国家专利。遵化对山东寿光第五代温室大棚模式，改变其大棚后墙占地 6 米建造方法，研究后墙占地 37～50 厘米节地建造指标的适应性，每 100 米长大棚节约土地 600 米^2，相应地可以增加效益 2.5 万元以上，该项燕山山地香菇栽培温室大棚改造技术获得国家专利。另外香菇菌棒机械通氧技术也同样获得国家专利，该技术是将人工用钉子刺孔通氧改为用机械通氧，定型了便捷式快速通氧机，劳动生产效率提高 2 倍以上。香菇的品质分级非常细，级别的差异主要是看菌帽的白光面。每一级价格的差异也很大，一级香菇每千克 12 元以上，普通香菇每千克 6～8 元，所以农户能有多大收益就看优质菇率是多少。阜平地区采用了 LED 光能技术，最明显的就是香菇品质，菇柄粗、菇帽厚，白光面好，优质菇率高不少，因此提高了香菇质量，增加了香菇产值。据统计，河北各地区科技推广专家组研制了菌袋扎口机、菇棚自动控制系统等 20 余种设备材料，制定实施了 11 项产品标准，研发推广了周年化香菇生产、无害化防控等 50 多项适用技术，为河北香菇产业健康快速发展提供了有效的硬技术支撑。

（三）自身重视技术意识

从菇农到食用菌公司负责人，都充分认识到技术对产业发展的促进作用，认为科技是第一生产力。各主产区及企业注重与高校、科研院所进行合作，注重技术的研发与应用。在政府的帮扶下，大型企业均设立专门的科研机构，积极与高校对接，致力于农企与高校合作研制新品种、农机农具更新、病虫害防疫、价格预测预警及科学管理人才、人才培养等。同时相关政府也积极学习新技术，积极出台政策及措施，为生产市县提供科技支持，弥补经济外部性引起的市场失灵。

第二节　河北香菇产业地位及布局

河北得天独厚的气候条件、突出的资源禀赋优势，为香菇产业的稳定发展提供了产业资源基础，丰富的产业组织模式及产品品牌优势不断凸显，为香菇产业的更好更快发展提供了较强的产业竞争力和市场竞争力，2020 年河北香菇产量和产值分别为 166.71 万吨和 132.79 亿元。

一、我国香菇产业发展水平

（一）我国香菇产量逐渐提升

世界香菇产量约占食用菌总产量的 22%，无论是从生产还是消费上看，香菇都是食用菌中的第一大品种，消费市场由东南亚向全球延伸，消费量呈现快速增长趋势。香菇独特的生产特性及平稳的效益驱动，促使我国的香菇产业进入了快速发展阶段，同时也使其成为国家产业扶贫的主选产业。在市场的优胜劣汰中，香菇生产稳步发展，成功发展的企业也越来越多，香菇种植的市场发展优势及栽培效益的绝对优势凸显。在栽培食用菌的 28 个省（自治区、直辖市）中，香菇产量超过 30 万吨的有河南、河北、湖北、陕西、辽宁、浙江、山东、福建、贵州 9 个省份，国际、国内需求量以 15%～20% 的速率稳步提升，香菇产业在我国拥有广阔的生产前景和市场前景。

在我国众多人工栽培品种中，香菇也是第一大类食用菌，其栽培历史悠久，经历了椴木栽培和代料栽培两个阶段。2011 年我国香菇产量为 501.8 万吨，占全国食用菌总量的 19.51%，随着香菇栽培技术的不断成熟，香菇产量逐年提升，2013 年达到第一个高峰 710.3 万吨，2014 年香菇产量结束了连续的增长趋势。经过短暂的调整后，再次实现较大幅度的正向增长，2015 年香菇总产量为 766.7 万吨，与 2014 年相比增长率达到了 40.47%，在全国食用菌总量中的占比达到 22.05%。此后香菇产业持续保持稳步增长趋势，2018 年香菇产量突破千万吨，高达 1 041.6 万吨，2019 年香菇总量达到 1 115.94 万吨，占全国食用菌总量的 28.37%（表 2-2）。

表 2-2　2011—2019 年我国香菇产量、增长率及其占食用菌总量的比重

指标	2011 年	2012 年	2013 年	2014 年	2015 年	2016 年	2017 年	2018 年	2019 年
产量（万吨）	501.8	635.5	710.3	545.8	766.7	835.4	893.4	1 041.6	1 115.94
增长率（%）	17.33	26.64	11.77	−23.16	40.47	8.96	6.94	16.59	7.14
比重（%）	19.51	22.47	22.41	16.69	22.05	24.00	25.00	27.47	28.37

数据来源：《中国食用菌年鉴（2014—2020）》。

（二）我国香菇种植聚集度高

在我国栽培食用菌的 28 个省份中，香菇产量超过 30 万吨的省份有 9 个，产量排名前四位的是河南、河北、福建及湖北，2019 年 4 个省份的产量占全国香菇总产量的 65.58%（图 2-1），产业聚集度较高。

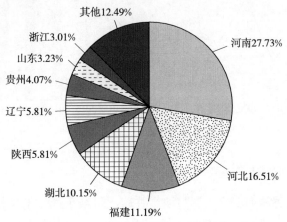

图 2-1　2019 年各省份香菇产量占比

数据来源：《中国食用菌年鉴（2020）》。

二、河北香菇产业地位

在河北主栽的十余个品种中，无论是种植面积、产量还是产值，香菇均居于河北首位，占比均超过相应指标的 50% 以上。香菇生产主要分布在河北燕山、太行山区，以承德市规模最大，并在平泉市、遵化市、阜平县等地形成了国家知名区域公共品牌，具有较强的竞争力。2019 年河北香菇产量 137.86 万吨，占全国食用菌总产量的 12.35%，在 28 个种植香菇的省份中，河北香菇产量居于第二位，河北是当之无愧的香菇生产大省。在香菇种植稳步发展的同时，香菇的加工企业数量经历了先上升后下降并趋于稳定的过程，全省具备香菇加工企业 60 余家，主要集中在国家级特色农产品优势区，即平泉市香菇特色农产品优势区和遵化市香菇特色农产品优势区。

（一）香菇种植面积

在我国香菇种植省份中，种植面积排名前三的省份分别为湖北、山东、山西，2019 年前三个省份面积占比达到全国香菇种植面积的 78.17%。湖北是香菇种植大省，该省种植面积超越了其他 27 个香菇种植省份的面积总和，2019 年其面积占全国香菇种植总面积的 57.85%。其次是山东，2019 年山东香菇种植面积占全国香菇总种植面积的 12.03%，山西香菇种植面积占比为 8.29%。2019 年河北香菇种植总面积为 14.73 万亩，在所有的香菇种植省份中香菇种植面积排名第八位，仅占全国香菇种植面积的 0.63%。

（二）香菇产量

2006—2013 年河北香菇产量保持缓慢上升的趋势，增长速率较慢，香菇产业处于缓慢发展期，产量由 2006 年的 11.71 万吨稳步增长至 2013 年的 57.50 万吨，该阶段香菇产业的年均增长率为 36.44%。2014—2018 年香菇产量每年以较高速率增长，此阶段为香菇产业的飞速发展期，香菇产量年均增长率为57.99％。2015年河北香菇产量首次突破百万吨，2018年香菇产量达到历史峰值，总产量为172.00万吨（图2-2）。

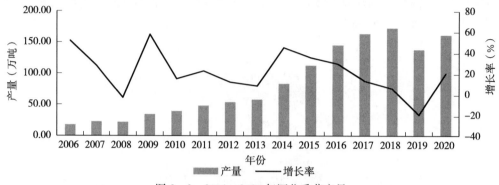

图2-2 2006—2020年河北香菇产量

数据来源：河北省农业环境保护监测站。

2019年后，河北香菇产业进入调整期，香菇产量结束连年增长趋势。2019年河北香菇产量为137.86万吨，与前三年相比产量有所下降，尤其是与2018年相比，产量下降了34.14万吨，河北结束了自2009年以来产量连续增长的趋势。2020年河北香菇产量稍有增长，全年产量为166.71万吨，产量增长率为20.92％。

（三）香菇产值

总体上看，河北食用菌产业进入了动态调整期，由高速发展转为高质量发展，但香菇产业在食用菌整个产业调整中，其较高的经济效益逐步凸显出来，保持了其在整个食用菌产业中的主导地位。河北香菇产业生产规模呈现逐年上升趋势，在全省各品种食用菌中的排名由2011—2012年的第二位（平菇第一位）上升到2013—2020年的第一位。香菇在全省食用菌总产量的占比由2011年的23.0％上升到2020年的51.05％，占比超过全省食用菌总产量的一半，产值占比高达54.21％（表2-3）。

表2-3 2011—2020年河北香菇占全省食用菌产值比重变化

年份	香菇			食用菌			香菇占比		
	面积（万亩）	产量（万吨）	产值（亿元）	面积（万亩）	产量（万吨）	产值（亿元）	面积（％）	产量（％）	产值（％）
2011	5.40	47.86	35.31	24.83	207.79	119.86	21.7	23.0	29.5
2012	7.50	53.31	43.22	27.38	210.09	126.34	27.4	25.4	34.2
2013	7.83	57.50	48.15	25.97	199.86	122.05	30.2	28.8	39.04
2014	10.06	83.18	72.31	28.40	248.87	178.00	35.4	33.4	40.6
2015	12.09	112.32	97.58	29.53	270.84	202.83	41.0	41.5	48.1
2016	14.24	144.97	134.88	30.01	276.21	216.89	47.5	52.5	62.2
2017	14.74	163.18	129.60	35.01	302.89	213.13	42.1	53.9	60.8
2018	16.45	172.00	120.95	29.67	302.00	228.00	55.44	56.95	53.05
2019	14.73	137.86	111.51	26.10	238.79	183.69	56.44	57.73	60.71
2020	13.91	166.71	132.79	24.58	326.57	244.97	56.59	51.05	54.21

数据来源：河北省农业环境保护监测站。

香菇产业在河北的迅速发展主要得益于河北产业扶贫的推进，香菇种植效益高、种植壁垒低，成为多地脱贫的主导产业，在带动当地经济发展的同时，也促进了自身产业的发展。

三、河北香菇产业分布

河北属于温带大陆性季风气候，四季分明，昼夜温差大，适合栽培香菇这种低温型品种，并且香菇凭借其较高的经济效益，产业规模逐年扩大。河北香菇生产主要分布在燕山山区的承德市、唐山市，太行山区的保定市、邢台市也具有较大规模（图2-3）。全省香菇生产面积千亩以上县（市）有平泉市、滦平县、宽城县、承德县、兴隆县、遵化市、青龙县、丰宁县、阜平县、涞水县、魏县和宁晋县等十余个。

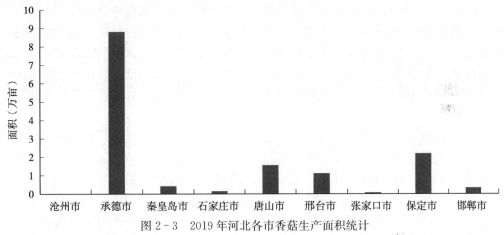

图2-3　2019年河北各市香菇生产面积统计

资料来源：河北省农业农村厅特色产业处。

（一）香菇产业聚集度

2019年，河北香菇种植面积为14.73万亩，其中承德市香菇种植面积最大，为8.8万亩，占全省香菇总种植面积的59.74%。保定市与唐山市分别居于第二和第三位（图2-3），种植面积为2.12万亩和1.55万亩，这三个香菇生产市占全省种植总面积的84.66%，香菇产业种植较为集中，产业聚集度较高。

（二）香菇主产区

河北各县、市香菇产量均处于动态调整过程中，从近四年数据来看（表2-4），平泉市、兴隆县、承德县和遵化市等县（市）产量较稳定，产量连续四年均高于10万吨，产量规模较大。阜平县生产效率提高较快，该县在2018年居于1万～5万吨生产行列，在2019年迅速提升为年产量5万～10万吨的生产县行列。

表2-4　河北香菇主产区变化

年份	10万吨以上的县（市）	5万～10万吨的县（市）	1万～5万吨的县（市）
2019	平泉市、承德县、兴隆县、遵化市	阜平县	宽城县、丰宁县、宁晋县、平山县
2018	平泉市、兴隆县、承德县、宽城县、遵化市	—	涞水县、阜平县、丰宁县、滦平县、平山县、宁晋县

（续）

年份	10 万吨以上的县（市）	5 万～10 万吨的县（市）	1 万～5 万吨的县（市）
2017	平泉市、兴隆县、承德县、宽城县、丰宁县、遵化市	—	阜平县、涞水县、宁晋县
2016	平泉市、兴隆县、承德县、宽城县、遵化市	涞水县	阜平县、宁晋市、丰宁县、隆化县、青龙县、易县、滦平县

资料来源：河北省农业农村厅特色产业处。

四、河北香菇比较优势

香菇的生产对资源禀赋依赖性较大，若一个省份中要素禀赋某种供给所占比例大于别的省份同种要素的供给比例，而价格相对低于别的省份同种要素的价格，则该省份的这种要素相对丰裕；反之，如果在一个省份的生产要素禀赋中某种要素供给所占比例小于别的省份同种要素的供给比例，而价格相对高于别的省份同种要素的价格，则该省份的这种要素相对稀缺。为分析河北香菇产业区域竞争力，此处选择对某些香菇种植省份进行资源禀赋系数的测算。

根据资源禀赋系数（EF）＝（某区拥有的食用菌产量/全国拥有的食用菌产量）/（该区国内生产总值/全国国内生产总值），测算香菇资源禀赋。根据香菇主产区分布特点，选择 9 个省份的香菇种植区与河北进行比较，主要涉及东南地区（福建、浙江）、华中地区（湖北、河南）、东北地区（辽宁、吉林）和西南地区（四川、重庆、云南）四大主产区，这 10 个省份的香菇产量占全国香菇总产量的 78.67%。从 4 年的 EF 平均值来看，EF 平均值小于 1 的有浙江、吉林、四川、云南、重庆，其他 5 个省份都大于 1。河南香菇的 EF 平均值最高，为 5.47；河北香菇 EF 平均值为 4.14，排行第二；湖北香菇 EF 平均值为 2.45，排行第三。河北的香菇资源禀赋具有一定的比较优势。2016 年河北香菇 EF 值为 3.39，2017 年河北香菇 EF 值突破 4，为 4.04，河北香菇 EF 值呈现增长趋势，2019 年增长到 4.67，资源禀赋比较优势不断增大，对河北农业经济发展的带动力逐年加强（表 2－5）。

表 2－5　2016—2019 年 10 个省份香菇资源禀赋对比

地区	2016 年	2017 年	2018 年	2019 年	平均
河北	3.39	4.04	4.47	4.67	4.14
福建	1.30	0.93	0.87	2.66	1.44
浙江	0.73	0.68	0.70	0.48	0.65
湖北	2.63	2.52	2.44	2.22	2.45
河南	6.01	5.32	5.44	5.11	5.47
辽宁	1.47	2.13	2.24	2.27	2.03
吉林	0.54	0.44	0.28	0.36	0.41
四川	0.32	0.34	0.32	0.26	0.31
重庆	0.46	0.44	0.42	0.32	0.41
云南	0.65	0.77	0.57	0.42	0.60

数据来源：根据国家统计局、食用菌产业年鉴计算所得。

第三节　河北香菇成本效益

一、河北香菇栽培成本效益分析

香菇种植中的生产效益与其菌棒的转化率息息相关，因栽培养料、栽培方式、管理水平、病虫害等的控制不同而导致原料转化率的差异。因为河北现存香菇栽培方式主要有两种，分别为地栽和架式栽培，按每年每亩地平均种植 8 000 棒菌棒计算，每棒干料约重 1 千克，香菇种植的平均干料转化率为 80％，每亩地香菇总产量可达 6 300 千克，根据香菇出菇质量和品质的不同，其相应价格也具有差异，此处按 7.5 元/千克的平均价格计算。占地面积为 1 亩的种植大棚每年种植香菇的收入达到 47 250 元。

与香菇种植相关的成本有土地成本、建棚成本、菌棒成本和人工成本。土地流转费用平均每亩地为 1 000 元/年。由于其种植的特殊性，需要搭建大棚，大棚主要分为两种类型，即冷棚和暖棚。冷棚结构较为简单，占地 1 亩的冷棚其建棚资金投入约为 3 万元，而暖棚结构较为复杂，多采用双拱形结构，所以其造价稍高一些，占地 1 亩的暖棚建棚资金投入约为 6 万元。现河北香菇种植中还多采用冷棚，为保证成本效益分析具有普遍代表性，所以此处以冷棚为例进行分析。在调研过程中了解到食用菌种植大棚有政策性保险，政府与保险公司出资比例达到 70％，农户出资 30％左右，因雨雪等自然灾害造成的损失可以获得保险公司理赔，所以将大棚后期的维修费用记为 0，按 10 年对大棚进行计提折旧。

菌棒成本包括栽培料成本和菌棒生产设备折旧成本。河北现有种植者还仍以一家一户的小农户种植模式为主，大多数农户自己生产菌种，然后自行接菌进行菌棒的生产，每个菌棒的生产成本大约在 2.4 元。不进行菌种生产的企业、农户，需要从具有种质资源的育种企业购入三级种，然后进行菌棒的生产，每个菌棒的生产成本大约在 2.5 元。在香菇种植过程中，人工成本主要发生在制棒及采摘环节，但随着新技术、新设备的推广，用工人数稍有降低，但是用工成本也在随着物价水平的升高而有所提升，每亩每年人工成本约为 8 000 元（表 2-6）。

表 2-6　香菇种植成本及收益情况

项　　目	单位	金额
销售收入	元/(亩·年)	47 250
其中：产量（鲜品）	千克/年	6 300
市场价格	元/千克	7.5
生产成本	元/(亩·年)	32 000
其中：建棚成本	元/(亩·年)	3 000
菌棒成本	元/(亩·年)	20 000
其中：菌棒单价	元/棒	2.5
菌棒数	棒/(亩·年)	8 000
土地成本	元/(亩·年)	1 000
人工成本	元/(亩·年)	8 000
生产利润	元/(亩·年)	15 250

数据来源：调研数据整理所得。

香菇的主要成本及效益如表2-6所示,以1个冷棚占地1亩为例,每年每亩地生产香菇约8 000棒,每棒成本在2.5元,大棚按10年计提折旧,每年折旧为3 000元,土地流转资金每年为1 000元/亩,人工成本每年为8 000元/亩,所以每年每亩地香菇总的种植成本为32 000元。每亩地出菇约6 300千克,年度香菇市场均价为7.5元/千克,每年的销售收入为47 250元。所以每年种植者每亩地获得的种植利润约为15 250元。成本利润率为47.66%,成本利润率较高,菇农可以从中获取较大收益。

二、河北香菇价格波动分析

(一)香菇年度价格波动分析

自2005年至今,香菇年度均价经历了三个时期。首先是2005—2008年河北香菇价格出现了短暂波动,在此期间,平菇是河北第一主栽品种,香菇产量还较低,2005年香菇均价为5.96元/千克,然后价格进入波动状态,2006年下降到4.68元/千克,2007年价格稍有回升,香菇年度均价为5.32元/千克,经历了短暂回升后香菇价格又下降至5.07元/千克。在2005—2008年价格波动阶段,香菇价格偏低。自2009年开始,香菇价格就进入了稳步增长期,香菇价格突破6元/千克,从2009年的6.66元/千克,稳步增长到2016年的9.30元/千克,香菇价格实现了较大提升。随着香菇产业的发展、种植技术的成熟,自2016年开始,香菇价格进入了动态调整期,香菇价格结束了连年增长趋势,由9.30元/千克回落到7.94元/千克,从2017年开始,香菇价格在较高价位小范围波动(图2-4)。

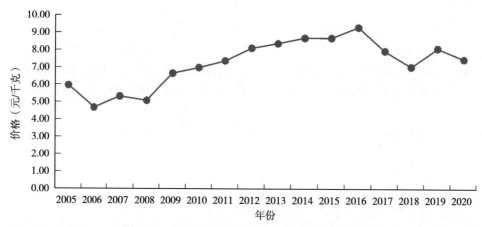

图2-4 2005—2020年河北香菇年度平均价格

数据来源:河北省农业环境保护监测站。

(二)香菇月度价格波动分析

1. 2020年河北香菇价格总体低于往年 由于新冠疫情的影响,全省香菇价格略低于前两年同期水平。疫情前期,香菇生产集聚区劳动力奇缺,菌棒注水、舒蕾、采菇等补救措施处理不及时,使菌棒内水分、养分严重透支,造成永久性的伤害,出现了二潮菇不出菇、少量出菇或出菇畸形的现象,严重影响了香菇总产量。香菇品质下降,多以水菇、畸形菇为主,由于前期疫情劳动力短缺,采收不及时,造成了压茬现象,导致第三季度出菇，菌袋内营养物质缺乏，第三潮菇长势较差，水分含量偏高，菇质较差，价格较低。第四季度，香菇冷棚出菇基本完成，暖棚香菇开始出菇，受供求关系的影响，第四季度香菇价格稍有上涨。整体来看，2020年河北香菇价格较低，菌棚无人管理造成坏棒现象、压茬现象等频发，产品品质下降成为香菇价格较低的主要原因。

2020年第一季度河北香菇价格为7.71元/千克，第二季度价格为7.57元/千克，第三季度价格为7.07元/千克，第四季度价格为8.88元/千克，全年月度均价为7.81元/千克。前三季度与历年同期相比，价格波动幅度较小，第四季度价格波动幅度较大。从历年变动规律来看，香菇价格峰值一般出现在第三季度，8月价格也出现小幅度增长，但是受新冠疫情影响，2020年第三季度价格上涨幅度较小，并未达到价格最高点，却在11月出现了价格的峰值，呈现出与往年相反的波动趋势（图2-5）。

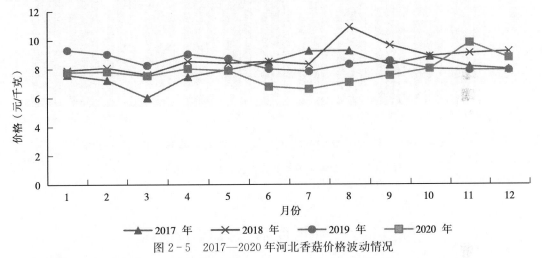

图2-5　2017—2020年河北香菇价格波动情况

数据来源：中国农业信息网、食用菌商务网。

香菇是最早进行人工栽培的品种之一，生产技术较为成熟，消费者众多，其市场价格较为稳定。第一季度香菇价格呈现明显的节日效应，由于元旦、春节等传统节日的影响，消费者会储备年货等，对香菇需求增加，进而导致1—2月香菇价格升高，并且1—2月是香菇出菇期，此时市场上的香菇质量也较好，也是价格较高的原因。春节过后即2—3月，由于年货储备较多，消费者需求下降等因素导致香菇价格呈现下降趋势。第二季度价格变化幅度较小，价格基本保持平稳。由于气温升高，降水量增多等因素，自6月开始，全省香菇产量及其质量均受到影响，所以第三季度价格略有上升。该阶段反季节的香菇不再生产，应季的香菇种植刚刚开始，食用菌的市场供给量明显变小，通常香菇的月度最高价格也出现在这个季度。第四季度香菇价格基本保持平稳。

2. 河北香菇价格略高于全国平均水平　浙江省庆元县是最早进行香菇种植的，香菇栽培历史悠久，庆元香菇品牌价值高达40多亿元，拥有一定的市场知名度，其产品在全国市场中具有一定的话语权。2020年浙江香菇月度平均价格为13.18元/千克，价格波动较为平稳且相对较高。在河北、河南、山东、浙江、辽宁5个省份中，河南价格仅次于浙江，2020年河南香菇月度均价为10.41元/千克，山东次之，2020年月度均价为9.17元/千克。河北香菇价格与全国均价最接近，月度均价为7.81元/千克，2020年全国香菇月度均价为7.37元/千克，河北平均价格略高于全国平均价格。在五个省份中，辽宁价格最低，平均价格为6.65元/千克（图2-6）。

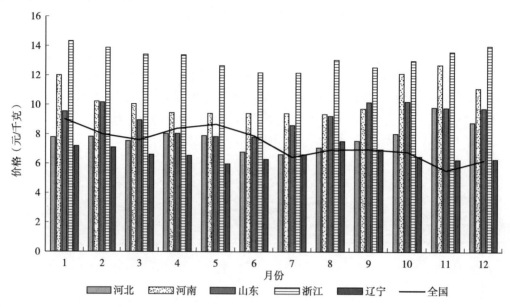

图2-6　2020年全国及部分省份香菇价格变动情况

数据来源：中国农业信息网、食用菌商务网。

第四节　河北香菇出口贸易情况

一、我国香菇出口贸易现状

（一）鲜或冷藏香菇出口规模稳定

香菇是我国传统的大宗出口农产品，行销90多个国家和地区，从2003年开始，我国的干香菇、鲜或冷藏香菇就有了单独的海关商品编码。国际市场上，香菇需求量正以15%～20%的增长速率快速增长，主要以鲜或冷藏香菇及干香菇等两种形式出口至世界其他国家。鲜或冷藏香菇主要出口至亚洲、欧洲及大洋洲等地的20多个国家。鲜或冷藏香菇贸易方式也较为单一，主要以一般贸易或边境小额贸易等形式出口，2020年全国鲜或冷藏香菇出口总量为17 126.03吨，出口创汇额高达4 148.26万美元。

2020年上半年鲜或冷藏香菇出口呈现较大的波动趋势，1月出口量大，达到1 995.60吨，出口创汇额达到512.75万美元。下半年鲜或冷藏香菇出口数量则呈现出明显的上升趋势，7—12月鲜或冷藏香菇出口数量一路增长，12月达到下半年鲜或冷藏香菇出口数量的最高点，月度出口数量为1 971.46吨，略低于1月。虽然下半年出口数量一直保持稳步增长态势，但是由于出口单价在8月、9月稍有下降，所以这两个月出口创汇额较低（图2-7）。但总的来看，鲜或冷藏香菇出口单价虽稍有波动，但波动范围较小，月度均价维持在2.40美元/千克。

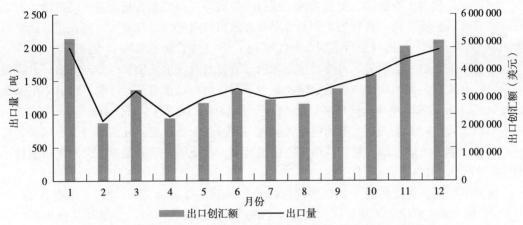

图 2-7 2020 年 1—12 月我国鲜或冷藏香菇出口数量及出口创汇额

数据来源：中国海关统计官网。

（二）干香菇出口范围广、出口量大

与鲜或冷藏的香菇相比，干香菇易于储存，运输方便，保质期较长，所以干香菇出口范围更为广泛，出口至亚洲、欧洲、非洲、北美洲、南美洲、大洋洲等地的 90 多个国家，贸易方式也相对多元化，采取一般贸易、边境小额贸易、海关特殊监管区域物流货物、对外承包工程出口货物、保税监管场所进出境货物、国家间和国际间无偿援助或赠送以及其他形式等进行贸易往来（表 2-7）。

表 2-7 2020 年我国干香菇主要出口方式及出口创汇额

出口地区	出口方式	出口数量（吨）	出口创汇额（美元）
亚洲	一般贸易、边境小额贸易、海关特殊监管区域物流货物、对外承包工程出口货物、保税监管场所进出境货物、国家间和国际间无偿援助或赠送	55 004.02	890 910 706
非洲	一般贸易、对外承包工程出口货物、其他	77.03	1 480 430
欧洲	一般贸易、海关特殊监管区域物流货物、保税监管场所进出境货物、海关特殊监管区域物流货物、对外承包工程进出口货物	1 172.46	17 203 472
南美洲	一般贸易	75.88	1 109 064
北美洲	一般贸易、保税监管场所进出境货物、海关特殊监管区域物流货物、来料加工贸易、其他	2 100.85	35 387 472
大洋洲	一般贸易	525.87	8 198 866

数据来源：中国海关统计官网。

亚洲是世界上香菇最大的出口地区，而我国又是亚洲最大的香菇出口国，我国干香菇主要出口至亚洲国家和地区，重点集中在韩国、日本、泰国等 26 个国家以及中国澳门、中国香港等地区，2020 年干香菇出口数量高达 55 004.02 吨，出口创汇额高达 8.91 亿元，是出口至其他几个大洲总和的 14 倍。

北美洲是我国干香菇第二贸易大洲，通过一般贸易、保税监管场所进出境货物、海关特殊监管区域物流货物、来料加工贸易等多种方式出口至美国、加拿大、乌拉圭、巴拿马等 12 个北美洲国家，出口数量达到 2 100.85 吨，出口创汇额达到 0.35 亿美元。

干香菇主要以一般贸易、对外承包工程出口货物及其他形式出口至非洲，出口方式较为单一，与其他大洲相比出口数量也较少，干香菇年出口量仅有 77.03 吨，出口创汇额为 148.04 万美元，出口单价为 19.22 美元/千克，出口单价居于各大洲之首。

出口至大洋洲的干香菇主要面向澳大利亚、新西兰、巴布亚新几内亚等三个国家，贸易形式较为单一，均采取一般贸易形式。出口至澳大利亚的干香菇最多，全年出口数量达到 481.67 吨，占出口大洋洲总数的 91.59%。

出口至欧洲、南美洲的干香菇平均价格较为接近，分别为 14.67 美元/千克和 14.62 美元/千克。虽然价格较为接近，但欧洲对干香菇的需求较大一些，2020 年从中国进口干香菇 1 172.46 吨，是南美洲进口数量 75.88 吨的 15 倍。主要面向的是比利时、丹麦、英国、德国等 34 个欧洲国家，干香菇贸易国占欧洲国家总数的 79%，而干香菇在南美洲的主要贸易国仅为阿根廷、巴西、智利、哥伦比亚 4 个国家。

二、河北香菇出口贸易现状

河北虽然是香菇生产大省，香菇产量居于全国第二位，但与其他省份相比，河北出口量较少，2019 年全年香菇出口仅为 8.9 吨，在河北香菇总产量中占比极小，出口创汇额为 7.7 万美元，出口产品平均单价为 8.65 美元/千克，与国内市场香菇均价相比，产品价格较高。河北主要以干香菇、鲜或冷藏香菇两种类型出口。

2019 年全年河北干香菇出口总量为 7 849 千克，出口创汇额为 44.82 万元人民币，与 2018 年相比，出口数量增速明显，为 18.34%，出口创汇额增长较为缓慢，为 7.02%，2019 年干香菇出口年度均价低于 2018 年出口年度均价。2019 年河北干香菇出口国家和地区为意大利、乍得、西班牙、波兰以及我国的澳门特别行政区，其中意大利是河北出口数额最大的贸易国家。

因为鲜或冷藏香菇在运输过程中对环境、温度等要求较高，对其运送时长、运输工具等的选择较为苛刻，所以导致其出口受限，鲜或冷藏香菇占比较小。

(一)干香菇出口规模

2018 年河北干香菇出口主要月份为 4 月、6 月、10 月、11 月、12 月，其中出口数量最多的为 6 月，达到 3 010 千克，出口数量最少的为 11 月，仅有 265 千克。2018 年全年河北干香菇出口数量为 6 630 千克，出口创汇额为 41.88 万元（图 2-8）。

2019 年与 2018 相比，出口数量明显提高，但是出口创汇额增速缓慢，增长率仅为 7.02%。中国海关统计局数据显示，2019 年 1 月、3 月、8 月、10 月、11 月五个月均有香菇干品出口，2019 年全年河北共出口干香菇 7 849 千克，出口创汇额为 44.82 万元。统计数据显示，1 月为河北干香菇出口额最大月份，出口数量达到 4 833 千克，价值 23.50 万元。3 月出口数量最少，仅为 50 千克，出口创汇额为 5 146 元，与 1 月的香菇出口单价 48.62 元/千克相比，3 月干香菇出口价格为 102.92 元/千克，是 1 月干香菇出口单价的两倍多。8 月干香菇出口数量略有提升，为 1 505 千克，价值 9.48 万元，在出口

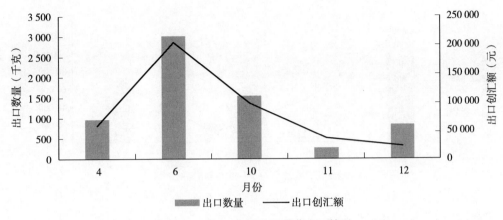

图 2-8　2018 年河北干香菇出口情况

数据来源：中国海关统计官网。

数量提高的同时，出口单价有所下降，为 63.00 元/千克。10 月与 11 月出口数量分别为 1 001 千克和 460 千克，出口单价基本持平，分别为 79.05 元/千克和 74.18 元/千克（图 2-9）。

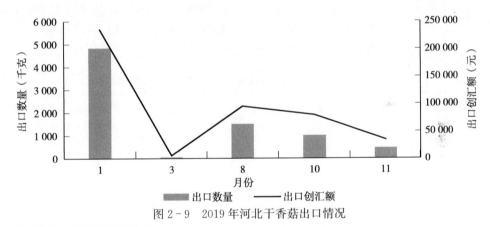

图 2-9　2019 年河北干香菇出口情况

数据来源：中国海关统计官网。

2020 年受新冠疫情影响，河北干香菇出口受限，仅在 3 月、6 月、11 月、12 月进行了干香菇的出口，干香菇出口总量仅为 3 497 千克，出口创汇额为 25.01 万元。3 月出口量最大，月出口量为 1 797 千克，出口创汇额为 124 307 元，出口月度平均价格为 69.17 元/千克。虽然 6 月出口数量较少，出口数量为 360 千克，仅为 3 月总量的 1/5，但其出口月度均价却为 3 月的 1.93 倍，当时国外新冠疫情暴发，运输受阻，干香菇出口月度平均价格达到 133.33 元/千克。11 月出口数量略低于 6 月，出口数量为 300 千克，但因其出口单价较低，出口创汇额仅为 11 295 元。12 月出口数量及出口单价有所回升，出口数量为 1 040 千克，出口单价为 63.98 元/千克（图 2-10）。

受新冠疫情影响，2020 年河北干香菇出口总量不及 2019 年的 1/2。2020 年干香菇出口均价为 71.52 元/千克，高于 2019 年的 57.10 元/千克。

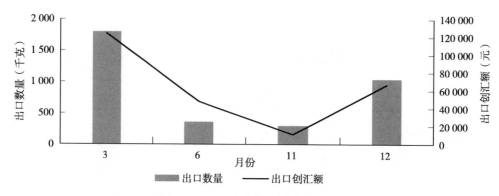

图 2-10　2020 年河北干香菇出口情况

数据来源：中国海关统计官网。

（二）河北干香菇主要贸易国家和地区

2019 年河北干香菇的出口国家和地区为意大利、乍得、西班牙、波兰以及我国的澳门特别行政区。1 月干香菇出口至我国澳门及意大利，出口数量分别为 1 900 千克和 2 933 千克，出口创汇额分别为 5.02 万元和 18.48 万元。3 月河北干香菇全部出口至乍得。8 月与 10 月，干香菇出口至意大利。11 月出口至西班牙和波兰，出口数量分别为 400 千克和 60 千克。在 2019 年，河北干香菇的最大出口国是意大利，出口创汇额高达 35.87 万元。意大利是河北最大的干香菇产品贸易国（表 2-8）。

表 2-8　2019 年河北干香菇出口国家和地区及数量

月份	商品名称	贸易伙伴名称	注册地名称	数量（千克）	出口创汇额（元）
1	干香菇	我国澳门	河北	1 900	50 189
1	干香菇	意大利	河北	2 933	184 779
3	干香菇	乍得	河北	50	5 146
8	干香菇	意大利	河北	1 505	94 815
10	干香菇	意大利	河北	1 001	79 134
11	干香菇	西班牙	河北	400	26 124
11	干香菇	波兰	河北	60	8 000

数据来源：中国海关统计官网。

2020 年河北干香菇主要出口至法国、西班牙、波兰和瑞典。3 月干香菇出口至瑞典和西班牙，出口数量分别为 250 千克和 1 547 千克，出口价格分别为 62.59 元/千克和 70.24 元/千克，出口数量相差较大，但出口价格相差较小。6 月、11 月、12 月干香菇贸易国为波兰、西班牙、法国。出口至波兰的干香菇价格最高，为 133.33 元/千克，出口至西班牙的价格最低，为 37.65 元/千克。西班牙是河北 2020 年干香菇的最大贸易国，干香菇出口数量达到 1 847 千克，是河北出口总量的 52.82%（表 2-9）。

表 2 - 9　2020 年河北干香菇出口国家和地区及数量

月份	商品名称	贸易伙伴名称	注册地名称	数量（千克）	出口创汇额（元）
3	干香菇	瑞典	河北	250	15 647
3	干香菇	西班牙	河北	1 547	108 660
6	干香菇	波兰	河北	360	48 000
11	干香菇	西班牙	河北	300	11 295
12	干香菇	法国	河北	1 040	66 535

数据来源：中国海关统计官网。

（三）鲜或冷藏香菇出口

河北鲜或冷藏香菇产品主要以订单形式销往韩国、美国、澳大利亚、日本、越南等国家，2019 年出口达到 986.6 吨，创造产值高达 202.2 万美元。邢台市、唐山市等两个生产市是河北鲜或冷藏香菇的出口大市，在 2019 年出口数量均为 400 吨，但是唐山市出口创汇额为 60 万美元，邢台市出口创汇额仅为 4 万美元。秦皇岛市出口鲜或冷藏鲜菇 180 吨，低于唐山市、邢台市，但其出口创汇额高达 138 万美元。与其他三个市相比，承德市鲜或冷藏香菇出口数量仅为 6.6 吨，出口创汇额为 0.2 万美元（表 2 - 10）。

表 2 - 10　2019 年河北各市鲜或冷藏香菇出口贸易情况

出口市	商品名称	数量（千克）	出口创汇额（美元）
承德市	鲜或冷藏香菇	6 600	2 000
秦皇岛市	鲜或冷藏香菇	180 000	1 380 000
唐山市	鲜或冷藏香菇	400 000	600 000
邢台市	鲜或冷藏香菇	400 000	40 000
	总计	986 600	2 022 000

数据来源：河北省农业环境保护监测站。

鲜或冷藏香菇运输过程中对运输工具要求较高，贮存期限较短，受新冠疫情的影响，2020 年，河北并未进行鲜或冷藏香菇的出口。

河　北　平　菇

第一节　河北平菇历史

一、河北平菇栽培历史

平菇也称糙皮侧耳（Pleurotus ostreatus），其栽培发源地在美国，首次栽培记载时间为 1900 年。1972 年刘纯业发明了棉籽壳栽培糙皮侧耳技术，成为我国食用菌栽培技术的一次革命，为木腐型食用菌基质原料的开发开辟了新的思路。此后玉米芯、大豆秸等多种作物秸秆广泛应用于食用菌生产，促进了食用菌产业规模的扩大。20 世纪六七十年代，平泉开始有了代料平菇栽培，成为河北平菇栽培的起源地，但由于效益不高转而引进、研发栽培滑子菇和香菇。河北平菇成规模生产则起于 20 世纪 70 年代末 80 年代初，当时以河北省微生物研究所为技术中心，向省内外辐射，最先形成规模生产的是唐县、灵寿、宁晋，产品规模之大，形成鲜品时间之早，当时在国内外是十分有影响的，现河北平菇生产主要集中于冀中南邢台和邯郸地区。

二、主产县栽培历史

（一）保定唐县

唐县位于河北保定西南部，是太行山东麓的国家级贫困县，素有"七山一水二分田"之称。唐县的食用菌生产始于 20 世纪 80 年代初，以长古城乡、南店头乡、北罗镇为中心的平菇生产在全县范围内大面积推广，一度发展到 11 个乡镇，122 个专业村，4.3 万户，涉及人口 18 万余人，从业人员达 7 万余人，至今已有 30 多年的生产历史。在县委、县政府的领导和支持下，唐县把食用菌生产定为三大经济支柱产业之一，大力推进农业结构调整，发展食用菌生产，促进农民增收。1989 年 12 月在石家庄召开的河北首届食用菌产品、技术交流会上，唐县太行食用菌科技情报中心站用 0.25 千克料培育出 6 千克重特大平菇，得到与会专家的一致好评和赞扬。该中心采取多种原料搭配，在栽培形式上将层梯式栽培改为立式栽培，栽培区内 80% 单株重均达 2.5～4 千克，奠定了唐县大力发展平菇产业的基础。2002 年唐县被授予"河北食用菌之乡"的称号，2007—2008 年唐县被列为农业财政资金整合项目示范县，通过项目的实施，唐县食用菌生产逐步形成了"四带一片"格局。唐县平菇主栽品种为唐平 26，该品种来源于唐山市农业科学研究院、河北省乐亭县农业局、唐山师范学院生命科学系。唐平 26 的特征特性为：菌盖半圆形，随着温度的升高菌盖颜色由黑色逐渐变为浅灰色，菌褶白色，韧性好；菌柄长；覆瓦状排列，外形美观，商品性好，品味佳。出菇温度范围广、高产、耐运输，适合春季和秋冬季出菇。生物转化率为140%左右，菌丝生长适宜温度范围为10~22℃。子实体生长期的空气相对湿度85%~90%。发菌期料温控制在20~25℃，避光培养，适度通风，空气相对湿度60%~70%；出菇期温度控制在13~30℃，空气相对湿度85%。冀北夏季食用菌产区均适用。唐县北罗镇建立了规范化的平菇批发市场，唐县生产的"唐龙"牌平菇获优质农产品称号，是出口创汇的名牌产品，唐县生产的平菇产品除满足北京、天津、广州、深圳等国内各大城市的市场需求外，还远销我国港澳台地区和欧盟、东南亚、东北亚等国家。唐县通过标准化种植，大力进行食用菌循环生产技术的探索研究与推广应用，实现了平菇肥料种植鸡腿菇、金针菇以及糠醛渣肥料种植平菇、棉秆屑与棉籽皮混合袋式栽培平菇等种植模式，对节本增效，促进农业增产、农民增收，优化美化农村生活环境具有广泛意义。近两年来，随着生产成本的增加、工厂化生产规模的扩大及单户种植效益的降低，唐县平菇种植规模、品种与数量迅速下滑，杏鲍菇、金针菇、双孢菇、白灵菇等食用菌优质品种逐渐发展，逐渐向满足市场多样化的需求发展。在种植业结构调整中，食用菌生产结构得到进一步优化，区域布局更趋合理，在全县形成了"四带一片"的生产格局，即县城——王京的平菇、草菇生产带，县城——霍水的平菇、姬菇、木耳生产带，县城——高昌的金针菇、双孢菇生产带，县城——川里的杏鲍菇、白灵菇生产带，以西塘梅、东同龙为中心的白色金针菇、杏鲍菇生产片，形成了稳固的九大生产基地。

（二）石家庄灵寿

灵寿县地处河北中西部，西依太行山，东临大平原，县城距省会40千米，是山区县、老区县、国家扶贫开发工作重点县。灵寿县食用菌栽培从20世纪80年代开始，是改革开放后发展起来的新型产业，最初只有金针菇，属于农民小范围自发种植，后逐渐拓展，21世纪初开始种植平菇。近年来，灵寿县围绕"农业抓特色、产业抓升级、产品抓品牌"的工作思路，通过抓示范基地、抓产品认证、抓龙头企业、抓品牌注册、抓市场建设等措施，加大农业产业结构调整力度，大力发展效益农业，农民收入稳步增长，以食用菌为主导的多条有形经济也有了新发展。灵寿县依托资源和区位优势，积极实施"产业富民"战略，把发展食用菌产业当作兴县、裕民、富财政的"一号工程"来抓。2015年首次引进秀珍菇品种，到2019年，灵寿县秀珍菇和平菇种植面积达到3 200亩，年产量8 000吨，产值3.4亿元，其中秀珍菇产值2.6亿元，平菇产值0.8亿元（表3-1）。2020年食用菌产值达到6.8亿元，占农业总产值的30%，全县排名第一。根据国内外区域的市场特点和发展趋势，综合考虑自身的发展现状，灵寿县成立了食用菌专业合作社联合社，围绕发展食用菌产业，建设食用菌产业园，以河北灵济食用菌有限公司、河北绿地生物技术有限公司、石家庄乐民生物科技有限公司为龙头，建立"内联千家万户，外接中外市场"机制，辐射带动农户脱贫致富。同时建设"六大基地"：一是建设以南朱乐村为中心的杏鲍菇工厂化生产及香菇、茶树菇标准化生产基地500亩；二是建设南广化村香菇、秀珍菇、红平菇标准化生产基地600亩；三是建设南城东村黄金针菇、姬菇标准化生产基地1 000亩，黑鸡枞菌500亩；四是建设西城南村草菇标准化生产基地200亩；五是建设以湾里、伍河村为代表的白灵菇标准化生产基地1 000亩；六是建设以灵寿镇为代表的小平菇、海鲜菇标准化生产基地500亩。与高等院校、科研院所建立长期稳定的合作关系，依托科技团队的技术力量、研发力量，进一步促进了新技术的推广和新品种的开发，使其种植品种、基地数量进一步增多，规模逐渐扩大，成为京津冀特色食用菌产品供应基地，灵寿县食用菌产业现已发展成为灵寿县三大特色主导产业之一。

表 3 - 1　灵寿县 2019 年食用菌产业概况

菇种	面积（亩）	产量（吨）	产值（万元）
金针菇	5 500	77 600	28 050
秀珍菇	2 000	4 000	26 000
白灵菇	1 000	12 000	12 000
平菇	1 200	4 000	8 000
香菇	270	5 400	3 700
茶树菇	180	2 560	2 500
灰树花（栗蘑）	500	500	400
草菇	100	400	420
合计	10 750	106 460	75 070

数据来源：2019 年灵寿县食用菌产量产值统计表。

秀珍菇有丰富的蛋白质含量，是营养价值较高的珍稀菇种，从我国台湾地区引进而来，在推广到市场之后供不应求，深受市场消费者喜爱。因其高温菇种的特性，在夏季种植能较好地弥补冷凉品种因季节性空缺而减少的市场份额，使菇农的收入大幅提升，调动了菇农种植积极性。灵寿县从 2015 年引入秀珍菇种，经过几年的发展，年产量达到 4 000 吨，产量水平已经接近金针菇和白灵菇，为灵寿县食用菌产业提供了多元化选择。2015—2019 年灵寿县秀珍菇种植面积都稳定在 2 000 亩左右，产量维持在 4 000 吨左右，产值约 2.6 亿元（图 3 - 1）。由于灵寿县秀珍菇种植农户分散，生产周期和规模受市场因素影响较大，其产业发展处于萌芽期，尚未形成一个成熟、完整的市场，没有形成规模效益。

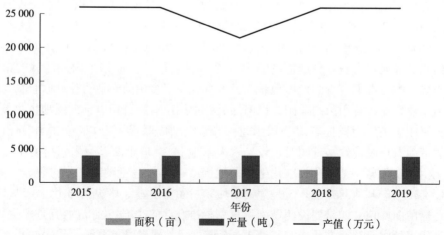

图 3 - 1　灵寿县 2015—2019 年秀珍菇种植面积、产量、产值变化情况

数据来源：2015—2019 年灵寿县食用菌产量产值统计表。

近几年，灵寿县充分认识到农业龙头企业在产业化经营中的主导作用，围绕农副产品的生产、加工、贮藏、销售，加大政策和资金扶持力度，培育壮大了灵洁公司、书亭公司、保恩公司等食用菌生产加工龙头企业 10 余家，塑料袋生产厂 8 家，菌种厂 3 家，并涌现出一大批专门从事食用菌物料经营、菌袋制作、产品销售的专业农户和农民经济人。食用菌龙头企业开始跨地区发展，如河北灵洁食用菌有限公司原是一家只在本县经营的小加工厂，近几年经营范围扩展到了鹿泉、行唐、正定等周围县市，加工出口盐渍、速冻食用菌等 12 个品种，现已发展成为一家集食用菌加工出口于一体的大型农业龙头企业，带动了食用菌产业的快速发展。随着食用菌产业的发展，直接到种植户家里收购农产品，已不能满足经销商的销货量和实践需求。为进一步规范经营，实现食用菌产业的健康可持续发展，县政府投资 45 万元在孟托村征地 10 亩，建立了高标准的销售市场，引导建设了以县城食用菌市场为主，4 个主产区市场为辅的交易网络。同时抓经纪人队伍培养，先后培训 2 500 多名服务农户的农村经纪人，在全国建立直销网点 1 500 多家，活跃了市场流通，促进了农民增收。在生产旺季，食用菌日交易量可达 500 吨左右，极大地带动了食用菌产业的发展。县政府利用建棚周转的方式支持贫困乡镇食用菌种植，确定食用菌产业的发展片区，集中资金给予支持，在平原与丘陵结合部的甄朱乐村投资 40 万元尝试性地建立起食用菌大棚 55 个，在丘陵区贾庄村建起了"灵寿县 10 万米^2 食用菌种植示范园区"，建大棚 70 个，使全村 152 个贫困户中 1/3 的农户参与了种植。食用菌出口也获得较大发展，目前，灵寿县食用菌已占领日本、韩国、东南亚等市场，开辟了西欧市场。

（三）邢台宁晋

20 世纪 80 年代初，河北宁晋县开始进行平菇生产。20 世纪 80 年代初依靠蔬菜市场鲜销模式，在农业部门的技术推广和项目推进下，当地政府从财政、税收、占地、水电等各方面大力扶持，逐步普及种植技术，规模不断扩大，产量连年递增。经过 30 多年对平菇品种的探索，最终抓住了"小黑平"的发展机遇。"小黑平"其实就是我们常说的秀珍菇，以鲜菇中蛋白质含量丰富、氨基酸种类较多闻名，因外形悦目、鲜嫩清脆、味道鲜美、营养丰富而获食客好评。发展至今，宁晋县建立起一批平菇生产加工龙头企业，先后建成投产了腌渍生产线、速冻生产线、冷冻干燥生产线等，产品除供应国内市场外，还远销亚欧美 29 个国家和地区，销路拓宽，激发了当地群众生产热情，平菇生产遍布全县。

21 世纪初，为了规范行业，进行标准化生产，提高产品市场竞争力，由农业部门牵头组织成立了宁晋县食用菌协会。协会经常举办培训班、交流观摩会、座谈会，及时发现行业发展中的问题，对全县食用菌发展起到了行业引领、规范的作用，先后指导成立了盛吉顺食用菌种植专业合作社、西丁村绿华食用菌专业合作社、连邱绿邱种植专业合作社等 39 个食用菌经济组织。盛吉顺食用菌种植专业合作社跨区域发展，周边赵县、辛集、邢台、巨鹿、新河等地均有分社，发展社员 1 200 多人，初步形成了"企业＋合作社＋农户"的产业化格局。合作社上联企业，下联农户。企业通过合作社建立了食用菌原料生产基地，实行了标准化生产，并申报省市出入境检验检疫局备案，保证了产品销路畅通，增强了龙头企业的带动能力。企业有了可靠的原料来源，农户有了销售保障，经济利益紧紧地捆绑在了一起。目前，平菇销售畅通，价格稳定。

2010年宁晋县被中国食用菌协会授予"全国食用菌优秀生产基地县"荣誉称号。2012年被河北出入境检验检疫局评为"河北省出口食用菌质量标准化示范县"荣誉称号。2015年，该县平菇种植户通过龙头企业产品外销，每500克鲜菇平均售价高出市场0.2～0.3元，户均增收万余元。根据市场需求，企业与合作社实行订单生产，合作社再组织农户进行标准化种植，企业对产品实行最低保护价收购，保护了菇农利益，分担了市场风险，"企业＋合作社＋农户"的经营模式逐渐形成。2018年邢台市建立了宁晋县和威县两个示范基地——河北盛吉顺食用菌种植专业合作社和河北中沃农业科技开发有限公司2个标准化菌种厂，在宁晋县侯口乡侯口村、宁晋县凤凰镇刘路村、威县梨园屯镇红桃园村和陈固村新建平菇高标准生产基地4个，共计400亩。平菇基地产值可达5.3亿元，户均增收近万元。2019年底，宁晋县食用菌总产量7.2万吨，产业产值突破8亿元，目前食用菌已成为宁晋县农民增收的主导产业之一。近40年来，平菇经营模式不断创新，从20世纪80年代的家庭副业，到园区式发展，再到标准化、工厂化生产，平菇的种植模式也多种多样，主要有发酵料栽培、熟料栽培等。

宁晋县食用菌产业的发展模式是典型的出口主导型，注重食用菌的质量安全标准化，通过出口创汇来促进食用菌产业发展。宁晋县作为出口食用菌质量安全标准化示范县，全县范围内的平菇生产实行统一的标准化，出口时不再需要各个批次的检验，而是实行抽检。目前，宁晋平菇畅销日本、欧美等近30个国家和地区，大大提高了农民的收入。宁晋县政府不断加大对龙头企业的扶持力度，帮助引进新技术，加强指导，不断壮大企业发展，发挥企业的带动作用，同时努力推进企业和农户利益一体化进程，并建立良好的信誉关系。在生产过程中，以合作服务为纽带，实现信息共享的同时实现8个"统一"，即统一品种、统一制种、统一供种、统一技术、统一标准、统一收购、统一加工、统一销售，解决了政府统不了、技术部门包不了、一家一户办不了的诸多问题。

（四）邯郸魏县

食用菌产业在魏县的发展起始于20世纪80年代中期，由于食用菌不同品种对栽培要求有较大差异，对生产成本和技术有额外的要求，当时虽有食用菌种植，但面积与产量极小。魏县自20世纪80年代开始发展食用菌人工栽培以来，菌种生产企业数量与企业发展规模经历了飞速扩张与稳定的阶段。20世纪90年代，魏县曾成立近20家菌种生产企业。受地理位置、气候环境、原料供应等因素的综合影响，魏县当地食用菌栽培种类以平菇和姬菇为主，其产量常年占当地食用菌产出总量的70%以上。近年来，邯郸市食用菌行业发展迅速，已形成一定规模和产业，邯郸市利用区位、资源优势，通过政府推动等多种措施，加大了对平菇产业的投入力度，大力推进标准化生产，各县均有种植，其中邯郸市肥乡区、邱县、成安县、临漳县种植平菇面积最大，为广大农民脱贫致富作出了巨大贡献，对邯郸市的经济社会和生态环境等方面都产生较大的影响。肥乡区因地制宜发展了"协会＋合作社＋基地＋农户"模式（表3-2），大大带动了本地及周围平菇产业的发展，现已初步形成了以千家万户为基地的生产群体，全县150个村栽培平菇1 600万袋，食用菌总产量6.2万吨，产值1.42亿元；魏县食用菌种植大户达到10余户，年投料3 000吨，有标准菌种生产企业1家，年产菌种50万千克，该县食用菌种植带动了邯郸市食用菌产业的发展；永年区食用菌种植户 400 多户，食用菌种植面积达到 120 公顷，收益每公顷达到 75 万余元，是传统粮食种植效益的十几倍；磁县高效农业示范区通过建成反季节食用菌大棚，已取得较好经济效益。

表 3-2 邯郸市食用菌生产品种及生产模式

区域	品种	生产模式	栽培方式
成安县	秀珍菇、香菇等	产业园、农户	棚室
临漳县	越夏平菇、白灵菇、香菇等	产业园、合作社、农户	"棚室＋林下"
肥乡区	平菇、双孢菇为主	"协会＋合作社＋基地＋农户"	棚室
魏县	平菇、香菇、白灵菇等	工厂化、基地、农户	棚室
邱县	平菇、姬松茸、杏鲍菇等	"工厂＋农户"	棚室
其他	平菇、香菇等	农户	棚室

数据来源：调研数据整理所得。

魏县食用菌菌种培养类属为 4 类，品种共计 35 种，按照菌种适应性进行分类，可分为高温品种、广温品种和低温品种，其中平菇类属共 31 种，占总培养数量的 88.57%（表 3-3）。

表 3-3 邯郸市魏县平菇菌种培养种类

类属	适温类型	品种	品种产量占比（%）
平菇	高温品种	1676、1672、8652、早秋 615、优平 680、金秋黑平、金平 18、秋丰 15、姜堰特抗	88.57
	广温品种（适高温）	灰美 2 号、2061、优 88、2016、2028、优选 4 号、特抗 650、抗病 265、8752	
	广温品种（适低温）	8642、永发黑平、1756、丰抗 11、8105、1501、2002、2026、8129	
	低温品种	德丰 5 号、黑平 55、东丰、石丰 1 号	

数据来源：调研数据整理所得。

河北平菇生产模式经历了从传统农户种植模式，到"企业＋传统农户"种植模式，到目前日渐兴起的工厂化培植模式。平菇栽培虽在模式创新上有所突破，但目前河北平菇种植仍是一家一户的传统农户种植模式，栽培方式比较落后，缺乏科学的生产工艺和技术管理，且受气候、技术、市场等因素影响较大，平菇的生产经济效益逐年下降，"增产不增收"成为平菇产业发展痛点，亟待进行平菇栽培技术的提档升级，促进平菇种植优质高产，提升平菇生产经济效益，进一步推动平菇产业健康有序发展。在可预见的未来，工厂化培植平菇将成为行业主流，并将带动该行业的进一步工业化生产，向大规模工厂化培植方向发展。但由于在平菇工厂化生产中优质菌种缺乏，菌种生产水平低，质量差，导致现有品种第一茬产量较低。同时在配套工艺与技术上还存在缺失，平菇工厂化生产的品种、配方、菌种、培养、出菇方式，以及出菇管理参数等缺乏配套技术。

第二节 河北平菇产业地位及布局

一、河北平菇产业地位

平菇是我国最重要的食用菌品种之一，平菇的产量产值自食用菌产业发展以来便一直位居前列，平菇产量连年增长，截至 2019 年全国平菇产量为 686.47 万吨，占全国食用菌总量的 17.45%，位居香菇、黑木耳之后，排名第三。平菇产区主要分布在山东、河南、河北、吉林、四川、江西、福建、江苏、内蒙古、湖南、陕西以及云南等地区，2018 年全国平菇总产量为 642.40 万吨，年产量超过 10 万吨的有山东、河南、河北、吉林等 17 个省份（图 3 - 2）。其中，山东平菇产量为 131.32 万吨，占比达 20.44%，河南平菇产量为 111.16 万吨，占比达 17.30%，山东和河南属于第一梯队；河北产量为 66.00 万吨，占比达 10.28%，吉林产量为 61.30 万吨，占比达 9.54%，河北、吉林属于第二梯队；四川、江西、福建和江苏产量占比在 3%～5.2%，其余各地区产量占比均在 3% 以下，属于第三梯队（表 3 - 4）。

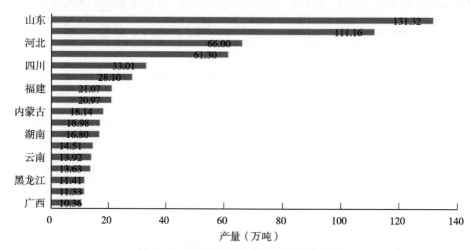

图 3 - 2 2018 年全国平菇主产省份产量

数据来源：《中国食用菌年鉴（2019）》。

表 3 - 4 2018 年全国平菇产量分布

省份	产量（万吨）	占比（%）
山东	131.32	20.44
河南	111.16	17.30
河北	66.00	10.28
吉林	61.30	9.54
四川	33.01	5.14
江西	28.10	4.37
福建	21.07	3.28
江苏	20.97	3.26

（续）

省份	产量（万吨）	占比（%）
内蒙古	18.14	2.82
湖南	16.80	2.62
陕西	14.51	2.26
云南	13.92	2.17

数据来源：《中国食用菌年鉴（2019）》。

河北平菇产量占全省食用菌总产量 302 万吨的 21.85%，在大宗食用菌中仅次于香菇，排行第二，远远超过黑木耳、双孢菇、杏鲍菇、金针菇、姬菇等其他食用菌。从河北2018 年大宗食用菌产量及占比（表 3-5）来看，平菇与香菇有较大差距，2018 年河北平菇的总产量为 66.00 万吨，占全国总产量 642.40 万吨的 10.27%，次于山东、河南，列于全国第三。近年来，平菇产业一直在走下坡路，河北平菇产量从 2011 年的 88.51 万吨下降至 2018 年的 66.00 万吨，产量降幅达 25.43%，平菇产业发展速度低于河北食用菌产业总体速度。

表 3-5　河北大宗食用菌产量及占比

类别	河北产量（万吨）	河北大宗食用菌产量排名	全国总产量（万吨）	河北产量在全国占比（%）	河北产量在全国排名
香菇	172.00	1	1 041.61	16.51	2
平菇	66.00	2	642.40	10.27	3
杏鲍菇	16.60	3	200.83	8.27	3
金针菇	15.00	4	244.76	6.13	6
双孢菇	7.00	5	257.78	2.72	8
黑木耳	3.66	6	643.05	0.57	14

数据来源：河北省农业环境保护监测站。

二、河北平菇产业发展水平

从 2001—2019 年河北平菇产业发展水平（图 3-3）来看，近 20 年河北平菇产业发展趋势大体可以分为快速起步、波动发展和波动衰弱三个阶段。2001—2005 年河北平菇产业快速起步，产量在 2005 年迅速达到 53.71 万吨，占河北食用菌总产量的 62.32%，在全国平菇产量中占比 14.49%，达到近 20 年的产量比重高峰。由于 2005 年的产量较高，全省平菇价格走低，2006 年开始盲目种植平菇的菇农减少，2006—2011 年河北平菇产业进入波动发展阶段，产量整体呈现增加趋势，2011 年达到 88.51 吨，为近 20 年产量高峰，河北平菇产量占食用菌总产量的比重在 2011 年稳定在 42.6%。从 2011 年开始，随着其他菇种的不断发展，河北平菇产业开始进入波动衰弱阶段，平菇产量开始呈现波动下降的态势，截至 2019 年，平菇年产量下降至 47.4 吨，回到 14 年前的产量水平，并且平菇产量在河北食用菌总产量中所占的比重不断下降，现已不足 20%，为近 20 年的最低水平，并还有继续走低的趋势。

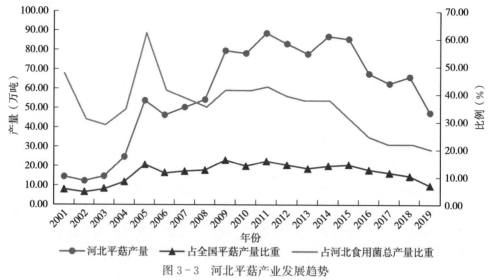

图 3-3　河北平菇产业发展趋势

数据来源：《中国食用菌年鉴（2014—2020）》。

（一）平菇栽培面积呈波动式下降

河北 2010—2019 年平菇栽培面积经历了上升、下降、短暂上升再下降四个阶段，近 10 年间总体呈下降趋势。其中，2010—2012 年为上升阶段，栽培面积从 8.95 万亩增长到 10.39 万亩；2012—2014 年为下降阶段，河北平菇栽培面积呈下降趋势，至 2014 年栽培面积缩减到 9.46 万亩，占比仅为 33.31%；2014—2015 年经历了小幅的上升过程，栽培面积从 9.46 万亩上升到 9.67 万亩，但占比下降为 32.75%；在 2015 年之后，河北平菇栽培面积又开始逐渐下降，栽培面积由 2015 年的 9.67 万亩下降到 2019 年的 4.29 万亩，下降了 5.38 万亩，说明河北平菇栽培面积在 2015—2019 年这一时期快速下降（图 3-4）。

图 3-4　2010—2019 年河北平菇栽培面积变化

数据来源：河北省农业环境保护监测站。

河北平菇栽培面积在河北食用菌产业中的占比较大，2010—2019 年占比均值为

29.60%，2012 年占比 37.95%，达到最大值，占比最小值为 2019 年的 16.44%（表 3 - 6）。

表 3 - 6　2010—2019 年河北平菇栽培面积占比

年份	平菇栽培面积（万亩）	食用菌栽培面积（万亩）	平菇栽培面积占食用菌比重（%）
2010	8.95	24.63	36.34
2011	9.42	24.83	37.94
2012	10.39	27.38	37.95
2013	9.97	27.32	36.49
2014	9.46	28.40	33.31
2015	9.67	29.53	32.75
2016	7.72	30.00	25.73
2017	7.45	35.00	21.29
2018	5.25	29.66	17.70
2019	4.29	26.10	16.44
均值	8.26	28.285	29.60

数据来源：河北省农业环境保护监测站。

（二）河北平菇产量总体呈下降趋势

2010—2019 年河北平菇总产量呈循环波动式变化，总体呈下降趋势。2019 年全省产量为 47.40 万吨，比 2011 年最高时期下降了 46.45%。河北平菇产业在 2010—2019 年的产量变化经历了缓慢波动上升、连续下降、快速回升和快速下降四个阶段，这段时期平菇产量的极差为 41 万吨。第一阶段"缓慢上升"为 2010 年至 2011 年，河北平菇产量从 2010 年的 78.17 万吨增长至 2011 年的 88.51 万吨，达到近 10 年产量的最高峰。第二阶段"连续下降"为 2011 年到 2013 年，河北平菇产量从 2011 年的 88.51 万吨下降至 2013 年的 77.83 万吨。第三阶段"快速回升"为 2013 年到 2015 年，从 2013 年快速升至 2014 年的 86.86 万吨，2015 年略有下降，为 85.44 万吨。第四阶段"快速下降"为 2015 年到 2019 年，从 2015 年的 85.44 万吨直线下降到 2017 年的 62.57 万吨，2018 年略有回升，增幅 5%，2019 年继续下降到 47.40 万吨。同时，平菇占食用菌的比重持续下降，2014 年到 2017 年河北平菇占全省食用菌产量的比重下降明显，从 37.77% 直线下降到 21.44%，在 2018 年回升至 21.85%，2019 年继续下降到 19.85%（图 3 - 5）。平菇占比下降的主要原因是平菇产量水平降低，香菇产量大幅度上升。

从产量增幅来看，河北平菇产量增长波动幅度较大但总体呈下降趋势。可以概括为"三峰三谷"，三年为一个波动：首先，2010 年到 2012 年为一个波动，2010 年 2% 的负增长上升到 2011 年的 13% 的增幅，在 2012 年产量增长幅度则下降到 -6%。2012—2013 年增幅保持平稳，均为 -6%，2013—2016 年又是一个明显的波动，增幅在 2014 年达到最高，为 12%，在 2016 年则为 21% 的负增长。2016—2019 年为第三个周期，在 2017 年到达 9% 的增幅后，连续下降，在 2019 年跌至最大负增长幅度 28.18%（图 3 - 6）。

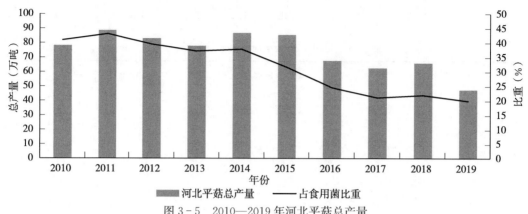

图 3-5　2010—2019 年河北平菇总产量

数据来源：河北省农业环境保护监测站。

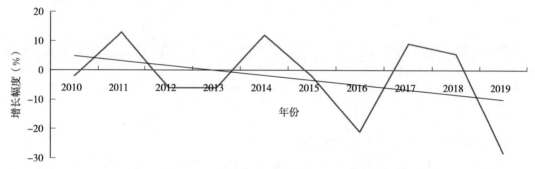

图 3-6　2010—2019 年河北平菇产量增长幅度

数据来源：河北省农业环境保护监测站。

（三）河北平菇单产受市场影响波动明显

2010—2019 年，河北平菇单产呈波动式变化，波动幅度不大，总体呈上升趋势。主要在 7.5～11 吨/亩波动，其波动规律基本为四年一个波动周期。2010—2013 年为一个周期，平菇单产较平稳，由 2010 年的 8.73 吨/亩上升到 2011 年的 9.4 吨/亩，2011 年到 2013 年连续下降，下降至 2013 年的一个较低水平，为 7.81 吨/亩；2014 年大幅回升至 9.18 吨/亩；2014—2017 年河北平菇单产持续下降，2017 年的单产仅为 8.4 吨/亩；2019 年又大幅增长至 11.06 吨/亩（图 3-7）。通过数据分析发现，平菇单产受价格影响波动剧烈，某一年的平菇价格上涨会导致种植农户增加投入以提高单产。

（四）河北平菇产值呈规律性波动

河北平菇产业产值波动幅度具有"先上升，后下降，再上升，再下降"的周期性趋势变化特征。近 10 年河北平菇产值变化大致可以分为四个阶段：

第一阶段是 2010 年到 2011 年，从 2010 年的 30.73 亿元增长到 2011 年的 32.20 亿元；第二阶段是 2011 年到 2013 年，呈连续下降，下降幅度大于第一阶段的增长幅度；第三阶段是 2013 年到 2015 年，2013 年河北平菇产值达近 10 年较低值，第二年大幅度反弹回升，增幅为 39%，2015 年又升至 34.31 亿元，达到近 10 年的最高峰；第四阶段是 2015 年到 2019 年，在 2015 年产值达到顶峰后，2016 年产值迅速下降至 27.41 亿元，随

图 3-7　2010—2019 年河北平菇单产波动规律

数据来源：根据河北平菇总产量和种植面积数据计算整理。

后继续下降至 18.57 亿元（图 3-8 和表 3-7），这表明河北平菇受市场行情影响较大。

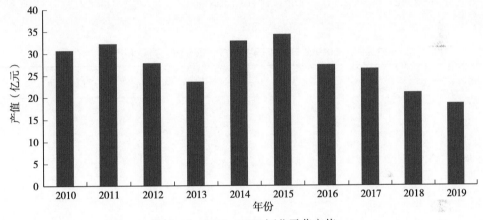

图 3-8　2010—2019 河北平菇产值

数据来源：河北省农业环境保护监测站。

表 3-7　2010—2019 年河北平菇产值增长幅度

年份	产值（亿元）	产值增长幅度（%）
2010	30.73	18
2011	32.20	5
2012	27.86	−13
2013	23.64	−15
2014	32.85	39
2015	34.31	4
2016	27.41	−2
2017	26.52	−3
2018	21.06	−21
2019	18.57	−12

数据来源：河北省农业环境保护监测站。

综合以上分析得出结论：①河北平菇产业生产规模在河北食用菌中排名靠前，但近几年生产规模呈缩小趋势，与山东相比竞争力不足。②河北平菇产业发展速度不稳定。通过分析 2010—2019 年河北平菇产业的发展，其产量、产值占河北食用菌行业的比重均呈下降趋势，这说明河北平菇产业发展水平存在滞后性，面对激烈的市场竞争，在其他菌类产业快速发展的同时，平菇产业发展速度减缓，平菇产品市场竞争力下降，甚至有被其他菌类产品挤出市场的风险。

三、河北平菇产业分布

河北平菇栽培历史悠久，种植区域广泛。2019 年河北平菇栽培总面积为 4.29 万亩，产量 47.40 万吨，产值达到 18.57 亿元。全省平菇主产地集中在邯郸、石家庄、邢台、保定等冀中南一带。2019 年平菇栽培面积在河北排行前四位的城市分别是邯郸、承德、石家庄、邢台，面积分别为 2.78 万亩、0.61 万亩、0.41 万亩、0.20 万亩。邯郸平菇产量最高，达到 27.55 万吨，排名河北第一位；第二位为承德，产量为 9.76 万吨；石家庄平菇产量为 5.34 万吨，排河北第三；邢台排在河北第四位，产量为 1.60 万吨，产值为 1 亿元（表 3 - 8）。

表 3 - 8　2019 年河北平菇主产市栽培面积、产量和产值

地区	面积（万亩）	产量（万吨）	产值（万元）
河北	4.29	47.40	185 712.60
邯郸	2.78	27.55	63 780.80
承德	0.61	9.76	74 180.01
石家庄	0.41	5.34	24 698.00
邢台	0.20	1.60	10 066.72
保定	0.11	0.10	505.50
唐山	0.08	1.31	4 636.50

数据来源：河北省农业环境保护监测站。

采用 CRn 指标测算平菇产业集中度，利用河北平菇种植面积、产量排名前四位的主产县（市、区）的合计数占全省总种植面积、总产量的比重计算。

2019 年河北平菇种植总面积为 42 853.14 亩，种植面积排名前四位的县（市、区）分别是肥乡区、邱县、魏县和成安县，四个县（市、区）种植面积总和为 25 440 亩，测算的 $CR4$ 数值为 59.37%（表 3 - 9）。

表 3 - 9　2019 年河北平菇生产集中度（种植面积）

排名前四位的县（市、区）	平菇种植面积（亩）	排名前四位的县（市、区）平菇种植面积总和（亩）	全省种植面积（亩）	CR4 数值（%）
1 肥乡区	9 700	9 700		
2 邱　县	8 290	17 990		
3 魏　县	4 500	22 490	42 853.14	59.37
4 成安县	2 950	25 440		

数据来源：河北省农业环境保护监测站。

2019 年河北平菇产量排名前四位的县（市、区）分别是肥乡区、成安县、平泉市和邱县，主产县（市、区）平菇产量优势比较明显，排名前四位主产县（市、区）的产量总和为 274 535 吨，CR4 为 57.92%，产量集中度较高（表 3 - 10）。

表 3 - 10　2019 年河北平菇生产集中度（产量）

排名前四位的县（市、区）	平菇产量（吨）	排名前四位的县（市、区）平菇产量总和（吨）	全省产量（吨）	CR4 数值（%）
1 肥乡区	97 235	97 235		
2 成安县	67 500	164 735		
3 平泉市	59 800	224 535	473 995	57.92
4 邱　县	50 000	274 535		

数据来源：河北省农业环境保护监测站。

第三节　河北平菇价格波动与成本效益

一、河北平菇价格波动

（一）平菇价格省际比较

2020 年全国平菇价格在 5.80～12.50 元/千克波动（表 3 - 11），年度平均价格为 8.07 元/千克。其中 6 月价格最高，为 12.50 元/千克，2 月最低，为 5.80 元/千克。平菇价格呈现出明显的季节性波动，第一季度价格稍有下降，第二季度则呈现出平稳的上升趋势，第三季度达到价格最高点，第四季度价格下降后保持平稳。整体来看，平菇价格近几年均呈现周期性变动规律。但受疫情影响，2020 年价格最高点和最低点与往年相比出现得较早，提前了一个月的时间。而河北 2020 年平菇平均价格为 5.06 元/千克，其中 11 月价格最低，为 3.35 元/千克，7 月价格最高，为 8.19 元/千克。以上数据可以看出，河北平菇价格明显低于全国价格水平，河北平菇均价相比全国每千克低 3.01 元，其中，价格差距在 6 月达到最大，6 月河北平菇价格为 4.89 元/千克，全国价格为 12.50 元/千克，二者价差高达 7.61 元/千克，全年大多月份每千克价格低于全国水平 1～3 元不等。

表 3 - 11　2020 年全国和河北平菇价格

单位：元/千克

区域	1 月	2 月	3 月	4 月	5 月	6 月	7 月	8 月	9 月	10 月	11 月	12 月
全国	6.02	5.80	6.71	7.72	10.77	12.50	9.29	8.95	7.45	7.77	7.72	6.10
河北	4.82	4.39	4.65	4.98	5.21	4.89	8.19	6.24	5.63	4.57	3.35	3.84

数据来源：中国农产品价格信息网。

整体上看，各省份平菇价格走势基本相同，均在第三季度达到一年中价格的最高点后，在第四季度进行价格调整，河北平菇价格较山东、河南、辽宁和全国的价格水平均表现较低（图 3-9）。山东是我国最大的平菇生产省份，平菇产量最高，居全国第一，年产量是河北平菇产量的两倍，山东平菇栽培已经形成明显的规模优势，2020 年月度均价为 8.38 元/千克，高于全国平均水平。辽宁平菇月度平均价格为 6.36 元/千克，河南平菇月度平均价格为 6.30 元/千克，辽宁与河南价格较为接近，均高于河北 2020 年平均价格。整体而言，河北平菇市场运行走势与全国、山东和北京走势基本一致，但价格最低，具有市场价格竞争优势。

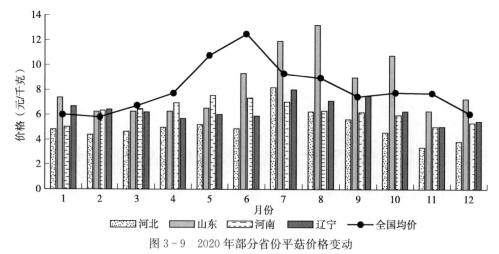

图 3-9 2020 年部分省份平菇价格变动

数据来源：中国食用菌商务网数据整理计算得出。

（二）河北平菇年度价格历史比较

2011 年 1 月到 2020 年 12 月河北平菇价格较为稳定，整体波动幅度不大。大致可以分为三个阶段，第一阶段是 2011 年 1 月到 2014 年 8 月，平菇的价格波动幅度较大，其中 2013 年 3 月，平菇的价格处于该阶段最低值 2.78 元/千克。2011 年 4 月价格为 4.01 元/千克，在 2011 年 8 月迅速上升到 8.63 元/千克，经过 2012 年 3 月的低价后，又达到小高峰 6.2 元/千克，但 2013 年 3 月下降幅度最大，下降至 2.78 元/千克，2013 年 8 月又达到本年价格的最高 7.4 元/千克，到 2014 年 9 月同样经历迅速下降和迅速上升的过程，达到 6.5 元/千克。

第二阶段是 2014 年 9 月到 2018 年 11 月，河北平菇价格波动明显但总体呈下降趋势。前期 2014 年 9 月到 2015 年 9 月，在 4～7 元/千克的较高水平波动，中期 2015 年 9 月到 2018 年 11 月为大幅震荡阶段，河北平菇价格在 2017 年 5 月达到近 10 年最低价格 2.58 元/千克，随后又在 2018 年 8 月反弹到近 10 年的最高价格 11.37 元/千克，年内振幅高达 275%。

第三阶段为 2018 年 11 月到 2020 年 12 月，平菇价格整体波动幅度较上一阶段有所减小且总体呈上升趋势，由 2018 年 11 月的 3.03 元/千克上升到 2019 年 6 月的 7.10 元/千克，随后平菇价格小幅振荡下跌至 4.12 元/千克并触底反弹，2020 年 8 月快速回升至 11.07 元/千克，后又持续下降，2020 年 11 月下降到 3.84 元/千克，12 月则有小幅回升（图 3-10）。

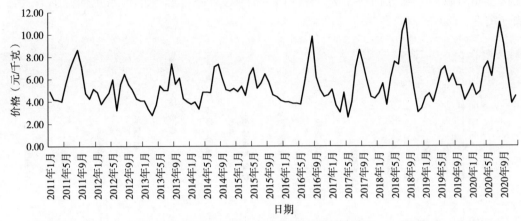

图 3-10 2011—2020年平菇价格波动

数据来源：中国食用菌商务网。

如果按照"波谷—波谷"为一个周期，从图3-11中大致可以看出平菇价格波动为一年一个周期，每年的8月左右出现价格的最高值，在3—4月出现价格最低值。其中的主要原因：一是夏季气温高，种植技术难度大，病虫害易发生，往往导致栽培失败；二是夏季平菇栽培总面积减少，总产量小，因此造成市场鲜平菇货源紧缺，价格上涨。

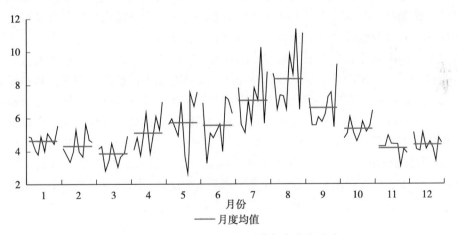

图 3-11 2011—2020年平菇年度价格波动

数据来源：中国食用菌商务网。

通过分析2011—2020年平菇月度价格的变化，发现其具有明显的季节性波动特征。从整体看，十年中价格在8月前后均处在较高水平，平均价格为每千克8.36元，3月和11月左右均在全年的最低水平，平均价格为每千克3.85元和4.20元。平菇作为河北大宗类的食用菌，每年的4—6月由于应季蔬菜的上市，平菇处于销售淡季，7—9月由于供给量少，平菇的价格处于上涨期，10—12月由于平菇开始大量上市，供给量增多导致平菇价格下降，1—3月是平菇的探底回升期。综合来看，平菇的价格在夏秋季相对较高，除近两年平菇价格有走高的趋势外，近十年价格走向一直保持一致（图 3 - 12）。

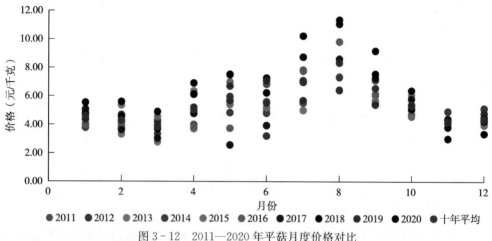

图 3 - 12　2011—2020 年平菇月度价格对比

数据来源：中国食用菌商务网。

（三）河北平菇加工品价格分析

平菇加工可分为三个层次：一是初加工，即通过烘干、腌渍、保鲜速冻等工艺制成易储食材等；二是深加工，即通过烹饪烹调等工艺制成风味食品、佐餐食品，如平菇蜜饯、平菇果脯、酱制品、蘑菇罐头、平菇火腿、平菇挂面等；三是精深加工，如通过化学萃取等工艺提取有效成分制成药品、营养品、保健品、化妆品等。

河北平菇加工企业较少，加工品主要以初级产品为主，品种单一，附加值低。从加工产品种类看，河北平菇产品主要是鲜品、盐渍品，精深加工产品严重不足。从加工品附加值看，加工产品品牌知名度不高，导致其附加值低。但是比起鲜菇，初级加工仍然可以带来较大的增值空间，对同一地区、同一时间内平菇鲜品与盐渍品进行比较，平菇鲜品与盐渍品的价格相差比较大。从 2019 年的平菇鲜品和盐渍品各月份价格来看（表 3 - 12），1—5 月盐渍品的价格一直高于鲜品的价格，而 8—12 月盐渍品的价格一直低于鲜品的价格。从图 3 - 13 中可以很明显地看到河北平菇鲜品和盐渍品因供应量不同出现的价格互补差异。可见平菇加工品对提高平菇鲜品销售淡季的销售额有一定作用，同时可以较大幅度地增加产品附加值。

表 3 - 12　2019 年河北平菇鲜品和盐渍品各月份价格

单位：元/千克

种类	1 月	2 月	3 月	4 月	5 月	6 月	7 月	8 月	9 月	10 月	11 月	12 月
鲜品	3.6	3.8	2.6	3.5	4.4	9.3	5.2	5.9	5.8	5.3	3.5	5.2
盐渍品	6.0	6.2	5.3	6.0	5.0	5.7	6.0	2.5	3.5	3.5	2.0	2.0

数据来源：中国食用菌商务网。

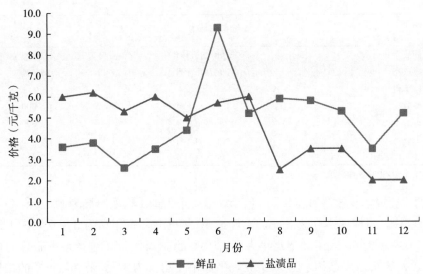

图 3 - 13　2019 年平菇鲜品和盐渍品价格对比

数据来源：中国食用菌商务网。

二、河北平菇成本效益分析

河北平菇栽培方式主要为地栽，按每年每亩地平均种植 8 000 棒菌棒计算，每棒干料约重 1.5 千克，平菇种植的平均干料转化率为 100%，每亩地平菇总产量可达 12 000 千克，根据平菇出菇质量和品质的不同，其相应价格也具有差异，此处按 4 元/千克的平均价格计算。占地面积为 1 亩的种植大棚每年种植平菇的收入达到 48 000 元。

与平菇种植相关的成本有土地成本、建棚成本、菌棒成本和人工成本。土地流转费用平均每亩地为 1 000 元/年。由于其种植的特殊性，需要搭建大棚，大棚主要为结构简单的冷棚，每亩建棚资金投入约为 3 万元，按 10 年对大棚进行折旧。

菌棒成本包括栽培料成本和菌棒生产设备折旧成本。河北现有种植者还仍以一家一户的小农户种植模式为主，部分农户自己生产菌种，自行接菌进行菌棒的生产，每个菌棒的生产成本大约在 2.6 元。部分农户从企业购买三级种直接进行出菇，每个菌棒的生产成本大约在 3 元，计算的时候按照平均水平每棒 2.8 元计算。在平菇种植过程中，人工成本主要发生在制棒及采摘环节，工人的工资基本按小时计算，每小时 8 元左右，每亩每年人工成本约为 6 000 元（表 3 - 13）。

表 3 - 13　平菇种植成本及收益情况

项　目	单位	金额
销售收入	元/（亩·年）	48 000
其中：产量（鲜品）	千克/年	12 000
市场价格	元/千克	4
生产成本	元/（亩·年）	32 400

（续）

项　目	单位	金额
其中：建棚成本	元/（亩·年）	3 000
菌棒成本	元/（亩·年）	22 400
其中：菌棒单价	元/棒	2.8
菌棒数	棒/（亩·年）	8 000
土地成本	元/（亩·年）	1 000
人工成本	元/（亩·年）	6 000
种植利润	元/（亩·年）	15 600

数据来源：调研数据整理所得。

平菇的主要成本及效益如表3-13所示，以1个占地1亩的冷棚为例，每年每亩地生产平菇约8 000棒，每棒成本在2.8元，大棚按10年折旧，每年约为3 000元，土地流转资金为每年1 000元/亩，人工成本每年为6 000元/亩，所以每年每亩地平菇总的种植成本为32 400元。每亩地出菇约12 000千克，平菇市场均价为4元/千克，每年的销售收入为48 000元。所以种植者每年每亩地获得的种植利润约为15 600元，成本利润率为48.15%。

第四节　河北平菇产业竞争力

产业竞争力是一个复杂的有机整体，由多种相互联系、相互作用的要素构成。本书依据河北平菇产业的实际情况，对平菇产业竞争力从资源要素竞争力、新品种研发创新能力、产品品牌竞争力三个层面进行讨论。

一、资源要素竞争力

（一）原材料丰富

河北平菇主产区集中在冀中南平原地区，该地区是玉米、小麦、棉花等农作物重要生产基地，秸秆、玉米芯等生产资源非常丰富。平菇的栽培原料极为广泛，常见的原料有玉米芯、棉籽壳、木屑、稻草（表3-14）。河北大量的农作物为平菇的生产提供了足够的原材料，也为平菇产业发展提供了良好的条件。河北平菇栽培原料使用最为广泛的是玉米芯。2017年河北玉米产量2 035.5万吨。根据经验生产1千克玉米会同时产出0.15千克左右的玉米芯，以1千克玉米芯为原料制成菌棒后，如果管理精细可以产出0.8~1千克平菇。若将这些玉米芯全部用于平菇的生产，最多可以创造305.33万吨的产量。

表3-14　平菇菌棒的配料方案

配方号	配料方案
配方1	玉米芯粉90%、米糠9%、石灰1%
配方2	棉籽壳99%、石灰1%
配方3	木屑89%、石灰1%、麦麸10%
配方4	稻草99%、石灰1%

数据来源：调研数据整理所得。

（二）气候条件适宜

河北面积 18.88 万千米²，环抱北京，横跨华北、东北两大地区。从南到北无霜期 170～200 天，雨热同季，属于季风型气候，同时冀南冀北温差较大。一般情况下平菇生产周期在 10 月到第二年的 5 月左右，冀中南地区这一时间内气温适宜平菇生长，但是到了夏季，温度过高，不适宜出菇，并且难以控制病虫害。因此在冀北地区错季生产平菇可以带来良好的经济效益。坝上地区年平均气温 2.6℃，夏季最高温度在 25℃以下，昼夜温差 10℃左右，很适合平菇的夏季生产，尤其是 7—9 月的低气温、高温差，对平菇的出菇非常有利，且正好避开全国平菇产菇的高峰，形成错季。但由于近年来香菇市场逐渐扩大，且香菇收益较平菇高，扶贫效果显著，所以坝上地区逐渐形成全国香菇的生产聚集地，平菇生产大大减少，平菇生产中心转移至冀中南地区。

（三）资源禀赋优势明显

资源禀赋系数（EF）＝（某区拥有的平菇产量/全国拥有的平菇产量）/（该区国内生产总值/全国国内生产总值）。选取河北、山东、吉林、四川、江西、江苏、湖南、广西、陕西、山西 10 个平菇主产省份（这些省份平菇产量占全国平菇总产量的 80.97%），计算各省份平菇资源禀赋系数（表 3-15），对河北平菇生产的资源禀赋进行比较分析。

表 3-15 平菇资源禀赋计算结果

地区	2009 年	2010 年	2011 年	2012 年	2013 年	2014 年	2015 年	2016 年	2017 年	2018 年	平均值
山东	1.49	2.38	2.39	3.08	3.28	1.62	3.04	3.13	2.81	2.11	2.53
河北	3.21	2.82	3.11	3.57	3.04	0.88	3.33	3.13	2.71	2.26	2.81
吉林	1.75	2.2	2.28	2.16	2.69	0.01	3.42	5.29	6.24	5.18	3.12
四川	1.02	0.88	1.21	1.76	1.57	0.79	1.04	1.79	1.64	1.05	1.28
江西	1.57	1.51	1.44	1.62	1.52	1.59	1.68	1.9	2.1	1.51	1.64
江苏	1.51	1.3	1.09	1.1	0.95	2.26	0.7	0.43	0.38	0.28	1.00
湖南	0.75	0.64	0.6	1.1	0.76	0.63	0.62	0.79	0.76	0.78	0.74
广西	0.72	0.73	0.96	0.72		10.89	0.94	1.24	0.81	0.62	1.84
陕西	0.91	0.76	0.75	0.75	0.75	0.07	0.75	1.11	1.03	0.71	0.76
山西	0.68	0.96	0.76	1.04	0.96	0.69	1.07	1.32	1.12	0.83	0.94

从 10 年的 EF 平均值来看，EF 平均值小于 1 的只有山西、陕西和湖南，其他 7 个省份都大于 1。吉林 EF 值排行第一，为 3.12，河北的平均值排行第二，为 2.81，山东 EF 值为 2.53，排行第三。其他省份排名依次为广西、江西、四川、江苏，最后 EF 小于 1 的省份有山西、陕西、湖南。这表明河北的平菇资源禀赋具有一定的比较优势，可以形成带动河北经济发展的动力，具有区域竞争力。

二、新品种研发创新能力

河北平菇品种繁多，我国发展最好的平菇菌种是 89。主要的栽培品种按季节分类一般分为早秋栽培品种和秋冬栽培品种，早秋栽培品种有 615、科佳 1 号等，秋冬栽培品种有 2026、2028、650、959、680、抗 2、抗 3 等，没有区域的限制。各菌种转化率在 100%～150%，由于受配方配比不同与管理差异的影响，同一菌种在不同地区转化率也可能大有不同。就河北两大主产区宁晋和肥乡而言，品种差距很大。宁晋县以"小黑平"著名，低温季节生产的"小黑平"以外形美观，菌盖肉厚、柔韧，口感好，营养价值高备受市场青睐，近几年更成为出口外销的佼佼者。而邯郸市肥乡区生产"大平菇"居多，价格一般低于"小黑平"。

河北虽是平菇生产大省，但在菌种研发方面与临近的山东、河南相比还存在一定差距。申请鉴定和专利保护意识较差，自主创新能力不足，缺少具有自主知识产权的食用菌品种；部分菇农为节约生产成本，常常自留种、自制种，或者从技术水平差的家庭作坊式菌种场购种、引进劣质菌种，不仅造成菌种退化，还易感染病虫害，严重影响食用菌产量和品质，这些劣质菌种应用于生产，给菇农造成严重损失，每年都有菇农因为菌种问题而出现绝收的情况。

三、产品品牌竞争力

河北平菇以散户种植为主，少数企业采用"公司＋基地＋农户"的模式建设生产基地，组织农户生产，但农户常常根据个人经验生产管理，不依据国家平菇行业标准。由于农户的技术水平及生产条件均有差异，其生产的平菇产品质量往往参差不齐，平菇生产在农户层面暂时难以实现标准化。平菇栽培、出菇管理、采摘等都只是依靠人工，菇农的经验、技术甚至生产习惯都会影响各自平菇的质量。这些质量参差不齐的产品，不但在面向市场时会有不同的风险，而且会影响产品深加工潜力，削弱平菇产业的整体竞争力。

品牌建设对于企业的重要性体现在产前、产中、产后各个环节上，品牌建设是提高产品质量、扩大企业市场份额的有效途径。河北几乎没有在国内具有知名度的平菇品牌，产品市场价格低，且存在贴牌问题。河北平菇在商标注册、产品包装、知识产权等品牌建设方面还存在着严重不足，主要是因为当前食用菌的大多数从业者都缺乏品牌建设的专业经验，甚至有很多从业者根本就没有意识到品牌建设对于企业发展的重要性；河北平菇生产组织形式较为粗放，生产格局较为分散，抵抗自然风险能力与市场风险能力弱，品牌经营意识普遍淡薄，还停留在初级产品阶段；一些程度较高、规模较大的企业或合作社依然存在"重数量、轻品牌"的观念，由于过于关注短期内经济效益，看不到品牌建设对于企业的长远影响，导致很多企业不愿在品牌建设上投入，缺乏对于品牌建设的积极性。此外，还有一些食用菌企业不重视对品牌形象的维护，缺乏品牌管理以及后续跟进的品牌宣传。品牌建设还有一个问题是定位存在偏差，却不进行及时调整，在产品出现了问题后，没有积极承担后果，不去为经营品牌而努力，甚至出现有损企业品牌形象的行为，这些问题都导致了难以实现消费者对品牌的忠诚。

河北作为平菇生产大省，却少有在全国范围内知名的产品，知名的企业更是缺乏。很多消费者对食用菌的认识停留在"三不"的状态——不懂其营养价值，不会制作菜品，不知道吃法。对食用菌有一定认知的人，也把食用菌作为一种普通菜品，不知道还有绿色、营养、保健方面的特点，没有耳熟能详的食用菌产品。在菜肴烹饪中作为特色菜的食用菌，还不为广大厨师所知，成为绿色餐桌上的"遗憾"。河北平菇市场上精特菇和包装菇占有量极少，市场所供应的产品仍以不加工或粗加工的产品为主，销售渠道也大多在农贸市场，大大降低了经济效益。存在的主要问题为：缺乏大型龙头企业，品牌少，影响力低；忽略高端市场开拓，无品牌更无"名牌"统帅；品牌创建主体实力弱，不能形成市场竞争优势。

河北平菇品牌建设与其他省份相比不具有竞争优势。河南、山东、福建等地很多平菇行业内龙头企业凭借品牌优势占据了京津市场，抵消了运输成本高的问题。其中河南"伊川平菇"入选我国区域品牌（地理标志产品）前100排行榜，"伊川平菇"采用"仿野生立体菌墙覆泥栽培模式"，先后通过国家农产品地理标志登记、绿色食品认证，注册4个商标，申请3项国家专利。

河 北 黑 木 耳

第一节 河北黑木耳历史

一、河北黑木耳栽培历史

黑木耳人工栽培在公元 600 年前后起源于我国，是世界上人工栽培的第一个食用菌品种，至今已有 1 400 多年历史。唐朝川北大巴山、米仓山、龙门山一带的山民，就采用"原木砍花法"种植黑木耳。这种原始种植方法持续了上千年，清朝我国东北长白山也开始种植黑木耳，入冬三九天将落叶树伐倒，依靠黑木耳孢子自然传播繁育，靠天收耳，产量极低。

黑木耳在 18 世纪末从我国输出到世界各地，商人们大量贩运毛木耳和黑木耳，通过香港集中运往欧美各国，黑木耳的营养价值和口味深受世界各国人们的喜爱和欢迎。国外对于黑木耳的消费需求增长很快，全世界不同国家和民族的消费者都有食用黑木耳的习惯。受气候条件、技术能力、环境保护以及劳动力成本等多个因素的影响，一些发达国家的黑木耳人工栽培产业发展受到制约，因此国外发展黑木耳栽培的国家很少，只零星分布在东南亚的一些地区。

20 世纪 50 年代初，国家科研机构成功分离出了黑木耳孢子，培养出了菌丝体菌种，并将其应用于黑木耳的人工栽培。1955 年，我国科技工作者开始培育黑木耳固体纯菌种，发明了段木打孔接种法，这种方法使木段栽培黑木耳产量大大提高。但是两三年完成一个周期，绝对产量仍不高，每根长为 1 米、直径为 10～13 厘米的优质木段，三年仅产 100～150 克黑木耳，还常受自然灾害的侵扰而减产。这种方法至今仅仅被林区极其少数耳农延用。

到了 20 世纪 80 年代，我国科研工作者经过不懈的努力，用稻秆、木屑等为原材料，摸索出用塑料袋进行地栽黑木耳的新技术，结束了靠原木料栽培黑木耳的历史。地栽黑木耳方法的生长周期是木段栽培方法的 1/10，产量却是木段栽培方法的近 8 倍，可以消耗大量的稻秆、林下树木枝杈，节约木料，减少环境污染，地栽法得到迅速推广。

河北省科学院微生物研究所研究的棉籽皮袋栽黑木耳成功率为 90.2%，平均百千克料产干耳 8.5 千克，于 1983 年成功通过省级鉴定，评审专家一致认为，棉籽皮袋栽黑木耳这项新技术所需原料广泛，技术易于掌握，设备简单，投资少，经济效益显著，确实是农村一项致富门路。万全县 1985 年有 110 户栽培黑木耳 235 万袋，产干耳 5.8 万千克，产值 132.7 万元，每个种植户平均收入达 1 206 元。1986 年有 1 000 多户农户签订合同种黑木耳 1 300 万袋，产值 500 万元。阳原县 1985 年有 52 户种木耳 28 万袋，产干耳 5 600 千克，收入 84 000 元，平均每户收入 1 615 元，黑木耳栽培技术得以在全省大力推广。到 1992 年，河北省科学院在保定市组织省内外蕈菌专家对该院微生物研究所诱变选育的黑木耳白色变型种进行了鉴定，命名为雪白木耳。

2003 年初，在得知朝阳市食用菌研究所液体菌种新技术设备推出的消息后，辛集市农业局局长刘延涛亲自到项目研发单位进行了考察，确定了 10 万袋实验生产规划，6 月中旬，辛集市农业局食用菌生产基地 10 万袋液体菌种地栽黑木耳开始采收，用液体菌种比固体菌种平均提高产量 10.7％，提高效益 35％。

二、河北黑木耳产业的发展趋势

（一）栽培技术发展趋势

近年来，我国多数地区黑木耳采用了立体悬挂栽培技术，即将黑木耳菌袋以每平方米 100 袋左右串吊在高 2.2 米、宽 6～10 米、长 10～30 米的大棚内进行管理，这一"吊"大大促成了耳农的丰产增收，使每袋黑木耳纯利润达 2 元以上。该项技术的最大亮点就是能人工提供黑木耳生产所适宜的气候环境，即采用了水帘降温增湿系统、菌袋三角形小装备和夜间浇水等方法，使木耳的耳形、厚度、品质等都能达到最佳状态。该项技术具有五大优势：优势一，节省土地。传统地栽一亩地能摆放 1 万袋，而吊袋耳一亩地可吊 6 万袋。优势二，节水保湿。大棚独特的构造使水分不易蒸发掉，节水至少在 2/3，起到了很好的保湿效果。优势三，延长上市时间。由于棚室内能够满足木耳对温、湿度等要求，受天气影响较小，生产春木耳能提前一个月，秋木耳可延长一个月，越冬耳可提早 3 个月左右上市。优势四，品质高。由于吊袋耳最下部距地面有 50 厘米高度，浇水时泥土喷溅不上去，木耳干净无泥沙、低温条件下不易发生病虫害，木耳品质好。优势五，节省费用。减少了传统地摆方式所需的土地、锄草、人工、草帘子等费用，吊袋耳每亩可节省费用 0.8 万～1 万元。

（二）加工技术发展趋势

虽然国外黑木耳的生产量较少，但对黑木耳产品的研发和精深加工投入越来越高。欧洲和北美发达国家既注重黑木耳的新产品开发，又积极发展黑木耳精深加工，每年用于深加工的黑木耳占其总量的 10％。从黑木耳中提炼出来的黑木耳多糖成分和黑木耳素等精细加工制品以及其他深加工黑木耳产品科技含量高，营养价值极为丰富，产品的等质量单位价格也比普通黑木耳高出 10～20 倍，通过延长产业链，提升了产品附加值，提高了黑木耳种植利润，引领了世界黑木耳产业发展方向。

统计表明，培植一亩（10 000 袋）黑木耳产干品 500 千克，国内销售收入可达 4 万～6 万元，而经过简单加工出口，销售收入可达 14 万元左右，倘若对黑木耳进行深加工，做成黑木耳罐头或者休闲食品，其销售收入可达 28 万元左右，显然，落后的黑木耳产品精深加工已成为河北黑木耳产业发展的重要制约因素。

（三）消费市场变动趋势

从全球黑木耳消费情况来看，黑木耳的人均消费量呈现逐年上升的趋势，且消费地区分布不均衡，区域差异较大。人均黑木耳消费量的上升，与黑木耳产品品质的提升有密切关系。随着黑木耳产业发展，栽培技术和加工技术不断发展，黑木耳经过水洗后口感极佳，大朵型改成片状分装后，品质提升快，带动了国内消费量上升的同时，也推动了黑木耳国际贸易的上升。据统计，发达国家的黑木耳消费量远大于发展中国家和欠发达国家。日本是全球黑木耳人均消费量最多的国家，人均黑木耳消费量 5 千克/年。而我国黑木耳人均消费不及其一半。

随着人民生活水平的提高，食用菌的市场细分时代已经到来，各大食用菌产区树立绿色品牌方面力度有待加大，河北黑木耳产品的"三品一标"认证工作仍相对薄弱。很多产区的黑木耳仅仅只是有公司商标，而没有形成品牌，导致产品无法进入高端市场，市面上流通的黑木耳大多为无品牌的散装木耳，也有一些小品牌的黑木耳，但在产品质量和品牌影响力上还不能让消费者持续消费，缺乏回头客。对于零售市场上销售的散装黑木耳，绝大多数消费者难以根据其外表特征辨别出质量的好坏。在对超市的调研中，通过发放问卷的形式对消费者的购买行为进行调查，发现有 39% 的消费者对食用菌的品牌很在意。没有地域品牌，加上缺乏加工企业，农户自身还对黑木耳市场的认识不清楚，这导致了农户始终处于弱势地位，无论龙头企业怎么营销收购来的黑木耳，农户在利润空间上依旧没有大幅度的提升。

第二节　河北黑木耳产业地位

一、河北黑木耳比较优势

用资源禀赋系数（EF）分析法来研究河北黑木耳生产的区域竞争优势，根据资源禀赋系数＝（某区拥有的食用菌产量/全国拥有的食用菌产量）/（该区国内生产总值/全国国内生产总值），计算河北黑木耳资源禀赋系数。

选取全国黑木耳主产区黑龙江、吉林、河南、四川、广西、陕西、湖北、福建、山东、浙江、河北测算黑木耳资源禀赋系数，计算结果如表 4-1 所示。

表 4-1　2009—2019 年河北与其他省份黑木耳生产资源禀赋计算结果

地区	2009 年	2010 年	2011 年	2012 年	2013 年	2014 年	2015 年	2016 年	2017 年	2018 年	2019 年	均值
黑龙江	22.97	0.79	19.38	17.11	18.29	17.83	21.03	20.53	21.71	26.48	22.04	18.92
吉林	12.18	0.75	11.51	8.03	7.03	9.26	10.71	12.31	11.7	14.56	13.92	10.18
河南	1.3	1.03	0.93	4.18	3.63	2.14	2.5	2.26	2.21	0.34	0.68	1.93
四川	0.16	1.55	0.17	0.37	0.32	10.34	0.31	0.34	0.32	0.2	0.18	1.3
陕西	1.17	1.25	1.05	0.95	0.69	0.01	0.72	1.09	1.01	1.14	1.19	0.93
广西	0.32	3.32	0.46	0.48	0.48	2.12	0.5	0.6	0.41	0.53	0.61	0.89
福建	0.83	0.84	0.21	0.23	0.41	3.14	0.33	0.27	1.26	2.53	0.24	0.84
湖北	1.45	1.71	0.35	0.31	0.26	0.03	0.15	0.75	0.73	0.73	1.17	0.69
山东	0.44	0.97	0.35	0.33	0.31	2.5	0.41	0.41	0.44	0.53	0.58	0.66
浙江	0.51	0.88	0.78	0.59	1.02	0.61	0.52	0.36	0.53	0.25	0.36	0.58
河北	0.11	0.17	0.24	0.16	0.13	0.34	0.1	0.09	0.13	0.15	0.17	0.16

资料来源：《中国农村统计年鉴（2010—2020）》《中国食用菌年鉴（2010—2020）》《中国统计年鉴（2010—2020）》。

经过计算 2009—2019 年黑木耳资源禀赋系数 *EF* 值后，可以得出，在我国黑木耳产区中，*EF* 均值最高的是黑龙江，数值为 18.92，其次是吉林，均值为 10.18，除此之外只有河南和四川两省的 *EF* 均值大于 1，其他省份均小于 1。河北黑木耳资源禀赋系数仅为 0.16，与其他黑木耳主产省份相比差距较大，在全国生产黑木耳的地区中处于下游水平，说明河北种植黑木耳不具有资源禀赋优势。

二、全国黑木耳产量及产区分布

（一）我国黑木耳产量逐渐上升

我国是黑木耳的主要生产国，产地主要分布在吉林、黑龙江、辽宁、内蒙古、广西、云南、贵州、四川、湖北、陕西和浙江等地，其中黑龙江省牡丹江地区海林市、东宁市和吉林省蛟河市黄松甸镇是中国最大的黑木耳基地。

在我国所有栽培的食用菌中，黑木耳是其中重要的一大种类，其栽培历史悠久，产量整体呈上涨趋势。2010 年我国黑木耳产量为 289.59 万吨，占全国食用菌总量的 13.16％，随着黑木耳栽培技术的不断成熟，黑木耳产量逐年提升，2014 年黑木耳产量结束了连续的增长趋势，产量由 2013 年的 556.39 万吨降为 152.62 万吨，自 2011 年以来首次出现负增长。2015 年开始，全国黑木耳产量稳定上升，2015 年黑木耳产量回升至 633.69 万吨，2016 年黑木耳总产量为 690.54 万吨，增长率约为 8.97％，2017 年黑木耳总产量达到最大值 729.77 万吨。2017 年后，全国黑木耳产量有所波动，2018 年黑木耳产量下降为 643.05 万吨，2019 年黑木耳总量又以 9.14％ 的增长率小幅度提升，产量达到 701.81 万吨，占全国食用菌总量的 17.84％。总体来看，近十年来，全国黑木耳产量稳步上升，到 2019 年基本稳定在 700 万吨左右（表 4－2）。

表 4－2　2010—2019 年全国黑木耳产量及占比

指标	2010 年	2011 年	2012 年	2013 年	2014 年	2015 年	2016 年	2017 年	2018 年	2019 年
产量（万吨）	289.59	346.06	475.42	556.39	152.62	633.69	690.54	729.77	643.05	701.81
增长率（％）	—	19.5	37.38	17.03	−72.57	315.21	8.97	5.68	−11.88	9.14
比重（％）	13.16	13.46	16.81	17.55	4.67	18.23	19.84	20.16	16.96	17.84

数据来源：《中国食用菌年鉴（2011—2020）》。

（二）我国黑木耳产区分布

木耳生长于栎、杨、榕、槐等 120 多种阔叶树的腐木上，单生或群生。真菌学分类属担子菌纲，木耳目，木耳科。国内有 9 个种，黑龙江拥有现有的全部 8 个品种，云南现有 7 个种，河南卢氏有 1 个种。野生黑木耳主要分布在大小兴安岭林区、秦巴山脉、伏牛山脉等。湖北房县、随州，四川青川，云南文山、红河、保山、德宏、丽江、大理、西双版纳、曲靖等地及河南卢氏是我国木耳的生产区。

我国黑木耳产区主要分布于黑龙江、吉林、河南、山东、湖北、浙江、四川、陕西、福建、广西及河北等地区，其中，黑龙江产量最高，2018 年达到 304.58 万吨，占比达 47.36％，属于第一梯队；吉林产量为 154.30 万吨，占比达 23.99％，属于第二梯队；福建产量为 63.61 万吨，占比 9.89%，可以归为第三梯队；河北黑木耳产量为 3.66 万吨，占比仅为 0.57%，是黑木耳产量最低的省份（表 4-3）。

表 4-3 2018 年全国黑木耳产量分布

省份	产量（万吨）	占比（%）
黑龙江	304.58	47.36
吉林	154.30	23.99
福建	63.61	9.89
山东	28.23	4.39
陕西	19.58	3.04
河南	11.47	1.78
浙江	9.76	1.52
江西	7.84	1.22
辽宁	7.80	1.21
广西	7.52	1.17
安徽	6.12	0.95
四川	5.66	0.88
内蒙古	5.53	0.86
河北	3.66	0.57

数据来源：《中国食用菌年鉴（2019）》。

2017—2018 年，黑木耳产区中福建、辽宁两省产量增幅十分显著，分别为770.18%、122.86%，黑龙江、山东、江西、安徽、内蒙古、河北等地产量增长幅度在 30%～40%。吉林、广西、浙江、四川、河南等地黑木耳产量呈下降趋势，特别是河南降幅达 86.51%。受国家产业扶贫政策影响，一些省份吸引了黑木耳产业投资，黑木耳产量增速较为明显；在我国浙江、四川、广西等黑木耳产业发展比较成熟的地方，随着政府的产业政策由大力扶持转变为市场化管理，农户参与的积极性有所降低，产量有一定程度下降（表 4-4）。

表 4-4 2017—2018 年全国黑木耳产量比较

省份	产量（万吨）		增幅（%）
	2017 年	2018 年	
黑龙江	293.37	304.58	3.82
吉林	168.90	154.30	−8.64
福建	7.31	63.61	770.18
山东	25.96	28.23	8.74
陕西	19.58	19.58	0.00
河南	85.01	11.47	−86.51

（续）

省份	产量（万吨）		增幅（%）
	2017 年	2018 年	
浙江	15.74	9.76	−37.99
江西	6.42	7.84	22.12
辽宁	3.50	7.80	122.86
广西	10.26	7.52	−26.71
安徽	5.19	6.12	17.92
四川	10.25	5.66	−44.78
内蒙古	5.02	5.53	10.16
河北	2.62	3.66	39.69

数据来源：《中国食用菌年鉴（2018—2019）》。

三、河北黑木耳产量及产区分布

（一）河北黑木耳栽培面积

河北黑木耳栽培面积在波动中不断上升。河北 2008 年至 2019 年黑木耳栽培面积变化经历了上升、下降、再上升、再下降四个阶段，近十年间总体呈上升趋势。其中，2008年至 2011 年为上升阶段，栽培面积从 0.39 万亩增长到 1.17 万亩，栽培面积在 3 年内上升 3 倍；2011 年至 2013 年为下降阶段，栽培面积从 1.17 万亩下降到 0.51 万亩；2013 年至 2017 年为上升阶段，栽培面积从 0.51 万亩上升到 1.29 万亩，2013—2016 年年平均增长约 867 亩，2016—2017 年黑木耳栽培面积快速增长，从 0.77 万亩增长至 1.29 万亩，增长约 68%；2017 年至 2019 年为下降阶段，从 2017 年的 1.29 万亩下降到 2019 年的 0.78 万亩。从总体情况来看，河北黑木耳栽培面积由 2008 年的 0.39 万亩上升至 2019 年的 0.78 万亩，整体水平翻了一番（图 4−1）。

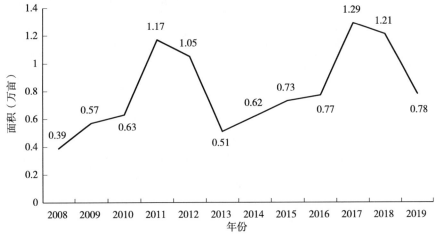

图 4−1　河北 2008—2019 年黑木耳栽培面积变化情况

数据来源：河北省农业环境保护监测站。

河北黑木耳栽培面积在全省食用菌产业中的占比较小，2008—2019 年占比均值为 2.97%，占比最大值为 2011 年，占比达 4.73%，占比最小值为 2013 年，占比为 1.87%。在 2011 年之前，河北黑木耳栽培面积占比呈上升趋势，说明这一时期的黑木耳栽培面积增长速度高于河北食用菌栽培面积增长速度。但 2011 年后，河北黑木耳栽培面积快速下降，直至 2013 年的低值，栽培面积缩减到 0.51 万亩，此时的占比仅为 1.87%，说明这一时期河北黑木耳栽培面积相较于河北食用菌栽培面积增长缓慢。在经历了 2013 年的低值后，河北黑木耳栽培面积又开始逐渐增长，栽培面积由 2013 年的 0.51 万亩增长到 2017 年的 1.29 万亩，增加了 0.78 万亩，说明河北黑木耳栽培面积在 2013—2017 年这一时期有较为快速的增长趋势，黑木耳栽培面积占比也达到 3.69%。自 2017 年至 2019 年，栽培面积由最高值 1.29 万亩回落至 0.78 万亩，两年间栽培面积减少 0.51 万亩，下降速度较快，占比也由 3.69% 下降至 2.89%（表 4-5）。

表 4-5　2008—2019 年河北黑木耳占食用菌栽培面积的比重

年份	黑木耳栽培面积（万亩）	食用菌栽培面积（万亩）	占比（%）
2008	0.39	17.74	2.20
2009	0.57	23.18	2.47
2010	0.63	24.63	2.55
2011	1.17	24.83	4.73
2012	1.05	27.38	3.84
2013	0.51	27.32	1.87
2014	0.62	28.40	2.18
2015	0.73	29.53	2.46
2016	0.77	30.00	2.56
2017	1.29	35.00	3.69
2018	1.21	33.10	3.67
2019	0.78	26.09	2.89
均值	0.81	27.26	2.97

数据来源：河北省农业环境保护监测站。

（二）河北黑木耳产量

河北黑木耳产量呈波动上升趋势。2008—2019 年河北黑木耳产量变化经历了两个周期、四个阶段。第一阶段"下降"阶段，为 2008 年至 2010 年，河北黑木耳产量从 2008 年的 3.27 万吨下降至 2010 年的 1.41 万吨，降幅为 56.88%；第二阶段"快速上升"阶段，为 2010 年至 2011 年，产量快速上升至 4.20 万吨，增幅达 197.87%；第三阶段"缓慢下降"阶段，为 2011 年至 2016 年，这一阶段黑木耳产量处于持续下滑状态，但降幅较小，降幅为 37.62%；第四阶段"快速回升"阶段，为 2016 年至 2019 年，黑木耳产量快速增长，从 2016 年的 2.62 万吨快速增长至 2019 年的 5.12 万吨，增幅达 95.42%（图 4-2）。

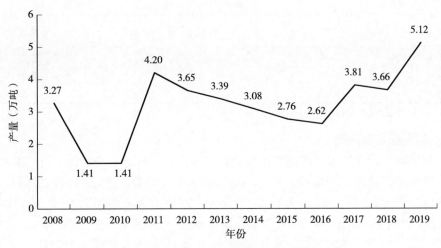

图 4 - 2　2008—2019 年河北黑木耳产量周期波动

数据来源：河北省农业环境保护监测站。

河北黑木耳产量占食用菌产量的比重呈下降趋势。2010—2011 年，河北黑木耳产量占比处于上升阶段，说明这一阶段的黑木耳产量增长速度高于河北食用菌产量增长速度。但 2011 年后，河北黑木耳产量持续下降，直至 2016 年的低值，产量为 2.62 万吨，占比仅为 0.95%，说明这一时期黑木耳产量在河北食用菌中的占比不断减小，黑木耳产量增长速度出现负增长，低于河北食用菌产量增长速度。在经历了 2016 年黑木耳产量的"谷底"后，出现回升趋势，产量由 2016 年的 2.62 万吨增长到 2019 年的 5.12 万吨，增幅达95.42%，黑木耳产量占河北食用菌产量的比重也由 2016 年的 0.95% 回升至 2.14%，说明近年来黑木耳产量的增长再一次超过全省其他食用菌产量的增长。

总体来说，黑木耳产量在河北食用菌产量中的占比较小，2008—2019 年占比均值为1.38%（表 4 - 6）。河北种植黑木耳的面积、产量远远小于其他如香菇、平菇等类型的食用菌，全省黑木耳的种植生产较少，没有形成一定的规模。

表 4 - 6　2008—2019 年河北黑木耳占食用菌产量的比重

年份	黑木耳产量（万吨）	食用菌产量（万吨）	占比（%）
2008	3.27	154.18	2.12
2009	1.41	190.80	0.74
2010	1.41	190.80	0.74
2011	4.20	205.40	2.04
2012	3.65	210.09	1.74
2013	3.39	209.70	1.62
2014	3.08	230.00	1.34
2015	2.76	270.84	1.02
2016	2.62	276.20	0.95
2017	3.81	291.89	1.31

（续）

年份	黑木耳产量（万吨）	食用菌产量（万吨）	占比（%）
2018	3.66	302.00	1.21
2019	5.12	238.78	2.14
均值	3.19	230.89	1.38

数据来源：河北省农业环境保护监测站。

（三）河北黑木耳产值

受价格影响，河北黑木耳产值波动幅度逐渐加大，总体呈上升趋势。河北黑木耳产值在近十年的波动可分为三个阶段。2008 年至 2013 年为低幅度波动阶段，最低值为 2013 年的 1.80 亿元，最高值为 2010 年的 3.95 亿元，产值最大差距为 2.15 亿元；2013 年至 2016 年为高幅度波动阶段，从 2013 的最低值 1.80 亿元迅速上升至 2015 年的 7.39 亿元，后又快速下降至 2016 年的 2.16 亿元；2016 年至 2019 年为恢复性上升阶段，从 2016 年的低点上升至 2019 年的 5.10 亿元，产值增长约 136%（图 4-3）。

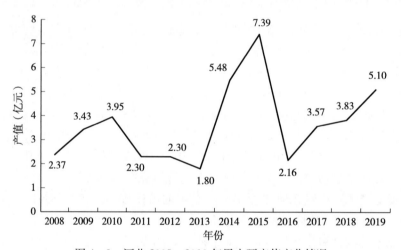

图 4-3　河北 2008—2019 年黑木耳产值变化情况

数据来源：河北省农业环境保护监测站。

整体上来说，2008—2019 年河北黑木耳产值占食用菌产值的比重比较稳定，黑木耳产值在河北食用菌产业中的占比处于 1%～4%，均值为 2.33%，其中，占比最大值为 2014 年的 3.65%，占比最小值为 2016 年的 1.00%（表 4-7）。

表 4-7　2008—2019 年河北黑木耳占食用菌产值的比重

年份	黑木耳产值（亿元）	食用菌产值（亿元）	占比（%）
2008	2.37	73.25	3.24
2009	3.43	115.37	2.97
2010	3.95	115.37	3.42
2011	2.30	119.86	1.92

（续）

年份	黑木耳产值（亿元）	食用菌产值（亿元）	占比（％）
2012	2.30	126.34	1.82
2013	1.80	126.80	1.42
2014	5.48	150.00	3.65
2015	7.39	202.83	3.64
2016	2.16	216.89	1.00
2017	3.57	213.03	1.68
2018	3.83	228.00	1.68
2019	5.10	183.68	2.78
均值	3.64	155.95	2.33

数据来源：河北省农业环境保护监测站。

综合以上分析得出结论：①黑木耳产业生产规模在河北食用菌行业中的体量较小，其栽培面积、产量和产值占河北食用菌栽培面积、产量和产值的比重均较小，栽培面积占比均值为2.97％，产量占比均值为1.38％，产值占比均值为2.33％，这说明河北黑木耳产业从栽培面积、产量和产值等方面与香菇、平菇等"大型"产业相比差距较大，这使得河北黑木耳产业的产品市场占有不足，从而降低了河北黑木耳产品的市场竞争力。②河北黑木耳产业发展速度低于河北食用菌行业的整体发展速度。通过分析2008—2019年的发展特征，河北黑木耳产业的产量、产值占河北食用菌行业产量、产值的比重略呈下降趋势，这说明河北黑木耳产业发展速度落后于食用菌行业的整体发展速度，这也说明了河北黑木耳产业发展水平的滞后性，面对激烈的市场竞争，在其他菌类产业快速发展的同时，黑木耳产业发展速度减缓，导致黑木耳产品市场竞争力下降。

第三节 河北黑木耳产业布局

一、河北黑木耳生产布局情况

河北黑木耳产业种植区域分布较为集中，主要分布于承德、保定、石家庄及秦皇岛，主产县（市）有承德的隆化县、承德县、围场县、平泉市、宽城县，保定的望都县、阜平县，石家庄的平山县，秦皇岛的青龙县等（表4-8）。

表4-8 河北黑木耳产业生产布局

地区		面积（亩）	产量（吨）	产值（万元）
承德市	隆化县	1 943	1 500	4 500
	承德县	800	600	5 000
	围场县	700	3 500	2 100
	平泉市	500	3 500	1 500
	宽城县	300	450	1 800
	小计	4 243	9 550	14 900

（续）

地区		面积（亩）	产量（吨）	产值（万元）
保定市	望都县	2 000	11 000	3 327
	阜平县	1 970	4 000	2 520
	涞源县	15	98	96
小计		3 985	15 098	5 943
石家庄市	平山县	2 500	11 643	9 341
	赵县	100	550	550
	正定县	3	17	51
小计		2 603	12 210	9 942
秦皇岛市	青龙县	1 500	600	3 600
	抚宁区	280	73.3	26
廊坊市		15.5	2.7	22.9
邯郸市	馆陶县	150	300	430
	邱县	0.6	2	1.6
辛集市		68.5	68.5	274
张家口市	沽源县	25	80	65
	赤城县	10	90	108
沧州市	吴桥县	25	12.5	375
唐山市	玉田县	11	3.9	9

数据来源：河北省农业环境保护监测站。

二、河北黑木耳种植面积结构

河北黑木耳主产区集中在河北中北部。承德市隆化县、承德县、围场县、平泉市、宽城县栽培面积4 243亩，占全省栽培面积的32%；保定市望都县、阜平县栽培面积3 970亩，占比31%；石家庄市平山县栽培面积2 500亩，占比19%；秦皇岛市青龙县栽培面积1 500亩，占比12%。这9个县（市）栽培面积总占比达94%（图4-4）。

河北黑木耳产业4个主要产业聚集地区的产量占据了河北黑木耳产量绝大部分。其中，保定市望都县和阜平县黑木耳产量为15 000吨，占全省总产量的39%；石家庄市平山县黑木耳产量达11 643吨，占比31%；承德市隆化县、承德县、围场县、平泉市和宽城县产量合计9 550吨，占比25%；秦皇岛市青龙县黑木耳产量为600吨，占比2%。这4个黑木耳产业主要聚集地区的黑木耳产量占到了河北黑木耳产量的97%（图4-5）。

承德市、保定市、石家庄市及秦皇岛市黑木耳产值占据了河北黑木耳总产值的绝大部分。其中，承德市隆化县、承德县、围场县、平泉市和宽城县黑木耳产值1.49亿元，占全省总产值的42%；石家庄市平山县黑木耳产值9 341万元，占比26%；保定市望都县和阜平县产值5 847万元，占比16%；秦皇岛市青龙县产值3 600万元，占比10%。河北9个黑木耳主产县（市）产值占全省总产值的比重达94%（图4-6）。

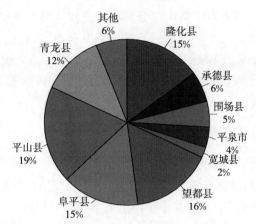

图 4-4　河北黑木耳主产县（市）栽培面积占比

数据来源：河北省农业环境保护监测站。

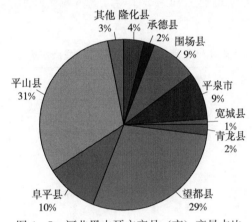

图 4-5　河北黑木耳主产县（市）产量占比

数据来源：河北省农业环境保护监测站。

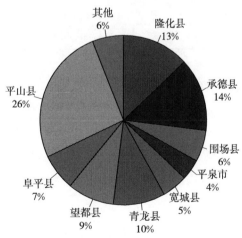

图 4-6　河北黑木耳主产县（市）产值占比

数据来源：河北省农业环境保护监测站。

根据上述栽培面积、产量及产值情况分析，河北黑木耳产业集中分布于承德、保定、石家庄及秦皇岛 4 个地区，且主产区集中于其中的 9 个县（市），产业布局集聚，生产布局集中；承德、保定、石家庄和秦皇岛 4 个地区的 9 个县（市）黑木耳栽培面积、产量及产值的占比分别达到了全省总量的 94％、97％、94％，可以说这 4 个地区代表了河北黑木耳产业的整体发展水平。

三、河北黑木耳主产区生产水平

（一）承德市黑木耳生产水平

2010—2019 年十年间承德市黑木耳产业一直处于稳步增长状态，栽培面积从 1 960 亩增长到 4 675 亩，年均增长 10.14％，十年翻了一番多；产量从 3 610 吨增长到 38 470 吨，增长近 10 倍，年均增长 30.07％；产值从 4 008 万元增长到 12 460 万元，翻了两番，年均增长 13.43％。承德市黑木耳产值在 2015 年迅速上涨，其后又迅速回落到历史平均水平，从 2013 年的 9 637 万元迅速上升到 2015 年的 66 806 万元，其后又快速回落到 2019 年的 12 460 万元（表 4－9）。

表 4－9　承德地区黑木耳产业发展情况

年份	面积（亩）	产量（吨）	产值（万元）
2010	1 960	3 610	4 008
2011	640.9	1 975	2 441.2
2012	728	1 662.22	2 177
2013	1 528.8	6 855	9 637
2014	2 130	5 950	36 206
2015	5 450	17 630	66 806
2016	2 963	7 406	11 246
2017	4 243	9 550	14 900
2018	5 300	23 125	22 995
2019	4 675	38 470	12 460

数据来源：河北省农业环境保护监测站。

（二）保定市黑木耳生产水平

2011—2019 年保定市黑木耳栽培面积除了在 2015 年出现一次特殊反转下降到 500 亩外，基本稳定在 3 000 亩左右，黑木耳产业产量和产值总体上出现持续下降趋势，产量年均下降 37.76％，产值年均下降 19.88％（表 4－10）。

表 4－10　保定市黑木耳产业发展情况

年份	面积（亩）	产量（吨）	产值（万元）
2010	3 500	40 250	25 720
2011	4 100	33 750	9 825

（续）

年份	面积（亩）	产量（吨）	产值（万元）
2012	3 500	29 500	9 250
2013	2 900	23 500	7 250
2014	2 200	14 800	5 020
2015	500	5 000	1 500
2016	2 250	11 422.5	3 529
2017	3 985	15 098	5 943
2018	2 800	730	4 150
2019	3 100	564	3 498

数据来源：河北省农业环境保护监测站。

（三）石家庄市黑木耳生产水平

2010—2019 年十年间石家庄市黑木耳栽培面积处于阶段性稳定发展状态，2010—2014 年面积基本稳定在 300 亩左右，2017 年突破 2 500 亩之后，稳定在 2 500 亩左右，十年面积增长近 12 倍，年均增长速度为 32.40%；产量从 1 000 吨增长到 11 643 吨，2017 年突破 10 000 吨后，稳定在 12 000 吨左右，十年增长近 11 倍，年均增长 31.36%；产值从 8 000 万元增长到 9 341 万元，年均增长 1.74%（表 4-11）。

表 4-11　石家庄市黑木耳产业发展情况

年份	面积（亩）	产量（吨）	产值（万元）
2010	200	1 000	8 000
2011	304.9	4 500	9 650
2012	280	1 400	3 200
2013	280	1 400	11 000
2014	280	1 400	11 000
2015	854	4 180	3 670
2016	558	2 620	2 110
2017	2 603	12 210	9 942
2018	2 503	11 660	9 386
2019	2 500	11 643	9 341

数据来源：河北省农业环境保护监测站。

第四节　河北黑木耳成本效益

一、黑木耳价格波动规律

黑木耳产品类型主要有干品和鲜品两种，部分鲜品黑木耳会向北京、天津等大城市农贸市场销售，其他干品黑木耳以散装销售为主，同时在超市、商场及线上有小量的加工产品售卖。河北黑木耳干品和鲜品两种类型的价格比大约为 9∶1，市面上流通的河北黑木耳产品主要为一级品、二级品和三级品，三种级别产品价格有一定差距。

（一）黑木耳干品价格

除了按级别划分外，黑木耳产品按季节可分为春耳、秋耳和冬耳，其中按级别还可以细分为一等春耳、二等春耳和一等秋耳、二等秋耳、三等秋耳等细分品种；其次，按形状可分为朵状和片状，其中朵状继续细分为朵状一等、朵状二等和朵状三等；最后，根据特殊品种还可以分为黑山、椴木、木削等不同产品，按照等级可以继续分为一级、二级和三级等。根据中国食用菌商务网和石家庄桥西蔬菜批发市场等的价格数据，河北地区黑木耳干品各品种的价格如表4-12所示。

表4-12　河北黑木耳产品

品种	品种细分	价格（元/千克）
黑木耳	统货	68
	一级	80
	二级	70
	三级	60
春耳	一等春耳	62
	二等春耳	58
秋耳	一等秋耳	90
	二等秋耳	80
	三等秋耳	62
朵状	朵状一等	66
	朵状二等	58
片状	一等大片	60
	二等大片	56
	三等大片	50
木削	木削一等	100
	木削二等	56
黑山	黑山一等	84
	黑山二等	72

数据来源：中国食用菌商务网、石家庄桥西蔬菜批发市场。

中国食用菌商务网价格数据显示，2020年河北秋季黑木耳的市价为一级80元/千克，二级70元/千克，三级60元/千克，而同期黑龙江地区秋季黑木耳的市价为一级96元/千克，二级80元/千克，三级70元/千克，河北黑木耳同类产品与黑龙江相比均价格偏低。

2020年河北黑木耳统货的月平均价格如图4-7所示。2020年河北黑木耳统货的月平均价格呈现先降后升的趋势，由1月平均价格95元/千克缓慢下降，至6—8月，价格基本稳定在69元/千克附近，之后再由69元/千克的月平均价格上升至90元/千克。2020年河北黑木耳统货的月平均价格呈"U"形。其价格呈现"U"形分布的主要原因是季节因素。天气较为寒冷的冬季黑木耳价格较高，一方面原因是此时的黑木耳干品较为新鲜，另一方面原因是此时临近春节，受传统节日的影响，黑木耳的价格也有所上升。而天气较为炎热的夏季，黑木耳的月平均价格较低，主要原因是此时保存黑木耳的成本较高，部分超市、商家更愿意选择降低价格出售干品黑木耳。

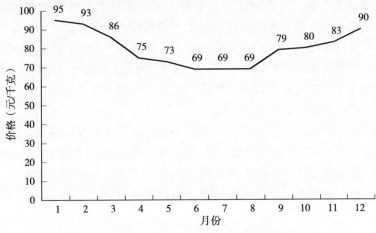

图 4-7 河北黑木耳统货的月平均价格变化

数据来源：中国食用菌商务网。

（二）黑木耳鲜品价格

河北黑木耳鲜品价格总体呈上升趋势。河北 2005 年至 2019 年黑木耳鲜品的价格变化经历了波动上升、趋于平稳、再次上升、最后下降四个阶段，总体呈上升趋势。其中，2005 年至 2011 年为波动上升阶段，价格从 3.66 元/千克增长到 8.94 元/千克；2011 年至 2016 年河北黑木耳鲜品的价格趋于平稳，围绕均值 8.45 元/千克上下波动；2016 年至 2018 年为上升阶段，价格从 8.23 元/千克上涨至 10.45 元/千克；2019 年突然下降到 5.33 元/千克。从总体情况来看，河北黑木耳的鲜品价格由 2005 年的 3.66 元/千克上升至 2019 年的 5.33 元/千克，整体呈小幅度上升趋势（图 4-8）。

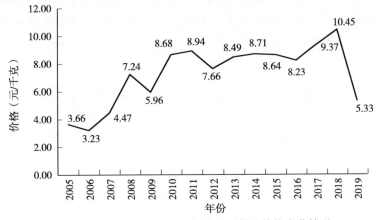

图 4-8 河北 2005—2019 年黑木耳鲜品价格变化情况

数据来源：中国食用菌商务网。

二、河北黑木耳栽培成本效益分析

河北黑木耳多以小农户的分散经营为主，缺乏能够起到领头带动作用的产业龙头企业，专业合作社的发展也较为缓慢，因此，河北黑木耳市场流通以"农户—经纪人—批发商—零售商"模式为主导，受价格波动影响较大。黑木耳产品的定价权被经纪人完全操控，利润多被中间环节吞没，收购价格远远低于市场销售价格。

河北黑木耳流通还存在"农户—龙头企业—下游客户"模式，这一模式主要存在于石家庄平山地区，依托龙头企业的带动作用，黑木耳种植形成规模，保障了当地农户收益，因此当地参与黑木耳种植的农户较多，而劳动力的增加进一步推动了当地黑木耳种植规模的扩大，使得该地区具有一定的定价权。

河北黑木耳也有"农户—合作社—批发商—零售商"流通模式存在，但占比较小。随着网络技术发展，黑木耳电商流通模式不断发展，让农户受益匪浅，但应用程度较低（表4-13）。短期内河北黑木耳产业流通模式仍将以"农户—经纪人—批发商—零售商"为主，经纪人仍然会在河北黑木耳产业流通中发挥重要作用。

表4-13　河北黑木耳流通模式

序号	流通模式	模式类型
1	农户—经纪人—批发商—零售商	经纪人主导模式
2	农户—合作社—批发商—零售商	合作社带动模式
3	农户—龙头企业—下游客户	龙头企业带动模式
4	农户—小商贩—消费者	自由交易

资料来源：调研数据整理所得。

（一）小农户黑木耳生产成本效益分析

由于河北黑木耳产业发展水平不高，规模化生产园区极少，黑木耳的生产主要是以农户的小规模生产、分散经营为主，所以这里主要对小农户生产成本进行分析。黑木耳的栽培技术以地带栽培较为普遍，其成本费用主要由菌种、菌袋、木屑、接菌消毒设备、燃煤、雇工费等部分构成，平均摊在每袋上大约是1.55元。每袋黑木耳平均干品产量为50克，单袋产值在3元左右，单袋纯利润约为1.45元。1亩地作为单位面积能够摆放1万袋黑木耳，可获得14 500元的利润（表4-14）。

表4-14　河北小农户黑木耳生产成本利润分析

项　目	单位	农户
亩均收入	万元	3
其中：黑木耳产量	千克/亩（干品）	500
平均销售价格	元/千克	60
亩均成本	万元	1.55
其中：土地成本	万元/亩	0.05

（续）

项 目	单位	农户
菌棒成本	万元/亩	1.2
人工成本	万元/亩	0.3
亩利润	万元/亩	1.45

资料来源：调研数据整理所得。

（二）黑木耳价值链增值结构分析

1. "农户—小商贩—消费者"增值结构 农户采摘黑木耳晒干后，为了及时出手，就将黑木耳统一价格出售，并未将黑木耳分级定价，这样就导致农户生产的优质的黑木耳没有卖出好价钱。在销售方式上只等小商贩上门收购，种植户处于被动的地位，这使得农户的利益很难得到保障，收益不稳定，风险高，成本大，让农户很难有扩大规模的想法，规模化生产变难，这样的收购方式阻碍了黑木耳产业的发展。

小商贩直接从农户手中收取产品，然后运到销地进行简单的筛选分类、附上简易包装后直接卖给消费者，由于小商贩常年活跃在食用菌市场中，凭借他们的销路可以从中获取相对高的利润，但销量有限。农民在这个价值链中处于相对不利的位置，付出大量劳动并投入高昂成本，而收益较少。河北黑木耳产业以小商贩为主导的价值链增值结构，价值链较短，主要涉及农户和小商贩，在该价值链中每千克黑木耳的增值额在 72 元，其中农户的增值额为 20 元，小商贩的增值额为 52 元，增值占比分别为 27.8%、72.2%（表 4-15）。

表 4-15 "农户—小商贩—消费者"增值结构

单位：元/千克

编号	增值结构	农户	小商贩
a	平均售价	60	120
b	购买价格（生产成本）	40	60
c	收益	20	60
d	新增成本	0	8
e	利润/增值	20	52
f	增值比例	27.8%	72.2%

注：表中数量关系为：c=a−b，e=c−d，f=e/$\sum$e。

数据来源：调研数据整理所得。

2. "农户—经纪人—外地批发商—外地零售商"增值结构 河北是传统的黑木耳种植地区，由于黑木耳的生长对湿度、湿度、空气、昼夜温差等因素要求较高，多数黑木耳生产基地在山区，或者海拔较高的地区。加上黑木耳的市场价格波动较大，导致河北黑木耳的生产大多没有集中连片，小型经纪人在其中扮演着重要作用，他们活跃在黑木耳收购的市场中。近年来，黑木耳市场行情越来越好，这也吸引了大量农户投身其中，出现了黑木耳合作社，部分地区涌现出实力强劲的龙头企业，虽然河北黑木耳的年产量逐年增加，但基数较小，目前黑木耳市场仍是一个以小型经纪人为主导的市场。

小型经纪人在黑木耳市场上往往收入颇丰，由于黑木耳为干品销售，消费者很难识别出黑木耳的质量等级。农户生产的黑木耳质量参差不齐，经纪人往往压低价格，收购后分级分类重新销售，赚取差价。调研发现，黑木耳市场中的小型经纪人收购参差不齐的干品黑木耳，进行多级分类后，质量好的一档，加上自己的包装进行销售，通过这个途径一千克黑木耳至少会有 80 元的利润，质量稍差些的黑木耳卖到批发市场。

在该价值链增值结构中每千克黑木耳的增值额在 70 元以上，其中农户增值额为 20元，经纪人增值额为 9.5 元，外地批发商增值额为 6.8 元，销往的农贸市场增值额为35.6 元，销往的超市增值额为 39.5 元（表 4 - 16）。

表 4 - 16 "农户—经纪人—外地批发商—外地零售商"增值结构

单位：元/千克

编号	增值结构	农户	经纪人	外地批发商	外地零售市场	
					农贸市场	超市
a	平均售价	60	70	74（80）	110	120
b	购买价格（生产成本）	40	60	70	74	80
c	收益	20	10	4（10）	36	40
d	新增成本	0	0.5	0.2	0.4	0.5
e	利润/增值	20	9.5	6.8	35.6	39.5
f	增值比例	27.8%	13.2%	9.5%	49.5%	—
		26.4%	12.5%	9%	—	52.1%

注：表中数量关系为：c＝a－b，e＝c－d，f＝e/$\sum$e。

数据来源：调研数据整理所得。

就增值比例而言，黑木耳市场上仍然是零售环节加价最多，批发环节增值比例低于生产环节增值比例，零售环节加价占价值链总增值的 50% 左右，经纪人在其中扮演着重要的角色，他们的加价占价值链总增值的 13.2%。就成本构成而言，由于黑木耳为干品，运输过程成本较低且易于运输，农户每千克黑木耳的生产成本为 40 元。批发商从经纪人手中拿货后，一般会对产品进行筛选分类，形状好、大小均匀的黑木耳进入超市或者农贸市场，由于超市运营成本较高，所以定价较高。就利润分配而言，单位重量的黑木耳利润最大的是零售环节，农户的利润表面看上去也很可观，但考虑到农户的产前投资、产中菌棒的培植、产后的菌棒处理等大量自有劳动，大部分农户的利润变得不可预测甚至亏损。

3. "农户—合作社—批发商—零售商"增值结构 在这个增值结构中，合作社发挥了经纪人的作用，积极联系客户，同时与多个批发商保持联系，保证了农户不用为销路发愁。由于河北黑木耳种植户数量不多，成规模的基地少之又少，所以这种"农户—合作社—批发商—零售商"的增值结构并不广泛存在。河北黑木耳产业以合作社为主导的价值链增值结构，在该价值链中每千克黑木耳的增值额为 55.7 元，其中农户增值额为 22 元，合作社增值额为 3.9 元，批发商增值额为 4.8 元，零售商增值额为 25 元（表 4 - 17）。

表 4-17 "农户—合作社—批发商—零售商"增值结构

单位：元/千克

编号	增值结构	农户	合作社	批发商	零售商
a	平均售价	62	66	71	98
b	购买价格（生产成本）	40	62	66	71
c	收益	22	4	5	27
d	新增成本	0	0.1	0.2	2
e	利润/增值	22	3.9	4.8	25
f	增值比例	39.5%	7%	8.6%	44.9%

注：表中数量关系为：$c=a-b$，$e=c-d$，$f=e/\sum e$。

数据来源：调研数据整理所得。

4. "农户—龙头企业—下游客户"增值结构 在该增值结构中，龙头企业为普通农户提供菌种和培植经验，农户和龙头企业产前签订订购合同，龙头企业本身也经营自己的食用菌基地，对产品质量把控相对严格。龙头企业收购产品后，对产品进行分级，联系批发商，引入品牌，加上包装，这样经过加工、包装后的产品大致可分为精美的礼品装和普通装，提高了产品的附加值。

调研平山县国脉食用菌有限公司发现公司经营过程中注重发挥龙头企业带动作用，目前具有三个初具规模的食用菌生产基地，即营里乡古都基地、大吾乡基地、古月镇基地，主要生产黑木耳，涉及平山县 32 个行政村，1 600 多户种植农户，种植面积 1 800 多亩。公司黑木耳的来源有两部分，一部分是企业自己生产的，另一部分是从农户手中收购，在收购的时候大部分直接从农户手中回收，少量从农民合作社（私人）收购，收购价格在24～36 元。其中自有品牌（脉源）销售范围主要是平山和石家庄，销售方式是礼盒装，由于已经形成响亮的地域品牌，目标人群基本是游客，年销量可达 2.5 万千克。企业回收农户的木耳，绝大多数还是通过自身企业的影响力，销往外地市场。每年木耳采摘高峰期过后，会有大量外地商贩来平山收购木耳，公司会将这些人组织起来，按收购价格的高低选择木耳商，每年生产的木耳供不应求。从农户手中收到的所有木耳采用分级销售，分三个等级：第一等级，经过筛选选取形状好、大小适中的木耳加精美礼盒挂牌销售，价格在300 元/千克左右；第二等级，筛选出形状较好、略大的木耳，价格为 140～160 元/千克；第三等级，筛选出形状差，大片或者极小的木耳，价格在 40 元/千克左右。河北黑木耳产业以龙头企业为核心的价值链增值结构，销往超市的价格远远高于销往批发市场的价格，原因之一是品牌因素，品牌和包装提升了产品的附加值，另一个原因是黑木耳质量因素，销往超市的质量要优于销往批发市场的黑木耳质量（表 4-18）。

表 4-18 "农户—龙头企业—下游客户"增值结构

单位：元/千克

编号	增值结构	农户	龙头企业	批发商
a	平均售价	70	80	120
b	购买价格（生产成本）	40	70	80

（续）

编号	增值结构	农户	龙头企业	批发商
c	收益	30	10	40
d	新增成本	0	0.2	2
e	利润/增值	30	9.8	38
f	增值比例	38.6%	12.6%	48.8%

编号	增值结构	农户	龙头企业	超市
a	平均售价	80	150	170
b	购买价格（生产成本）	40	80	150
c	收益	40	70	20
d	新增成本	0	10	1
e	利润/增值	40	60	19
f	增值比例	33.6%	50.4%	16%

注：表中数量关系为：c=a−b，e=c−d，f=e/$\sum$e。

数据来源：调研数据整理所得。

5. "农户—互联网—消费者"增值结构 黑木耳作为健康佳品，主要是以干货的形式在市场中销售。由于是干品，所以无论是运输还是储存都很方便，让黑木耳电商的准入门槛变得比较低，因此，无论是淘宝、京东还是其他购物网站都存在着大量销售黑木耳的店铺。对 4 400 家黑木耳淘宝店月销售量进行调查，其中：月销量超过 1 000 笔的有 22 家，占总数的 0.5%；月销量 500~1 000 笔的有 27 家，占总数的 0.6%；月销量 100~500 笔的有 127 家，占总数的 2.9%；月销量 10~100 笔的有 773 家，占总数的 17.6%；月销量不足 10 笔的有 3 451 家，占总数的 78.4%。

从淘宝网黑木耳的店铺月销量来看，消费者对黑木耳的网络销售确实有很大需求。通过淘宝、微店、微信朋友圈等平台，农户可以直接对接消费者，这会使农户的收益大幅增加（表 4-19）。

表 4-19 "农户—互联网—消费者"增值结构

单位：元/千克

编号	增值结构	农户	电商平台
a	平均售价	120	120
b	购买价格（生产成本）	40	—
c	收益	80	6
d	新增成本	10	0
e	利润/增值	70	6
f	增值比例	92%	8%

注：表中数量关系为：c=b−a，e=c−d，f=e/$\sum$e。

数据来源：调研数据整理所得。

与传统的销售模式相比，网络营销真正减少了中间商赚差价，农户既是生产者又是销售者，节约交易费用的同时又在销售环节赚取利润。在"互联网＋"的时代背景下，黑木耳电商将会大有前途。

（三）黑木耳价值链增值结构比较分析

结合各模式下的价值链增值结构，从农户在各增值结构中的增值比例来看，在合作社主导的价值链增值结构中占比较高，比例达到 39.5％，小型经纪人主导和传统销售模式下占比较低，不足 30％，龙头企业带动模式下的占比在 30％以上。合作社在促进农户增收方面效果明显，龙头企业通过打造地域品牌、重新分级包装等程序让黑木耳的售出价格更高。由于龙头企业对原始产品进行了包装和升级，会获得较多利润，而农户手中单位重量的产品增收效果不明显，通过龙头企业的带动作用，基本可以保证龙头企业所在地农户生产的所有黑木耳能在合理的价格范围内销售，保证农户保底不赔。河北黑木耳产区较少，分散经营现象明显，大的龙头企业更少，黑木耳产业发展需要培育更多黑木耳专业合作社，合作社会在带动分散农户更新生产技术、寻找销路等方面更灵活实用，只有合作社的蓬勃发展才会让农户获得更多利润。

第五章

河 北 双 孢 菇

第一节　河北双孢菇历史

一、河北双孢菇栽培历史

（一）世界双孢菇栽培历史

人工栽培双孢菇起源于法国，已经有 360 多年的栽培历史，可谓历史悠久。人工栽培双孢菇的第一次尝试发生在 1650 年的法国巴黎。1707 年，法国植物学家 D·托尼弗特在半发酵的马粪堆上栽种长有白色霉状物的马粪团，覆土后长出了蘑菇，并因此被称为蘑菇栽培之父。1780 年，依然是首次人工栽培双孢菇的法国人开始利用天然的菌株进行双孢菇的栽培，而栽培场所大多选在洞穴或废弃的隧道。在 19 世纪初，蘑菇的人工栽培开始从法国传播到英国、荷兰、美国等欧美发达国家，并逐渐传到世界其他国家和地区。1902年，Dugger 利用组织培养的方法培育菌种并获得成功，自此进入人工栽培双孢菇的新阶段。1910 年，第一座标准菇房建成于美国，床架式种植，且菌丝生长阶段和出菇管理阶段均在同一个菇房内进行，叫做单区栽培系统。1920—1930 年，美国的这一标准式菇房得到了广泛的推广。1930 年，美国农业部的 Lambert 发明了如何获得培养双孢菇纯菌种的方法，推广了谷粒菌种。1934 年，Lambert 研究出蘑菇培养料堆制的二次发酵技术，很大地提高了培养料堆制的效率和质量。1947 年，荷兰率先实现了草腐菌的工厂化栽培。20 世纪 70 年代以后，工厂化的大规模栽培出现在荷兰、美国和意大利等发达国家，这种栽培模式产量高、稳定性好，而且整个生育周期较短。栽培双孢菇的国家和地区越来越多，每年收获的鲜菇产值达到数十亿美元。

（二）我国双孢菇栽培历史

我国双孢菇的人工栽培起步较晚，20 世纪 30 年代，一次发酵双孢菇栽培技术由日本传入我国。由于当时社会动荡不安，农业的发展受到限制，只有在一些大城市如上海才有少量的种植，面积小，产量低，到 1949 年全国解放时，双孢菇的栽培面积也只有 2 000 米^2 左右。1950 年以后，我国双孢菇的人工栽培开始逐渐增多，发展迅速，特别是 1957 年，床架式栽培率先在上海推广；1958 年用牛粪栽培双孢菇获得成功，并在全国范围推广。1966 年，福州首先进行大规模的生产和加工，并于 1967 年，外贸出口试销 31 吨。

1977—1978 年，我国的双孢菇鲜菇总产量为 3.0 万吨左右，单产为 3.6 千克/米^2。同期，我国台湾地区的鲜菇总产量为 19 万吨，单产达 10 千克/米^2，主要加工成罐头出口，成为台湾出口创汇的重要来源。1978 年，张树庭教授从国外引进了培养料的二次发酵技术和国外优良菌种，大大促进了我国双孢菇产业的发展，使单产提高到了 5 千克/米^2，加快了双孢菇栽培的推广和普及，在我国农村地区掀起了一股"要致富、种蘑菇"的热潮。20 世纪 80 年代以来，伴随着优良菌种的引进和栽培技术的提高，双孢菇的平均单产和出口量都大幅提高，为我国农业经济效益和出口创汇作出了巨大贡献。自此，双孢菇的生产得到了政府的大力支持，并在长江以南地区迅速扩大。1985 年我国双孢菇总产量为 19 万吨，1990 年突破了 20 万吨，其中出口量占总产量的 85%，在世界上排名第二，仅次于美国。同时，长江以北地区也逐渐开始发展双孢菇。发展至今，我国已成为双孢菇的主产国之一，出口量跃居世界第一位，发展前景十分广阔。

（三）河北双孢菇栽培历史

河北的双孢菇生产最早始于 20 世纪 60 年代初的经济困难时期，栽培双孢菇的目的是解决当时粮食缺乏问题。这次双孢菇的生产只是试图解决或缓解一些最低水平的吃饭问题，是短期的应急行为。

河北的第二次双孢菇生产在 20 世纪 80 年代初，由外贸部门号召组织发动生产，在辛集的位伯镇、张家口的万全县、保定的望都县等地开始进行栽培生产，但是出于菌种、技术、栽培工艺、气候等诸多因素的影响，导致第二次双孢菇生产失败。

河北的第三次双孢菇生产始于 1985 年，这次生产由当时的"长城食用菌技术开发中心"牵头，联合石家庄人民防空办公室及郊区振头三街，在"以洞养洞、以洞建洞、以洞致富"思路下，"通山工程"的起始入口处首先开发生产（"通山工程"是地下建筑规模最大、各种设施齐备的防空工程地道，两辆卡车可并排通行，由东向西直通到鹿泉市的山脚下。地道内温度一年四季变化不大，基本保持在 16 ℃左右）。这次双孢菇生产的特点是：改地上为地下，层架栽培，菌种生产和栽培技术规范，生产人员素质较高。这次栽培初步获得成功。第二年张家口利用人防工事山洞和丰富的草炭资源开始生产双孢菇，洞内空气可自然流动，通风条件很好。

河北的第四次双孢菇生产在 1994 年左右从邯郸市馆陶县和曲周县开始。曲周县主要集中在马连固乡，该乡采用小拱棚生产，由于塑料棚小，对外界气候的变化非常敏感，增温和降温的效果很差，小拱棚内的小气候易受大气候的影响，不能长时间稳定地满足双孢菇发育的需要。因此，这次生产出现出菇期短、生产面积小的情况。

二、河北双孢菇栽培优势

（一）气候条件

双孢菇的栽培最适温度为 10～24℃，平均湿度在 80% 左右，其中价格最高出现在 7—9 月，河北承德市和张家口市在 7—9 月的平均温度在 17～28℃，平均湿度在 60%～70%，非常适合双孢菇生产，优越的气候条件为河北双孢菇产业发展提供了良好的基础。

（二）资源禀赋

资源禀赋系数（EF）＝（某区拥有的食用菌产量/全国拥有的食用菌产量）/（该区国内生产总值/全国国内生产总值）。利用资源禀赋系数分析法来分析河北双孢菇产业发展的资源禀赋优劣，研究河北及各主产省份双孢菇产业区域竞争力。选取江苏、广西、山东、福建、湖北、江西、河北、浙江、湖南、四川等双孢菇产量占全国双孢菇总产量的 79%

的 10 个省份，分别计算 2002—2018 年 10 个双孢菇主产区资源禀赋系数（表 5－1），并进行比较分析。

表 5－1　双孢菇资源禀赋系数计算结果

年份	江苏	广西	山东	福建	湖北	江西	河北	浙江	湖南	四川
2002	1.21	4.65	1.96	8.17	0.41	0.27	0.77	0.76	0.85	1.19
2003	1.62	4.52	1.92	6.39	0.45	0.22	0.62	0.52	0.66	2.03
2004	2.59	2.29	1.55	5.97	0.57	0.18	0.40	0.26	0.74	2.21
2005	1.21	6.50	1.73	5.96	0.70	0.13	0.48	0.29	0.96	1.59
2006	1.18	7.42	1.60	5.76	0.94	0.25	0.39	0.25	0.90	1.74
2007	1.68	6.64	1.70	4.45	0.77	2.29	0.53	0.24	0.66	1.56
2008	2.09	6.77	1.40	3.87	0.58	2.51	0.65	0.25	0.52	1.09
2009	2.18	8.89	1.16	4.40	0.42	2.09	0.34	0.28	0.54	0.97
2010	2.12	8.74	1.24	4.27	0.35	2.66	0.34	0.27	0.57	0.94
2011	2.10	8.56	1.46	4.23	0.09	2.42	0.31	0.28	0.52	0.77
2012	2.14	10.07	1.70	4.02	0.31	2.93	0.33	0.32	0.57	1.08
2013	1.96	10.71	1.71	3.69	0.43	1.63	0.39	0.64	0.57	0.95
2014	1.77	0.32	3.22	1.08	0.74	0.75	1.02	0.83	1.03	1.90
2015	1.72	7.24	1.37	2.85	0.04	1.21	0.50	0.31	0.39	0.02
2016	2.52	10.66	1.75	1.89	2.08	1.32	0.72	0.36	0.51	0.04
2017	2.49	5.78	1.54	2.43	2.68	2.00	0.58	0.44	0.67	0.07
2018	2.39	4.65	1.21	3.74	0.00	1.58	0.68	0.32	0.53	0.12
平均	1.94	6.73	1.66	4.30	0.68	1.44	0.53	0.39	0.66	1.07

数据来源：河北省农业环境保护监测站、国家统计局。

从 17 年的 EF 平均值来看，EF 值小于 1 的有湖北、河北、浙江和湖南，其他 6 个省份都大于 1。广西的 EF 平均值最高，为 6.73，其次为福建、江苏和山东，河北位于第 9 位，EF 平均值为 0.53，略高于浙江。这表明河北的双孢菇资源禀赋不具有比较优势，还不能形成带动河北经济发展的动力。

（三）技术优势

双孢菇产业技术竞争力的核心就是双孢菇产业技术创新。双孢菇产业技术创新作用于双孢菇产业经济生产、再生产的全过程，是动态、连续的创新过程。河北双孢菇技术发展分为三个阶段：栽培技术引进期、栽培技术波动发展期和栽培技术理性发展期。第一个阶段，栽培技术引进期（2005—2010 年）：2010 年之前双孢菇的栽培面积在 1.09 万亩左右，单位面积产量在 7.70 千克/米², 2010 年之后双孢菇的栽培面积急剧下降到 0.65 万亩，单位面积产量仅有 5.65 千克/米²。第二个阶段，栽培技术波动发展期（2011—2014 年）：双孢菇栽培面积随着单价"先急剧上升后急剧下降"剧烈波动，产生了滞后性的相应变化，而单位面积产量却呈现缓慢上升状态。这一阶段受价格的影响，生产主体发生变化，双孢菇种植以合作社为主，散户逐渐减少，公司模式开始发展，栽培技术稳中有升。第三个阶段，栽培技术理性发展期（2015年至今）：单位面积产量快速上升至8.53千克/米²，单价处于低价位（7.30元/千克左右）的平稳状态，栽培面积也逐渐上升。因此在低价位阶段，单位面积产量成了企业、合作社发展的决定性因素。

河北双孢菇的栽培技术不断提高，食用菌产业体系岗位专家发明了双孢菇切根机、双孢菇全自动发酵车、改进节能换气机、菌糠生物质颗粒机和双孢菇栽培架等相关专利机器，河北双孢菇主产区邯郸市建立了双孢菇综合试验推广站，有效推动了邯郸地区以及河北双孢菇产业的发展。成安乾翔农业科技有限公司引入东北的草灰土进行双孢菇栽培，大大提高了单产和出菇率；当地技术人员采用酵素菌鸡粪进行消毒，既解决了环境保护问题，又促进了双孢菇产业绿色可持续发展。

第二节 河北双孢菇产业地位及布局

近年来，随着双孢菇栽培业的迅猛发展，我国双孢菇的产量大幅度增加，双孢菇栽培业已经成为我国广大农村脱贫致富的一条重要门路。双孢菇国内市场潜能巨大的同时，国际市场也需求旺盛，这就为双孢菇产业的生产加工提供了良好的市场条件。

一、我国双孢菇产业总体发展水平

2002年以来，双孢菇产量进入全国前10位的省份有江苏、广西、山东、福建、湖北、江西、河北、浙江、湖南、四川，其中江苏、广西、山东、湖北、福建5个省份一直保持在全国前5位，只是排名略有变动。我国双孢菇生产集中度较高，排名前10位的省份双孢菇的产量占全国总产量的比重在80%以上，2012—2013年达到最高的94.30%，近两年有所回落，降至79.38%（表5-2）。

表5-2 2002—2018年全国双孢菇主产区分布占比情况

单位：%

排名	省份	2002—2003年	2004—2005年	2006—2007年	2008—2009年	2010—2011年	2012—2013年	2014—2016年	2017—2018年
1	江苏	12.74	18.21	13.97	20.88	21.17	20.54	20.56	25.13
2	广西	9.57	9.46	15.28	17.32	20.39	25.14	13.79	12.13
3	山东	16.89	15.91	16.18	12.41	12.64	15.83	19.43	11.69
4	福建	26.90	21.31	17.69	14.26	15.22	14.11	7.37	12.53
5	湖北	1.50	2.25	2.99	1.80	0.87	1.53	4.16	5.12
6	江西	0.50	0.33	2.74	5.03	5.93	5.48	2.68	4.36
7	河北	3.51	2.34	2.35	2.47	1.61	1.76	3.32	3.23
8	浙江	4.38	2.01	1.71	1.76	1.82	3.05	3.14	2.33
9	湖南	2.59	3.02	2.75	1.96	2.20	2.36	2.62	2.42
10	四川	6.33	7.58	6.53	4.11	3.59	4.50	2.89	0.43
	合计	84.92	82.43	82.20	82.00	85.43	94.30	79.97	79.38

数据来源：中国食用菌协会。

2018 年，河北双孢菇产量为 7 万吨，占全国产量的 2.72%，在全国位于第 6 位，排在河北前面的有江苏、福建、广西、山东、江西等 5 个省份，具体分布是：江苏产量最高，为 63.25 万吨，占全国产量的 24.54%；第二为福建，产量为 38.33 万吨，占全国产量的 14.87%；第三为广西，产量为 27.08 万吨，占全国产量的 10.51%；河北相对其他主产区来说，产量较低，不具备区域竞争优势（图 5-1）。

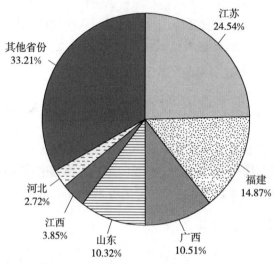

图 5-1　2018 年全国双孢菇主产区分布

数据来源：《中国食用菌年鉴（2019）》。

二、河北双孢菇生产总体水平及特征

（一）栽培面积经过较大波动后基本稳定

河北双孢菇的栽培面积总体保持稳定略有下降趋势，在食用菌栽培面积中的占比呈现下降趋势。从变化过程来看，河北双孢菇的栽培面积变化分为三个阶段：第一阶段为平稳阶段，2005—2009 年栽培面积稳定在 1 万亩上下，小幅度波动；第二阶段为下降阶段，2010—2015 年栽培面积在 0.655 万～0.86 万亩的较低范围内稳步增长；在 2016 年达到 1.54 万亩后，又迅速下降，进入第三阶段，2019 年下降到 0.7 万亩（表 5-3）。

表 5-3　2005—2019 年河北双孢菇栽培面积变化情况

单位：万亩

年份	双孢菇栽培面积	食用菌栽培面积	占比（%）
2005	1.009	16.2	6.23
2006	1.102	16.4	6.72
2007	1.2	19.3	6.22
2008	1.01	17.7	5.71
2009	1.09	23.1	4.72
2010	0.655	24.6	2.66

（续）

年份	双孢菇栽培面积	食用菌栽培面积	占比（%）
2011	0.657	24.8	2.65
2012	0.659	27.3	2.41
2013	0.667	27.2	2.45
2014	0.78	28.3	2.76
2015	0.86	29.5	2.92
2016	1.54	30	5.13
2017	0.9	31.3	2.88
2018	0.77	29.7	2.59
2019	0.7	26.1	2.68

数据来源：河北省农业环境保护监测站。

（二）产量经过一个循环周期后稳定在新的水平

河北双孢菇的产量波动较大，在某个阶段比较平稳，经过一次较大变动后稳定在一个新的水平，但总体呈上升趋势，由 2005 年的 3.9 万吨增长到 2019 年的 5.07 万吨，增幅达 30%。总体来看，变化过程分为三个阶段：第一阶段为 2005 年至 2009 年的上升阶段，产量由 2005 年的 3.9 万吨增长到 2009 年的 7.56 万吨，增幅达 93.8%；第二阶段为 2010 年至 2013 年，在 3.7 万~4.46 万吨的低水平徘徊；2014 年达到 10.03 万吨之后，进入第三阶段，即 2015 年至 2018 年，产量基本稳定在 7 万~8 万吨水平（表 5-4）。

表 5-4　2005—2019 年河北双孢菇产量变化情况

单位：万吨、亿元

年份	河北产量	全国产量	河北产值	全国产值
2005	3.9	152.4	1.41	66.86
2006	3.4	168.6	1.73	73.07
2007	6.47	244	2.78	115.59
2008	7.68	237.5	2.97	112.45
2009	7.56	218.1	3.48	119.05
2010	3.7	220.6	2.46	141.6
2011	3.77	246.2	3.26	147.69
2012	3.5	218.3	3.26	136.8
2013	4.46	237.7	3.82	151.34
2014	10.03	251.2	10.5	173.42
2015	7.35	337.2	6.96	244.59
2016	7.95	267.6	8.4	171.71
2017	7.68	196.9	8.5	153.09
2018	7.00	257.78	6.13	224.26
2019	5.07	231.35	4.64	210.52

数据来源：河北省农业环境保护监测站。

（三）产值小幅波动，近两年呈下降趋势

河北双孢菇产值小幅波动，近两年呈下降趋势，从 2005 年的 1.41 亿元增长到 2017

年的 8.5 亿元，增长率达 503％。2018 年、2019 年产值有所下降，下降到 4.64 亿元。与产量变化不同，河北双孢菇产值变化过程单一，具体变化过程分为以下三个阶段：第一阶段为快速增长阶段，由 2005 年的 1.41 亿元增长到 2013 年的 3.82 亿元，增幅达 170.9％；2014 年出现极值，达到 10.5 亿元后进入第二阶段，由 2015 年的 6.96 亿元增长到 2017 年的 8.5 亿元，增幅达 22.13％；2018 年进入第三阶段，产值连续两年出现下跌，2019 年产值为 4.64 亿元，较 2017 年的 8.5 亿元下降约 45.41％（表 5-4）。

三、河北双孢菇产业区域分布

河北双孢菇生产集中度较高，产量前四的产区占河北总体产量的 77.81％。2019 年产量最高的地区为邯郸，年产 2.45 万吨，位列第一；承德为 1.75 万吨，位列第二；邢台为 0.37 万吨，位列第三；石家庄为 0.148 万吨，位列第四（表 5-5）。

表 5-5　2019 年河北双孢菇产区分布情况

单位：万吨

年份	邯郸	邢台	承德	保定	石家庄	张家口	廊坊
2019	2.45	0.37	1.75	0.004	0.148	0.045	0.06

数据来源：河北省农业环境保护监测站。

河北双孢菇各大主产区的产量变化明显，其中变化最大的为承德市，由 2010 年的 0.11 万吨增长到 2019 年的 1.75 万吨；其次为邯郸市，由 2005 年的 1.01 万吨增长到 2019 年的 2.45 万吨，增幅达 142.57％；而保定市下降较为明显，从 2007 年的 2.61 万吨下降到 2018 年的 0.004 万吨，降幅达 99.85％（图 5-2）。

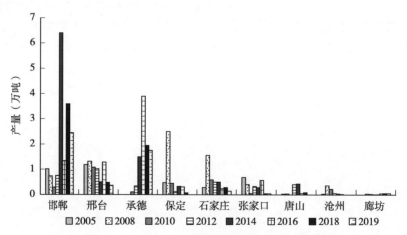

图 5-2　2005—2019 年河北双孢菇主产区变化

数据来源：河北省农业环境保护监测站。

就县域分布来看，河北共有 113 个县（市、区）生产食用菌，其中 34 个县（市、区）生产双孢菇。2019 年，双孢菇产量前三的县为邯郸市成安县 0.96 万吨，承德市平泉市 0.9 万吨、承德县 0.45 万吨（表 5-6）。

表 5－6　2019 年河北双孢菇栽培面积百亩以上县的生产情况

地区	面积（亩）	产量（吨）	产值（万元）
平泉市	3 000	9 000	10 800
成安县	600	9 600	8 640
滦平县	530	2 500	2 500
承德县	400	4 500	3 150
曲周县	360	2 240	3 704
冀南新区	320	5 120	6 144
武安市	260	2 538.5	2 322
广平县	210	2 100	2 620
宽城县	200	1 500	1 032
峰峰矿区	200	520	280
隆尧县	144.2	1 270	630
宁晋县	100	500	350
河北	7 007.09	50 711.9	46 370.58

数据来源：河北省农业环境保护监测站。

第三节　河北双孢菇成本效益

双孢菇是一种腐生异养真菌，它不能利用太阳进行光合作用，要完全依靠菌丝细胞分泌的各种胞外酶来分解，利用自然界现成的或人工调制的营养物质进行发育，对环境中的温度、湿度、光线、通风、酸碱度要求高。

双孢菇属草腐生菌类，需大量的碳源，来自秸秆、粪肥。能为双孢菇提供氮营养的物质叫氮源。孢子萌发期最适宜的温度为 24℃左右，一般 7～15 天就能萌发，每天可长 4～6 毫米。子实体分化生长的温度范围是 7～28℃，最适宜为 13～18℃，这样的温度条件下，子实体生长速度适中，菌柄粗壮，肉厚，产量高。高于 20℃子实体生长快，菌柄细长，薄皮易开伞，质量差。低于 12℃生长慢，菇大、肥厚，组织致密，单菇重，但产量低。水是双孢菇生长不可缺少的，一般要求培养料含水量 60%左右。低于 50%菌丝生长缓慢，绒毛菌丝多而纤细，不易形成子实体；高于 70%料内氧气不足，出现线状菌丝，生活力差，易死亡。菇房空气相对湿度在菌丝体生长阶段为 70%左右，出菇阶段要提到 85%，过低导致子实体生长慢，有鳞片、有空心；高于 95%则加强通风，否则会招朵菌或虫害，易产生死菇、锈斑和红根菇。料厚水足是高产的关键。菇床在发好菌后需要进行覆土，这是双孢菇栽培中必不可少的工艺。覆土加 10%的石灰粉，pH 在 7.5 左右，加 5%草木灰，还可加 10%发酵的麦草或麦糠。

一、传统种植模式

地栽模式为最原始种植模式，一年产菇一轮，投入较少，且收益可观，较适于个体农户进行双孢菇种植。以一亩菇棚为例进行计算，每年大棚的建造成本为 13 340 元，土地的年租金为 1 000 元，人工成本为每年 9 000 元，干料、打药等其他成本为每年 11 000

元。每年的销售价格略有变化，按照 10 元/千克的市场价格计算，可得出每亩地的产值约 70 000 元。综合以上数据得出每亩地利润 35 660 元（表 5 - 7）。

表 5 - 7　双孢菇大型拱棚种植成本效益情况

项　　目	单位	费用
销售收入	元/（亩·年）	70 000
其中：市场价格	千克	10
产量（鲜品）	千克/年	7 000
生产成本	元/（亩·年）	34 340
其中：大棚造价	元/（亩·年）	13 340
土地租金	元/（亩·年）	1 000
人工成本	元/（亩·年）	9 000
其他成本	元/（亩·年）	11 000
利润	元/（亩·年）	35 660

数据来源：中国食用菌商务网数据整理所得。

随着生产技术的不断发展，双孢菇种植模式有了长足发展。由原来的 1 年生产 1 轮的地栽模式发展成为 1 年生产 4 轮的空调大棚生产模式。按照 4 年使用时间进行计算，每年折旧 78 125 元。产值方面，每轮产菇 12.5 吨，按照每年 4 轮生产，则全年共可产菇 50 吨。相较于地栽生产模式，空调大棚的栽培方式初期投入较高。从成本构成来看，各项生产原材料占比最大，单轮花费 56 875 元，一年花费 227 500 元；其他费用包括维修费、机械费等花费较少，单轮花费 500 元。该种种植模式，较普通地栽模式有了很大的进步，菇棚安有空调装置，以此提供适宜双孢菇生长的温度环境；同时由原来的 1 年生产 1 轮升级为 1 年生产 4 轮，产量大幅提升。但是人工方面仍然花费较大（表 5 - 8）。

表 5 - 8　双孢菇空调棚种植成本效益情况

项　　目	单位	费用
销售收入	元/（亩·年）	500 000
其中：售价	元/千克	10
产量	千克/（亩·年）	50 000
生产成本	元/（亩·年）	338 000
其中：大棚造价	元/（亩·年）	78 125
生产原料	元/（亩·年）	227 500
农药	元/（亩·年）	1 500
蒸汽费用	元/（亩·年）	1 875
电费	元/（亩·年）	5 250
人工费用	元/（亩·年）	15 000
包装费	元/（亩·年）	6 250
其他费用	元/（亩·年）	2 500
利润	元/（亩·年）	162 000

数据来源：中国食用菌商务网数据整理所得。

二、工厂化种植模式

双孢菇工厂化生产模式是现在最先进的生产模式，自动化程度高，周年产菇 8～9 轮，收益可观。以一亩地的菇房为例进行计算，造价 270 725 元，其余各项总成本共计 1 614 000 元/年。每亩地平均年产 270 400 吨菇，按照 10 元/千克的销售价格进行计算，一亩地年产值 2 704 000 元。除去各项成本费用，每亩地年收益约 819 275 元（表 5 - 9）。

表 5 - 9 双孢菇工厂化种植成本效益情况

项 目	单位	费用
销售收入	元/（亩·年）	2 704 000
其中：售价	元/千克	10
产量	千克/（亩·年）	270 400
生产成本	元/（亩·年）	1 884 725
其中：菇房造价	元/（亩·年）	270 725
其他各项成本	元/（亩·年）	1 614 000
利润	元/（亩·年）	819 275

数据来源：中国食用菌商务网数据整理所得。

双孢菇三种种植模式无论是从产量还是种植面积上都有较大的差距。从三种种植模式产量上分析，工厂化种植模式产量最高，每亩地产量高达 270 400 千克；空调棚生产模式产量位居第二，每亩地产量为 50 000 千克；地栽种植模式产量最低，每亩地产量为 7 000 千克。实行工厂化发展模式，比原始种植模式效率更高，菌种成活率更高，同时在菇房内进行分层培养，大大增加了土地利用面积，产量有了明显提高（表 5 - 10）。

表 5 - 10 双孢菇种植模式对比

生产模式	产量（千克）	土地面积（亩）
地栽模式	7 000	1
空调棚模式	50 000	1
工厂化模式	270 400	1

数据来源：中国食用菌商务网数据整理所得。

三、河北双孢菇价格波动分析

（一）年度价格呈波动下降态势

2017—2020 年河北双孢菇年度均价波动剧烈，整体呈波动下降态势，年均价从 2017 年的 11.57 元/千克上升到 2018 年的 12.78 元/千克。近 4 年经历了上升和下降两个阶段：2017—2018 年为上升阶段，2018 年达到 12.78 元/千克的高位价格，较 2017 年增幅达 10.46%；2018—2020 年为下降阶段，从 2018 年的 12.78 元/千克下降到 2020 年的 10.83 元/千克。2020 年的双孢菇出现了较低的价格，比 2018 年的价格还要低（图 5 - 3）。

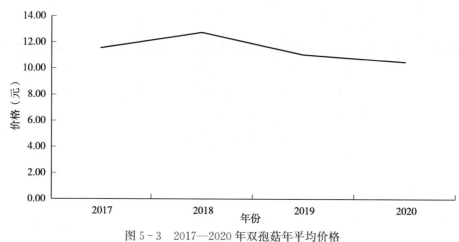

图 5-3　2017—2020 年双孢菇年平均价格

数据来源：全国农产品商务信息公共服务平台。

河北双孢菇年度价格波动呈波浪式特征。以 2009 年为节点，河北双孢菇近些年的年度标准差波动幅度整体比较稳定。如果前一年价格波动幅度较大，之后 1～2 年的波动幅度会趋小。2014 年，国内大力推行工厂化，由于技术的不完善以及对于工厂化的认识不清，大量企业过量生产，双孢菇供给增多，造成市场价格走低，年度波动标准差近 10 年来最高，为 2.81，2015 年和 2016 年的双孢菇价格年度波动标准差下降为 1.57、1.60，但 2017 年未能延续平稳状态，标准差增长到 2.17，为 2014 年来的第二大波幅（图 5-4）。

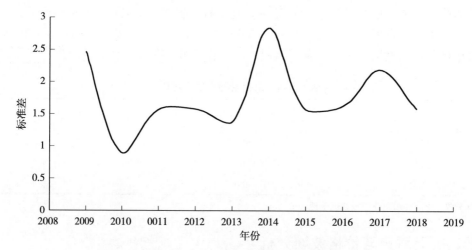

图 5-4　2009—2018 年河北省双孢菇年度均价标准差

数据来源：中国食用菌商务网。

（二）月度价格呈季节性波动特征

河北双孢菇月度价格变化表现出季节性波动规律（图 5-5）。每年 12 月到次年 12 月可视为双孢菇价格的一个波动周期。每年 1—3 月由于冬季期双孢菇的供应量减少，市场需求量小，价格相对较低，受春节影响，价格会略有上涨。3—5 月，由于春季菇的少量供应，双孢菇的价格略有上升。5—8月，受到河北当地温度、湿度的影响，双孢菇价格开始下降。8月后，随着气温的下降，供应量下降，双孢菇的价格开始走高，并在10月前后达到最高。接下来的几个月持续走低，并在12月跌入低谷。

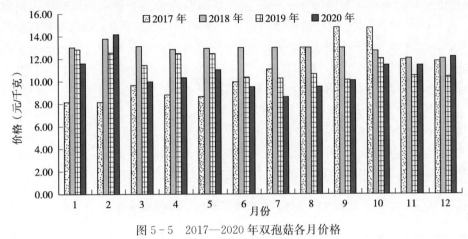

图5-5　2017—2020年双孢菇各月价格

数据来源：全国农产品商务信息公共服务平台。

2019年1月到12月底，河北双孢菇月平均价格为10.57元/千克，与上年的12.4元/千克同比下降14.76%（表5-11）。2019年除3月、8月，其余月份均价均高于10元/千克。其中4月、10月价格较高，分别为12.8元/千克、11.6元/千克；3月最低，仅为8.1元/千克，同比上年最低月份12月下降了19%。

表5-11　2018年、2019年河北双孢菇月度同比情况

单位：元/千克

月份	2018年	2019年	同比下降（%）
1	12	10	16.67
2	14	10	28.57
3	11	8.1	26.4
4	13	12.8	1.54
5	12	11	8.33
6	13	10.6	18.46
7	11.5	10.6	7.83
8	12	9.4	21.67
9	14	10.4	25.71
10	15	11.6	22.67
11	11	10.8	1.82
12	10	11.5	—15
均值	12.4	10.57	14.76

数据来源：中国食用菌商务网。

（三）双孢菇全年价格高于全国平均水平及其他省份

选取北京、山东、江苏双孢菇第一季度的价格与河北进行比较，3个主产区价格和河北走势存在差异，涨幅不一，河北均价较高，山东均价较低。

就价格绝对值而言，2019年第一季度河北双孢菇均价高于各主产区价格。河北价格维持在11~14.5元/千克，北京价格维持在11.98~13.58元/千克，而各主产区价格维持在8~14.8元/千克。就价格涨跌幅而言，第一季度各主产省份年均价同比普遍下跌。山东同比降幅最大，达到20%；江苏第二，为13.5%；北京最小，为8.53%；与其他省份不同，河北2019年第一季度价格较上年同期相比上涨，涨幅达到17.2%。就环比而言，除河北外，其他主产省份与2018年第四季度环比均有小幅度下跌。山东跌幅最大，达20%；江苏次之，为11.38%；北京最小，仅为6.73%；河北有小幅度上涨，涨幅为1.4%。总体而言，河北第一季度双孢菇价格普遍高于其他主产省份，并且与其他省份不同，同比、环比均有小幅度上涨（表5-12）。

表5-12 各主产省双孢菇环比、同比涨跌情况

单位：元/千克

地区	2018年第四季度	2019年第一季度	上年同期	同比（%）	环比（%）
河北	12.9	13.08	11.16	17.2	1.4
北京	13.68	12.76	13.95	−8.53	−6.73
江苏	11.42	10.12	11.7	−13.5	−11.38
山东	10	8	10	−20	−20

数据来源：中国食用菌商务网。

第四节 河北双孢菇进出口

一、我国双孢菇进出口现状

我国出口的食用菌罐头中82.1%为"洋蘑菇罐头"，即双孢菇罐头。根据商务部发布信息，对各省份的食用菌罐头出口量和出口额进行测算发现：中国的双孢菇出口量呈现逐年下降趋势，2018年出口量与上年相比下降了33%。河北双孢菇出口产品以罐头为主，2018年河北在全国20个出口省份中排在第17位，出口量为422.66吨，占比0.15%，国际市场占有率低，不具备产业国际竞争力（表5-13）。

表5-13 2018年全国20个省份双孢菇罐头出口量、出口额

排名	省份	出口量（吨）	占比（%）	出口额（亿元）	占比（%）
1	福建	213 897.81	76.69	18.20	45.37
2	河南	15 304.63	5.49	7.44	18.55
3	辽宁	13 466.02	4.83	1.65	4.13
4	山东	6 674.91	2.39	0.76	2.20
5	江苏	6 022.29	2.16	0.49	1.95
6	广东	5 933.74	2.13	0.78	1.89

（续）

排名	省份	出口量（吨）	占比（%）	出口额（亿元）	占比（%）
7	浙江	3 256.15	1.17	0.48	1.59
8	北京	3 221.8	1.16	0.30	1.22
9	黑龙江	2 215.59	0.79	0.88	1.18
10	四川	1 853.35	0.66	0.64	0.90
11	重庆	1 148.11	0.41	0.13	0.74
12	江西	1 112.67	0.40	0.26	0.64
13	湖北	944.21	0.34	0.08	0.37
14	天津	823.63	0.30	0.15	0.32
15	上海	718.51	0.26	0.07	0.22
16	安徽	648.72	0.23	0.05	0.21
17	河北	422.66	0.15	0.09	0.17
18	山西	417.42	0.15	0.02	0.17
19	湖南	318.51	0.11	0.03	0.12
20	陕西	173.93	0.06	0.07	0.06

数据来源：根据商务部统计计算所得。

2018 年全国双孢菇罐头出口量为 20 352.62 吨，其中 3 月出口量最大，为 1 701.37 吨，占全年出口量的 8.36%，全年月平均出口量为 1 696.05 吨。2019 年全国双孢菇罐头出口量为 14 179.19 吨，其中 3 月出口量最大，为 1 852.16 吨，占全年出口量的 13.06%，全年月平均出口量为 1 181.60 吨。通过两年出口量对比分析发现，2019 年除 3 月、6 月外，其余月份出口量都较 2018 年有所下降，下降最明显的是 2 月，下降 259.56 吨，降幅 18.23%。3 月是全年出口量最大的月份，2018 年、2019 年 3 月在全年出口量的占比分别为 8.36% 和 13.06%；7 月是全年出口量最小的月份，2018 年、2019 年 7 月在全年出口量的占比分别为 5.76% 和 6.97%（图 5-6）。

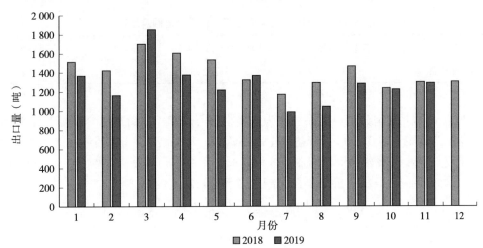

图 5-6　2018 年、2019 年全国各月份双孢菇罐头出口量对比

数据来源：中国海关统计数据在线查询平台。

2019 年 3 月双孢菇出口量和出口额均高于其他月份，分别为 1 852.16 吨和 1.48 亿元；7 月出口量和出口额均低于其他月份，分别为 988.61 吨和 0.82 亿元。出口单价比较发现，全年平均出口单价为 8.32 万元/吨，1 月、4 月、6 月、11 月、12 月出口单价高于全年平均出口单价，其余月份出口单价均低于全年平均出口单价。11 月出口单价最大，为 9.14 万元/吨，8 月出口单价最小，为 7.96 万元/吨（表 5 - 14）。

表 5 - 14　2019 年全国各月份双孢菇罐头出口量、出口额及单价

月份	出口量（吨）	出口额（亿元）	单价（万元/吨）
1	1 367.94	1.15	8.41
2	1 164.04	0.95	8.12
3	1 852.16	1.48	8.00
4	1 376.27	1.17	8.47
5	1 218.27	1	8.18
6	1 368.88	1.19	8.72
7	988.61	0.82	8.29
8	1 044.15	0.83	7.96
9	1 284.83	1.03	7.99
10	1 233.41	1.01	8.23
11	1 290.53	1.18	9.14
12	1 199.53	1.03	8.57

数据来源：中国海关统计数据在线查询平台。

二、河北双孢菇进出口现状

河北双孢菇贸易主要以出口为主，2019 年河北出口的双孢菇主要是盐水腌制的双孢菇，主要销往日本。2019 年，河北石家庄往日本出口的盐水小白蘑菇有 750 吨，出口金额达 116.4 万美元（表 5 - 15）。

表 5 - 15　2019 年河北双孢菇出口量、金额及地区

商品名称	出口数量（吨）	出口金额（万美元）	产地	出口地区
盐水小白蘑菇	750	116.4	石家庄	日本

数据来源：河北省农业环境保护监测站。

2020 年，河北双孢菇出口商品主要为盐水小白蘑菇和小白蘑菇（洋蘑菇）罐头两种。小白蘑菇（洋蘑菇）罐头出口量较盐水小白蘑菇高，几乎高达 3 倍。但是，从出口金额来看，一千克盐水小白蘑菇的价格为 11.43 元，而一千克小白蘑菇（洋蘑菇）罐头的价格为 6.36 元，盐水小白蘑菇的单价是小白蘑菇（洋蘑菇）罐头的近 2 倍（表 5 - 16）。

表 5 - 16　2020 年河北双孢菇出口量及金额

商品名称	出口数量（千克）	出口金额（元）
盐水小白蘑菇	17 250	197 215
小白蘑菇（洋蘑菇）罐头	49 374	314 183

数据来源：中国海关统计数据在线查询平台。

河北珍稀菌

第一节　河北珍稀菌历史

一、河北栗蘑栽培历史

食用菌产业是农业产业的重要组成部分，是集经济效益、社会效益和生态效益于一体的朝阳产业，不仅"不与农争时、不与人争粮、不与粮争地、不与地争肥"，而且具有"占地少、用水少、投资小、见效快"的特点，作为优质高效的支柱产业，食用菌产业已经成为新的经济增长点。20多年来的发展，迁西县成为河北乃至全国范围内的栗蘑主产地，迁西县栗蘑产业经历了从无到有、从弱变强的过程，在促进迁西经济发展、农业增效、农民增收和实现生态的良性循环方面起着越来越重要的作用。

（一）迁西栗蘑发展历史

栗蘑，因依栗树生长而得名，学名灰树花，日本称之为舞茸。迁西县是栗蘑（灰树花）人工栽培的发源地，有着20多年栽培历史，经历了开始起步、发展壮大的阶段。

开始起步阶段：20世纪80年代，迁西县科技人员与中国农业科学院合作研究栗蘑人工驯化栽培技术，1991年，迁西县成立了迁西县栗蘑研究课题组，承担了河北省"八五"攻关课题"栗蘑人工驯化栽培技术研究"。1992年，开始小片区试验并取得较大进展，栗蘑仿野生栽培获得成功。1994年，科研成果通过了中国科学院、中国农业科学院等单位的技术鉴定，同年被国家科委列入"星火计划"并推广到全国各地。

发展壮大阶段：1995年，迁西县成立了栗蘑办公室和栗栗菌业公司，迁西县获得"国际食品及加工技术博览会"金奖，大面积推广栗蘑栽培。2001年，农业部发布了迁西县李宝营主编的栗蘑农业行业标准。2005年，迁西县出台了《无公害栗蘑（灰树花）生产技术规程》地方标准。2008年，《栗蘑无公害标准化生产技术开发》获得河北省山区创业二等奖。2009年，迁西县栗蘑产品在"第三届中国经产业发展论坛"获金奖。2012年，虹泉食用菌专业合作社被财政部、农业部定为"现代农业产业技术示范基地"。2012年，"迁西栗蘑"成为国家农产品地理认证产品。2013年，迁西县被中国食用菌协会授予"中国栗蘑之乡"称号。2014年，迁西栗蘑成为首批登陆河北农产品电子交易中心环渤海平台的交易品种，上线交易量达到51.8万批次，开辟了迁西县栗蘑销售的又一个全新模式和渠道，同年，迁西县反季节栗蘑试验成功，实现了栗蘑的周年生产。2015年，"迁西栗蘑"通过了国家工商总局商标注册，同年迁西县栗蘑产业在中国栗蘑产业"十二五"（2010—2015年）百项优秀成果展示交易会上，以其产品特色优势、栽培面积、栽培产量和产值效益被中国食用菌协会授予"全国优秀主产基地县"称号。

（二）迁西栗蘑发展优势条件

一是区位优势。迁西县位于河北省唐山市北部，地理坐标为东经 118°6′49″至 118°37′19″，北纬 36°64′至 36°89′，燕山南麓，长城脚下，滦河之滨，是一个"七山一水分半田，半分道路和庄园"的纯山区县，属于暖温带大陆性半湿润的季风气候，四季分明，干湿季节明显，常年降水量 600～800 毫米，无霜期 183 天，全年日照率 60%，森林覆盖率达 62%，其地貌特征呈典型的低山丘陵景观，同时，土壤成分也十分符合栗蘑生长指标要求，优越的自然气候条件和良好的生态环境使迁西县成为栗蘑最佳优生区的核心地带。

二是资源优势。"中国板栗之乡"迁西县的板栗闻名中外。迁西县具有千年的板栗栽培史和百年的出口史，板栗产业已成为迁西县农民增收致富的"绿色银行"。迁西县栗蘑特色产业的发展得益于独特的板栗资源优势，迁西县充分发挥得天独厚的资源优势，将板栗产业延伸来发展栗蘑产业。目前，迁西县板栗的种植面积达 70 多万亩，4 000 多万株，每年的剪枝量达 7 亿多千克，为避免板栗树枝条、栗子壳被作为废物废料被浪费掉，迁西县积极推广栗蘑种植技术，发展循环经济，依托丰富的板栗资源，将栗树木屑变废为宝，将废弃板栗枝条、栗子壳打碎后作为培养料，制作成菌棒，为栗蘑生产提供了丰富的培养料来源，大大降低了栗蘑的种植成本。

三是产品优势。栗蘑是一种独特珍贵的食药两用菌，唯板栗产区所特有，具有很好的保健作用和极高的药用价值，是富含多种营养成分、有益健康的营养保健食品，被誉为"华北人参""食用菌王子""抗癌奇葩"。栗蘑具有全面而均衡的营养，维生素含量丰富，维生素 B_1 和维生素 E 含量较其他菇类高 10～20 倍，维生素 C 含量是其同类的 3～5 倍，膳食纤维是一般脱水蔬菜的 3～5 倍，可以炒、烧、涮、炖，还可以煲汤、做陷、冷拼，是宴席上的山珍，长期食用栗蘑，除增加营养外，还能增强机体免疫力，并有防癌抗癌及预防高血压、糖尿病等多种疾病的功效，还能增智、减肥，使皮肤红润有光泽，起到医疗保健和美容的作用。

四是市场优势。栗蘑作为特色食用菌品种，国内市场上的栗蘑主要产自河北省迁西县和浙江省庆元县，产量远低于香菇、平菇等食用菌。栗蘑主要在产地市场和一些高端市场销售，作为特色栗蘑品种，市场价格较高，还没有成为大众消费的菌种。随着人们生活水平的提高、生活品质的提升和消费认知理念的转变，栗蘑可以作为酒、醋、酱油等食品工业原料，也可以深加工成栗蘑多糖或保健品等，栗蘑产业市场发展前景广阔。同时，迁西栗蘑药用价值的开发潜力巨大，国内外众多的研究机构研究表明，栗蘑的提取物多糖价值可高达 30 万元/千克，有软黄金之称，是一种极具开发前景的生物反应调节剂。

五是效益优势。因为栗蘑属于市场独享型产品，人工栽培具有较高的经济效益。可大大提高单位土地面积的产出收益，同时栗蘑的残渣含有较高的蛋白质成分，出菇结束后废弃的菌袋发酵成天然的板栗有机肥料，可减少化学肥料、药品施用带来的污染，并且实现板栗无化学物品残留。其糖分及其他营养成分含量高，提高了品质及商品价值。同时，将废弃的菌袋加工成优质饲料、饵料，实现综合利用，变废为宝，既改良了土壤结构，又减少了废弃物的丢弃和焚烧，实现以林养菌、以菌养林、林菌共生的生态循环可持续发展，实现社会效益、经济效益和生态效益的有效统一。

二、河北羊肚菌栽培历史

当前,我国羊肚菌产业已初步向优势区域集中,已经形成了以四川盆地及周边山地高原为核心的主产区,并逐步向云贵高原、秦巴山区扩展形成适宜区;同时向陕西、山西、河南、山东、河北、内蒙古、辽宁、吉林等延伸形成北方暖棚设施羊肚菌生产区,黄土高原、长江中下游羊肚菌生产也有零星分布。这些区域早的可在 1 月出菇,晚的可在 6 月、7 月出菇,有利于全国羊肚菌鲜品周期的选择和区域的协调,能在一定程度上缓解我国羊肚菌鲜菇市场供求平衡问题。

(一)羊肚菌栽培历史

在国外,人工培养羊肚菌有很久的历史,早在 1883 年,法国就有了关于羊肚菌人工栽培探索的正式报道。将粉碎的鲜或干的子实体在地面培养,在下个季节收获。1982 年,美国人 Renp 将培养的菌丝体播种在花园,四年后获得子实体;在经碳酸钙处理的弱碱性干叶菌床上和以苹果渣为辅料填满的山沟中也都长出了羊肚菌子实体。1936 年在法兰西报道了地面上施以从苹果汁厂得到的"苹果渣"肥料,种下粉碎的羊肚菌子囊果而获得了高产;用 pH 小于 7 的苹果浆或旧报纸可种出子实体,但实验不能重复。Matruch 等在纸浆、腐木混合物上以类似方法栽培羊肚菌,并获得子实体。羊肚菌的人工驯化栽培虽然经过一百多年探索,但未有实质性的进展。直到 20 世纪 80 年代,在 Ower(1986)的专利中,对栽培羊肚菌有了新的突破。其论点是:促进羊肚菌形成菌核,以菌核作为接种体,刺激菌核生成新菌丝,从而长成子实体。因此形成了羊肚菌人工栽培探索的正式报道。至此 20 世纪末,美国突破了羊肚菌室内周年化商品栽培难题。

我国近代的羊肚菌驯化栽培涵盖了大田仿生栽培、林下仿生栽培、菌材仿生栽培和菌根化仿生栽培等。刘波于 1953 年在林中腐殖质落叶层内接种纯培养菌丝体或天然菌丝体,均能得到羊肚菌子实体。之后国内的羊肚菌栽培方向均以生栽为主。2002 年,云南鲁甸乡李红斌等以新鲜羊肚菌的干燥子实体作为菌种,以圆叶杨作辅料栽培尖顶羊肚菌获得成功。2003 年,赵琪等以少量杨木为辅料,在农田和退耕还林地播种纯培养的尖顶羊肚菌菌丝体,2004 年获得羊肚菌子实体,在产量相同的情况的基础下,杨木用量较李红斌使用量更低。2006 年,桂明英采用扩繁技术获得羊肚菌液体菌种,用播种枪将羊肚菌液体菌种播种在 3～15 厘米土层,细心管理,第二年获得羊肚菌子实体。在目前这些羊肚菌仿生栽培的学者报道中,多数不能重复且栽培过程中生物转化率极低,或者过度依赖菌材,对森林资源破坏相当严重,同时还不利于水土保持,或者还未在生产中得到应用和实践的验证。

四川省林业科学院谭方河于 2000 年在羊肚菌室逐渐向外栽培研究中首次采用了外营养添加技术。羊肚菌外源营养袋技术解决了羊肚菌在人工栽培条件下的营养供给问题,与有效的栽培品种和恰当的管理技术相结合,经过了近十年的生产历练,自 2012 年开始逐步进入社会生产,羊肚菌种植者可以真正依靠该技术盈利,使我国的羊肚菌室外栽培率先进入了真正的商业化技术阶段。如今我国羊肚菌的室外大田栽培逐渐形成了三大技术支撑:以品种为基础、外源营养袋为核心、栽培管理技术为桥梁。

2016 年,河北省宁晋县盛吉顺种植专业合作社李建华引进羊肚菌栽培技术,试验种植成功,2017—2018 年,经反复实践研究,摸索"冀中南羊肚菌设施高产栽培模式",亩产突破1 000千克。2019年，发展羊肚菌基地60亩，均获成功。2020年全县羊肚菌种植面积3 200亩，建成羊肚菌规模种植基地12个，已形成北方最大的设施羊肚菌种植基地。以凤凰镇羊肚菌为菌种繁育中心，贾家口镇、北河庄镇、换马店镇、东汪镇4个羊肚菌种植基地连片发展，辐射带动全县乃至全市形成跨乡连片羊肚菌全域发展的格局。

（二）羊肚菌发展前景

一是药用价值高。中医以羊肚菌子实体入药，其性平，味甘寒，无毒，具有益肠胃、消化助食、化痰理气、补肾、壮阳、补脑、提神之功能，对脾胃虚弱、消化不良、痰多气短、头晕、失眠有良好的治疗作用。现代医学研究证明，羊肚菌含抑制肿瘤的多糖、抗菌抗病毒的活性成分，具有增强机体免疫力、预防动脉粥样硬化、抗肿瘤、抗衰老、抗病毒等诸多生物学功能，同时羊肚菌抗疲劳功能优越，增强运动能力明显。

二是保健功能强。羊肚菌既是宴席上的珍品，又是久负盛名的食补良品，民间有"年年吃羊肚、八十照样满山走"的说法。羊肚菌有机锗含量高，具有强健身体、预防感冒、增强人体免疫力的功效。另外其还含有大量人体必需的矿物质元素，每100克干样中钾、磷含量是冬虫夏草的7倍和4倍，锌的含量是香菇的4.3倍、猴头菇的4倍，铁的含量是香菇的31倍、猴头菇的12倍。

三是市场容量广阔。羊肚菌一直是国际市场供不应求的菌中珍品。野生资源因过度采集已经日渐稀少，但市场需求却与日俱增，价格居高不下。羊肚菌人工栽培已引起国内外许多有识之士和企业家的广泛兴趣和关注。随着投资力度的不断加大，商业化生产的不断开发，消费市场的不断开拓，特别是羊肚菌作为高端食用菌产业，经济效益好、见效快，已成为我国各地脱贫攻坚、精准扶贫的支柱产业，羊肚菌产业的发展前景十分看好。

三、河北珍稀食用菌栽培优势

河北位于北纬37°～42°，是中国传统农耕区，拥有悠久的农业发展历史。同时，优越的自然条件也推动了农业发展，逐渐形成了北方文化中心之一。优越的自然条件和农耕文化对河北珍稀食用菌产业发展产生了很大影响。

（一）气候条件优越

河北南北跨度大，气温差异明显。北部燕山地区和坝上地区与南部地区的气温、降水存在明显差异。栗蘑、羊肚菌和大球盖菇属于中低温型菇种，栽培最适温度为10～24℃，平均湿度在80%左右。承德市和唐山市7～9月的平均温度在17～28℃，平均湿度在60%～70%，非常适合中低温型珍稀菇种生产。优越的气候条件为河北珍稀食用菌产业发展提供了良好的基础。

（二）生产原料丰富

栗蘑、羊肚菌、大球盖菇生产集中在河北北部，该地区是重要的玉米、小麦、棉花等农作物生产基地，当地栽培粮食农作物的副产品主要有水稻秸秆、稻壳皮、小麦秸秆、麦糠、玉米芯、玉米秸秆、棉籽壳、棉秆粉、豆秸粉、豆荚皮等。羊肚菌、大球盖菇的栽培原料极为广泛，常见的原料有玉米芯、棉籽壳、木屑、稻草等，栗蘑的栽培原料栗木屑在当地随处可见，可以就地取材，废物利用（表6-1）。河北大量的农作物为珍稀食用菌的生产提供了足够的原材料，也为珍稀食用菌产业发展提供了良好的条件。

浙江、福建等一些南方地区栽培原料大部分来自北方，其中相当一部分来自河北，因运输和市场限制，生产成本大大增加；与河北相比，区位优势不如河北明显，所以鲜菇销售成本明显高于河北。

表6-1　栗蘑、羊肚菌、大球盖菇培养基原料配方

配方名称	配方编号	配方内容
栗蘑菌袋培养基配方	配方1	棉籽壳42%、栗木屑40%、麸皮16%、红糖1%、石膏1%
	配方2	棉籽壳60%、栗木屑25%、麸皮13%、红糖1%、石膏1%
羊肚菌营养袋配方	配方1	棉籽壳80%、麸皮8%、玉米糁8%、石膏1.2%、石灰1.6%、激活酶0.24%
	配方2	玉米芯84%、麸皮8%、玉米糁4%、石膏2.5%、激活酶0.25%
	配方3	棉籽壳43%、玉米芯43%、麸皮4%、玉米糁4%、石膏1.3%、石灰2.1%
大球盖菇培养基配方	配方1	木屑70%、麸皮10%、玉米糁3%、豆粉1%、食盐1%、生石灰3%
	配方2	玉米秸秆70%、麸皮10%、玉米糁3%、豆粉1%、食盐1%、生石灰3%

资料来源：调研内容整理所得。

（三）营养价值丰富

从栗蘑中提取的多糖成分对抑制癌细胞的生长、增强免疫能力和延缓衰老具有独特功效。此外还有降血压、减肥、预防贫血、保护肝脏等功能。羊肚菌是世界公认的著名珍稀食药兼用菌（表6-2），其香味独特，营养丰富，功能齐全，食效显著。羊肚菌富含多种人体需要的氨基酸和有机锗，具补脑、提神等功效。美国及日本科学家对其萃取物有着独特研究，开发出了具有高附加值和高药用价值的药品和滋补品。

表6-2　羊肚菌营养价值

功能	具体内容
健肠胃、助消化	调理肠胃，帮助消化，缓解肠胃炎，起到辅助治疗作用
抗肿瘤	富含多种天然活性物质，抑制肿瘤细胞，分解肿瘤细胞分泌的毒性物质，增强免疫力
提高生育能力	含有丰富的荷尔蒙、精氨酸，提高生育能力，增强体力
提高睡眠质量	缓解女性更年期状况；富含多种氨基酸，缓解焦虑，提高睡眠质量
抗氧化、延缓衰老	富含硒等微量元素，食用羊肚菌还可以抗氧化，延缓衰老，是天然的健康食品之一

资料来源：调研内容整理所得。

大球盖菇营养非常丰富，含有多种对人体有益的成分（表6-3）。味道也非常鲜美，吃法也和其他蘑菇一样，炒肉或者炖汤都可以。大球盖菇的氨基酸、粗脂肪、蛋白质等含量显著高于其他食用菌品种。此外，大球盖菇还含有多糖、黄酮等生物活性成分，决定了其具有多种保健功能。

表6-3　大球盖菇营养价值

功能	具体内容
滋补身体	富含多种多糖、蛋白质及对身体有益微量矿物质元素，促进人体新陈代谢，增强人体器官功能
减肥	膳食纤维含量丰富，促进肠胃蠕动和加快肠道排空
预防冠心病	对血液中的胆固醇沉积具有抑制作用，净化人体血液和软化血管

资料来源：调研内容整理所得。

第二节 河北珍稀菌产业地位

2010 年以来，珍稀食用菌产量进入全国前八位的省份有河南、福建、四川、山东、河北、江西、广西、辽宁，其中河南、福建、四川、山东 4 个省份一直保持在全国前列，只是排名略有变动。虽然从全国市场来看，河北珍稀食用菌产业占比并不突出，但对于河北自身来说，珍稀食用菌产业对整体食用菌产业发展具有重要意义。

一、全国珍稀食用菌产业发展水平

我国珍稀食用菌生产集中度较高，主要集中在河南、福建、四川三省。排名前三的省份珍稀食用菌的产量占全国珍稀食用菌总产量的比重在 60% 以上，其中 2016 年达到最高水平，比重为 68.84%，平均每年珍稀食用菌的产量占全国珍稀食用菌产量的 63.86%。其余各省份珍稀食用菌产量较少，平均每省份珍稀食用菌产量比重不足 8%（表 6-4）。珍稀食用菌本来产量较为稀少，优先供给本地市场的消费需求是珍稀食用菌销售的主要渠道。

表 6-4 全国珍稀食用菌主产区分布情况

单位：%

排名	省份	2010 年	2011 年	2012 年	2013 年	2014 年	2015 年	2016 年	2017 年	2018 年
1	河南	15.52	11.16	22.55	27.75	40.78	14.02	28.42	24.78	25.6
2	福建	29.57	27.03	25.75	26.41	15.71	27.07	24.48	24.86	23.3
3	四川	19.08	18.67	11.86	12.87	6.08	23.93	15.94	16.62	17.2
4	山东	8.08	17.64	13.1	9.89	9.95	15.76	12.04	13.55	12.6
5	河北	13.14	6.92	6.84	5.81	11.4	4.18	4.25	4.61	5.2
6	江西	4.38	4.24	8.83	7.23	5.65	8.38	6.72	7.35	7.3
7	广西	2.81	3.21	4.42	4.91	2.2	5.85	3.95	4.01	3.98
8	辽宁	7.43	11.12	6.63	5.13	8.23	0.83	4.19	4.2	4.5

数据来源：《中国食用菌年鉴（2014—2019）》。

二、河北珍稀食用菌产业地位

（一）河北珍稀食用菌种植面积

河北珍稀食用菌栽培面积基本保持波动上升趋势，2005—2019 年平均栽培面积基本保持在 70 000 亩左右。河北珍稀食用菌栽培面积变化分为三个阶段。第一阶段为缓慢上升阶段，栽培面积从 2005 年的 60 000 亩左右增长到 2010 年的 84 000 亩左右，增长幅度为 40% 左右。第一阶段的增长较为迅猛，属于产业初期的市场形成时期。这一阶段人民生活水平有了较大幅度提高，对于蔬菜尤其是菌类的需求增加，健康意识正在形成，食用菌的健康价值得到了人们的青睐，珍稀食用菌的需求量有了大幅度增长，需求的增长带动了供给端的发展，所以这一阶段种植面积大幅提升。第二阶段为低水平波动阶段，2011—

2016 年栽培面积在 60 000 亩左右，整体栽培面积又下降到 2005 年前后的水平，珍稀食用菌市场在经过第一阶段的大幅增长之后，进入了调整时期。这一时期需求逐渐稳定，供给端的产业调整也逐渐开始，生产工艺、栽培成本逐渐升级，一批成本高、效益低的珍稀食用菌种植主体退出市场，导致珍稀食用菌的种植面积在这一时期表现出波动、平缓的趋势。第三阶段栽培面积稳定在新的水平，始终保持在 100 000 亩左右。经过前两个时期的发展和调整，市场机制发挥了调节作用，珍稀食用菌市场逐渐成熟，形成了规模化、专业化的产业链，珍稀食用菌产业进入新的发展阶段（图 6 - 1）。

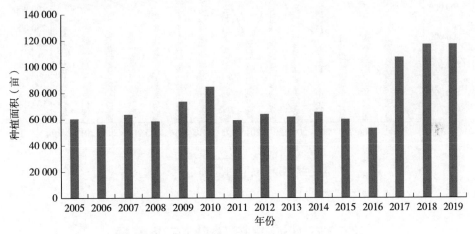

图 6 - 1　河北珍稀食用菌种植面积变化情况

数据来源：河北省农业环境保护监测站。

（二）河北珍稀食用菌产值

河北珍稀食用菌的产量波动较大，总体保持稳定。2005—2019 年河北珍稀食用菌产量平均值为 370 000 吨左右，整体变化过程以 2011 年为界分为两个阶段。第一阶段为平稳上升阶段，产量由 2005 年的 273 700 吨增长到 2010 年的 360 000 吨，平均每年增幅达 5.63%；第二阶段为波动下降阶段，由 2012 年的 452 200 吨减少到 2019 年的 342 100 吨，其中以 2015—2016 年降幅最大，达到 23.82%。2016 年以后珍稀食用菌产量波动较小，产量平稳上升，稳定在 300 000 吨以上（图 6 - 2）。对珍稀食用菌的产量展开分析发现，其产量的变化随着市场发展逐渐稳定。农产品的产量一般受到上一期价格的影响，价格的滞后效应影响着农民的生产决策，珍稀食用菌的产值波动和产量有联动关系，这反映了价格因素在其中的作用。2010 年的产值达到了阶段性的顶峰，2011 年就迎来了大幅度的下降，这反映了 2010 年的高价格导致供给的滞后性增长，但是需求并没有相应增长，所以导致了 2011 年的产值大幅下降，经过两年的调节后，珍稀食用菌的产值逐渐恢复到原来水平。在可以预见的未来，这种市场供需的矛盾现象还会重现，但是有力的宏观调控和政府恰当的市场政策手段会起到显著性作用。

河北珍稀食用菌产值随产量变化，总体呈波动上升趋势。从产量与产值的关系上来看（图 6 - 2），河北珍稀食用菌产值与产量同向变化，2005—2010 年随着产量的扩大，产值呈逐年上升趋势，2012—2019 年随着产量的波动产值也波动。从整体来看，河北珍稀食用菌产值变化过程分为三个阶段。第一阶段为稳定增长阶段，由 2005 年的 11.22 亿元到

2010 年的 36.14 亿元，平均每年增长 26.36%；第二阶段 2011—2014 年为快速增长阶段，该阶段 2011 年为产值最低的一年，河北珍稀食用菌产业经历了触底反弹之后产值开始快速上升，从 2011 年的最低值 20.51 亿元快速增长到 2014 年的 40.39 亿元，增幅达 96.93%；第三阶段为稳定发展阶段，2016 年以后产值呈现小幅增长趋势。

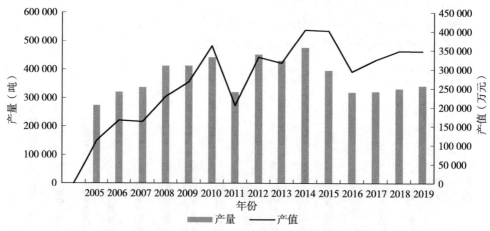

图 6-2　2005—2019 年河北珍稀食用菌产量、产值情况

数据来源：河北省农业环境保护监测站。

第三节　河北珍稀菌产业布局

河北珍稀食用菌产业布局因素众多，当地的自然条件、种植技术水平、农户收入水平等都是影响当地珍稀食用菌产业布局的因素。本节对河北珍稀食用菌产业布局的分析从其发展脉络和产业集聚程度两方面切入。河北珍稀食用菌产业分布在各县域的范围内，各地的分布有所不同，但总体上产业相对集聚。

一、河北珍稀食用菌产业集聚度

河北珍稀食用菌品种较多，生产集中度较高。河北珍稀食用菌品种达到 20 余种，种植面积超 200 亩以上的主要有白灵菇、姬菇、秀珍菇、滑子菇、栗蘑、草菇、大球盖菇、鸡腿菇等；一些名贵的食药用菌也有种植，主要有灵芝、北虫草等。河北主要种植的珍稀类食用菌产量在万吨以上的主要有白灵菇、姬菇、秀珍菇、滑子菇和栗蘑，其中白灵菇产量居前三位的地区主要在石家庄市灵寿县、唐山市部分地区和邯郸市魏县，姬菇主要产地集中在邯郸市大名县，种植秀珍菇的地区主要分布在石家庄市灵寿县、衡水市饶阳县和承德市丰宁县，滑子菇主要集中在平泉市和承德县，栗蘑主要集中在唐山市迁西县（图 6-3、表 6-5）。

与其他大宗类食用菌相比，珍稀类食用菌具有占用资源少、生产效益高等特点。截至 2019 年，河北珍稀类食用菌品种达到 20 余种，其中产值排前三位的有滑子菇、秀珍菇和栗蘑。综合来看，滑子菇具有市场价值高、产量高等特点，因此具有较好的市场发展空间；姬菇、白灵菇、茶树菇、北虫草、秀珍菇和栗蘑的产量和亩产值处于中游水平，市场潜力较大；大球盖菇和灵芝受制于品种自身特性和生产技术，虽然市场价值很高，但产量无法短时间增加。

图 6 - 3 河北主要珍稀菇种地域分布

数据来源：河北省农业环境保护监测站。

表 6 - 5 河北珍稀食用菌主产区分布情况

品种	种植面积（亩）	产量（吨）	产值（万元）	主要分布地区
白灵菇	2 744.6	15 847	16 163	灵寿县、唐山市、魏县、肥乡区、阜平县
姬菇	1 176	15 193	7 117	大名县、唐山市、衡水市
秀珍菇	3 066	11 702	32 258	灵寿县、饶阳县、丰宁县、正定县
滑子菇	4 320	61 927.5	53 112.5	平泉市、承德县、宽城县、秦皇岛市
栗蘑	3 613.83	10 483.5	21 087	迁西县、宽城县、灵寿县
草菇	350	1 690	2 293	临西县、博野县、灵寿县
大球盖菇	451	1 150	7 137.5	涿州市、涞水县、宽城县
鸡腿菇	247.5	546	333	唐县、灵寿县、河间市
茶树菇	183	2 590	2 590	阜平县、灵寿县
北虫草	182	1 385	2 732	泊头市、唐山市
灵芝	102	211.2	1 519.5	平泉市、辛集市、海兴县
香口蘑	40	186.4	200.9	博野县、张北县
其他	1 454	4 606	11 829	平泉市、曲周县

数据来源：河北省农业环境保护监测站。

河北珍稀食用菌滑子菇主要分布于冀北地区，承德、秦皇岛的平泉、宽城等地，种植面积 4 320 亩，产值高达 53 112.5 万元，是产值最高的珍稀食用菌种类。其次是秀珍菇，主要分布于灵寿县、正定县、饶阳县、丰宁县等地区，种植面积 3 066 亩，产值 32 258 万元。白灵菇主要分布于石家庄、唐山和邯郸部分地区，种植面积总共 2 744.6 亩，产值 16 163 万元（表 6 - 5）。河北珍稀食用菌产业同一菇种分布的地理位置较为集中，但是不同菇种分布较为分散，各地均有自己独特的种植技术和种植经验。不同地区的种植传统也促成了这种分散式的分布模式。

二、河北栗蘑产业发展及布局

（一）产业规模

从全国范围来看，河北栗蘑产业规模优势明显。2018 年全国栗蘑产量排名前三位的省份为河北、浙江和湖南，河北栗蘑产量 13 200 吨，居全国第一位，占全国栗蘑总产量的 48%（图 6 - 4）。河北珍稀食用菌产业以栗蘑在全国所占的比重最高，这得益于河北栗蘑产业突出的自然环境因素、先进的种植技术以及丰富的种植经验。河北栗蘑种植有 50 年的历史，是全国最早探索栗蘑产业种植的地区之一。随着食用菌行业快速发展，河北栗蘑产业也得到了较快的发展。

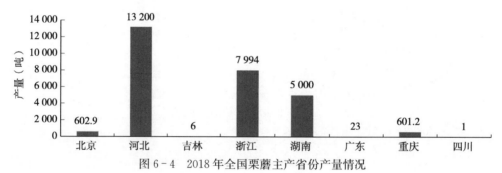

图 6 - 4　2018 年全国栗蘑主产省份产量情况

数据来源：《中国食用菌年鉴（2019）》。

从全省范围来看，迁西县栗蘑产量居全省第一（图 6 - 5）。迁西县目前已经成为国内规模最大的栗蘑生产县。与栗蘑生产相关的企业有 25 家、专业合作社 16 家。迁西栗蘑产

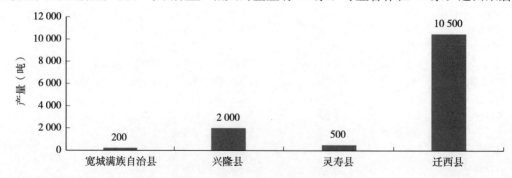

图 6 - 5　河北栗蘑主产县产量情况

数据来源：河北省农业环境保护监测站。

品现正处于发展阶段，注册商标 20 余个，销售除干、鲜栗蘑以外，初级加工产品栗蘑酱、栗蘑茶、栗蘑小菜、即食栗蘑汤以及灰树花糖果压片等均已上市。现正在积极打造迁西栗蘑网上销售、栗蘑采摘等销售平台，目前，已在天猫、阿里巴巴等知名网站建立了网店 10 多家。新建采摘基地 6 家，积极和县内外旅行社联系，打造栗蘑采摘基地，使栗蘑产业和旅游产业、健康产业积极融合。

（二）产品流通

截至 2019 年，迁西栗蘑良种覆盖率达到 100%，引进良种主要有迁西栗蘑Ⅲ号、Ⅳ号。在迁西县舞茸源食用菌试验点做栗蘑培养基棉籽壳代替纯木屑配方实验。迁西栗蘑栽培管理技术规程为迁西栗蘑国家地理标志栽培技术。从事栗蘑生产的合作社主要有迁西舞茸源食用菌专业合作社、迁西县小侠食用菌专业合作社、迁西县群发食用菌专业合作社等 7 个。栗蘑鲜品保质时间短，需要进行晾晒、烘干等初加工。栗蘑初加工数量在 1 万吨左右，初加工率达到 80%。从事栗蘑销售的电商大多活跃在淘宝、京东等平台，有 50 个左右，销量较多的店铺主要有"迁西板栗店""迁西小陈板栗企业店""淘淘迁西特产"，目前这些店铺销售的商品还是以板栗为主，没有专门的线上栗蘑专卖店铺（表 6-6）。

表 6-6　2019 年迁西县栗蘑产品流通情况

指标名称	单位	2019 年数值
栗蘑良种覆盖率	%	100
从事栗蘑生产的合作社数量	个	7
栗蘑产品初加工量	万吨	1
栗蘑产品初加工率	%	80
栗蘑产地专业市场数量	个	1
栗蘑产品经营电商个数	个	50
栗蘑产品电商销售数量	万吨	0.005
栗蘑产品销售量	万吨	1
栗蘑产品销售量占总产量的比重	%	100

数据来源：调研数据整理所得。

（三）品牌建设

在品牌建设方面，迁西栗蘑被评为河北省迁西栗蘑特色农产品优势区，潭山首批"十佳"特色农产品优势区，国家地理标志产品，全国"一县一业"优势特色品牌称号，全国栗蘑特色小镇。授权使用区域品牌比例在 50%，开展多次栗蘑产品推介活动。获得省级及以上奖项 5 个，其中省级奖项 1 个，国家级奖项 4 个。区域内栗蘑实体经营店有 39 个，占总体数量的 85%（表 6-7）。

表 6-7　2019 年迁西县栗蘑品牌建设情况

指标名称	单位	2019 年数值
区域公用品牌（地理标志）认证名称	—	迁西栗蘑
授权使用区域公用品牌的比例	%	50

（续）

指标名称	单位	2019 年数值
2016—2019 年开展栗蘑产品宣传推介活动	次	9
2016—2019 年栗蘑产品获得省级及以上奖项数	个	5
其中：省级奖项	个	1（河北省食用菌协会）
国家级奖项	个	4（中国食用菌协会）
实体专营店数量	个	46
其中：区域内数量	个	39
区域外数量	个	7

数据来源：调研数据整理所得。

（四）技术推广

迁西县"栗蘑野生栽培法"在 1992 年就研究成功并获得专利，至今已有 20 多年的栽培历史，近年来迁西县农牧局成立专门的食用菌办公室，负责全县的技术推广。省内外食用菌专家积极为迁西栗蘑出谋划策，与其他科研机构合作，如河北省现代农业产业食用菌创新团队燕山综合试验站落户迁西县，迁西县汉儿庄乡龙腾食用菌研发中心等。栗蘑产品研发的科研成果有 3 个，已经应用的有 2 个，平均每年对栗蘑产业科技投入大约在 20 万元（表 6-8）。

表 6-8　2019 年迁西县栗蘑技术推广情况

指标名称	单位	2019 年数值
从事栗蘑产业技术研究推广的科研机构	个	1
与栗蘑产业技术研究机构的合作情况	个	3
其中：国家级	个	1
省级	个	1
市级	个	1
2016—2019 年研发的栗蘑产品方面科研成果	个	3
其中：已经应用的数量	个	2
特色主导产品标准体系数量	个	2
其中：地方标准	个	1
国家标准	个	1
平均每年对栗蘑产业科技资金投入	万元	20

数据来源：调研数据整理所得。

第四节　河北珍稀菌成本效益

与其他大宗类食用菌相比，珍稀类食用菌具有占用资源少、生产效益高等特点。截至 2019 年，河北珍稀类食用菌品种达到 20 余种，其中产值排前三位的有滑子菇、秀珍菇和白灵菇。从单位面积产量来看，滑子菇、茶树菇和姬菇亩产量较高，每亩产量达到 14 吨，栗蘑、大球盖菇和灵芝由于品种本身特性和生产技术不成熟，每亩产量维持在 3 吨左右（图 6-6）。

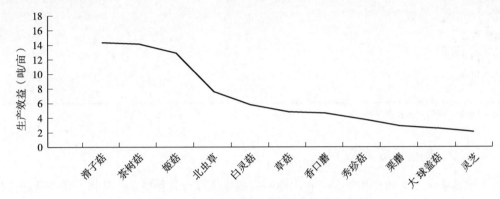

图 6-6 河北珍稀食用菌生产效益情况

数据来源：河北省农业环境保护监测站。

一、羊肚菌成本效益

从成本构成来看，羊肚菌种植的成本主要由菌种成本、人工成本以及中间生产投入三部分构成。其中，菌种成本所占比重最大，每亩种植所需的菌种成本高达 5 000 元，其次是中间投入成本，每亩 1 600 元，中间投入周期较长，3～5 年都可以生产使用，属于固定成本性质，随着时间的推移逐渐摊薄，每亩每年的实际成本在 540 元左右。最后是人工成本，羊肚菌的人工成本较低，每亩人工费用在 1 000 元左右。每亩羊肚菌种植总成本在 7 600 元。由此可见，羊肚菌种植的最大成本是菌种的购买，珍稀食用菌的菌种价格较高，这也导致了珍稀食用菌的价格比一般食用菌价格贵的特点。但是，扩大羊肚菌的种植规模，引进规模化的种植技术可以进一步降低固定成本和人工成本。针对菌种的高成本情况，企业自身可以加大在菌种研发方面的研究，联合科研机构和高等院校，开发更加优质和廉价的菌种。这样其成本还有进一步下降的空间。

从收益角度来看，羊肚菌的每亩销售收入较高。羊肚菌鲜品亩产 200 千克，干品和鲜品的生产加工比例为 1：10 左右，每亩羊肚菌干品产量在 20 千克左右。最后，每亩羊肚菌销售收入 40 000 元，净利润每亩 32 400 元（表 6-9）。总的来看，羊肚菌的成本收益较为可观，虽然菌种的成本偏高，但是成品的每亩收益更加丰厚。

表 6-9 羊肚菌种植成本及收益情况

项　　目	单位	价格
收入	元/亩	40 000
亩产（鲜品）	千克（鲜品）	200
干品/鲜品	千克	8～10 鲜品出 1 干品
亩产（干品）	千克（干品）	20

（续）

项　　目	单位	价格
市场价格	元/千克（干品）	2 000
成本	元/亩	7 600
菌种成本	元/亩	5 000
遮阳网及辅助	元/亩	1 600
人工成本	元/亩	1 000
利润	元/亩	32 400

数据来源：调研数据整理所得。

二、大球盖菇成本效益

大球盖菇—玉米轮作模式是一种因地制宜的立体综合栽种模式，其将大球盖菇和玉米同时栽种，以达到收益最大化效果。从成本构成的角度来看，大球盖菇—玉米轮作模式的成本主要由菌种、材料费和人工成本三部分构成。大球盖菇—玉米轮作模式的种植模式成本显著降低了许多。这种新型的食用菌生产模式做到了资源的最大化利用，使整个生产过程不产生损耗，自身形成了生态友好的循环发展。大球盖菇每亩投入 4 000 元，产值 24 000 元，利润 20 000 元（表 6 - 10）。

表 6 - 10　大球盖菇—玉米轮作模式种植成本及收益情况

项　　目	单位	价格
收入	元/亩	24 000
单位价格	元/千克（鲜品）	16
亩产（鲜品）	千克	1 500
成本	元/亩	4 000
亩产（鲜品）	千克	1 500
菌种费、秸秆费、锯末费、人工成本	元/亩	4 000
消耗秸秆	千克/亩	1 500
利润	元/亩	20 000
玉米收入	元	3 200
销售价格	元/个	1
亩产	个	3 200
玉米种植成本	元/亩	225
机械费用	元/亩	80
种子费用	元/亩	25
水费	元/亩	100
农药费	元/亩	20
玉米生产利润	元/亩	2 975

数据来源：调研数据整理所得。

从玉米的角度来进行分析，玉米的种植密度每亩地在 3 200 株左右，机械费用每亩 80 元左右，种子费用每亩在 25 元左右，税费每亩 100 元左右，农药费每亩 20 元左右。以上玉米的种植过程成本主要来源于种植的中间投入，其中水费较多，玉米是一种耗水型作物。与珍稀食用菌一起进行轮作，对玉米秸秆等生产废弃物进行了更加充分的利用，获得了更好的成本效益。玉米的销售价格大概每个玉米售价 1 元，每亩玉米总售价大约为 3 200 元，除去种植过程的中间投入成本，每亩玉米的利润大约为 2 975 元。加上每亩大球盖菇的利润，总利润在 22 975 元左右。

三、栗蘑成本效益

迁西栗蘑的种植成本主要来自拱棚建设成本、菌棒成本及土地租金。栗蘑每平方米投入菌棒 50 个左右，每个菌棒价格为 5.25 元，所以每平方米菌棒投入成本为 262.5 元。栗蘑土地租金折合为 137.5 元，人工成本每天为 50 元。栗蘑生产每平方米成本为 450 元，每个棚成本 22 637 元。

从收益来看，栗蘑每棒的产量为 1.15 千克左右。栗蘑的市场价格每千克为 12 元，总销售收入大约为 51 750 元，净利润为 29 113 元（表 6 - 11）。横向比较，栗蘑的利润率较高。一方面得益于栗蘑独特的种植优势，栗蘑是特殊地区的独特产物，在市场上拥有独特优势，没有替代品，导致了栗蘑的售价较高。另外就是栗蘑成本较低，借助于迁西独特的板栗木，栗蘑的生产有充足的原材料供应，这进一步降低了栗蘑的生产成本。

表 6 - 11　迁西栗蘑种植成本及收益情况（中型拱棚 25 米×3 米）

项　　目	单位	价格
成本		
拱棚造价	元/个	3 000
投入菌棒	个/米²	50
菌棒成本	元/棒	5.25
土地租金	元/个	137.5
人工成本	元/天	50
收入		
产量（鲜品）	千克/棒	1.15
市场价格	元/千克	12
销售收入	元	51 750
利润	元	29 113

数据来源：调研数据整理所得。

四、河北珍稀食用菌综合效益评价

以上部分是对河北珍稀食用菌产业的各菇种进行成本收益分析，以下进一步采用层次分析法对河北整体的珍稀食用菌行业综合效益进行评价。为确保指标权重的设定合理，首先采用德尔菲法，又称专家调查法，邀请河北、山西、新疆、北京共 16 位食用菌产业技术专家和产业经济专家对准则层和方案层指标的相对重要程度赋予权重，参与评分人员信息见表 6-12。通过向专家发送问卷，每个专家作出独立判断，经过反复征询意见，专家组成员意见趋于一致，由此分别构造了准则层和方案层的判断矩阵（表 6-13）。

表 6-12　参与评分人员信息

人员	描述	级别	数量	比例（%）
专家	性别	男	9	56.25
		女	7	43.75
	年龄	30 岁及以下	4	25
		30～45 岁	5	31.25
		45～55 岁	5	31.25
		55 岁及以上	2	12.5
	文化程度	本科及以下	5	31.25
		硕士	4	25
		博士	7	43.75
	从事食用菌行业研究的时间	3～5 年	4	25
		5～8 年	6	37.5
		8 年及以上	6	37.5
	职称、职务或管理岗位	教授	4	25
		副教授	4	25
		研究员	3	18.75
		农艺师	3	18.75
		经理	2	12.5

表 6-13　河北珍稀食用菌产业综合效益评价指标权重

准则层	权重	指标层	层次单排序	综合权重
经济效益 B_1	0.630 1	种植面积 C_1	0.063 0	0.039 7
		单位产量 C_2	0.145 5	0.091 7
		成本回报率 C_3	0.580 0	0.365 5
		单位产值 C_4	0.214 4	0.132 2
社会效益 B_2	0.261 4	就业人数 C_5	0.571 3	0.149 3
		生产组织化程度 C_6	0.109 5	0.028 6
		培训技术人员 C_7	0.062 4	0.016 3
		申请专利 C_8	0.256 8	0.067 1
生态效益 B_3	0.108 5	转化利用秸秆、木屑 C_9	0.750 0	0.081 4
		利用禽畜粪便 C_{10}	0.250 0	0.027 1

　　根据上述方法，得到占据主导地位的是经济效益，其次为社会效益和生态效益。从表

中可以看出，准则层的指标权重值从大到小的排序为：经济效益（0.630 1）＞社会效益（0.261 4）＞生态效益（0.108 5）。因此，河北珍稀食用菌产业综合效益中，经济效益指标是最重要的。相对于其他大宗类菇种，珍稀类菇种市场价格高，经济效益好，而且珍稀类菇种产品消费目标人群一般为高收入群体或者酒店商务接待，消费人群较为稳定。另外珍稀类食用菌的消费与市场成熟度息息相关。市场成熟度仍是解释珍稀类食用菌贸易格局的主要因素，各地区的珍稀食用菌市场成熟度对珍稀食用菌比较优势的发挥具有重要影响。

（一）河北珍稀食用菌经济效益

经济效益下的指标层的权重值从大到小的排序为：成本回报率（0.365 5）＞单位产值（0.132 2）＞单位产量（0.091 7）＞种植面积（0.039 7）。在经济效益层次下，成本回报率的重要程度远远大于其他指标。根据河北珍稀食用菌产业的实际情况，成本回报率相对于其他指标，对珍稀食用菌产业的发展具有重要影响，珍稀菇种的种植是高投入、高产出类型，需要更多的管理经验、技术投入和固定资产投资，通过这些资金投入来最大可能地营造出珍稀菇种最适宜的生长环境，最终达到良好的产出水平。

（二）河北珍稀食用菌社会效益

社会效益下的指标层的权重值从大到小的排序为：就业人数（0.149 3）＞申请专利（0.067 1）＞生产组织化程度（0.028 6）＞培训技术人员（0.016 3）。在社会效益层次下，方案层各指标要素对河北珍稀食用菌产业的生产环境的重要程度是不同的，相对于其他四个指标，珍稀食用菌产业带动的就业人数对河北珍稀食用菌产业的社会效益的重要程度是最大的。珍稀食用菌产业是一个从菌种的制作、栽培、储藏保鲜到加工的劳动密集型产业，劳动投入在珍稀食用菌产业发展中扮演着重要的角色，在珍稀食用菌从业人员中，研发人员、技术推广人员、种植企业以及农户作为主力，河北珍稀食用菌产业的发展在一定程度上凸显了社会效益，其中就以带动就业最重要。

（三）河北珍稀食用菌生态效益

生态效益下的指标层的权重值从大到小的排序为：转化利用秸秆、木屑（0.081 4）＞利用禽畜粪便（0.027 1）。从生态效益来看，河北珍稀食用菌产业的生态效益集中在利用农林副产品上，废弃的秸秆和禽畜粪便从无用的资源变成可用的资源这一过程本身就是在保护自然环境。当前菌包的原材料一般以秸秆、木屑和禽畜粪便为主，至于哪一部分占主要成分要以不同的菇种来区分，草腐菌的菌包多使用禽畜粪便，木腐菌包多以秸秆和木屑为主。从河北的珍稀菇种来看，占大部分的为木腐菌，使用秸秆较多，所以转化秸秆权重大于利用禽畜粪便的权重。

为了进一步确定河北不同珍稀菇种的综合效益得分，本研究采用实际数据与指标权重相结合的方式来确定不同珍稀菇种的综合效益得分，具体珍稀菇种的相关数据来自河北省农业环境保护监测站和实地调研数据。为了解决不同评价指标之间数量单位数量级不同的问题，本研究利用标准分数方法处理指标数据，用每一指标和其平均值作差，再除以该指标的标准差，这样得到的数据变成平均值为0、标准差为1的数据，消除了量纲和数量级的影响。处理后的指标数据见表6-14。利用标准化后的各珍稀菇种的数据，乘以各评价指标权重，计算得出河北11个珍稀菇种各项得分和最后的综合效益分数（表 6 - 14 和表 6 - 15）。

表 6 - 14　处理后的各珍稀菇种数据

菇种	种植面积（亩）	单位产量（吨/亩）	成本回报率	单位产值	就业人数	生产组织化程度	培训技术人员	申请专利	转化利用秸秆、木屑（吨）	利用禽畜粪便（吨）
白灵菇	0.776 31	−0.180 27	−0.253 25	−0.780 44	2.095 47	0.264 24	1.125 49	−0.557 93	0.293 48	0.377 76
姬菇	−0.197 54	1.281 41	−1.044 65	−0.748 53	−0.762 66	−0.677 25	−0.714 26	0.164 1	0.299 68	2.478 9
秀珍菇	0.975 85	−0.578 91	−1.160 73	0.142 85	−0.396 26	−0.520 34	−0.164 75	−1.279 96	−0.272 09	−0.600 36
滑子菇	1.754 38	1.571 71	−0.780 85	0.495 82	1.432 38	2.490 86	1.136 48	0.525 11	2.784 12	1.026 22
栗蘑	1.315 96	−0.766 99	0.801 96	1.202 77	−0.256 87	0.854 55	2.015 69	2.330 19	0.272 66	−0.603 98
草菇	−0.710 35	−0.372 44	−0.253 25	−0.648 82	0.610 69	−0.602 53	−0.116 4	−0.196 92	−0.459 69	0.337 91
大球盖菇	−0.647 64	−0.838 54	1.329 56	1.201 74	−0.836 49	0.607 97	−0.863 73	−0.918 95	−0.526 3	−0.603 98
鸡腿菇	−0.773 98	−0.908 05	−0.517 05	−1.791 89	−0.835 73	−0.714 62	−1.047 86	−0.918 95	−0.615 5	−0.603 98
茶树菇	−0.814 03	1.532 86	−0.780 85	0.866 73	−0.726 96	−0.632 42	−0.468 08	0.525 11	−0.532 07	−0.603 98
北虫草	−0.814 03	0.195 88	1.329 56	1.038 22	0.285 89	−0.378 37	−0.028 47	0.525 11	−0.620 34	−0.603 98
灵芝	−0.864 32	−0.936 67	1.329 56	1.016 29	−0.609 4	−0.692 2	−0.874 72	−0.196 92	−0.623 96	−0.600 54

表 6 - 15　综合效益得分

综合效益	白灵菇	姬菇	秀珍菇	滑子菇	栗蘑	草菇	大球盖菇	鸡腿菇	茶树菇	北虫草	灵芝
经济效益	−0.18	−0.37	−0.42	0.00	0.44	−0.24	0.55	−0.54	−0.06	0.61	0.50
社会效益	0.30	−0.13	−0.08	0.34	0.18	0.06	−0.22	−0.22	−0.10	0.06	−0.24
生态效益	0.03	0.09	−0.04	0.25	0.01	−0.03	−0.06	−0.07	−0.06	−0.07	−0.07
总计	0.15	−0.42	−0.54	0.59	0.62	−0.21	0.26	−0.84	−0.22	0.61	0.20
综合排名	6	9	10	3	1	7	4	11	8	2	5

（四）综合效益评价结果分析

第一，河北珍稀食用菌产业整体发展水平较好，但是两级差异化明显。平均每个珍稀菇种综合效益得分为 0.12。具体表现为分布在河北北部的珍稀菇种综合效益较高，南部的珍稀菇种综合效益较低。排名前三位珍稀菇种栗蘑（0.62）、北虫草（0.61）、滑子菇（0.59）的主产地均分布在河北北部的唐山、承德地区。排名后三位的珍稀菇种鸡腿菇（−0.84）、秀珍菇（−0.54）、姬菇（−0.42）的主产地均分布在河北南部地区的石家庄、邢台地区。从综合效益得分情况来看，得分为正的珍稀菇种为栗蘑、北虫草、滑子菇、大球盖菇、灵芝、白灵菇，超过半数，说明河北珍稀食用菌产业综合效益较好，但是还要充分认识到河北珍稀食用菌产业区域发展的差异性。

第二，河北珍稀食用菌产业各珍稀菇种间存在明显差异。栗蘑综合效益得分最高，为 0.62；鸡腿菇的综合效益得分最低，为 −0.84，两个菇种综合效益得分相差 1.46，差距明显。不同珍稀菇种的生长特性不同造成了生产特点的不同，从而造成菇种间存在差异。

经济效益较好的栗蘑、北虫草和灵芝有着较高的投资回报率和良好的单位产出水平，加上市场价格较高和产地规模优势，经济效益较高。社会效益水平较好的有白灵菇和滑子菇，属于劳动密集型产业，需要大量劳动力来进行菌包制作、接种和采摘管理，因此带动当地就业，社会效益水平高。生态效益水平较好的有滑子菇和姬菇，其生产需要大量的农林副产品，如秸秆、木屑和禽畜粪便，通过对农林废物的回收利用，制作成培养基料，减轻环境污染，生态效益水平提升。

第三，栗蘑综合效益得分最高，综合效益最好。栗蘑的经济效益得分、社会效益得分和生态效益得分分别为 0.44、0.18、0.01，各项得分都为正。栗蘑作为唐山市迁西县的特色产业，有着天然的野生菌种资源优势和 20 多年的栽培历史，加上有一定的群众基础和当地政府的支持，为栗蘑产业发展提供了良好的环境。

五、珍稀菌价格波动分析

（一）栗蘑价格总体呈波动上升趋势

2010—2019 年河北栗蘑价格波动较大，整体呈波动上升趋势，年度均价从 2010 年的 74.22 元/千克，上升到 2019 年的 110.13 元/千克，增幅达 48.38%。近十年间大致经历了四个阶段：第一阶段为 2010 年 5 月至 2012 年 1 月，这一阶段经历了短时间价格波动，在将近半年时间内价格极差为 46.83；第二阶段为 2012 年 1 月至 2014 年 10 月，这一阶段价格波动较为频繁，在此期间经历了三个价格顶峰，平均价格为 118.92 元/千克，最低价格为 66 元/千克，两者相差 52.92 元/千克，价格波动趋势明显；第三阶段为 2014 年 10 月至 2018 年 6 月，这一阶段价格波动较为平稳，以 2017 年 1 月为节点，前半段栗蘑价格呈缓慢下降趋势，最低价格为 74 元/千克，后半段价格逐渐上升，最高价格为 118 元/千克；第四阶段为 2018 年 6 月至 2019 年 8 月，这一阶段经历了短时间的价格下降之后又迎来了价格上涨，平均价格又接近最高值，达 109.41 元/千克（图 6-7）。

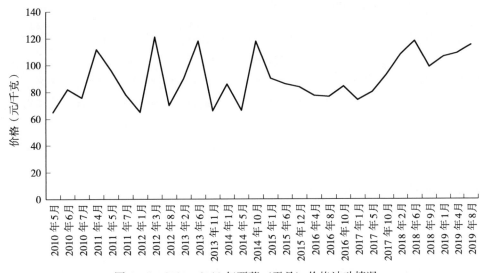

图 6-7　2010—2019 年栗蘑（干品）价格波动情况

数据来源：中国农业信息网、中国食用菌商务网。

如果按照"波谷—波谷"为一个周期，从图中大致可以看出栗蘑价格波动周期为一年，其中每年的 3—4 月出现价格最高值，在 9—10 月出现价格最低值，其主要原因：一是早春是栗蘑的栽培季节，加上蔬菜价格整体偏高导致市场货源紧缺，价格上涨；二是栗蘑主产地迁西县出菇季节集中在 9 月下旬，市场供给增多，导致价格下降。

（二）羊肚菌价格总体呈波动下降趋势

2010—2019 年河北羊肚菌干品价格整体呈波动下降趋势，年度均价从 2010 年 2 066 元/千克下降到 2019 年 800 元/千克，下降幅度达 61%。从 2010 年到 2019 年大致经历了三个阶段：第一阶段为 2010 年 5 月至 2014 年 6 月，这一阶段羊肚菌价格呈波动上升趋势，平均每年涨幅达 10.24%；第二阶段为 2014 年 6 月至 2016 年 2 月，这一阶段价格波动较为频繁，整体呈下降趋势，平均价格为 2 787 元/千克，最高价与最低价相差 1 400 元；第三阶段为 2016 年 2 月至 2019 年 6 月，这一阶段整体呈下降趋势，从 2016 年 1 950 元/千克下降到 2019 年 800 元/千克，降幅达 59%（图 6-8）。

图 6-8　2010—2019 年羊肚菌（干品）价格波动情况

数据来源：中国农业信息网、中国食用菌商务网。

进入 2019 年后，羊肚菌干品从 1 月的最高价格开始，随着羊肚菌出菇面积的增加，价格持续下降：最早从东北反季节温室暖棚，再到华北冷棚，随后是四川、云南、贵州等地陆续出菇，加上天气转暖，羊肚菌集中上市，羊肚菌的价格继续降低。在未来五年，羊肚菌处于技术不成熟向成熟的过渡阶段和市场饱和前的红利收割期，随着影响羊肚菌生产的不稳定因素减少和新菌种的开发，羊肚菌的年产量将大幅度增加，加上羊肚菌集中上市的生产特点，羊肚菌价格下降趋势不可避免。未来降低成本、提高品质是应对羊肚菌价格变化的技术策略。

（三）大球盖菇价格总体保持稳定

2010—2019 年河北大球盖菇鲜品价格整体呈稳定趋势，平均价格稳定在 13.8 元/千克。从 2010 年到 2019 年大致经历了四个阶段：第一阶段为 2010 年 5 月至 2012 年 9 月，大球盖菇价格比较稳定，平均价格为 11.54 元/千克；第二阶段为 2012 年 9 月至 2014 年 5 月，这段时间价格波动比较明显，最低价与最高价相差 10.8 元；第三阶段为 2014 年 5 月至 2016 年 9 月，价格回归稳定，但呈下降趋势，从 2014 年 5 月的 16.8 元/千克下降到

2016 年 9 月的 6.5 元/千克；第四阶段为 2016 年 9 月至 2019 年 8 月，在经历了一年左右的价格波动后，价格趋于稳定，呈上涨趋势，2018 年 1 月大球盖菇价格为 36 元/千克，达到近十年价格的顶峰（图 6-9）。大球盖菇价格飞涨原因主要有以下几点：第一，受到全国普遍高温的影响，市场货源紧缺，缺货比较严重，价格上涨幅度较大，规格为 2 千克一箱的鲜品大球盖菇销售价为 90 元。由于大球盖菇栽培还属于传统的种植方式，当温度超过 32℃时大球盖菇就会停止生长，少菇或不出菇。而夏季全国大部分地区进入高温期，大球盖菇栽培的主产区如河南、河北、安徽、湖北等地温度普遍都在 32℃以上，产品上市量大幅减少，很多市场出现缺货情况。第二，物流、冷链等运输成本上涨，也是造成大球盖菇价格上涨的因素之一。大球盖菇属于草腐菌，保鲜期短于木腐菌，目前市场上的大球盖菇一般是反季节生产，生产基地都是在较为偏远地区，对于距离产区较远的市场来讲一定程度上增大了运输成本。第三，市场认可度不断提升。调研反馈显示，全国大球盖菇的种植主要是秸秆露天和林下种植两种模式，并且生产时间大多集中在秋季，即使有反季节生产，也存在产量低、菇质差等问题。国内大球盖菇工厂化栽培还只在实验阶段，还没有采用智能出菇房出菇的相关企业和基地。尽管大球盖菇工厂化生产还在很多技术方面需要不断创新和探讨，但是周年化生产势在必行。

图 6-9 2010—2019 年大球盖菇（鲜品）价格波动情况

数据来源：中国农业信息网、中国食用菌商务网。

河北工厂化食用菌

第一节　食用菌工厂化发展历史

一、国外食用菌工厂化历史

　　日本于20世纪30年代开始在工厂化栽培食用菌方面取得了一系列进展，除技术比较成熟的金针菇外，又相继开发了杏鲍菇、灰树花、滑子菇等多种木腐菌的工厂化栽培技术。1947年荷兰开始进行食用菌的工厂化生产，意大利、德国、美国等紧随其后进行食用菌工厂化生产。1960年前后日本开始实施以白色金针菇为代表的木腐菌工厂化生产模式，1965年日本长野县建立了第一座现代化的金针菇加工厂，该县最大的金针菇加工厂日产量可达30吨，生产过程全部实现了自动化，70年代初日本完成瓶栽模式的木腐菌工厂化栽培技术的研发并投入生产。20世纪70年代，东南亚食用菌产业迅速发展，双孢菇的栽培面积已超过欧美国家，1974年在日本召开的国际食用菌大会上，除双孢菇外，还推出了金针菇、香菇、平菇等食用菌工厂化栽培技术，欧美独占鳌头的产业格局开始动摇，日本逐渐成为木腐菌工厂化技术领先的国家。工厂化技术的发展，使得亚洲食用菌总产量快速增长。1980年前后，韩国进行了食用菌工厂化生产的尝试，亚洲的其他国家，如印度、泰国、印尼等国食用菌工厂化生产的发展也非常引人注目，20世纪80年代至今的40年，工厂化生产技术给食用菌产业发展注入了新活力，保持了产业持续稳定的发展，也弥补了香菇减产所导致的消费市场食用菌供应的不足。一些自然环境和资源都不适合食用菌栽培的西亚国家，如阿曼、苏丹国，也引进了先进的食用菌装备，在常年气温高达20～55℃、茫茫干旱的沙海中建立了食用菌加工厂，生产出了高品质的食用菌产品，不仅满足了当地市场的消费需求，而且还向周边国家及北美市场出口。

　　西方国家的双孢菇工厂化生产经过60年的发展，已发展成为专业化分工，机械化、自动化作业和智能化控制的高度发达的蘑菇工业。培养料由专业堆肥公司生产，覆土由专业覆土公司提供，菇场从堆肥公司和覆土公司购买培养料和覆土栽培出菇。金针菇的工厂化栽培于20世纪50年代在日本兴起，发展较为迅速，主要有瓶栽和袋栽两种工厂化生产模式，机械化程度高的工厂化生产企业一般都采用瓶栽系统。瓶栽系统中，拌料、装瓶、搔菌和栽培结束后的挖瓶等均采用机械化作业，已建立起从培养料配制、拌料、装瓶、灭菌、冷却、接种、培养、搔菌、催蕾、抑制、生育、采收到挖瓶一整套标准化生产工艺。袋栽系统不需要挖瓶机等设备，目前尚没有袋栽搔菌机，因此机械化程度没有瓶栽系统高，投资较瓶栽系统低，但操作用工量较大，产品外观不如瓶栽结实整齐。杏鲍菇人工栽培研究起始于法国、意大利和印度，日本于20世纪90年代实现商品性工厂化生产。杏鲍菇工厂化生产比双孢菇和金针菇迟，发展时间不长，其工艺技术尚未成熟和完善。发达国家食用菌工厂化发展时间较早，先进管理与技术运用也较早，整体处于机械化和智能化较高的水平。食用菌的工厂化正在向机械化—智能化—无人化方向发展。

非洲的食用菌发展较晚。"一带一路"倡议实施将我国的食用菌技术传播到非洲一些国家，如农法栽培平菇技术传播到南非、肯尼亚等国家。欧美某些国家也将双孢菇栽培技术传播到非洲，食用菌开始逐渐走进非洲市场。近年来，非洲的一些国家，如埃及、赞比亚、坦桑尼亚、肯尼亚等国家也开始了食用菌的栽培，其高端市场需要的双孢菇工厂化的成套栽培技术引自欧美，而农业式的栽培多数是糙皮侧耳，引自我国。一些拉丁美洲国家食用菌工厂化也得到了发展，食用菌工厂化发展的热潮在全球展开。

二、我国食用菌工厂化历史

我国食用菌人工栽培虽然历史悠久，但食用菌的工厂化生产还处于初级阶段，大部分食用菌生产方式依然是小规模的分散栽培模式，采用的生产设备简陋，生产季节性强，产量和质量及稳定性都很差，已经不适应当前的市场需求。

我国食用菌工厂化生产起步较晚，20世纪90年代，食用菌工厂化技术才传入中国，最先进入福建、广州等地。在借鉴国外先进生产经验的基础上，1993年第一家台资金针菇瓶栽工厂"和昌"在广东番禺成立，同年，"冠荣""长寿"等台资企业也在北京建成投产，1994年黄毅和何丛林、詹位黎等人开始在福建进行金针菇工厂化袋栽生产，1998年台资在上海南汇区下沙设厂生产"玉山"金针菇。1999年上海浦东天厨菇业有限公司从日本引进设备，率先建立了日产2吨的金针菇工厂化生产线，利用生物工程技术进行优选育种，"天厨一号"产品问世，模拟生态环境进行自动化控制生产，提高了产品的产量及质量，金针菇的单位亩产量达到了10万千克，是传统金针菇产量的30倍，作业人员人均年产量达到2万千克，是手工生产农户种植的17倍，随后还有珠海"绿阳"等大型企业陆续问世。

2000年后，食用菌工厂化企业聚集地以上海、福建、江苏、山东、浙江、辽宁等沿海地区为主，向华东地区大幅拓展，主导中国食用菌工厂化行业逐步由东部沿海向西部内陆地区延伸，这也间接地反映了经济发展水平越高的地区食用菌工厂化水平越高。丰科生物技术有限公司2000年建立了年产2吨的真姬菇工厂化生产线，到2003年生产规模已扩大到年产4吨。北京天吉龙食用菌公司、浙江龙泉双益菇业有限公司、武义海兴菇业有限公司等在引进、学习借鉴国外成功经验的基础上结合我国自身科研技术力量，先后成功地建立了我国自己的食用菌工厂化生产线，获得了良好的生产效果。此外，全国各地简约的小型半工厂化、规模化生产线更是不断涌现，我国的食用菌工厂化生产迎来了一个新的发展高潮。2012年我国食用菌工厂化生产企业达到历史高峰，全国共有788家，随后逐年递减，截至2019年我国仅剩417家食用菌工厂化生产企业。企业数量减少的原因主要有以下几个方面：因经营不善、资金链断裂等而倒闭；因环保指标不达标、生产品种转型等原因而停产整改；将原有工厂化周年生产改建转型为香菇、黑木耳等菌包季节性生产。另外，目前，我国食用菌工厂化企业已经基本形成以大型生产企业为主导，中小型企业并存的格局，小型企业大多不能生存。

自 2012 年我国食用菌工厂化企业数量达到顶峰以来，企业数量虽然一年比一年少，但是产能不减反增，这说明各地政府、行业和投资者们也在食用菌工厂化发展过程中适时进行自我调整。另外，近几年工厂化食用菌产品的销售价格虽有波动，但波动逐年减小，逐渐趋于平稳，这说明经过短期的价格洗礼，工厂化食用菌产业正逐渐走向成熟，在市场流通方面追求升级加速。

三、河北食用菌工厂化发展历史

河北 20 世纪 80 年代兴起了第一轮食用菌工厂化生产，这一时期集中从外地引入了金针菇、杏鲍菇、双孢菇等品种。其中金针菇是最早在河北发展起来的菇种，20 世纪 80 年代初就在灵寿县开始种植金针菇，发展迅速，成为北方最大的金针菇种植和集散地，2002 年该县被省农业厅授予"河北省食用菌之乡"的荣誉称号，2007 年灵寿县灵洁食用菌专业合作社成立，把菇农组织起来，实现食用菌产业化、订单化、品牌化经营，合作社按照"公司＋商标＋农户"的运营模式，制定了产品生产销售品质标准，实行"统一提供培训和管理技术，统一提供菌种服务，统一实行最低保护价，统一收购产品，统一销售产品"的"五统一"管理模式，使合作社的产品逐步成为全县的龙头产品。截至 2011 年，灵寿县食用菌产业涉及 11 个乡镇、150 多个村，种植户 16 000 余户，种植面积 600 万米²，年产量 11 万吨，产值 7 亿元，纯收入 3.5 亿元。依靠食用菌这一特色产业，灵寿县菇农实现了人均年收入 7 000 元的目标，农民增收 17%。但近十年来随着南方大资本金针菇工厂化的发展，灵寿县金针菇产业逐渐走向衰落，菇农们转为种植平菇、珍稀菇等食用菌。

杏鲍菇引入中国的时间很短，2010 年前后才在四川培植成功。我国杏鲍菇产区较多，多分布于新疆、四川、山东、河北、福建、浙江等地。其中河北石家庄和保定的杏鲍菇产量最大。保定唐县杏鲍菇以纯天然无公害和营养丰富的特点为主打，已培育出"中盛 5 号"等新品种，栽种面积达到了 4 000 多亩，年产量 5 万多吨。除了栽种杏鲍菇外，唐县还致力于生产杏鲍菇加工产品，年生产杏鲍菇饮料 4 万多吨。保定清苑区张登镇吕家屯一菇农在其食用菌大棚内培育出一朵约半米高，重达 7.5 千克左右的"巨型"杏鲍菇。该基地种植了食用菌 50 亩，培育了多个品种，杏鲍菇采用土栽的方式，平均每支成品 0.25 千克左右，最大的超过 5 千克。2014 年保定蠡县建成华北地区最大杏鲍菇生产基地——郭丹镇河北永诚食用菌生产基地，总投资 1 亿元。年产 2.5 万吨，产值 3 亿元，是华北地区最大的杏鲍菇生产基地，直接解决 200 多人就业。2012 年，河北宁晋先后建成食用菌工厂化生产线两条，2014 年实现了杏鲍菇工厂化生产，工厂化培育杏鲍菇 60 天就可收获，产量是传统种植的 6～8 倍。宁晋县当地工厂化杏鲍菇企业采用物联网技术，通过精心培育，一般鲜杏鲍菇日产量可达 20 吨，每个杏鲍菇的重量在 0.4～0.5 千克。云泰食用菌公司采用工厂化周年生产模式，年产鲜杏鲍菇达 7 300 吨，产值 8 000 万元。每天向石家庄蔬菜市场运送 3 000 千克杏鲍菇还供不应求。一年下来，企业通过销售杏鲍菇能够赚到八千万元左右。2016 年河北平泉金稻田生物科技有限公司建成 120 多个现代化育菇房，通过先进的生产设备实行标准化生产，实现全年生产，日产杏鲍菇 20 吨，产品畅销京津市场。近年来，随着农业产业调整结构步伐加快，食用菌已成为河北部分农民增收的主导产业之一，已实现规模由小变大、单一品种到多品种、单季种植到四季种植的转变。

第二节 河北食用菌工厂化产业地位

一、河北食用菌工厂化生产现状

食用菌产业特有的优势，使其成为河北脱贫攻坚的首选产业，逐渐成为河北农业的支柱产业。食用菌工厂化生产是集智能化、自动化、机械化、规模化于一体的新型生产模式，可以不受季节影响，定时定量连续出菇，从而进行周年化生产。

(一) 工厂化食用菌产能相对稳定

近些年，食用菌工厂化生产模式在河北得到了长足的发展。各品种产量虽有波动，但总体呈上升趋势。生产品种集中在杏鲍菇、双孢菇、金针菇。杏鲍菇 2008 年产量为 4.23 万吨，经过十一年的发展，产量达到 14.72 万吨，增长 10.49 万吨，增幅 248%，约占 2019 年河北食用菌工厂化年总产量的 57.4%。双孢菇产量自 2009 年开始出现下跌，直到 2014 年，产量剧增，从 2013 年的 4.47 万吨增长到了 10.03 万吨，达到近几年历史之最，增幅达 124.38%。最近几年，双孢菇年产量趋于平稳，稳中有降。双孢菇 2018 年共产出 68 190.5 吨，约占 2018 年河北食用菌工厂化年总产量的 31%；2019 年共产出 5.07 万吨，约占 2019 年河北食用菌工厂化年总产量的 19.78%。金针菇产量是三个菇种中产量波动最大的，其波动过程大致可分为两个阶段：2008 年金针菇年产 18.52 万吨，以后三年，虽有小幅波动，但呈下降趋势，2011 年是金针菇发展最快的一年，实现了井喷式的发展，产量达到 47.86 万吨，较 2008 年增长了 29.34 万吨，增幅 158.42%。但在 2012 年出现断崖式下降，降幅达到 67.57%，之后几年产量基本稳定在 15 万吨左右（表 7 - 1）。

表 7 - 1 2008—2019 年河北工厂化主要菇种产量变化情况

单位：万吨

年份	杏鲍菇	双孢菇	金针菇
2008	4.23	7.69	18.52
2009	2.99	7.57	19.49
2010	3.3	3.70	16.29
2011	14.81	3.78	47.86
2012	5.76	3.56	15.52
2013	6.87	4.47	13.84
2014	6.01	10.03	12.62
2015	7.18	7.36	16.14
2016	8.71	7.95	14.27
2017	8.33	7.69	14.10
2018	13.55	6.82	15.04
2019	14.72	5.07	14.21

数据来源：河北省农业环境保护监测站。

(二) 工厂化企业数量不断增加

截至 2020 年，河北共有 26 家食用菌工厂化生产企业，相较于 2018 年的 14 家，增加了 12 家，增幅约 85.71%，增幅明显。近几年来，食用菌产业不断优化升级，市场给食用菌产业发展提出了新的要求。"绿色""循环经济"成为新时代生产的代名词，而工厂化生产正是符合这一理念的生产模式。加上消费者消费观念的转变，食用菌早已成为大众日常消费品，而这都给工厂化的发展带来了机遇。尽管如此，各企业仍须面对原材料价格不断上升、产品同质化严重、市场竞争激烈等问题。河北工厂化数量虽有上升，但纵观全国发展水平仍处于相对落后状况，企业数量仍待提高。

（三）组织空间布局相对集中

河北共有 26 家食用菌工厂化生产企业，它们分布在 8 个地级市，约占地级市总数的 72.73%。工厂化企业分布较为集中，多分布在承德地区。其中，承德工厂化生产企业最多，共 11 家，约占河北工厂化生产企业总数的 42.31%；邯郸地区共有 5 家工厂化生产企业，位列企业数量第二位，企业数量约占河北工厂化生产企业总数的 19.23%；邢台共有 3 家。其余工厂化生产企业零星分布于秦皇岛、廊坊、衡水等地。其中秦皇岛、廊坊分别有 2 家工厂化生产企业，衡水、保定、石家庄地区工厂化企业数量均为 1 家（图 7-1）。

图 7-1　河北食用菌工厂化企业分布

数据来源：资料整理所得。

（四）生产品种较为单一

工厂化生产模式对于菇种的要求相对较高，为达到收益最大化，一般选取培育期短、出菇密集的菇种进行培育生产。受其影响，进行工厂化生产的菇种一般集中在杏鲍菇、双孢菇等出菇率高、易于管理、技术成熟的菇种。26 家工厂化生产企业生产的菇种也大多集中在杏鲍菇、双孢菇等菇种，少数几家生产企业选择像银耳这样的小众菇种进行生产。对比各菇种的生产企业数量可以看出，共有 15 家企业进行杏鲍菇的工厂化生产，约占河北工厂化企业总数量的 57.69%。位列第二位的是双孢菇，共有 6 家企业进行工厂化生产，约占河北工厂化企业总数量的 23.08%。在外省"流行"的金针菇，在河北仅有 1 家企业进行工厂化种植。白玉菇、海鲜菇等 4 个品种也分别只有 1 家企业进行生产。其中，位于邯郸的工厂化企业进行了银耳的工厂化种植，此为河北首家，具有一定的开创意义（图 7-2）。

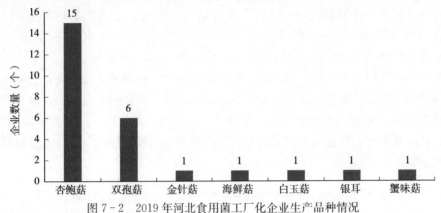

图 7-2　2019 年河北食用菌工厂化企业生产品种情况

数据来源：河北省农业环境保护监测站。

（五）龙头企业带动能力较弱

2019 年河北共评选出食用菌产业化龙头企业 44 家，这 44 家生产单位涉及食用菌产业的方方面面，如种植、加工等。其中共有 10 家企业进行食用菌工厂化生产，占比为 22.73%。其中，承德 4 家，邯郸 3 家，秦皇岛 2 家，衡水 1 家。龙头企业相对集中分布在承德地区，但由于承德地区整体的工厂化企业数量较多，因此龙头企业数量占比相对较低。邯郸共有工厂化企业 5 家，其中 3 家为龙头企业，龙头企业占比率为 60%。秦皇岛、衡水两地分别有食用菌工厂化企业 2 家和 1 家，这 3 家均为河北食用菌龙头企业，龙头企业占比率很高，均达到了 100%。邢台、廊坊、保定、石家庄均没有工厂化省级食用菌龙头企业（图 7-3）。

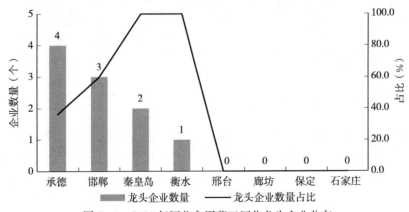

图 7-3　2019 年河北食用菌工厂化龙头企业分布

数据来源：河北省农业环境保护监测站。

二、工厂化食用菌产量位居前列

食用菌工厂化是一种高效率的生产模式，近几年来，河北食用菌工厂化得到了长足的发展，产量有了大幅提高。以杏鲍菇和金针菇两大菇种为例，河北食用菌工厂化发展迅速。杏鲍菇产量呈攀升状态，从 2016 年的 8.71 万吨，增长到 2018 年的 16.60 万吨，增长了 7.89 万吨，涨幅达 90.59％，2019 年呈现小幅下降，杏鲍菇产量降至 14.72 万吨，较上一年降幅为 11.33％。金针菇则呈现波动上升趋势，产量由 2016 年的 14.27 万吨下降至 2017 年的 14.10 万吨，2018 年金针菇产量有所上升，增长至 15.00 万吨，2019 年又出现 5.27％的小幅下降，降至 14.21 万吨。

纵观全国，食用菌工厂化产量方面，河北位居前列。按菇种进行分类，杏鲍菇产量排名前三的分别是江苏、福建、河北；金针菇产量排名前三的分别是山东、江苏、四川，河北位列第六。2018 年河北杏鲍菇产量与排名第一位的江苏相差约 55.08 万吨，差距明显。山东金针菇产量最大，约是河北产量的 4.3 倍。河北食用菌工厂化与其他省份仍有较大差距，发展空间巨大（表 7 - 2）。

表 7 - 2 2016—2018 年河北与其他工厂化主产省份产量对比情况

单位：万吨

省份	2016 年		2017 年		2018 年		排名	
	杏鲍菇	金针菇	杏鲍菇	金针菇	杏鲍菇	金针菇	杏鲍菇	金针菇
河北	8.71	14.27	8.33	14.10	16.60	15.00	3	6
福建	15.90	5.15	15.90	5.15	25.14	10.73	2	8
浙江	1.57	6.23	2.18	12.83	1.90	8.87	15	9
四川	1.96	22.52	2.99	23.84	4.36	19.34	10	3
湖南	8.50	10.80	8.50	10.80	8.50	10.80	7	7
山东	16.43	78.65	14.55	63.99	14.55	63.99	5	1
江苏	43.24	49.56	58.80	45.96	71.68	42.13	1	2
广东	—	—	4.35	17.10	4.35	17.10	11	5
河南	—	—	—	—	15.92	18.45	4	4

数据来源：《中国食用菌年鉴（2017—2019）》。

三、工厂化企业数量稳定增加

全国食用菌工厂化企业主要集中在福建、江苏、山东等地。2018 年福建工厂化企业数量为 163 家，与 2017 年 161 家基本持平，但 2019 年数量急剧减少到 84 家，较 2018 年降幅达 48.47％；江苏企业数量由 2017 年的 88 家减少到 2018 年的 69 家，减少了 19 家，降幅 21.6％，2019 年数量略有上升，上升到 80 家；山东工厂化企业数量也有明显的变化，由 2017 年的 51 家减少到 2019 年的 30 家，降幅 41.18％。其他地区的工厂化企业数量也有小幅增减或基本持平。2019 年河北食用菌工厂化企业数量约占全国总数的 4.08％，占比较小（表 7-3）。

表 7-3　2017—2019 年各省份食用菌工厂化企业数量变化情况

单位：家

省份	2017 年	2018 年	2019 年	省份	2017 年	2018 年	2019 年	省份	2017 年	2018 年	2019 年
北京	6	5	3	安徽	4	6	7	重庆	3	3	9
天津	13	10	8	福建	161	163	84	四川	4	9	16
河北	16	14	17	江西	7	8	14	贵州	1	3	6
山西	15	11	4	山东	51	38	30	云南	6	6	6
内蒙古	4	4	3	河南	32	36	28	新疆	6	2	2
辽宁	16	16	10	湖北	7	7	9	陕西	7	6	6
吉林	2	3	5	湖南	6	6	4	甘肃	5	6	7
黑龙江	4	3	5	广东	17	14	14	青海	0	1	1
上海	7	8	7	广西	8	7	6	宁夏	1	1	2
江苏	88	69	80	浙江	30	33	23	海南	0	0	1
西藏	0	0	1								

　　数据来源：中国食用菌协会。

　　通过观察河北近三年的食用菌工厂化数量不难发现，数量发展呈现"V"字形发展趋势。2017 年河北共有 16 家食用菌工厂化企业，2018 年出于种种原因，数量降至 14 家，降幅 12.5%。2019 年共有 17 家食用菌工厂化企业，较 2018 年增长了 3 家，涨幅 21.43%；较 2017 年增长了 1 家，涨幅 6.25%。

　　福建地区，气候适宜种植食用菌，同时又是我国食用菌发展的先行者，工厂化企业数量、水平均处于领先地位。近几年，伴随着食用菌产业的发展，越来越多的人投入食用菌产业，但也不得不面对食用菌激烈的竞争市场，再加上原材料、人工等成本的提高，许多企业倒闭。从表 7-3 中不难发现，西藏、海南两省份是刚刚开始发展工厂化生产企业。这也从另一方面说明，食用菌工厂化已成为食用菌种植产业未来的发展方向。

第三节　河北工厂化生产食用菌价格波动趋势

　　金针菇、杏鲍菇、双孢菇工厂化技术较为成熟，但集约化、工厂化的大规模生产造成工厂化菇种价格整体走低。

一、金针菇价格分析

　　近十年河北金针菇价格整体呈现随季节波动的趋势。年内最低价一般出现在 6 月左右，最高价出现在春节前后。年内价格波动可分为四个阶段：第一阶段为 2—6 月，表现为价格持续下降，每年春节过后，金针菇价格从年内最高价逐渐下跌至年内最低价；第二阶段为 6—9 月，价格表现为稳步上升；第三阶段为 9—11 月，价格出现小幅下降；第四阶段为 11 月至次年 2 月，价格稳步回升至全年最高水平（图 7-4）。

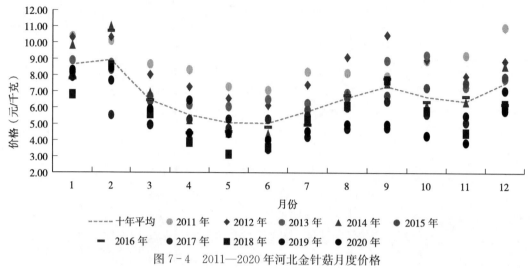

图 7-4　2011—2020 年河北金针菇月度价格

数据来源：全国农产品商务信息公共服务平台。

随着工厂化生产金针菇的大力推行，金针菇生产逐渐趋向规模化与标准化，工厂化生产成本低，产品品质高，规模效益好，造成近十年河北金针菇价格呈现逐年下降的趋势。

通过对比山东、辽宁、浙江与河北 2020 年度各月度金针菇价格可以发现，四地月度价格均出现不同程度的波动变化。具体来看，除山东外，河北、辽宁、浙江 2020 年月度价格均呈现上半年下降、下半年上涨的趋势。而山东 2020 年金针菇价格全年表现平稳，呈现略微下降趋势，全年最高价格为 6.50 元/千克，最低价格为 5.50 元/千克，价格波动幅度极小（图 7-5）。总体来说，河北的金针菇价格与其他省份相比较低。

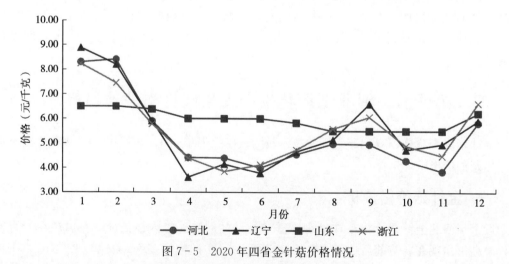

图 7-5　2020 年四省金针菇价格情况

数据来源：中国食用菌商务网、全国农产品商务信息公共服务平台。

二、双孢菇价格波动分析

2011—2020 年河北双孢菇年度均价波动较为剧烈，整体呈波动型上涨态势，年均价从 2011 年的 7.66 元/千克，上升到 2020 年的 10.83 元/千克，增幅达 41.38%。近十年经历了上升、下降、上升、下降四个阶段：2011—2013 年为上升阶段，2013 年达到 11.62 元/千克的高位价格，较 2011 年涨幅达 51.70%；2013—2015 年为下降阶段，2015 年到达低位值，为 8.83 元/千克，较 2013 年降幅达 24.01%；2015—2018 年又为上升阶段，2018 年达到近十年最高价格 12.88 元/千克，较 2015 年涨幅为 45.87%；2018—2020 年为第二个下降阶段，2020 年平均价格降为 10.83 元/千克，较 2018 年降幅为 15.92%（图 7-6）。河北双孢菇年度价格五年为一个波动周期，价格呈现先上升后下降的波动趋势，中间高两头低。以 2011 年为节点，河北双孢菇价格近几年的年度标准差在 1.55~1.60，价格波动幅度整体比较稳定。如果前一年价格波动幅度较大，之后两年内的波动幅度会趋小。2014 年，国内大力推行工厂化，但由于技术的不完善以及对于工厂化的认识不清，大量企业过量生产，双孢菇供给增多造成市场价格走低，年度波动标准差近十年来达到最高的 2.81，2015 年和 2016 年的双孢菇价格年度波动标准差下降为 1.57、1.60，但 2017 年未能延续平稳状态，标准差增长到 2.17，2018 年开始河北双孢菇价格波动标准差不大，均不足 1，价格逐渐趋于稳定。

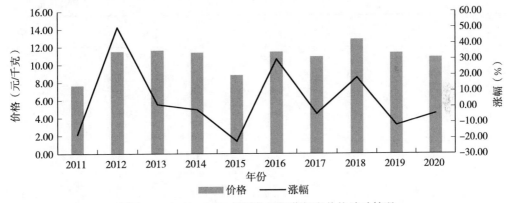

图 7-6 2011—2020 年河北双孢菇年度价格波动情况

数据来源：中国食用菌商务网、全国农产品商务信息公共服务平台。

河北双孢菇月度价格变化表现出季节性波动规律，每年 12 月到次年 12 月可视为双孢菇价格的一个波动周期。双孢菇价格在每年 12 月处于谷底，次年 1—5 月由于冬季双孢菇的供应量减少，市场需求量小，价格基本保持平稳。5—8 月，受到河北当地温度、湿度的影响，双孢菇的供应不足，价格开始回升。6 月、7 月为持续高温阶段，空气中的湿度较低，不利于双孢菇生长，加上市场上双孢菇的大量消耗，需求增加，市场供应不足，价格进入快速上升阶段，在 8 月达到最高。8 月后，随着气温的下降，南方气候开始逐渐适于双孢菇的生长，供应量增加，双孢菇的价格开始走低，并在 12 月重新回到低谷。据统计，2011—2020 年河北双孢菇月度平均价格最低在 12 月的 8.22 元/千克，在 8 月达到高峰，为 11.54 元/千克（图 7-7）。

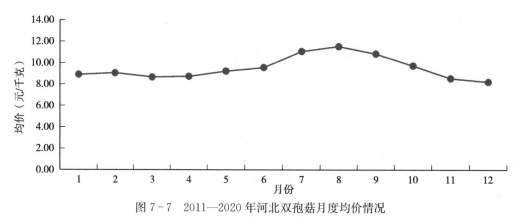

图 7-7　2011—2020 年河北双孢菇月度均价情况

数据来源：全国农产品商务信息公共服务平台、中国食用菌商务网。

比较分析全国和北京、山东、江苏、浙江 4 个典型省份与河北双孢菇月平均价格，不同的地区存在明显的差异。河北双孢菇 1—4 月的平均价格高于全国平均价格；5 月、6 月低于全国平均价格，但差价基本保持在 1 元/千克及以内（表 7-4）。相对于典型区域，河北 2020 年双孢菇月均价格排在第二位，仅次于北京，不具有价格竞争优势。

表 7-4　2020 年河北双孢菇价格与全国典型地区对比

单位：元/千克

月份	全国	北京	山东	江苏	浙江	河北
1	9.8	14.7	10.0	11.2	13.1	12.9
2	10.1	14.7	10.0	11.1	12.5	14.0
3	10.9	14.6	10.0	11.1	9.0	12.6
4	9.8	17.4	10.0	11.2	12.0	11.5
5	12.0	14.1	10.0	12.8	11.0	11.0
6	12.1	13.8	10.0	12.3	10.5	11.5
7	11.0	12.1	10.0	12.0	15.7	11.5
8	12.2	14.0	10.0	13.2	10.2	12.0
9	13.4	12.9	10.0	13.6	12.6	12.9
10	11.8	14.0	10.0	12.8	7.1	15.5
11	10.8	10.0	10.0	12.0	14.3	13.3
12	11.0	12.0	10.0	11.0	13.3	10.0
平均	11.2	13.7	10.0	10.9	11.8	12.4

数据来源：中国食用菌商务网。

三、杏鲍菇价格分析

2017—2020 年河北杏鲍菇月度价格波动情况相似，年内波动幅度较大。上半年均整体呈现下降趋势，下半年价格整体呈现上升趋势，但受市场影响各月份价格不断波动，波动趋势不定。近四年河北杏鲍菇的最低价格均出现在 6 月，每千克 3～5 元（图 7-8）。

图 7 - 8 2017—2020 年河北杏鲍菇月度价格

数据来源：全国农产品商务信息公共服务平台。

选取辽宁、北京、山东三省份杏鲍菇 2020 年各月度价格与河北杏鲍菇月度价格进行对比分析，四省份上半年的波动情况类似，从 1 月到 6 月均呈现下降的趋势，但第三、四季度波动情况不同，四地月均价格出现不同情况的波动变化。杏鲍菇最高价格均出现在第一季度，北京为 9.13 元/千克，辽宁以 8.73 元/千克次之，河北再次，为 8.00 元/千克，山东最低，为 5.72 元/千克。第三、四季度北京与山东的情况类似，杏鲍菇价格在第三季度均较为平稳，无大幅波动；而河北第三、四季度价格则呈现上涨趋势，在 8 月、11 月有小幅下降；辽宁第三、四季度价格均呈现上涨趋势，涨幅较小，但在 9 月有一次明显的上涨，随后则立刻下降回正常情况（图 7 - 9）。

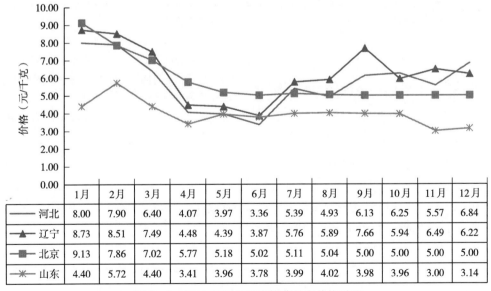

	1月	2月	3月	4月	5月	6月	7月	8月	9月	10月	11月	12月
河北	8.00	7.90	6.40	4.07	3.97	3.36	5.39	4.93	6.13	6.25	5.57	6.84
辽宁	8.73	8.51	7.49	4.48	4.39	3.87	5.76	5.89	7.66	5.94	6.49	6.22
北京	9.13	7.86	7.02	5.77	5.18	5.02	5.11	5.04	5.00	5.00	5.00	5.00
山东	4.40	5.72	4.40	3.41	3.96	3.78	3.99	4.02	3.98	3.96	3.00	3.14

图 7 - 9 2020 年四省份杏鲍菇月度价格对比

数据来源：中国食用菌商务网、全国农产品商务信息公共服务平台。

2020 年度北京杏鲍菇价格各月未出现大幅波动，价格表现平稳，河北与辽宁 7 月的杏鲍菇价格则呈现较大涨幅。河北杏鲍菇总体价格与辽宁相比差距不大，但与生产大省山东相比则价格偏高。

第四节　食用菌工厂化成本效益分析

一、食用菌种植模式对比分析

食用菌产业经过多年的发展，早已成为仅次于种植业、养殖业的"第三农业"。食用菌的栽培生产也经历了曲折的发展过程，一般分为传统手工生产模式、"企业＋农户"生产模式、工厂化生产模式三个阶段。每个模式都是生产环境和菇种特性的结合，各有各的特点。传统栽培模式与工厂化模式有着显著的不同（表 7－5）。

表 7－5　两种种植模式特点对比分析

模式	传统种植模式	工厂化模式
规模	规模小，以家庭为单位，没有形成规模效应	规模大，单日出菇量巨大
品种	木腐菌、草腐菌均可，栽培品种 60 余个	栽培品种仅 10 余个
生产效率	全程人工作业，生产效率低	全程机械化生产，生产效率高
季节限制	生产受天气影响极大	采用现代化设备模拟适宜食用菌生长的环境，不受自然环境的影响
产品质量	受到自身种植水平、外界环境等不确定因素的影响，产品品质不稳定	实现了标准化、机械化生产，产量高，质量可控，安全卫生
销售	运输半径较短，适合短距离销售	运输半径长，销售距离远，销售到外省，有的远销海外
病虫害防治	容易受到不确定的环境、原材料等影响，容易发生病虫害	便于建立无害化食用菌病虫害防治体系，易做到群防群控
生物效率	较高，多潮出菇	普遍偏低，只收一潮菇
能源消耗	能源消耗较小	能源消耗较大，依靠工业设备获得适宜环境
抵御风险能力	抗击外界影响能力弱，缺乏市场竞争力	有稳定的供应商和客户，销售渠道相对通畅，抵御市场风险能力较强
发展阶段	属于食用菌种植生产的初级阶段，也是农业生产模式的重要组成部分	食用菌生产不可或缺的组成部分，是农业现代化的高级阶段

传统种植模式一般以农户家庭为单位进行生产和销售。工厂化种植模式则改变了原有的小单位生产模式，将生产以工业发展的理念进行，通过采用现代化设备、先进的管理制度实现了逆转自然栽培方式的规模经营。受品种特性的影响，可通过工厂化模式进行生产的菇种仅有 10 余种，是传统模式种植菇种的十分之一，随着技术的发展，越来越多的菇种将通过现代化手段进行工厂化生产，以达到利益最大化。通过表 7－5 可以看出，工厂化模式在产量、产品质量、销售渠道、抵御市场风险等多方面具有突出优势。工厂化模式实现了周年生产，不受区域与季节的影响，逆转季节，实现了反季节生产。许多工厂利用反季节生产的优势，获得巨大利润。工厂化生产是一种要素密集型生产，做到了资本密集

化、技术密集化、人才密集化。工厂化生产前期需要大量的资本投入，购买和建造整个生产环节所需要的设备装置；技术方面，食用菌生产本身涉及多学科领域，要想进行工厂化生产，需要多学科综合性人才，对各个生产或接种过程严格把控；除了需要有专业的技术人员，还需要懂经营、懂管理的经营管理人才，销售方面亦如此。能源消耗方面，传统栽培模式依靠的是正常大自然的环境，工厂化模式则是利用工业设备，用电、水等模拟出适合菇种生长的环境，能源消耗量巨大。生物效率方面，以金针菇为例，普通种植模式生物效率可达 80%～90%，而工厂化金针菇的生物效率约为普通模式的一半，为 40%～50%。

二、金针菇成本效益分析

（一）传统栽培模式

随着生产技术的不断发展，金针菇工厂化生产模式逐步推广。现阶段，河北金针菇传统方式种植主要集中在石家庄市灵寿县，该县从 20 世纪 80 年代就开始了食用菌栽培，经过 30 多年的发展历程，已发展成为灵寿县三大特色主导产业之一。灵寿县素有"中国金针菇之乡""河北省食用菌之乡"等美称。并逐渐形成了以狗台乡为中心，辐射周边乡镇的黄金针菇种植带。

灵寿县金针菇传统栽培模式中，原材料成本占比突出。其中菌棒原材料构成为棉籽皮 80%，麸皮 15%，玉米芯 4%，石灰粉 1%。总面积为 945 米^2 的菇棚放置菌棒，共可放置 5 万余棒。棉籽皮大约需要 27 吨，麸皮大约需要 5 吨，玉米芯和石灰粉大约需要 1 吨和 0.3 吨。其价格分别为 1.2 元/千克、1 元/千克、0.4 元/千克、1.16 元/千克。其中棉籽皮价格波动较大，价格从之前的 0.6 元/千克涨到 1.1 元/千克，目前在 1～1.2 元/千克，这里按照 1.2 元/千克进行计算。各生产原料共花费约 41 650 元，其中棉籽皮部分花费最大，约占原材料总成本的 77.79%；其次是麸皮，共花费 5 000 元，约占原材料总成本的 12.00%；玉米芯和石灰粉花费占比较小，分别占原材料总成本的 0.96% 和 0.84%（表 7-6）。

表 7-6　金针菇原材料成本构成

原材料	用量（吨）	单价（元/千克）	费用（元）
棉籽皮	27	1.2	32 400
麸皮	5	1	5 000
玉米芯	1	0.4	400
石灰粉	0.3	1.16	350
菌袋	—	—	3 500
合计	—	—	41 650

数据来源：调研数据整理所得。

面积为 945 米^2 的镀锌管大棚，造价约为 9.5 万元，大约可使用 20 年，将建造费用每年计提折旧 4 750 元。将大棚折旧平均到每个菌棒，经计算每棒计提折旧 0.095 元。除去生产原材料费用，人工成本方面，人工费每吨约 4 000 元，每个大棚人工费支出大约为 10 800 元。将原材料成本、人工成本、折旧费用进行加和，除以每棚的棒数，计算出来每个菌棒平均成本为 3.1 元。按照 1∶2 的投入产出比进行计算，每棚共可产出约 56.7 吨，按照市场 4 元/千克的价格进行销售，可得 22.68 万元。每棚年收益 67 050 元

（表 7 - 7），按照每棚放置 5 万棒计算，每棒利润为 1.34 元。

表 7 - 7　灵寿棚室金针菇种植成本效益情况

项　　目	单位	金额
销售收入	元/年	226 800
其中：产量（鲜品）	千克	56 700
市场价格	元/千克	4
生产成本	元/年	159 750
其中：大棚成本	元/年	4 750
菌棒成本	元/年	155 000
其中：菌棒单价	元/棒	3.1
菌棒个数	棒/棚	50 000
利润	元/年	67 050

数据来源：调研数据整理所得。

（二）工厂化种植模式

金针菇工厂化生产前期需要大量的资金投入，厂房建造和设备按照总面积 6 955 米² 进行计算，总投入约 2 825 万元，按照 10 年进行计提折旧，每年固定资产投入约 282.5 万元，约占全年总成本投入的 17.12%。工厂化种植由于是大批量大规模进行种植，原材料成本最大，约占全年总成本的 33.99%。辅助材料方面，由于其可重复利用，它的成本消耗相对较低，每年约 100 万元，能源消耗 59 万元，占比 3.57%。随着近几年劳动力成本的增加，雇工费用相对提高，按照每名工人 3 500 元/月的工资进行计算，全年支付人工费用约 323 万元，约占全年总成本投入的 19.57%。其他费用包括维修费、管理费等，费用金额与人工费用相当，约占 19.69%。单个菇房面积大，周年生产不停歇，单个菇房全年产量为 3 333 吨，按照 8 元/千克的销售价格进行计算，每年销售额可达 2 666.4 万元（表 7 - 8）。金针菇工厂化生产园区单体面积巨大，配套设施齐全，除建有生产所用的菇房，还建有冷库、办公区、食堂、停车场等配套设施，表中并未将这些配套设施建造成本列入其中。

表 7 - 8　金针菇工厂化种植模式成本效益情况

项　　目	费用（万元）
销售收入	2 666.4
其中：产量（吨）	3 333
价格（元/千克）	8
生产成本	1 650.5
其中：固定资产折旧（厂房、设备）（10 年计算）	282.5
原材料投入	561
辅助材料	100
能源消耗	59
人工费用	323
其他费用	325
利润	1 015.9

数据来源：网络数据整理所得。

　　通过对比金针菇两种生产模式成本效益情况不难看出,传统大棚种植多为种植户或食用菌合作社行为,其单体较小,初期投入较少,而工厂化生产则需要大量的资金作为支持,两者在资金投入数量上不可相提并论。工厂化单位面积大,周年生产,投资利润率约为 26.82%,略高于传统栽培模式投资利润率 24.23%。

(三)典型企业

　　1. 基本情况　　河北光明九道菇生物科技有限公司为光明食品集团上海五四有限公司旗下的食用菌生产企业,公司位于河北省邢台市临西县轴承工业园区内,于 2015 年 3 月 23 日在临西县工商局登记成立,同年 9 月 1 日正式投产,10 月 21 日产品上市。公司主要经营工厂化金针菇,2019 年产量为 59 500 吨,产值达 60 000 万元。

　　2. 生产优势

　　(1)资源丰富。一是临西有着绝佳的区位优势,正好处于京津冀经济区、山东半岛蓝色经济区、中原经济区三者的黄金交会点,不仅交通便利,还可辐射周边的 6 个省会城市和 26 个地级市,市场范围极其广阔。二是临西原材料资源非常丰富。当地及周边县(市、区)均为农业耕作区,是玉米秸秆、麦麸、木屑等食用菌生长原料的主产区,每年可产玉米芯、麸皮等各类农作物下脚料 45 万吨。公司每年从当地农民手中收购农作物下脚料 8 万吨,价值 1.8 亿元。就地取材制作培养基料,没有了中间环节,极大降低了生产成本,每吨至少节省运输成本 600 元。三是临西的劳动力资源富集。该县处于平原农业区,劳动力资源相对较充裕,加上近年来当地大力推行土地集约经营,大量劳动力从土地中解放,便于发展现代农业工厂,就近招收合同工。

　　(2)设备先进。发展现代农业,生产设备和工艺流程的层次决定着产品结构的层次。坚持瞄准世界一流的装备水平组织生产设备,按照世界最前沿的生物技术确定工艺流程,原材料加工、菌种选育、配料装瓶、灭菌冷却、无菌接种、发菌培养、搔菌刺激、出菇管控、采收包装等环节,全程采用了机械操作和数字化程序控制管理。由于全程机械化操作的实施,企业生产效率比普通菌菇生产企业提高 10 倍以上,大大减少了人力物力消耗;而全程数字化管理使菌菇生产所需的温度、湿度、光照、通风等环境因素实现了最佳配置,菌菇出厂优等品率达到 90% 以上。

　　(3)效率较高。在建厂过程中,与当地政府保持了全天候对接,千方百计加快工程进度。在生产流通环节,实施全流程的责任管理,使生产、运输、销售实现了无缝对接,菌菇生产从原料进厂到产品走上消费者餐桌的循环时间仅需要 55 天。换言之,在一年时间里,企业的资金流能够在市场中运转 6 次以上,比一般农业企业高出 3~5 倍。

　　3. 社会效益　　作物下脚料的循环利用,带动农作物下脚料采购、运输、仓储等环节,在相关产业联动下,衍生出新的产业链条,带动全县近万家农户增收 2 亿余元。

　　生产过程中使用的培养基料,就是由农作物下脚料混合而成的。农作物下脚料的循环利用,还体现在菌菇废弃培养基料的处理上。菌菇采收后,瓶子里的废弃基料也不会当作垃圾处理掉。可以把这些基料烘干后作为燃料,放进生物质锅炉生成蒸汽,为菌菇生产提供热能。少部分废弃基料用作有机肥,用这种有机肥还田,可以有效提高土壤肥力,形成"废弃物—资源—产品—废弃物—再生资源"的循环链条,实现农业产业大融合。

三、杏鲍菇成本效益分析

(一) 工厂化种植模式

河北杏鲍菇工厂化发展较好,全省杏鲍菇生产全部为工厂化出菇,因此无法对传统种植模式情况进行分析,在这里只对工厂化种植模式进行分析。为更好地掌握河北工厂化杏鲍菇情况,特走访杏鲍菇工厂化聚集地——承德,并最终选择了承德地区3家、邢台地区1家企业进行重点分析。4家企业分别为承德金稻田生物科技有限公司、承德双承生物科技股份有限公司、宽城聚盛园食用菌种植公司、凤归巢农业生态科技有限公司(表7-9)。

表7-9 杏鲍菇工厂化种植模式成本汇总

项 目	承德金稻田生物科技有限公司	承德双承生物科技股份有限公司	宽城聚盛园食用菌种植公司	凤归巢农业生态科技有限公司
菌棒成本(元/棒)	1.8~1.9	1.5	1.7	2
单个菇房放置菌棒(万棒)	2	1.98	1.06	1
出菇量(千克/棒)	0.45	0.4	0.45	0.4
日产量(吨)	30	20	5~6	4,满负荷8~10
人工成本[元/(天·人)]	70	90	80	70
销售价格(元/千克)	6	5.2	4.8	5

数据来源:调研数据整理所得。

通过对4家杏鲍菇工厂化企业各项成本的汇总,不难看出人工成本虽有差别,但相差不大,2家在70元/天。受当地原材料价格情况,以及菌棒的大小差异影响,菌包成本相差较大,最低价格为1.5元/棒,最高价格可达2元/棒,相差0.5元/棒。受公司发展情况的制约,日产量相差巨大,其中承德金稻田生物科技有限公司日产量可达30吨,是凤归巢农业生态科技有限公司日产量的7.5倍。销售价格方面,由于销售地域、销售渠道、产品品质的不同,价格差别也较大,最高与最低价格可相差1.2元/千克。单个菌棒的出菇量基本稳定在0.4~0.45千克(表7-9)。

通过表7-9推算出各项成本的平均数值,最终确定菌棒成本为1.7元/棒,销售价格为5元/千克,得到表7-10。通过对比各项成本发现,工厂化生产一次性投入设施成本费用较高,约为44 800元。值得关注的是,菇房使用年限较长可达20~30年之久,按照20年计算,平均到每年设施折旧成本2 240元,若周年生产,折算到每茬则可忽略不计。近几年菌棒原材料市场价格略有上浮,这就直接造成了菌棒成本的上涨。菌棒成本为1.7元/棒,其中原材料成本为0.9元/棒,约占菌棒总成本的53%;人工成本和资源成本均为0.4元/棒,占比均约为23.5%。受原材料市场价格、人工成本的影响,预计菌棒成本还会上涨。受杏鲍菇的生长特性及工厂化种植模式的限制,一般只会采收头潮菇,一般每棒头茬可产约0.45千克。按照5元/千克的销售价格进行计算,可以得出每棒的利润大约在0.55元。

表 7 - 10　杏鲍菇工厂化种植成本效益情况

项　　　目	单位	金额
销售收入	元/(菇房·茬)	45 000
其中：产量（鲜品）	千克/(菇房·茬)	9 000
市场价格	元/千克	5
菌棒成本	元/(菇房·茬)	34 000
其中：菌棒个数	棒/菇房	20 000
菌棒单价	元/棒	1.7
其中：原材料成本	元/棒	0.9
人工成本	元/棒	0.4
天然气、电	元/棒	0.4
每茬利润	元/茬	11 000
每棒利润	元/棒	0.55

数据来源：调研数据整理所得。

（二）典型企业

1. 基本情况　承德双承生物科技股份有限公司成立于 2012 年 6 月，位于承德市承德县头沟镇，占地 4 100 余亩，设有双庙、瓦房两个生产厂和朱营等七个出菇园区，主要进行杏鲍菇工厂化生产。公司注册资本 1 350 万元，现有资产 7 800 万元，正式在职员工 126 人、季节性用工 800 余人，公司于 2016 年 10 月底在"新三板"成功挂牌上市，成为河北省首家食用菌挂牌企业、承德市首家农业类挂牌企业。

2. 生产优势　公司以循环经济理念栽培进行食用菌生产，用玉米芯、秸秆等农业的废弃物作为培养基栽培出杏鲍菇或黑木耳，再将种植杏鲍菇后的废菌糠再次用于种植平菇、秀珍菇等品种，最后将种植平菇等品种后的废菌糠再一次用于生产生物有机肥，有机肥还田用于高端的经济作物，每个环节均产出产品，创造价值，同时废弃物的充分再利用进一步提升了价值。同时，应用现代科学技术和科学管理方法的社会化农业，使农民摆脱自然界的制约。采用标准化厂房和人工智能控制的恒温恒湿设备，创造出食用菌生长所需要的优良环境，生长过程最大限度地规避了大风、暴雨、冰雹等影响，即使在最寒冷的冬季，依然可以保证正常产出，生产更加有安全保障。周年化持续生产大大地提高了土地的利用效率，土地利用面积是原来的 3.8 倍，土地利用的周转次数由原来的每年 1 次提高到了 6 次，保障了农产品供给，综合效益明显提高。

3. 社会效益　采用"公司＋基地＋合作社＋农户"模式，前端为百姓加工制作菌包，提供技术服务，后续为百姓销售产品，解决百姓后顾之忧。统一由公司规划、建设和管理出菇基地，避免了农户的固定资产投资风险；在资金上充分协调"政银企户保"等资金，破除了缺少资金的困扰。通过土地流转建设出菇基地，为百姓带来每亩地每年 1 000 元的土地租金收入；增加就业岗位，季节性用工 800 人，平均每年每人增收 2 万元；帮扶建档立卡贫困户，带动 3 000 余户农户发展食用菌产业。

河北食用菌加工

食用菌作为河北农业中的重要产业，即将跨入融合互联网和大数据的4.0时代。这一时代赋予了食用菌产业发展更大的历史机遇，同时也带来了挑战。未来河北食用菌产业应该更多地聚焦于加工产业的高质量发展，如进一步深入研究食用菌的活性功能成分与物化性质，开发新的精深加工产品，确保多元化、营养化供给，促进产业增值化转变；抢抓信息数字新机遇，利用高度智能化栽培管理方式，优化资源结构，实现食用菌产业高机械化、高产出和高效益；借力食用菌作为循环经济的重要环节，融入"以国内大循环为主，国内国际双循环相互促进"的新发展格局中，对接国际市场，拓展消费市场等，吸引更多的高端要素为食用菌产业发展助力。

第一节　河北食用菌加工业发展历程与方向

食用菌储藏和加工历史悠久，早在北魏贾思勰的《齐民要术》已有记载："菌……其多取欲经冬者，收取盐汁洗去土，蒸令气馏，下著屋北阴中。"元朝大司农编撰的《农桑辑要》中提到菇类："新采趁生煮食秀美，曝干则为干香蕈。"古代《养小录》中的"香蕈或烤或晒，磨粉，入馔内，其汤最鲜"等，记述了食用菌储藏、干制和调味料的原始加工方法。

一、河北食用菌加工业发展历程

食用菌加工分为初级加工和深加工。初级加工指对食用菌一次性的不涉及其内在成分改变的加工；深加工指对食用菌二次以上的加工，主要指对各种营养成分、活性成分的提取和利用。初级加工使食用菌发生形状的物理变化，深加工使其发生成分的化学变化。对食用菌进行干制、高渗浸渍、罐藏等属于食用菌食品初级加工；提取食用菌中具有较高营养、药用或其他特殊价值的物质成分，进而生产具有更高附加值产品的生产过程属于深加工。

（一）萌芽阶段

20世纪70—80年代是河北食用菌产业萌芽起步的阶段，食用菌加工基本上是与种植栽培同步开始的，因为食用菌最初的食用品种就是鲜品和干品两种基本形式，将来不及销售出去的鲜菇通过日晒等方式制成干品，是很容易想到的保存方法。这一阶段加工产业是以食用菌的干制技术为主要特征的。

（二）起步阶段

河北食用菌产业真正进入加工阶段从有"中国食用菌之乡"之称的承德市平泉市开始，平泉市第一家经营以食用菌加工的企业是承德森源绿色食品有限公司。1998 年，食用菌加工以冷冻调制产品为主，主要面向国外市场，此时国内消费者还不具有消费冻干食用菌的饮食习惯。这一阶段以食用菌冷冻加工技术为主要特征。通过冷冻方式加工食用菌的方式在全国处于行业的领先地位，极少有食用菌经营者具有干制以外的加工工艺。

（三）发展阶段

进入 21 世纪后，食用菌加工业也步入新的发展阶段。2004 年，加工企业进行产品提档升级和经营转型，新建食用菌罐头加工项目，开始生产菌菇罐头系列产品，同样以出口为主。为了解决灌装剩余用料的问题，在生产食用菌罐头的同时引入调味酱（如香菇酱）的加工工艺，这类产品面向国内市场。由于食用菌罐头和调味酱依然能够从产品中看到原材料，不涉及成分提取和质的改变，仍然属于食用菌初加工产品。这一阶段以罐装加工产品（罐头和调味酱）的规模生产为主要特征。

（四）提升阶段

2014 年以来，以承德森源绿色食品有限公司为首创，经营以食用菌为主的中央厨房快餐产品的加工与配送，以此为起点，点亮了河北食用菌加工业向精深加工领域探索的指路灯。森源公司利用珍稀野生菌有效成分提取技术研发了营养保健功能性饮料，其生产技术和质量均达到国内领先水平。利用生物发酵技术成功研发的蛹虫草发酵植物饮品填补了国内该类产品的空白。食用菌干制品、盐渍食用菌、速冻食用菌、食用菌罐头、蘑菇酱、干煸蘑菇、即食菇菜、鲜菇拌面等一百多种产品均已出现在国内外市场上。通过食用菌精深加工技术的突破，相关产品打开市场引领大众消费升级，河北食用菌加工进入提升阶段。

二、河北食用菌加工业发展方向

2019 年河北食用菌年产量为 310.02 万吨，占全国总产量 3 933.87 万吨的 7.88％，居全国第五，年产值达 232.39 亿元，居全国第三[①]。阜平县食用菌产业直接带动农户 1.5 万户就业；平泉市食用菌产业从业人数达到 12 万人，带动全市一半以上贫困人口脱贫；食用菌产业已成为河北种植业中的一项重要产业。但是河北作为食用菌生产大省，年人均供应量约为 19 千克[②]，低于全国食用菌年人均供应量 27 千克[③]的平均水平。河北食用菌所能提供产品以初级产品为主，仅能作为餐饮、家庭消费供烹饪菜肴的产品类型，消费方式单一，深加工领域的技术应用和产品开发工作都很薄弱，急需开发出营养、健康、方便食用的食用菌方便食品，结构上存在着初级加工产品供应过剩，深加工产品供不应求的矛盾。提升河北食用菌加工业发展层次和水平具有极为重要的意义。

（一）提高资源利用率，增加经济效益

食用菌深加工能够使许多废弃不用的部分，如菌柄、腌渍杀青液和碎屑等，经过深加工

---

① 数据来源：中国食用菌协会 2020 年 12 月发布的《2019 年度全国食用菌统计调查结果分析》。

② 数据来源：河北省统计局公布的《河北省 2019 年国民经济与社会发展统计公报》。

③ 数据来源：中国食用菌协会 2019 年 12 月 27 日发布的《2018 年度全国食用菌统计调查结果分析》。

得到充分的多次利用。例如，平菇深加工后，就可以获得 10 种以上产品，栽培料经过深加工后可制成饲料、肥料和农用激素，真正做到物尽其用，使生物资源得到充分利用。香菇和平菇的菇柄可加工制成香菇松、菇根蜜钱等休闲食品，平菇的菇柄可制成蜜钱、素牛肉干等。

食用菌通常以鲜品的形式进入市场，大多数常见品种的鲜品本身经济效益并不高，制成干品价格增长非常明显。由于一些加工产品中食用菌添加量多少不一，价格跨度也表现出较大的特征。按一般农产品加工技术估算，若通过初级加工制成食用菌休闲食品、罐头等，价值可增加 3～9 倍；制成食用菌干品，则价格可增值 10 倍左右；若将提取物用于制作保健品、美容品等，则可增值 10 倍以上。将猴头菇加工成饮料，则升值 4 倍左右；若加工制成猴头饼干时，其价值可上升 5～6 倍。香菇酱比香菇鲜品价格高出约 3 倍，香菇干品价格则高出约 9 倍。灵芝每千克 60～80 元，经加工制成灵芝速溶茶或灵芝浸膏时，其价值可增长 5～10 倍。从云芝中提取出云芝多糖，再精制成云芝多糖胶囊药品时，则云芝子实体的价值可升高数十倍之多。若将其进行深加工或精深加工，则价值随着加工层次和深度不断上升，可增值 20 倍以上。据测算，每生产 500 克平菇，其深加工后的产值是原来平菇产值的 5 倍左右，最高可以达到 10 倍。表 8-1 比较了九种常见食用菌鲜品、干品及加工后的价格[①]。

表 8-1　九种常见食用菌加工前后价值比较

单位：元/500 克（毫升）

品种	香菇	黑木耳	银耳	杏鲍菇	金针菇	猴头菇	松茸	灵芝	虫草
鲜品	5.28～11	—	—	6.2～8	4.1～5.0	9～10	299		
干品	49.8～110	34.9～114	30～130			99～108	2 000～5 000	400 以上	1 000 以上
风味食品、休闲食品	香菇酱 18～50 脆片等 13.9～22.9			罐头 20 脆片 50	罐头 20 果冻 16～50	饼干 7.6～68.8			
饮料						猴头菇饮料 50	松茸酒 400	能量饮料冲剂 6 克 10 元	
保健品				面膜/片 15～88		猴头菇粉 100 以上 口服液 132.5 孢子粉 36 克 498 元		口服液 172.9 胶囊 28.8 克 409 元	燕窝 56 毫升 238 元

数据来源：调研数据整理所得。

（二）扩大食用菌品类，满足更大范围消费需求

较长一段时间以来，河北市场上食用菌产品较多地以鲜菇、干品菇、罐头三种类型出

[①]　考虑到即使不同地区绝对价格存在差异，但加工前后的变化应相差不大，暂以保定超市调研数据作为参考。另外需要说明的是，由于猴头菇、松茸、灵芝、虫草多生长在南方，河北并不多见，且后三种野生品种与人工栽培种价格相差较大，所列价格并不代表河北生产的食用菌市场价格。

现，消费者可选范围比较狭窄。现代消费者健康消费的意识正在增强，对健康营养食品的需求与日俱增，已经逐渐由吃好到吃得营养、吃得健康转变，对食用菌的消费习惯正在悄然发生转变。如人们更加追求具有原有风味、形态、色泽的食用菌，与过去购买干品浸泡烹饪的方式相比，通过冻干工艺保持口感和营养的方式更为大众喜爱。随着对食用菌营养价值的了解，各种食用菌深加工产品越来越成为消费者青睐的对象，从饮料到糕点，从食品到药品，消费者购买渠道逐渐拓宽提升，通过精深加工的食用菌从低价位的普通产品上升为高端的超级食品。增加食用菌更深层次的研究、开发更多深加工产品，将进一步加速食用菌市场发展。

（三）缓和鲜品集中上市价格冲击，均衡市场全年供应

大多数食用菌品种产季集中在秋冬，收获高峰期大量食用菌鲜品涌入市场，必然导致菇价急剧下降，且会造成产品销售困难，滞销菇最后变质产生损耗，这种矛盾对于以鲜销为主的菇类更为突出。食用菌深加工可以将滞销产品加工成其他食用菌制品，使产销矛盾得到缓和，切实保证菇农的利益。另一方面，从全省来看，随着生产者意识到食用菌产业良好的发展前景，不断扩大食用菌的生产规模，如此一来更会加剧上述矛盾造成的严重后果。而鲜品通过加工处理可以调节市场供求，减少产季产品过分集中、价格暴跌给菇农带来的经济损失。

食用菌生长季节当然也存在差异性。一些高温型菇类如草菇只能生长在夏季，低温型菇类如金针菇只能生长在秋末春初10℃左右的环境，中低温型菇类如香菇、双孢菇等只能在春秋季节培植。这样对于同一菇种来说，在非适宜季节是不能在市场上销售的。当然，现在技术条件能够实现周年生产，缓解季节性栽培问题。在我国广大农村，短期内普遍实现有控制条件的栽培难度较大，主要还是根据自然气候条件进行栽培。但是市场消费更倾向于全年的平稳、均衡供应，这就要通过科学的加工方式来实现。菇农将生产剩余的部分产品加工成盐渍品或罐头等，或制成各种形式的食品，以保证市场上食用菌的全年供应。

另外，新鲜食用菌子实体肉质柔软且体积较大，运输比较困难，鲜品销售依据就近原则。若将食用菌通过不同层次的加工制成干制品、罐头制品，或制成膏汁、饮料、冲剂类产品，既减小体积又可延长保存时间，突破运输地区的距离限制。

（四）提升技术实力，加强产品营养价值利用

全面认识食用菌的营养成分有助于打开食用菌消费市场，食用菌子实体内含有丰富的营养成分。以香菇为例，其子实体内总碳水化合物（含多糖、膳食纤维）的含量为54%，能够提供能量，提高人体免疫力，具有抗肿瘤和通便排毒的功效；蛋白质含量可达20%，是丰富的营养物质来源；脂肪（不饱和脂肪酸亚油酸、油酸含量高达90%以上）含量3%，可以降低血脂，降低血清、胆固醇含量和抑制动脉血栓的形成；维生素（维生素B_1、维生素B_2、烟酸）含量约20毫克；矿物质（钙、铁、钾、磷、硒等）含量丰富，可作为补钙、补铁、补磷的良好来源；香菇嘌呤可降低人体血液、肝脏中的胆固醇含量，对冠心病、高血压等有一定的预防和治疗功能（但尿酸高或痛风人群应少食香菇）；麦角甾醇（维生素D原）对抗佝偻病具有一定功效。但其中的一些营养物质在菇体中存在的浓度并不是很高，若直接食用子实体，其浓度达不到有效值，许多作用不易显示出来。金针

菇中所含有的多糖体朴菇素可以起到防癌的作用，杏鲍菇提取物杏鲍菇多糖不仅可以降低血糖，还能增强肌体免疫功能，具有抗病毒、抗肿瘤作用，能够降低胆固醇含量，降血脂、防止动脉硬化等。这些有效成分的提取和应用需要通过科技含量较高的精深加工技术来实现，只有通过加工提取，将有效成分浓缩或纯化，才能够更大程度地发挥营养物质的作用。目前市场上出售的云芝胶囊、虫草胶囊、灵芝孢子粉、香菇多糖片等，都是经过许多环节提取、浓缩、加工生产而成的，具有较高的营养价值或药用价值。

第二节　河北食用菌加工技术与产品

一、河北食用菌企业加工技术现状

经过不断创新，河北食用菌企业普遍采用了食用菌干制加工技术、渍制加工技术、罐藏加工技术、精深加工技术，以及将食用菌加工技术与其他食品制作工艺搭配组合制成风味食品和休闲食品的加工技术。其中，干制加工技术与罐藏加工技术在全省食用菌加工业中的使用性更为普遍，盐渍与糖渍加工技术采用较少，食用菌有效成分提取等精深加工技术方面有所突破，正在日益成熟。生产了速冻食用菌、调味罐头、油浸菇、蘑菇酱、冷冻快餐调理食品及食用菌功能饮品和有效成分提取产品。

（一）干制加工技术

食用菌干制也称为干燥、脱水、烘干等，是指新鲜食用菌在自然条件或人工控制条件下，子实体含水量降到13%以下，使微生物在缺水与高浓度环境中难以生长，从而达到食用菌较长时间保存的工艺过程。食用菌干制加工技术在河北已经广泛应用。

鲜品食用菌含水量一般在85%以上（有些食用菌子实体含水量可达90%），同时含有蛋白质、糖、脂肪等营养物质成分，这也为许多微生物提供了优质适宜的繁殖环境，容易导致食用菌腐坏变质。干制原理是将食用菌进行干制加工，利用热能在菌体内外形成湿度梯度和温度梯度，以菌体内水分向外扩散和表面水分汽化的形式实现脱水，产生较高的渗透压，使微生物产生生理干旱，抑制其活动，同时菌体自身的酶活性也降低，达到长期贮藏食用菌的目的。食用菌菌体内含有近60%的游离水、10%左右的胶体结合水以及一部分化合水。游离水最容易脱掉，此时的干燥速度不随时间而变化。在较高温度下，胶体结合水也可以部分脱去，当水分含量降低到50%～60%，即开始蒸发部分胶体结合水，干燥速度也开始随时间增加而下降，但化合水无法在干燥过程中被脱掉。

干制方法主要有自然晒干和人工烘干两种。自然晒干即以太阳光为热源，利用自然风加速菌体干燥，不需要特殊的设备，简单易行，节约能源，成本较低，但受气候影响较大，干燥过程较慢。人工烘干即以炭火、远红外线、微波等为热源，将置于干燥机或烘房中的鲜菇进行干燥。人工烘干法可分为烘烤法、热风干燥法和冷冻干燥三种，其中冷冻干燥是先将菌体中的水分冷冻结晶，在较高真空条件下缓缓升温，利用升华作用使菌体脱水干燥。人工干燥法不受气候条件的限制，干制时间大大缩短，且更利于长期保存，新技术不断地应用于食用菌干燥上，保证了食用菌色、形、味最低程度的损失，但能源利用量较大。

河北食用菌加工品较多为干制，各主栽品种均有，如香菇、白灵菇、双孢菇、黑木耳、榛蘑、灵芝和竹荪等，干燥后不仅不影响品质，有的还可以增加其风味与适口性。香菇的香味是在干制过程中产生的，将香菇加工成干品，不仅口感反超鲜菇，且容易长期贮存；黑木耳和银耳主要以干制为主；但是平菇、杏鲍菇、草菇、滑菇一般以鲜食为好，金针菇、平菇等干燥后，风味、适口性变差。

（二）渍制加工技术

渍制加工技术是我国古老的民间果蔬加工方式，可采用盐、糖、醋、酱、糟等调味品将食物渍制加工，生活中我们常常将这种方式称为腌制。随着食用菌产业和加工技艺的发展融合，渍制加工技术也应用于食用菌生产当中，其中盐渍和糖渍技术更为成熟与常见。

1. 盐渍　食用菌盐渍加工就是将挑选后无劣质、无霉烂、无病虫害的食用菌子实体预煮（杀青）后，再用一定浓度（较高）的盐水浸泡，以保持子实体营养价值与商品价值。

生长在菌体上的微生物分泌的酶会导致新鲜食用菌腐烂变质，影响美观、口感和存放时间。盐渍加工的原理是：食盐溶液中的钠离子和氯离子具有强大的水合作用，能够产生很大的渗透压，利用高浓度食盐溶液的高渗透压特性，使其超过微生物细胞渗透压，微生物在高渗透压的食盐溶液中无法吸收营养物质且水分外渗，造成生理干燥，起到抑制微生物活性的作用。一般微生物细胞液的渗透压为 3.5～16.7 个大气压，如在中性溶液中，大肠杆菌可忍受的最高食盐浓度为 6%，变形杆菌为 10%，乳酸杆菌为 12%，霉菌为 20%等，盐渍所用食盐溶液的浓度在 25%左右，远高于一般微生物细胞液渗透压，能够有效抑制或杀死微生物细胞。

不同食用菌种类的盐渍加工工艺要求和方法略有不同，但工艺流程基本一致，从采收选择完毕开始大致可分为如下工序：原料分级—清洗—预煮（杀青）—冷却漂洗—盐渍—翻缸—检验—装桶—调酸—封存。在盐渍加工流程开始前，应首先准备好食盐，所用食盐质量是影响食用菌盐渍产品好坏的重要因素。一般食盐中常含有多种杂质，若不加处理地应用于食用菌盐渍加工，无疑会影响菌体外观和质量。因此，以精制盐为首选，若条件不足则可将盐水煮沸静置后，取上层清液过滤备用。采收并初步整理完成的食用菌要按照大小、形状、长短等标准分级，用清水或 1%浓度的盐水清洗菌体表面附着的泥沙和杂质，浸入 5%～10%的食盐溶液或放入蒸汽箱中进行预煮，抑制菌体细胞组织中酶的活性并增大细胞通透性，冷却漂洗后加盐腌渍，有层盐层菇法、饱和盐水法和梯度盐水法等，通常需要经过几次翻缸，盐渍好的食用菌沥去盐水，经过分拣检验称重装桶，灌满新配置的 22%的盐水，用 0.4%～0.5%的柠檬酸溶液调节 pH 至 3.0～3.5，并加盖封存。

采用盐渍加工的食用菌品种主要有双孢菇、滑菇、平菇和姬菇等。

2. 糖渍　糖渍，顾名思义，就是用食糖将原料腌制起来制成加工产品。糖渍最早用于制作蜜饯，起初人们将果蔬原料用蜂蜜经过多道复杂而严格的工序腌制起来，高浓度的糖分渗透到果蔬里，压出水分，同时抑制了微生物的生长，果蔬便能长久保持独特的色香味形。随着加工技术的不断革新和人们生活水平的提高，食用菌糖渍加工技术也得到开发利用和发展。

食用菌糖渍加工的原理是：通过增加菌体含糖量、减少含水量，增加菌体中的渗透压，令微生物细胞脱水收缩，从而产生生理干燥，同时微生物无法获得生存需要的营养物质，生理活动受到抑制，使食用菌得以保存，食用菌糖渍制品的含糖量达到65％以上则能够有效发挥抑制微生物的作用。与盐渍技术相比，糖类物质具有还原性基团，且氧在糖溶液中的溶解度低于在水中的溶解度，糖浓度越高，溶解度越低，即可以产生抗氧化作用，更有利于食用菌色泽、风味、营养物质的保持。

糖渍技术的加工工艺与盐渍技术类似，主要可分为：原料分级—清洗—杀青—盐渍硬化—糖渍—烘晒上糖—冷却—整理包装。新鲜食用菌经过分级挑选，用清水清洗并沥干水分，预煮杀青的方式与盐渍的方法相同，以熟而不烂为标准。将杀青后的菌体浸入盐水中盐渍，并加入石灰使子实体硬化，硬化的目的是使细胞失去活性，增加细胞膜的通透性，糖溶液更容易进入菌体细胞内，从而析出水分。糖渍分为糖煮和糖腌两种，处理对象的区别在于，若子实体较坚硬则用糖煮法，若子实体较软则选用糖腌法。糖腌不需加热，但需要分期加糖，逐步提高浓度，腌制时间较长。糖渍除了可以使用蔗糖，还可以选用淀粉糖浆和转化糖等。烘干完成的标准以用手触摸表面不粘手为准，干燥后菌体水分含量低于20％，浸入饱和糖溶液中后立即捞出，烘烤或冷却，在菌体表面形成一层透明晶亮的糖衣薄膜，干燥后用真空包装或密封包装即可。

糖渍加工的食用菌种类主要是金针菇、平菇、银耳、木耳、香菇等。

（三）罐藏加工技术

新鲜食用菌在经过前期初步处理后装入密闭的容器中，对容器内部进行抽气和杀菌后，在常温环境下实现长期的保存，形成的产品可称为食用菌罐头。根据填充原料、加工方式、所用目的不同，食用菌罐头可以分为两大类，即清水罐头和快餐罐头。清水罐头以整菇、片菇、碎菇为原料填充，以一定浓度的盐水为填充液，主要用于餐厅、家庭的菜肴烹饪需要。快餐罐头以食用菌与其他肉类的复合物作为原料，经过烹调加工后可供消费者直接开罐食用，如蘑菇猪肚汤等食用菌罐头。

罐藏加工技术的原理是：首先，用于罐藏的容器是密封的，可以保证菌体不受外界空气和微生物的干扰，防止再次入侵；其次，制罐过程对内部产品进行高温灭菌处理，能够破坏菌体内部酶生成系统，使生化反应无法进行，且抑制好氧微生物在真空中的活动。

食用菌罐藏的加工工艺流程为：选菇—护色—漂洗—预煮—冷却—分级—装罐注液—排气分罐—杀菌—冷却—检验—包装。用于罐藏加工的鲜菇必须符合制罐等级标准，应选择大小均匀、完整紧实、色泽正常、无伤无害的鲜菇，立即浸入漂洗液中洗去泥沙和杂质，抑制菌体中酶的活性以防止变色，再用清水冲洗干净。在沸水中预煮，鉴定是否煮熟的方法是，放入冷水后下沉者为熟，上浮者则未熟；或用牙咬菇肉，脆而不黏为熟，黏而无弹性则未熟。杀青后立即放入冷水中冷却再次进行分级，可采取人工分级与机械分级两种方式。分级后立即将固体物装入已经消毒的空罐中，随即注入调制好的汤汁，既能够排出空气，也能够增加罐头口味。为了防止罐头中嗜氧细菌和霉菌的生长繁殖，防止容器因空气受热膨胀而导致变形和破损，减少菇体营养成分的损失等，罐头在密封前要尽量将罐内空气排出。常用的有加热排气法和真空排气法。排气后则可进行高压蒸汽灭菌，使内容物免受致病菌和有害微生物的侵害，灭菌后放入冷水中冷却，擦干后进行检验，合格产品即可包装入库。

大多数食用菌都可以加工成罐头，河北常见的罐藏加工多采用金针菇、茶树菇、杏鲍菇、双孢菇、口蘑、松茸、草菇、滑子菇、香菇、白灵菇等种类。

(四) 产品精深加工技术

河北在食用菌加工方面突破了液体深层发酵和无菌冷灌装技术，成功研制出发酵植物饮品等食用菌精深加工产品。食用菌的精深加工是将从食用菌菌体内提取或培养而成的营养价值高的有效成分与其他原料混合生产而成的产品。食用菌精深加工包括了三个方面的含义，一是通过提取食用菌菌体内的有效功能性成分用于生产产品，二是通过发酵培养的方式生成大量菌丝体用于产品生产，三是利用具有明确结构和功能的前体化合物与其他化合物合成目标产品。市场上采用的常见精深加工技术主要有提取技术、液体深层发酵技术和微胶囊技术。精深加工与初级加工的明显不同就在于食用菌的形态、质地和成分均发生极大变化，仅观察加工后的外观无法体现出食用菌原始的形态，是食用菌精华成分的高度浓缩。

1. 食用菌超微粉碎技术　食用菌干品经过粉碎后可以直接用于加工产品或作为进一步提取有效成分的原料，鲜品和发酵获得的菌丝体粉碎后可以作为制作食用菌饮料的原浆。食用菌首先使用普通粉碎机进行初步粉碎，再使用超微粉碎机进一步加工成超细微粉，不同颗粒大小的食用菌用途不同，可根据实际选择粉碎的程度。超微粉碎技术的原理是：利用机械力和流体力学破坏食用菌菌体内的原有结构，从而改变其物理性质和化学性质，物理性质如大小、表面积、形态、质地等，化学性质如溶解性、吸附性、生物活性等。理化性质的改变使食用菌超微细粉的应用领域极大拓展，可用于不同类型产品的加工需要，满足市场上消费者的多元选择。食用菌超微细粉制成后的应用可分为三种：其一是蘑菇粉直接用于冲调食用；其二是蘑菇粉作为调味的辅料加入食用菌面包、食用菌饼干当中；其三是用于食用菌进一步加工的原料，如作为提取物制备的原料，或作为发酵培养的食用菌原浆等。

2. 食用菌提取物的制备技术　食用菌及其下脚料中的有效成分，其中特别是下脚料中的有效成分均需通过提取才能应用，传统提取方法有浸渍法、煎煮法、渗漉法、回流法等。浸渍法是加入溶剂后浸渍提取，根据温度要求不同又有冷浸法和温浸法。煎煮法是指先将食用菌撕成碎块，再加水煎煮过滤，适用于菌体内水溶性的成分。渗漉法是利用溶剂浸入食用菌，采用动态渗出菌体内有效成分的提取方法，一般常用溶剂为乙醇、酸性或碱性乙醇、酸性或碱性水等。回流法是指在菌体中添加有机溶剂加热后再冷凝回流提取有效成分的方法。

(1) 食用菌多糖的提取方法。一般是将子实体烘干粉碎或发酵打浆处理后利用溶剂或机器提取。常见方法有水提醇沉法、超滤浓缩提取法、超声波提取法、酸碱浸提法、酶解法、超临界流体萃取法等。水提醇沉法是利用食用菌多糖不溶于有机溶剂但溶于热水的特性，将多糖和其他物质分离开来。超滤浓缩提取法的原理是在被过滤的液体沿膜表面流动时，膜本身的筛分作用可以按分子量大小来分离液体中的颗粒，将大分子的多糖截留在膜表面，从而达到物料分离净化的作用。超声波提取法是通过超声波破坏细胞壁，增加溶剂穿透力从而快速提取成分的技术，过程中产生空化效应造成细胞壁和生物体瞬间破裂，介质分子剧烈振动摩擦在机械效应和热效应下使有效成分更快地溶解于溶剂之中。酸碱浸提法是调制适宜浓度的酸碱液使食用菌细胞、细胞壁充分吸水膨胀破裂，将食用菌多糖充分游离出来。酶解法即在多糖提取过程中，适当加入降解蛋白质、纤维素、半纤维素和果胶等物质的酶制剂，提高多糖的溶出效率。超临界流体萃取法的原理是以超临界流体为萃取剂，在临界温度和临界压力附近的条件状态下溶解出所需组分，从液体或固体物料中萃取出待分离的成分。

（2）食用菌醇提物。其是指食用酒精萃取食用菌干粉获得的提取物，由于醇提物里含有大量的黄酮、甾醇类、三萜类、核苷类等小分子活性物质，表现出抗氧化、抗肿瘤、抗病毒、降糖等多重功效而日益受到重视。乙醇提取后的菌粉烘干后就是良好的膳食纤维原料。食用菌醇提物和膳食纤维产品的研发对提高食用菌产业的精深加工技术水平具有重要意义。

3. 食用菌深层发酵技术　食用菌深层发酵培养技术是指将食用菌菌种接种在发酵罐等特定生化反应发生器中，通过不断通气搅拌或振荡，为菌种生长创造良好的生长条件，使菌种在培养基中快速生长繁殖，能在短期内获得大量菌丝体及代谢产物的方法。深层发酵技术可用于生产液体菌种，其优点在于生产周期短、菌龄一致、出菇齐、过程便于管理、成本较低且接种方便；其次能够用于生产食物，可得到一些重要的代谢产物、制备饮料、培养不能人工栽培的菌类，常用于制作食用菌发酵饮料、蘑菇酒、蘑菇醋等；也可作为生产真菌药物的原料和生产饲料，常用于食药用菌保健产品、菌物药、食用菌酵素等产品的生产，可确保产品质量稳定，便于质量控制。

4. 微胶囊技术　微胶囊技术是一种采用特定设备和特殊方法，把分散的固体颗粒、液体或气体完全包封在一层微小、半透性或封闭的膜内形成微小粒子，使其只有在特定条件下才会以控制速率释放的技术。许多食用菌经微胶囊包覆后，更好地控制了其有效成分的缓释速度，提高了其利用率。

（五）风味食品与休闲食品加工技术

食用菌加工产品品种多样，不同产品的加工技术差别较大，或是只利用初级加工技术，或是初级加工和深加工技术的综合使用，并将食用菌加工技术与其他食品制作工艺搭配组合而成。

1. 风味食品加工技术　随着生物技术的不断进步，人们生活水平的不断提高，人们对宜膳宜药、营养丰富、味道鲜美的食用菌的开发利用也向多层次发展。食用菌风味食品已悄然兴起，河北食用菌风味食品主要有食用菌酒、食用菌茶、食用菌醋、食用菌酱、方便汤料等。

下面以香菇酒饮料为例介绍食用菌风味食品加工技术。香菇酒的加工过程大致有"糖化—发酵—过滤—陈酿"四个主要环节。首先选择新鲜、无霉烂、无虫害的干香菇（或菇柄）作为原料，用粉碎机粉碎过筛，然后在菇粉中加入 30% 的水，通入蒸汽加热 40～50 分钟，按照香菇 15～18 克，蔗糖 18～20 克，果糖 100 克，水 350 毫升的配方进行糖化。在糖化液内加入已在马铃薯葡萄糖酵母培养基中培养好的圆形酿酒酵母悬浊液 40 毫升，用乳酸、柠檬酸调整 pH 为 3.0～3.5，在 15℃下发酵 3～4 天，然后再加入糖化液 1 600 毫升，在 15℃下发酵 2～3 天，再加入糖化液 8 000 毫升，15℃下发酵 2 天，然后上糟。发酵上糟后进行过滤，得到滤液 9 000 毫升，向滤液中加入偏硫酸钾 80～120 毫克/升。将除渣后的滤液在 60℃下加热 10 分钟，然后置于温度为 10～12℃，相对湿度为 85% 的库房中陈酿 6～8 个月即可制成。

2. 休闲食品加工技术　随着人们生活水平的不断提高和食物结构的变化，一些慢性疾病的患病率大大增加，对人体有着独特保健功能、被西方国家称为"植物性食品的顶峰"的菌类食品越来越受到人们的追捧，国际国内市场对食用菌产品的需求不断上升。食用菌方便休闲食品具有方便、营养等特点，且能够迎合现代人快捷高效的生活方式，市场需求潜力巨大。河北食用菌休闲食品种类日益增加，如蘑菇脆片加工、蘑菇肉松加工、油炸蘑菇系列产品加工、非油炸蘑菇系列产品加工等。

下面以桂花香菇脯为例介绍食用菌休闲食品加工技术。桂花香菇脯以香菇为主料，桂花、甘草、茴香、红糖为辅料，将现代食品加工技术融入我国传统的果脯蜜饯制作工艺当中。主要采用糖液浸渍的方法，将香菇脯坯加工制成香甜松脆、鲜美浓郁，营养价值和保健功能俱佳的即食食品。桂花香菇脯的制作工艺流程为：

原料选择→护色→修整→烫漂→碾压　　→配制料液
　　　　　　　　　　　　　　　　↓
　　　　　　　　浸渍→烘烤→包装→成品

（1）选料护色。选择菌形完整、菌盖茶褐色、菌褶白色、无病虫斑点、无机械损伤、七八分成熟的新鲜香菇为原料，通常选用直径在 0.8～1 厘米、长度 3 厘米左右的香菇菌柄，准备蔗糖、甘草、茴香、薄桂、糖精、食用色素适量。为了软化菌柄中的纤维组织，首先将菌柄用清水浸泡 3 小时，然后浸入 0.5% 的焦亚硫酸钠溶液中，浸泡 10 分钟作护色处理。

（2）修整烫漂。香菇菌柄上粘有很多营养料或泥土，称之为"泥根"，泥根中含有大量对人体有害的物质，可用清水清洗杂质，再用剪刀将菌柄纵向切成两半。要求菇脯坯大小基本一致，外形整齐美观，便于后续工序操作。将修整好的菌柄投入沸水烫煮大约 1 小时。烫煮的目的一是为了高温消毒，保证食品安全；二是为了进一步软化菌柄的植物纤维，同时去掉菌柄中自带的土腥味，以提高食品的适口感。烫漂后捞出投入浸水池中冷却至室温，以菇脯坯半生不熟，组织较透明为标准，时间过长易将菇脯坯烫烂，影响糖浸。

（3）碾压腌渍。将菌柄放置碾压机下进行碾压至扁平状，使菌柄更加柔软润滑，碾压成型后进入下一步炮制入味。将甘草、薄桂、茴香放入锅中，加入清水，用文火煎煮 1 小时左右，所得料液用纱布过滤，去除料渣，加入红糖 10 千克，煮沸融化，再加入适量食用色素搅拌均匀，置于缸内备用。将经过预处理的菇脯坯倒入缸内，浸渍 48 小时后滤出料液。将料液再加入红糖，入锅内煮沸浓缩 30 分钟左右，置于缸内，然后加入食用色素，搅拌溶解后倒入菇坯，继续浸渍 72 小时后捞出。

（4）烘烤包装。把已经腌制入味的香菇菌柄从糖液中捞出沥干，放入烘干盘中摊平，整齐地摆放在烘干架上，送到烘箱内用 70℃ 的温度烘烤 4 小时。为保证香菇脯表面光洁不褶皱，可采用逐步升温的烘烤工艺，即先在 35～40℃ 条件下烘烤 4 小时，冷却至当菌柄变软时再使温度逐渐升至 55℃ 烘烤 12 小时，待温度降至室温再升温 60℃ 维持 2～4 小时，含水量为 16%～18%，手摸不粘手时停火取出。烘烤后将香菇脯去除杂质再放入洁净瓷坛中密封回软 3 天。然后按菌体的大小、完整程度及色泽等进行整理分级，使其外观一致，用透明食品塑料袋包装，真空包装机封口，检验、贴商标即为成品。

二、河北食用菌加工产品

（一）初级加工产品分类

河北目前的食用菌初级加工产品主要包含干菜类、腌渍类和罐头类三种。干菜类包括以各类食用菌为原料的干制品，腌渍类包括用盐、醋、酒、糖浸渍食用菌生产的制成品，罐头类即以食用菌为主要固体填充物并添加调味汤汁加工而成的食用菌罐头。

（二）深加工产品分类

按照产品功能用途的不同，食用菌深加工产品可分为普通食品类、功能食品类、药用食用原料类、农药制品类和观赏制品类。

1. 普通食品类　普通食品主要指添加了食用菌有效成分的日常生活常见的食用性产品，包括：风味食品，如香菇酱；方便食品，如速泡汤料；休闲食品，如菇类蜜饯；饮料类食品，如灵芝酒。

2. 功能产品类　功能产品主要指添加食用菌中的功能性有效成分制成的产品。食用菌独特的营养和保健作用，可以用于开发如防治贫血、冠心病、气管炎、神经衰弱、糖尿病等不同剂型的功能性食品，保健食品主要有营养口服液、保健饮料类、保健茶类、保健滋补酒类、保健胶囊类等；利用食用菌减肥、消脂、轻身的功能和特殊的抗氧化、缓衰老成分，可制成各类型美容制品，如蘑菇水、银耳面霜、护肤面膜等。

3. 药用食品原料类　药用食品原料是指从食用菌中提取菌菇多糖等价值成分制成的药品或辅助药品原料，食用菌多糖是一种特殊的生物活性物质，是一种生物反应增强剂和调节剂，它能增强体液免疫和细胞免疫功能，如香菇多糖、灵芝多糖等。食用菌多糖的抗病毒作用机制可能在于其提高感染细胞免疫力，增强细胞膜的稳定性，抑制细胞病变，促进细胞修复等功能。同时，食用菌多糖还具有抗反转录病毒活性，是一种有待开发的抗流感的保健食品。

4. 农药制品类　农药制品类产品是从食用菌中提取有关激素、生长素，制成生物增产素，还可以从食用菌中提取抗病毒物质，防治植物病毒，包括制成的饲料、肥料和激素等。

5. 其他制品类　其他制品指采用食用菌或其副产品制成的其他各种产品，如印度Mycotech 公司开发了由蘑菇菌丝体替代传统皮革材料的蘑菇菌丝手表，又如荷兰 New Heroes 公司利用蘑菇菌丝体设计的可拆式、可净化空气的蘑菇亭子等。

常见食用菌食用类加工产品非常丰富（表 8 - 2）。

第三节　河北食用菌加工业发展现状

一、河北食用菌加工业发展规模

（一）食用菌加工业地位

河北食用菌鲜销占比超过 80％，加工多以烘干、腌渍等初加工为主，产品同质化倾向明显，精深加工能力不强，附加值不高。香菇产品形式多为鲜品，比例约为 90％，还有少量干品、盐渍品、速冻品、罐头、蘑菇酱、快餐等加工形式，其中平泉香菇的产品形

表8-2　常见食用菌食用性加工产品

类目	科	种类	饮料	调味品类	休闲食品	肠类	面食	其他
伞菌目	光茸菌科	香菇	酸奶、乳酸饮料、功能性饮料、酒、冰激凌	调味酱、醪糟汁	脆片、即食香菇粒、复合果丹皮、软糖	香肠、火腿、灌肠	饼干、糕点、馒头	罐头、丸类、肉味素食品、肉松
	侧耳科	平菇	酸奶	调味酱	脆片、软菇干、平菇干	酱肠、香肠	面包	罐头、肉松
		杏鲍菇	饮料、酸奶、冰激凌	调味酱、酱油、醋	即食食品、杏鲍菇脯、糖	灌肠、香肠	挂面、饼干	罐头、风味鸡块
		榆黄蘑	饮料	调味酱				
		白灵菇	保健饮料	调味酱、面酱	小食品			
	蘑菇科	双孢菇	饮料、酒、酸奶	调味酱		火腿肠	饼干、面条	罐头、粥
		姬松茸	酒类					
		鸡腿菇						
	口蘑科	口蘑		调味酱			饼干	即食营养汤料、丸类
		榛蘑						
		松茸						丸类
	粪锈伞科	金针菇	饮料、酸奶、酒	调味酱	果冻、软糖	火腿肠	饼干、馒头	调理食品、丸类
	丝膜菌科	茶树菇	酒			香肠		罐头
		滑子菇						罐头
	牛肝菌科	牛肝菌		调味酱、沙拉酱		灌肠等		浓汤粉
耳目	木耳科	黑木耳	饮料、发酵豆奶、酸奶、冰激凌、果醋、花生乳	咸菜、果酱、调味酱、泡菜	蜜饯、即食食品、果脯、咀嚼片		饼干、桃酥	营养粉、罐头、保健粉丝
		毛木耳	饮料、酸奶、冰激凌、酒	果酱	果冻、软糖、银耳脯			
	银耳科	银耳	酒					银耳羹、保健粉丝
多孔菌目	多孔菌科	灰树花	酒					
	多孔菌科	灵芝	饮料、酒、冰激凌、茶、酸奶	醋	软糖		桃酥	颗粒剂
	多孔菌科	茯苓	饮料、酒		果冻		糕点	
	齿菌科	猴头菇	饮料、酒		牛皮糖		蛋糕	口含片
鬼笔目	鬼笔科	竹荪	酒					
盘菌目	羊肚菌科	羊肚菌	酒、饮料					
	块菌科	块菌	酒					
麦角菌目	麦角菌科	虫草	酒、饮料	保健酱				口含片

数据来源：调研数据整理所得。

式较多，鲜品比例约为 70%，干品比例约为 20%，其他类别约占 10%①。2019 年，全省规模以上食用菌龙头企业 44 家，现有承德森源绿色食品、河北美客多食品集团、唐山广野食品集团等国家级龙头企业 3 家，平泉市瀑河源食品有限公司、承德双承生物科技股份有限公司、邱县民康菌业有限公司等省级龙头企业 22 家，开发出保鲜产品、烘干产品、清水软包装产品、休闲食品、罐头食品、菌草功能饮品等 150 多种加工产品。

（二）食用菌加工企业分布

从全省范围来看，在拥有食用菌加工企业的 10 个地级市中，唐山市食用菌加工企业数量为 21 家，居于首位；之后依次是石家庄市、邢台市、张家口市、保定市、邯郸市、承德市，加工企业数量相差不大，均在 5～10 家；衡水市（2018 年）、沧州市（2017 年）、廊坊市（2019 年）加工企业数量较少，分别为 3 家、1 家、1 家。

河北食用菌加工企业数量整体呈先增长后下降的趋势，加工企业数量变化分为两个阶段：2005—2013 年波动式上升，食用菌加工企业数量由 2005 年的 112 家增加到 2013 年的 203 家，增幅达到 81.25%；从 2013 年开始逐渐减少，2013—2019 年整体呈下降趋势，平均每年下降 21.21%（图 8-1）。

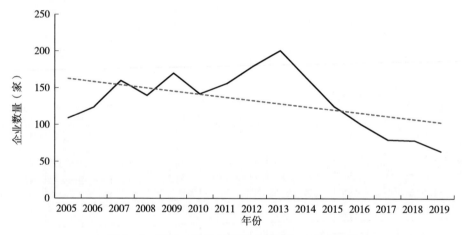

图 8-1　2005—2019 年河北食用菌加工企业数量

数据来源：河北省农业环境保护监测站。

河北食用菌加工龙头企业少而弱，一部分加工企业经过几年的尝试，或者难以开发适合市场需求的产品，或者面临资金困难，陆续在食用菌产业发展的洪流中退出。2015—2019 年食用菌加工企业数量整体呈现下降的特征，由 138 家持续下降到 64 家，四年间共减少了 74 家（图 8-2）。其中 7 个地级市都存在加工企业数量不同程度的减少情况，只有石家庄市、张家口市、邢台市三地的加工企业数量有少量增加，分别增加 8 家、7 家、3 家。从食用菌加工企业的静态分布来看，西侧以太行山为界，东侧以燕山为界，大致可以分为两个加工集中区，其一是"唐山—承德—张家口"横跨东西的山地加工区，其二是"保定—石家庄—邢台—邯郸"纵越南北的平原加工区。2015 年承德市和唐山市的加工企

---

① 资料来源：《2017 年中国食用菌产业年鉴》。

业数量远超其他地区，分别为 56 家和 37 家。保定市和邯郸市的加工企业数量在 10～20
家，其余各地区的加工企业数量均在 5 家以下，相比之下，北部地区在数量上表现出明显
的强势。至 2019 年，各地加工企业数量已经比较接近。从食用菌加工企业的动态分布变
化来看，2015—2019 年大致经历了由"北强南弱"向"南北平衡"转变的过程。

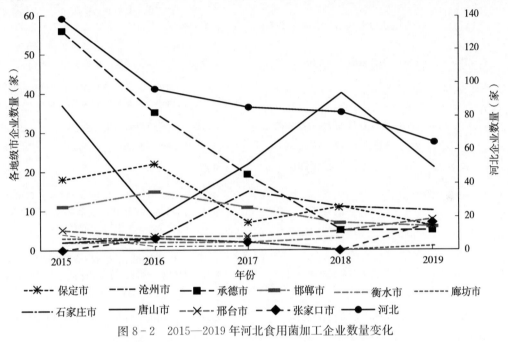

图 8-2 2015—2019 年河北食用菌加工企业数量变化

数据来源：河北省农业环境保护监测站。

二、河北食用菌加工业竞争力

长期以来，我国食用菌以鲜食为主，加工率仅有 6%，加工产品以干制品和盐制品为
主，精深加工率不足总加工产品的 10%，美国、日本、荷兰等发达国家食用菌加工率在
75% 以上，与之相比，我国还有很大的差距[①]。河北食用菌加工产品同样以干制品为主，
深加工处于较低水平。河北食用菌加工起步早，经过几十年的发展，加工产品逐渐丰富起
来，企业的加工能力不断提高。如承德森源绿色食品有限公司年加工能力达 2.6 万吨，主
要生产经营食用菌罐头、调理食品、速冻、盐渍等五大系列共 100 多个品种；肥乡区丰硕
食用菌种植有限公司年加工能力为 6 000 吨，目前的产品主要有蘑菇酱罐头和速食鲜蘑
菇；阜平县嘉鑫种植有限公司储藏加工能力为 1 000 吨。全省食用菌出口已由过去的粗加
工、简包装产品，发展到涵盖休闲食品、即食食品、罐头食品、酱类食品等五大系列 60
多个品种。虽然河北食用菌产业综合实力居全国领先地位，但食用菌加工业品牌影响力还
比较弱。在 2020 年香菇行业的十大品牌中，湖北、浙江、北京分别有 4 个、2 个、2 个入

---

① 杨文建，王柳清，胡秋辉，2019. 我国食用菌加工新技术与产品创新发展现状［J］. 食品科学技术学报，37
（3）：13-18.

选，并无河北品牌入选（表 8-3）。

表 8-3　2020 年香菇行业十大品牌排行榜

序号	品牌	成立年份	企　业	区域	说　　明
1	大山合	1995	上海大山合菌物科技股份有限公司	上海	食用菌干制品及其精深加工产品 14 大类 200 多个品种，深加工产品 5 大类 60 多个品种，功能保健品 4 大类 30 多个品种
2	裕国	2000	湖北裕国菇业股份有限公司	湖北	干香菇、干黑木耳等加工
3	斋仙圆	1994	浙江天和食品有限公司	浙江	加工干香菇、黑木耳、茶树菇、姬松茸、灰树花、灵芝等食用菌产品
4	北大荒绿野	2008	北大荒营销股份有限公司	黑龙江	绿色有机食品流通基地
5	三里岗	2000	湖北中兴食品有限公司	湖北	种植、收购、加工、销售、研发等业务
6	绿宝	1993	北京艾森绿宝油脂有限公司	北京	
7	森源	1982	湖北森源生态科技股份有限公司	湖北	绿色食（药）用菌干、鲜品，食用菌类调味品，菌类休闲食品，菌类保健食品，化妆品，菌类生物医药制品
8	百山祖	1996	浙江百兴食品有限公司	浙江	优质食用菌干鲜品（含野生菌）、菇即食（休闲）食品、菌类调味品、菌类发酵保健食品、菌类提取养生健康品等
9	楚品源	2011	湖北品源食品有限公司	湖北	食用菌系列干货产品，年加工 5 000 吨
10	Sanyou 三友	1986	北京三友知识产权代理有限公司	北京	

资料来源：品牌网。

三、不同品类的食用菌加工现状

（一）香菇加工

河北香菇产品形式多为鲜品，鲜销香菇占香菇总量的 90% 以上，香菇加工产品总体还处于十分粗放的水平，加工以初级加工品居多，精加工和深加工的产品还很少。初级加工品包括各种规格和级别的保鲜香菇、各种规格和级别的干香菇、速冻品和腌制品（清水香菇、盐渍香菇）；精加工产品包括香菇片、香菇丝、香菇粒、香菇粉、蘑菇酱、香菇罐头、香菇点心；深加工产品包括香菇调味品（香菇味精、香菇酱油）、香菇饮料（香菇茶、香菇汽水）、香菇保健品（香菇多糖）、香菇休闲食品（香菇肉松）等。

全省拥有平泉和遵化两个国家级香菇特优区，区内香菇加工较发达。其中，平泉市国家级特色农产品香菇特优区鲜品产品比例约为 70%，干品比例约为 20%，其他类别约占 10%；遵化市香菇特优区香菇产品加工企业有美客多、平安食品、广野等，进行食用菌烘干、冷冻、罐头、蘑菇酱等加工产品的生产，年加工可达 10 万多吨；省级香菇特优区阜平农产品加工园区已经建成，香菇加工产品比例会不断增加。

（二）黑木耳加工

黑木耳有独特的营养价值与保健功能，具有食药兼用的功效。河北黑木耳产品主要有鲜品及干品两类，市场销售主要以干品为主，随着科学技术的进步，黑木耳加工产品研发品类不断增多，不断丰富和满足人们生活需要，黑木耳加工品涵盖了即食、休闲和保健等六大类。①即食类：包括黑木耳糊、黑木耳罐装粥和黑木耳即食汤等；②饮料类：包括黑木耳茶、黑木耳酸奶、黑木耳果醋、黑木耳发酵酒和黑木耳复配饮料等；③焙烤食品类：包括黑木耳面包、黑木耳饼干、黑木耳方便面和黑木耳桃酥等；④休闲食品类：包括黑木耳冰激凌、黑木耳脆片、黑木耳果冻、黑木耳软糖等；⑤调味品类：包括黑木耳糙米醋、黑木耳酱；⑥保健品类：包括黑木耳口服液、黑木耳凝胶颗粒、黑木耳含片和黑木耳胶囊等。

河北工厂化生产黑木耳的年产量大约共有 10 664 吨，年产值约为 10 357 万元，占全省生产黑木耳数量的 27.3%。全省工厂化生产和加工黑木耳的年产值占全省产值的64.76%。河北黑木耳企业主要经营领域为生产加工、机械设备及菌需物资，河北黑木耳品牌多为黑木耳生产加工、机械设备及菌需物资领域企业的注册商标（表 8 - 4）。

表 8 - 4　河北黑木耳企业品牌

类型	地区	品牌	主营内容
生产加工	承德市	御今农业发展集团有限公司	生态黑木耳
	涞水县	北环食用菌种植基地	菌棒、菌种
	平泉市	瀑河源食品有限公司	干鲜食用菌、蔬菜制品；食用菌园区招商加盟
机械设备	石家庄市	河北启强农业机械有限公司	食用菌全自动装袋机、扎口机等
	石家庄市	中尔蘑菇塑料包装有限公司	拥有多国专利
	满城区	河北集森菌业	具有高压灭菌、无菌接种、空调培养等工厂化生产条件，可供应各种优良菌种
	雄县	雄县燕兴隆塑料制品厂	
	平泉市	平泉市菇源菌业有限公司	菌袋、聚丙烯菌袋、包装袋、套环、菌筐
	平泉市	希才应用菌科技发展有限公司	各菌种及相关栽培技术，食用菌园区设计，技术培训；各品种出菇袋生产与销售；菌需物资销售
	保定市	康而沃生物科技有限公司	国内首创高科技生物技术产品，蒸料快，抗污染，发菌快，菇高产，菇质好，效益高
	衡水市安平县	益昌金属网业有限公司	食用菌网格、网片、杏鲍菇出菇架
菌需物资	遵化市	亿昌食用菌发展中心	

数据来源：河北省农业环境保护监测站。

（三）珍稀食用菌加工

珍稀食用菌加工分成三种层次：一是初级加工，即通过烘干、晾晒、速冻等工艺制成储存方便的食材，如羊肚菌干品、栗蘑干品、山珍礼盒等；二是深加工，即通过对食用菌干、鲜品进行深度加工，制成风味食品、佐餐食品，如栗蘑酱、栗蘑馅、羊肚菌菌汤底料等；三是精深加工，如通过物理、化学等手段提取有效成分制成营养品和保健品，如破壁灵芝孢子粉、桑黄护肤品、灰树花胶囊等（表 8 - 5）。

表 8 - 5　河北珍稀食用菌深加工产品品牌现状

品种	河北深加工产品
白灵菇	"魏征"牌白灵菇罐头、"通祥"菌菇
姬菇	清水盐渍姬菇、"谷言"牌姬菇肉片、"倾然"牌姬菇肉片料理包、"绿茵"牌清水姬菇
滑子菇	"龙凤农家"盐水滑子菇、"引领"牌清水滑子菇、"森源"牌滑子菇牛肉酱、"畅宇"牌滑子菇干、"热河皇庄"牌滑子菇干
栗蘑	"好栗来"栗蘑干、"格林"栗蘑酱、"张大胡子"栗蘑酱、"高栗皇"栗蘑干、"紫玉"牌栗蘑菌汤包、"古谷房"干栗蘑、"御栗坊"栗蘑酱、"二奎"栗蘑酱、"尚禾谷"鹿肉栗蘑酱、"百祥龙"栗蘑酱
草菇	"裕伟"牌草菇罐头、"伊利家"草菇红烧酱油、"九味佳"草菇老抽
大球盖菇	"野生菌"调味料
鸡腿菇	"芝灵堂"干制鸡腿菇
茶树菇	"闽星"牌油香茶树菇、"华丽园"牌油香茶树菇、"永利源"油香茶树菇、"京荟堂"茶树菇干、"富昌"牌茶树菇干
北虫草	"富昌"牌虫草花干、"金猇"牌虫草花干、"京荟堂"虫草花干、"伊富康"虫草花干
灵芝	"金猇"牌灵芝孢子粉、"以领"灵芝粉、"聚旭堂"灵芝片

数据来源：河北省农业环境保护监测站。

　　珍稀类食用菌不同于其他大宗类菇种，具有明显的药用价值和保健价值，当前河北对珍稀食用菌的药用价值和保健价值开发较少，只停留在罐头、干品和佐餐类食品加工层次。河北的珍稀食用菌加工产业有待进一步向高端化、精深加工发展，在保留珍稀食用菌营养价值的同时，保证其产品的质量和价格，进一步开拓高端的消费市场。在保健品领域珍稀食用菌也有宽广的市场价值，一方面珍稀食用菌大多数为食药两用菌，含有对人体有益的营养物质。另一方面，随着人们健康意识的树立，保健品的需求量势必会出现新的增长。

第四节　河北食用菌加工产品出口贸易

一、河北食用菌加工产品出口结构

（一）出口产品结构

　　河北食用菌产品出口量较大，在国际市场上享有一定的声誉。2020年1—10月，全省出口食用菌产品（除冷冻品外）1 976.59吨，出口金额4 590.91万元，部分鲜菇与加工品销往亚、欧、非、澳、美洲和中国港澳台等20多个国家和地区。河北出口的食用菌品种大都以冷藏保鲜、干品、盐渍、罐头制品为主，2019年出口的食用菌鲜品与加工品比例分别为41.53%和58.47%，加工品略多于鲜品。伞菌属蘑菇多以保鲜、盐渍加工品出口；双孢菇、草菇、白灵菇、杏鲍菇等以罐头制品居多；香菇、黑木耳、银耳、牛肝菌等多以干品出口，其中香菇干品2019年出口意大利、西班牙、波兰等5个国家和地区共8.94吨，出口金额53.6万元。我国海关总署列示了出口的35种食用菌产品的分类情况（表8-6）。

表 8 - 6　海关总署 35 种食用菌出口产品分类（含菌丝）

出口产品大类		具体划分种类
蘑菇菌丝	蘑菇菌丝	
鲜或冷藏冷冻类食用菌	鲜或冷藏的食用菌	鲜或冷藏的伞菌属蘑菇、松茸、香菇、草菇、口蘑、块菌及其他鲜或冷藏的蘑菇
	冷冻的食用菌	冷冻松茸、冷冻牛肝菌
盐水腌制暂时保藏类食用菌	暂时保藏的伞菌属蘑菇	盐水小白蘑菇（洋蘑菇）
		盐水的其他伞菌属蘑菇
		其他暂时保藏的伞菌属蘑菇
	其他暂时保藏的蘑菇及块菌	盐水松茸
		盐水其他蘑菇及块菌
		其他暂时保藏的蘑菇及块菌
干货类食用菌	干伞菌属蘑菇	干伞菌属蘑菇
		干木耳
		干银耳
	其他干蘑菇及块菌	干香菇、干金针菇、干草菇、干口蘑、干牛肝菌、干松茸、干羊肚菌、未列名干蘑菇及块菌
罐头类食用菌	非醋方法制作或保藏的伞菌属蘑菇	小白蘑菇（洋蘑菇）罐头
		其他伞菌属蘑菇罐头
		其他制作或保藏的伞菌属蘑菇
	其他制作或保藏的蘑菇及块菌	其他蘑菇罐头
		其他制作或保藏的蘑菇及块菌
其他菌类	食（药）用菌	天麻、茯苓、冬虫夏草

资料来源：中华人民共和国海关总署官网。

（二）出口地区结构

　　表 8 - 7 至表 8 - 9 分别列示了 2017—2020 年河北食用菌盐渍保藏、干制、罐头三类制品的出口情况[①]。根据海关总署统计，0711 类包括五种食用菌产品，全省除盐水松茸（07115911）外，其他四种均有出口。如表 8 - 7 所示，全省出口的盐渍类蘑菇属多数，集中在盐水的其他伞菌属蘑菇（07115119）和盐水其他蘑菇及块菌（07115919）。出口国家多为欧洲国家，南美洲和亚洲国家较少，仅有巴西和日本。从时间变化来看，4 年内出口的国家数量变化不大，2019 年进口河北食用菌盐渍保藏制品的国家最多，达到 11 家。法国、德国、意大利、西班牙是比较稳定的出口对象，保加利亚、瑞典、波兰、巴西近两年开始进口河北盐渍保藏类食用菌产品。

　　2017—2020 年河北出口七类食用菌干制品，干金针菇（07123920）不在其中。由表 8 - 8 可知，干木耳、干香菇、干牛肝菌是河北出口的主要三个大类，其出口的国家及

---

① 2020 年数据范围为 1—10 月。

表 8-7 2017—2020 年河北食用菌盐渍保藏制品出口国家及地区

国家及地区	盐水小白蘑菇				盐水的其他伞菌属蘑菇				盐水其他蘑菇及块菌				其他暂时保藏的蘑菇及块菌			
	2017年	2018年	2019年	2020年	2017年	2018年	2019年	2020年	2017年	2018年	2019年	2020年	2017年	2018年	2019年	2020年
法国				√	√	√	√	√			√	√				
德国					√	√	√	√	√	√	√	√				
意大利					√	√	√	√	√	√	√	√				
西班牙					√	√	√	√	√	√	√	√				
保加利亚								√			√	√				
瑞典					√											
俄罗斯							√		√			√				
波兰						√	√					√				
乌克兰					√	√	√	√		√	√					
立陶宛						√	√			√	√					
巴西									√	√	√		√	√		
日本					√							√				

资料来源：海关总署官网。

表 8 – 8　2017—2020 年河北食用菌干制品出口国家及地区

国家及地区	干伞菌属蘑菇				干木耳				干银耳				干香菇				干牛肝菌				干羊肚菌				未列名干蘑菇及块菌			
	2017年	2018年	2019年	2020年	2017年	2018年	2019年	2020年	2017年	2018年	2019年	2020年	2017年	2018年	2019年	2020年	2017年	2018年	2019年	2020年	2017年	2018年	2019年	2020年	2017年	2018年	2019年	2020年
孟加拉国	√				√				√						√													
加拿大							√																					
澳大利亚			√					√																				
乍得							√								√				√									
法国			√				√								√				√									
意大利							√					√			√				√			√						
西班牙							√								√				√			√					√	
瑞典											√				√				√			√						√
比利时															√				√				√					
波兰											√				√				√				√					
斯洛文尼亚																			√								√	
日本							√				√				√				√									
中国澳门							√								√												√	
中国香港																												
中国台湾																											√	

资料来源：海关总署官网。

地区有所差异。干木耳多出口东南亚、北美洲、澳洲、非洲和西欧一些国家；干香菇和干牛肝菌出口分布类似，集中于澳洲和欧洲部分国家。2017—2020 年出口国家和地区的数量由 7 个增加到 10 个。

河北食用菌罐头制品出口种类完全，包括了海关总署所列五大类。其中小白蘑菇（洋蘑菇）罐头仅在 2020 年出口摩洛哥；2017 年其他蘑菇罐头和其他伞菌属蘑菇罐头出口国家及地区较多，均为 3 个，2019 年其他伞菌属蘑菇罐头和其他制作或保藏的蘑菇或块菌的出口对象增多。整体上来看，与前面两类食用菌出口产品相比，罐头制品的出口国家及地区并不多（表 8-9）。

表 8-9　2017—2020 年河北食用菌罐头制品出口国家及地区

国家及地区	小白蘑菇罐头	其他伞菌属蘑菇罐头			其他制作或保藏的伞菌属蘑菇	其他蘑菇罐头		其他制作或保藏的蘑菇或块菌			
	2020年	2017年	2018年	2019年	2020年	2017年	2018年	2017年	2018年	2019年	2020年
印度尼西亚			√								
泰国										√	
新加坡		√	√	√							
摩洛哥	√										
俄罗斯						√					
以色列						√	√				
日本		√	√	√	√	√	√	√	√	√	√
韩国							√				
中国香港		√	√	√	√						

资料来源：海关总署官网。

二、河北食用菌加工产品出口能力

（一）出口总量比较

据海关总署统计，2017—2020 年河北食用菌加工产品出口量总体上有所下降。我国 31 个省份中，福建、河南、湖北在统计年份稳居第一、二、三的地位，河北排名则位于第十和第十四名之间，2020 年为全国第十三名，处于全国中等略偏上的水平。整体上可分为五个发展水平层次：第一梯队出口量大致在万吨以上，前三名位次固定，其中，福建 2017—2020 年出口量均在 10 万吨以上，辽宁和江苏两省分居四、五名，山东四年位居第六，也基本稳定；第二梯队有包括河北在内的 12 个省份，在五个梯队中省份最多，以广东和浙江两省为领先，出口量基本在 1 000 吨至 1 万吨，河北在该梯队中处于居中水平，出口量在 1 900～3 200 吨；第三梯队出口量为百吨至千吨，由高到低依次是贵州、重庆、新疆和吉林，其中重庆在 2017 年和 2018 年的出口量超过了千吨；第四梯队出口量基本为几十吨，分别是湖南、山西、广西，其中山西 2018 年和 2019 年出口量超过千吨；第五梯队包含 6 个地区，2020 年出口量在 10 吨以下，除甘肃外，另外 5 个省份均存在不进行出口的年份，海南和青海则没有出口交易（表 8 - 10）。

另外，不难发现的是，除地区本身是食用菌主产区，具有资源禀赋优势（如福建、河南、湖北、浙江）以外，排名靠前的省份大多是农产品加工能力较强的地区，如山东、辽宁、河南等。

表 8 - 10　2017—2020 年我国 31 个省份食用菌加工产品出口量排名

单位：千克

地区	2017 年	排名	2018 年	排名	2019 年	排名	2020 年	排名
福建	212 134 148	1	219 935 662	1	191 453 357	1	140 253 660	1
河南	79 821 714	2	103 526 346	2	105 869 612	2	59 021 361	2
湖北	76 639 062	3	66 589 081	3	47 026 653	3	45 944 541	3
辽宁	17 096 254	4	18 755 120	5	17 786 818	4	13 523 138	4
江苏	15 399 810	5	20 218 738	4	14 349 106	5	8 133 019	5
山东	8 354 151	6	10 432 628	6	12 172 649	6	7 818 927	6
广东	5 970 038	8	5 482 400	8	6 585 400	8	6 963 776	7
浙江	6 582 783	7	7 105 816	7	7 330 664	7	5 900 861	8
天津	769 392	18	1 684 456	15	2 210 470	14	2 208 240	9
江西	1 710 531	15	1 523 671	16	1 490 213	18	2 118 839	10
四川	2 290 584	14	2 672 370	12	2 817 555	10	2 014 875	11
北京	2 828 518	12	2 401 436	13	2 855 270	9	2 012 187	12
河北	3 107 703	10	2 264 669	14	2 602 528	12	1 976 587	13
云南	4 500 887	9	4 225 115	9	2 756 815	11	1 832 273	14
陕西	391 526	20	494 485	21	1 982 207	16	1 480 116	15
上海	2 521 969	13	3 335 900	11	2 133 123	15	1 243 815	16
黑龙江	3 067 154	11	3 864 652	10	2 584 334	13	1 173 997	17
安徽	1 495 937	16	920 334	19	1 499 870	17	1 110 684	18
贵州	152 444	23	73 840	26	124 604	23	722 174	19
重庆	1 441 072	17	1 078 163	18	926 941	20	470 849	20
新疆	531 718	19	836 002	20	663 448	21	326 486	21
吉林	147 779	24	202 919	24	197 363	22	263 327	22
湖南	338 341	22	253 345	22	114 318	25	81 111	23
山西	342 867	21	1 080 408	17	1 315 049	19	52 963	24
广西	33 438	26	93 703	25	90 734	26	42 426	25
宁夏	0	—	0	—	300	27	2 314	26
甘肃	588	27	220 194	23	120 930	24	500	27
内蒙古	87 936	25	30	28	0	—	0	—
西藏	0	—	330	27	0	—	0	—
海南	0	—	0	—	0	—	0	—
青海	0	—	0	—	0	—	0	—

数据来源：《中国食用菌年鉴（2018—2020）》。

（二）出口份额比较

我国出口食用菌产品大体可分为鲜品和加工品两大类，在此两类出口产品当中，加工品占比为76.07%，鲜品占比较低，为23.93%。从鲜品占比的柱形图来看（图8-3），具有较长的拖尾，说明以出口加工品为主的地区较多。全国各省份出口份额总体呈现"S"形特征，安徽、陕西等12个地区的加工品出口比例处于90%以上；内蒙古、宁夏等4个地区的加工品出口比例处于1%以下，其中内蒙古仅出口鲜品；四川、辽宁等12个省份处于上述两个比例之间。河北加工品出口比例约为58.5%，虽然超过出口量的一半，但低于全国水平。

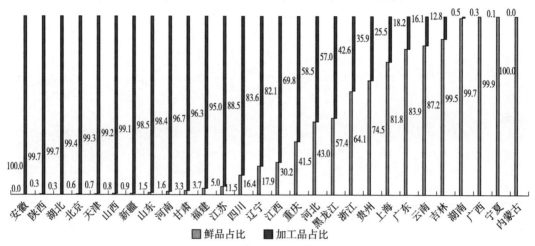

图8-3　2019年我国食用菌出口鲜品与加工品占比

数据来源：中国海关统计官网。

（三）出口国家比较

以2017—2020年食用菌出口量排名前五位的福建、河南、湖北、辽宁、江苏与河北进行比较[①]。

从总体上看，出口国家及地区的数量关系与出口量排名对应，其中福建出口国家及地区数量为河南的2倍左右，江苏出口地数量超过河北1倍之多。从地区分布上看，按出口国家及地区的数量多少排列，6个省份基本上均呈现以下特点，即亚洲＞欧洲＞非洲＞北美洲＞南美洲＞大洋洲，其中也有不同，如2019年辽宁和2020年河北出口欧洲地区数量多于亚洲等。从动态来看，2019年和2020年6个省份出口地数量基本持平，变化不大

---

① 本书参考的"一带一路"沿线66个国家和地区如下。东亚1国：蒙古国；东南亚11国：新加坡、马来西亚、印度尼西亚、缅甸、泰国、老挝、柬埔寨、越南、文莱、菲律宾、东帝汶；西亚18国：伊朗、伊拉克、土耳其、叙利亚、约旦、黎巴嫩、以色列、巴勒斯坦、沙特阿拉伯、也门、阿曼、阿联酋、卡塔尔、科威特、巴林、希腊、塞浦路斯和埃及的西奈半岛；南亚8国：印度、巴基斯坦、孟加拉国、阿富汗、斯里兰卡、马尔代夫、尼泊尔、不丹；中亚5国：哈萨克斯坦、乌兹别克斯坦、土库曼斯坦、塔吉克斯坦、吉尔吉斯斯坦；独联体7国：俄罗斯、乌克兰、白俄罗斯、格鲁吉亚、阿塞拜疆、亚美尼亚、摩尔多瓦；中东欧16国：波兰、立陶宛、爱沙尼亚、拉脱维亚、捷克、斯洛伐克、匈牙利、斯洛文尼亚、克罗地亚、波黑、黑山、塞尔维亚、阿尔巴尼亚、罗马尼亚、保加利亚和马其顿。需要注明的是，希腊比雷埃夫斯港是"一带一路"上的重要一环，是陆上丝绸之路和海上丝绸之路的连接点，也纳入其中。

（表 8 - 11）。

表 8 - 11　河北与全国五大食用菌出口省份的出口地比较

地区	2019 年						2020 年					
	福建	河南	湖北	辽宁	江苏	河北	福建	河南	湖北	辽宁	江苏	河北
中国港澳台	3	2	3	2	2	2	3	2	3	2	2	2
东亚	3	2	3	3	2	1	3	2	2	3	2	1
东南亚	9	10	9	3	6	3	9	9	9	3	6	0
西亚	17	11	6	7	10	1	18	12	7	8	6	0
中亚	4	2	0	1	1	0	3	1	1	1	1	0
南亚	7	6	3	1	3	0	7	4	2	1	2	0
亚洲合计	43	33	24	17	25	7	43	30	24	18	19	3
北欧	4	1	3	0	0	0	3	1	2	0	0	1
西欧	4	3	4	3	2	2	5	4	4	3	3	2
东欧	7	4	2	7	2	2	7	5	2	7	2	0
南欧	10	3	5	5	0	3	11	5	6	4	0	3
中欧	6	2	4	4	2	2	6	2	4	4	2	2
欧洲合计	31	13	18	19	7	9	32	17	18	18	7	8
非洲	30	10	5	8	3	1	30	10	3	6	2	1
北美洲	15	6	4	3	3	1	13	5	4	3	3	1
南美洲	13	5	4	1	3	1	12	4	4	2	3	1
大洋洲	6	2	2	2	1	1	6	1	2	2	1	1
其他合计	64	23	15	14	10	4	61	20	13	13	9	4
其中："一带一路" 国家	54	35	24	25	25	8	56	35	26	26	18	2
总计	138	69	57	50	42	20	136	67	55	49	35	15

数据来源：中国海关统计官网。

　　河北出口地数量较少，所列各个区域的数量均不超过 3 个，福建向非洲出口的国家达 30 个，河北仅 1 个。虽然地理位置和交通是较大的影响因素之一，不宜忽视，但同为内陆省份的河南，2020 年出口西亚的国家也超过了 10 家。从 "一带一路" 沿线国家看，2020 年福建出口国家数量多达 56 个，超过河南 21 个，2019 年其数量是河北的 6 倍多，2020 年则为河北的 28 倍，差别明显。

　　（四）出口产品比较

　　在盐水制品、干制品和罐头制品三种食用菌出口产品中，河北出口产品的种类比较全面，以出口盐水制品为主，2019 年出口各个国家及地区达 2 243.50 吨，有该类产品出口的省份共 16 个，河北排在第五位；食用菌干制品和罐头制品出口量分别为 149.36 吨和 325.41 吨，在全国分别排在第十八位和第二十一位。河北的三类产品出口量排名与 2017 年水平相比，绝对量整体减少（干制品增加），且相对位置均略有下降。

在我国食用菌加工产品出口的六大强省中，福建三类产品均排在全国前三名，盐水制品和罐头制品出口排名第一。河南食用菌加工品出口以干制品和罐头制品为主，辽宁则以盐水制品和罐头制品为主，江苏和山东两省出口食用菌三类产品在全国来看地位均排在前列。湖北只出口干制品和罐头制品，2019年分别排在全国第一位和第八位（表8-12）。

表 8-12　2017—2019 年河北食用菌三类出口产品与其他六省比较

分类	地区	2017 年		2018 年		2019 年	
		出口量（千克）	排名	出口量（千克）	排名	出口量（千克）	排名
食用菌盐水制品	福建	7 843 655	1	8 887 114	1	10 381 953	1
	辽宁	5 453 910	2	5 541 766	2	5 770 479	2
	江苏	2 956 047	3	3 439 766	3	3 078 513	3
	山东	997 150	6	2 711 526	4	2 786 671	4
	河北	2 631 885	4	2 182 936	5	2 243 501	5
	河南	0	—	380	16	810	16
	湖北	0	—	0		0	—
有出口省份数量		14		16		16	
食用菌干制品	湖北	75 861 351	1	69 040 036	1	48 000 604	1
	河南	55 047 109	2	65 763 395	2	44 610 344	2
	福建	29 329 986	3	38 627 668	3	25 237 516	3
	江苏	7 361 313	4	10 595 560	4	6 331 011	4
	山东	1 531 051	8	2 650 060	7	2 417 834	5
	辽宁	236 928	13	728 458	11	513 588	11
	河北	123 724	17	112 888	18	149 359	18
有出口省份数量		26		28		26	
食用菌罐头制品	福建	174 960 507	1	172 420 880	1	155 833 888	1
	河南	24 774 605	2	34 485 930	2	57 869 008	2
	辽宁	11 405 416	3	12 906 780	3	11 836 218	3
	江苏	5 082 450	5	6 183 412	4	6 249 302	4
	山东	5 825 950	4	5 261 963	5	4 939 582	5
	湖北	777 711	13	2 134 499	8	2 430 338	8
	河北	352 094	18	293 868	21	325 407	21
有出口省份数量		24		24		25	

数据来源：中国海关统计官网。

从 2017—2019 年河北与其他 6 个省份食用菌三类产品出口占比情况，可以更加直观地看出（图 8-4），河北以出口食用菌盐水制品为主，超过 80%，罐头制品次之，且出口量三年基本保持稳定，干制品出口量占比最少。湖北、江苏以出口食用菌干制品为主，其中湖北干制品出口量占比超过 95%；福建、辽宁、山东出口罐头制品为主，其中福建达到 80%，辽宁达到 65％以上，山东干制品占比略有下降，但也将近占到一半份额；河南出口罐头制品占比逐渐超过干制品，由 2017 年 31.04％上升到 2019 年 56.47％，占河南食用菌加工品出口总量的一半以上，可见其食用菌加工水平在逐步提升，加工产品也随之升级。

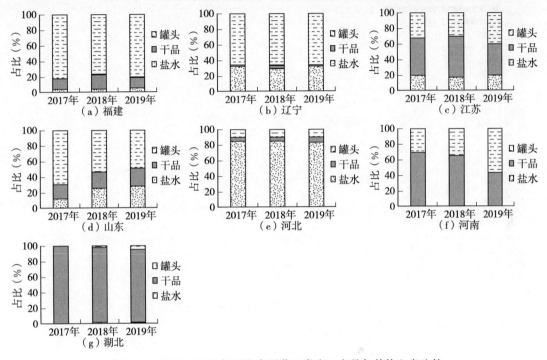

图 8-4　2017—2019 年河北食用菌三类出口产品与其他六省比较

2015—2018 年，河北一直位居香菇生产第二大省的地位，河南产量居全国第一。以干香菇为例，对 2019 年河北干香菇出口量与其他省份进行比较。河北干香菇出口量为 8.94 吨，排在第 23 名，河南干香菇出口量约为 4 万吨，居全国第一。河南、湖北、福建干香菇出口量超过一万吨，分别达到 40 470 吨、32 207 吨、10 929 吨，江苏、浙江、广东干香菇出口量在一千吨和五千吨之间，排在前位的 6 个省份基本上属于华中和东南香菇主产区；西南产区排名相对居中，如四川、重庆、云南的出口量分别为 302.49 吨、71.87 吨、49.09 吨，位居第九、第十四、第十六；东北产区干香菇出口量较少，黑龙江和吉林以出口干木耳为主，辽宁则主要出口干牛肝菌和干木耳（图 8-5）。

河南、湖北、福建的香菇产量、干香菇出口量和出口占比均处于前列水平。河南香菇产量 288.86 万吨，干香菇出口 52 786.78 吨，约占香菇产量的 1.83％。上海、江苏、广东、甘肃、北京虽然香菇产量不高，但干香菇出口量占比排在全国前十以内，其中北京干香菇出口量较低但占比较高，上海香菇产量排名第二十六位，干香菇出口量占比高达 16.18％，位居第一，与第二位的江苏相差近 10 个百分点。辽宁、湖南、陕西、贵州及河北则相反，香菇产量虽然较高，但制成干香菇出口的量却不大，且占比较低，基本居于全国二十名前后。河北香菇产量 172 万吨，干香菇出口量 6.63 吨，占香菇产量不足 0.004‰（图 8-6）。

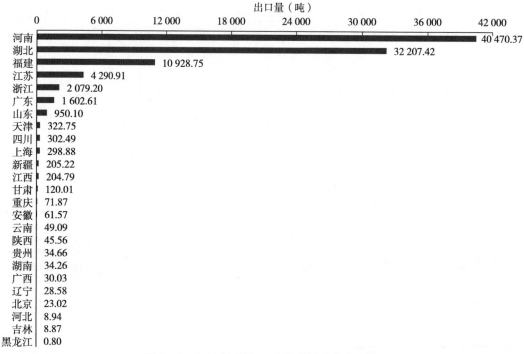

图 8-5 2019 年我国 31 个省份干香菇出口量

数据来源：中国海关统计官网。

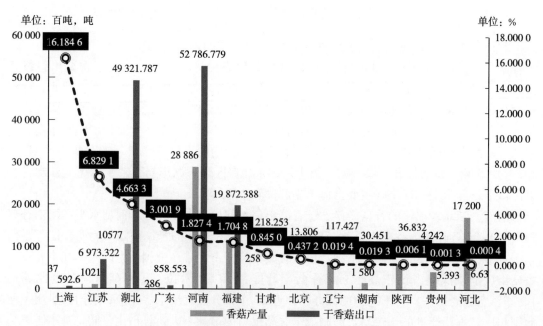

图 8-6 2018 年 13 个省份干香菇出口量及占比

数据来源：中国海关统计官网。

第五节　河北食用菌废弃物加工

食用菌栽培虽然属于绿色、环保的健康产业，其栽培基料主要以木屑、农作物秸秆、牲畜家禽粪便及其他农业废弃物为主，但生产和加工过程中还会产生大量废弃菌渣和废弃物。2019年河北食用菌生产总量达到238万吨，按照食用菌生物学平均效率40%计算，约产生菌渣废弃物95万吨。在低碳循环经济发展理念下，食用菌有机副产物和废弃物的资源化利用，可以极大减少环境污染和资源浪费，使食用菌产业实现全产业链循环发展，按"农业生产—农业秸秆—栽培原料—菌渣废料—再生能源—生产生活"思路发展，可以保证生产、生活、生态的"三生"和谐统一。

一、河北食用菌废弃物处理现状

直接还田、加工饲料、加工有机肥是河北食用菌废弃物采取的三种主要方式。2015—2019年，河北菌糠处理方式由加工有机肥和加工饲料向直接还田方式转变。2016年菌糠加工有机肥用量为直接还田的2.5倍。2017—2018年菌糠加工饲料用量下降77%。2019年菌糠直接还田用量为加工有机肥的11.5倍，直接还田用量较2015年增加了27.6倍，菌糠加工饲料用量在四年间下降了97.7%。据调研情况，食用菌废弃物处理根据经营主体不同可分为两大类，废弃菌棒产生量大的食用菌企业，多与专门处理菌棒的企业或工厂进行合作，用于加工有机肥或其他生物质燃料；废弃菌棒产生量相对较小的食用菌种植户，多由菇农用作自家生火取暖的燃料。由于废弃菌棒营养被蘑菇吸收，燃烧热值不高，用作食用菌大棚内锅炉加热燃料、利用废弃菌棒二次栽培食用菌的较少，少数菇农仍会将废弃菌棒堆放路旁；平泉市河北燕塞生物科技有限公司利用生物过腹转化技术处理有机废气物，将金龟子用于废弃菌棒处理取得了一定效果。

食用菌菌糠处理集中在菌糠有机肥料处理和加工饲料，菌糠有效的转化不仅减少食用菌菌糠对于环境的污染，并且能够对于菌糠进行循环经济效益利用，增加产业附加值。菌糠加工饲料由2005年的6 820吨增加到2017年的24 819.5吨，增长率达263.9%；菌糠加工有机肥由2005年的299.82万米³增加到2019年的461.41万米³（表8-13）。菌糠加工技术的增强为河北食用菌产业提供了有力的技术竞争优势。

表8-13　2005—2019年河北菌糠转化情况

年份	菌糠加工有机肥（万米³）	菌糠加工饲料（吨）
2005	299.82	6 820
2006	1 078.16	7 915.5
2007	667.07	10 186
2008	636.45	10 213
2009	498.90	10 320
2010	355.32	8 895.4

（续）

年份	菌糠加工有机肥（万米^3）	菌糠加工饲料（吨）
2011	307.35	8 109
2012	189.05	8 301.63
2013	317.86	7 063.19
2014	197.61	3 385.68
2015	414.70	38 477.5
2016	160.85	12 975
2017	439.00	24 819.5
2018	253.31	5 923
2019	461.41	913

数据来源：河北省农业环境保护监测站。

二、河北废弃物循环模式

被菌丝分解的部分 2/3 用于菌体合成与呼吸消耗，另 1/3 则以新的形式存在于菌渣中，含有菌体蛋白等可以再利用的成分，菌渣资源化利用具有良好前景。利用食用菌生产的废料可采取生产肥料、饲料、生物燃料、无土栽培蔬菜基质、替代性覆土材料和活性炭等资源化利用途径。按照处理方式的普遍性划分，河北食用菌废弃物资源化循环模式可以概括为肥料循环、饲料循环、燃料循环、配料循环四种。食用菌循环经济可以带动以食用菌为核心的种植业、林业、养殖业及循环链条其他环节产业的发展。

（一）肥料循环模式

制作肥料是食用菌废弃物资源化利用的重要途径。菌渣本身含有的氮、磷、钾等营养元素正是农作物生长所需的营养成分，其菌丝体所分泌的相关酶对作物吸收菌渣中营养成分具有一定的促进作用，可作为有机肥直接还田利用、作为育苗基质或作为堆肥原料。菌渣呈疏松多孔结构，是很好的土壤改良剂。菌渣含有棉籽壳、锯木屑等主要成分，具有孔隙较大、疏松透气和保水保湿的特点，可作为养殖场发酵床的垫料。

1. "食用菌—菌渣或下脚料—肥料—种植业" 菌棒上的营养物质耗尽后，将用弃的菌渣或下脚料通过直接还田或发酵后还田的方式作为肥料用于农作物生产中。承德县下板城镇农户将菌渣变废为宝，作为蔬菜无土栽培的优质栽培基质。承德市平泉市平北镇白池沟社区的"承德京美食用菌精深加工及产业融合"省级重点项目，将菌渣作为肥料用于果、菜、药基地进行有效利用，实现循环经济。唐山市遵化市河北美客多食品集团股份有限公司将菌渣与沼渣和部分鸡粪堆肥后制成有机肥，实现从废弃物到能源和有机肥料的资源化利用。青龙满族自治县青龙镇苏杖子村农户将桃树与羊肚菌间作，羊肚菌菌渣作为桃树种植的肥料，最大限度利用了时间和空间，成为当地羊肚菌高产栽培示范基地。

2. "食用菌—菌渣—发酵床垫料—养殖业—肥料—种植业" 发酵床垫料主要是由锯木屑和谷壳等制成的。菌渣不仅含有比较丰富的营养成分，且具有较强的保湿性和透气性，将其作为发酵床垫料一是能够为微生物提供舒适的生长环境，二是废物利用降低垫料成本，三是菌渣发酵床垫料的废弃物又能够通过堆肥生产有机肥用于种植业。

（二）饲料循环模式

食用菌菌棒经过多种微生物的发酵作用后，木质素降解了 $59\%\sim89\%$，粗蛋白含量提高了 $24.6\%\sim72.4\%$，一般饲料缺乏的必需氨基酸及微量元素的含量也非常丰富，具有很高的饲用价值，且自带特有的蘑菇香味，适口性较好，可作为畜禽和昆虫等的饲料。

1. **"食用菌—菌渣或下脚料—畜禽饲料—养殖业—肥料—种植业"** 菌渣用作饲料可以采用粉碎后饲喂或发酵后饲喂两种方式，用于养殖业能够减少精料而降低成本，增强家畜抗病力，如：承德县六沟镇跳沟村成功试验了杏鲍菇发酵菌渣饲喂；畜禽产生的粪污发酵后可作为有机肥使用，也可与种植业的秸秆按照一定比例配比生产食用菌。

2. **"食用菌—菌渣—昆虫饲料—肥料—种植业"** 菌渣中所含有的菌体蛋白与营养成分不仅适于饲喂畜禽，还可用于养殖蚯蚓等腐食性动物，得到的昆虫粪便具有良好的团粒结构，可作为有机肥或园艺培养基质使用，最终回归种植业。承德兴春和农业集团股份有限公司将蘑菇的废菌料再添加部分牛粪和鸡粪作为养殖蚯蚓的基料，蚯蚓加工成干粉作为蛋鸡饲料，蚯蚓粪作为蔬菜和饲料玉米种植的肥料，形成一个完整、无废弃物排放、相互转化、互为产品、永续利用的生态循环链圈。邯郸市曲周县利祥食用菌种植专业合作社利用姬松茸、双孢菇的菌渣加入牛粪，进行蚯蚓养殖，蚯蚓粪作为粮食、蔬菜、瓜果及园林绿化的基肥和追肥施用，是邯郸市新型循环农业的"领头羊"。河北燕塞生物科技有限公司用食用菌废弃料饲喂白星花金龟，产生的虫粪沙是优质的有机肥，通过白星花金龟幼虫过腹成肥实现食用菌废弃料无害处理资源化利用。

（三）燃料循环模式

菌渣含有大量纤维素类物质，晒干后可作为燃料；且含有丰富的有机质，这些营养元素适合微生物的大量繁殖，且厌氧发酵可彻底杀灭菌渣中的好氧污染菌，可用于制备生物质能源，如沼气、乙醇等。

1. **"食用菌—菌渣—沼气—食用菌"** 食用菌菌渣中含有的大量未被分解利用完全的有机物，仍可作为沼气生产的原料，比一般沼气原料多产气 70% 以上，能够用作家庭燃料、菌棒灭菌与菇棚加热的燃料。遵化市平安城镇东明利再生资源开发有限公司，将废弃的食用菌菌棒加上玉米秸秆和花生壳等农业废料，经过若干道工序制成生物质能源制品代替燃煤使用，取得了不错的效果。

2. **"食用菌—菌渣—沼渣沼液—肥料—种植业"** 食用菌菌渣发酵生产沼气后得到的沼渣沼液还可以进一步利用，沼渣可用于制作有机肥或食用菌培养料等，沼液可作为植物生长所需要的基肥或调配成叶面肥。沼气发酵废物的利用是对菌渣中生物质能源的充分利用，减少了沼渣沼液排放造成的环境污染问题。

（四）配料循环模式

1. **"食用菌—菌渣—栽培食用菌—肥料—种植业"** 不同食用菌对培养基质的营养成分具有不同的需求，根据这种需求差异，可以将首次得到的菌糠加入新的培养料按照适宜的配比混合再灭菌使用，使二次栽培的食用菌品种能够充分利用营养。当菌渣无法再次用作培养基质，即营养成分得到最大化利用后，可用于生产有机肥还原于种植业。遵化市年产 3.5 亿棒香菇，每年产生近 35 万棒香菇废棒，引入新品种和利用新技术，使用废弃菌棒栽培平菇，按照市场价每千克平菇 7 元计，利用废棒栽培平菇能为菇农增加收入 1.5 亿元左右。

2."食用菌—菌渣—种植业"　食用菌菌渣中含有的大量有机质和微量元素等还可被蔬菜、花卉等植物利用，如将菇渣与沙子、珍珠岩等无机基质混合作为营养土，有利于改善蔬菜、花卉、苗木等的生长品质，维生素 C 等含量的提高能够有效提高其对疾病的抵抗力。

三、河北废弃物资源化利用前景

（一）食用菌废弃物利用理念转变

农业农村部官网公布的 2019 年全国主要农作物产量统计数据显示：粮食 66 384.34 万吨、蔬菜 72 102.60 万吨、水果 27 400.84 万吨、糖料 12 169.10 万吨、油料 3 492.98 万吨。食用菌产量占蔬菜产量的 5.26%，食用菌已成为继粮食、蔬菜、水果、糖料之后的第五大农作物[①]。2018 年全国蔬菜总产值超 2 万亿元，约占全国种植业总产值的 33%，食用菌产值 1 833.3 亿元，仅占种植业总产值的 3%，虽然食用菌产业总产值占比不大，但随着其营养价值与经济效益日益显现，生产规模在全国范围内的不断扩大，食用菌废弃物处理问题不容忽视。目前食用菌菌渣回收率不高，且综合利用率比较低。食用菌废弃物未能得以高效循环利用的一个重要原因在于关键技术的攻关能力并不强，对菌渣的生物学特性等研究还不够深入。食用菌废弃物资源化利用的突破点在于将理念作为行动的先导，转变固有的传统理念。

1.顶层设计层面　从政策规划来看，发展生态循环农业早已上升为国家战略，对实现乡村振兴具有重大意义。食用菌作为第五大种植产业，其生产至废弃物处理的整个产业链条应该成为农业大循环的一部分。从产业发展角度来讲，一方面注重食用菌产业前端菌种培育和栽培种植、中端加工、后端市场开发与品牌打造，另一方面应着眼于菌渣循环再利用的问题，坚持经济与生态"两条腿走路"，做好食用菌产业循环体系建设的顶层设计。

2.经营主体层面　企业、合作社、农户等各类经营主体作为食用菌生产与加工的实际参与者，应该强化菌渣循环利用意识，逐步探索各主体之间利益联结机制，加强产业链内部融合，降低交易成本，通过更细致的分工充分发挥各经营主体的优势，形成合作关系，首先实现闭合产业链上食用菌废弃物的高效循环。

（二）食用菌废弃物资源化利用方式创新

1."低值转化—高效循环"　引导和扶持企业尤其是工厂化生产企业加强对菌渣作为食用菌再生产原料、饲料、肥料和燃料等的综合利用。根据菌渣利用方式不同，结合地方农业特色建立循环农业模式，将废弃物的低值转化向高效循环利用方式转变，真正实现变废为宝、变弃为用、变害为利，改善生态环境，使整个食物链循环中的生物能得到充分利用，走上高效循环的可持续发展之路。如将沼渣和猪粪进行固废处理作为食用菌生产原料，菌渣加上沼渣和猪粪生产有机肥，用于作物、蔬菜、牧草种植中，牧草收成后作为饲料投喂生猪，这种模式与单纯生猪养殖相比较，具有更高的经济效益，提高环境承载能

---

① 资料来源：中国食用菌协会发布《2019 年度全国食用菌统计调查结果分析》。

力。关于如何提高菌渣资源化利用效率和菌渣循环利用对生态承载力影响的研究正逐渐成为食用菌产业发展中的难点和热点问题。

2. "废弃物＋新能源"　食用菌与农业废弃物资源有强烈的亲和能力,与其他产业之间具有紧密的衔接特性,可以衍生出食用菌与光伏的有机结合,与林下经济的互补式发展,与农作物轮作模式的相互结合,与燃料能源、饲料供应、人类的主粮供应、建筑化工医药新原料的科学结合,对食用菌市场扩大和规模扩张具有重要的促进作用。加快菌渣高效循环利用模式的示范、推广应用,积极研究、探索、推广食用菌生态循环发展的新技术、新模式,实现农、林、牧废弃物的多元增值,建立"种植业、养殖业、新能源"三维生态菌业生产模式,促进生态循环经济高效发展。

河北食用菌市场

第一节 河北食用菌产地市场

一、承德市食用菌产地市场

（一）承德市食用菌产地市场总体概况

承德市具有得天独厚的气候优势和资源优势，为食用菌生产提供了良好的基础条件。2019 年全市食用菌栽培面积 12.93 万亩，总产量 120.54 万吨，食用菌销售总产值超过 100 亿元，规模、产量、产值均列全省第一，是河北重要的食用菌集散地。从承德市目前食用菌产业的发展结构看，从承德市销售出去的食用菌主要来自平泉市、承德县、兴隆县、宽城满族自治县 4 个食用菌主产地，主要以香菇、滑子菇为主栽品种，并且平泉已经成为国家级特色食用菌农产品优势区，承德、宽城已经成为省级特色食用菌农产品优势区。除食用菌鲜品外，承德市还销售多种多样的食用菌加工品，承德市先后开发出了保鲜、盐渍、烘干、罐头、速冻、即食软包装等八大系列 50 多种产品。其中，"平泉香菇""平泉滑子菇"被评为农产品地理标志认证产品，"森源""润隆""三棵树"等产品品牌获得了省级优质产品称号，产品远销日本、美国、加拿大等国家和国内大中型城市。

（二）平泉市食用菌市场发展现状

"鸡鸣三省，菇香九州"，平泉市自古就是野生菌类的盛产地，其产出的食用菌深受国内外消费者喜爱，平泉食用菌的销售量在承德全市占了较大比重。为促进食用菌的正常流通销售，平泉市采取"龙头企业＋加盟园区＋产业工人"的发展模式，龙头企业统一购置原辅材料、统一技术管理、统一产品销售，通过与菌农签订生产订单，以"最低保护价"与农民建立稳定的供销关系。截至 2019 年底，平泉市食用菌生产规模达到 6.8 亿袋，产量 60 万吨，销售总产值 62 亿元，从业人数达到 12 万人，标准化覆盖率达到 90％以上，辐射带动周边省份 20 余个市县。平泉市食用菌产业现已发展为集科技研发、高端种植、精深加工、市场流通、品牌打造于一体的全产业链产业，形成了专业化的菌种市场、流通南北的食用菌专业批发市场、线上交易市场和享誉国外的出口市场。

1. 辐射范围不断扩大，品牌价值不断提升　目前，平泉市已成为华北最大的食用菌商品集散地，香菇种植面积占平泉市食用菌总种植面积的 80％，覆盖平泉市 19 个乡镇，生产的香菇品质优良、特色鲜明。每年 3 月至 10 月，平泉市每天为全国各地供应 500 吨以上香菇，成为全国香菇市场价格的风向标，是全国错季香菇价格形成中心，具有一定的市场定价权。在上海、北京、大连、深圳、青岛等大中城市分别设立了办事处，建立了购销网点和配送中心，浙江、福建等地的 30 多家外地客商在平泉市建立了收购、加工点，形成了稳固的供销关系。平泉食用菌还出口到日本、美国、加拿大、荷兰等 10 多个国家和地区，2019 年平泉市食用菌出口总量为 0.66 万吨，创汇达 2 000 万美元。

平泉香菇是河北省十佳农产品区域公用品牌、十大特色蔬菜，先后通过农产品地理标志认证和生态原产地认证，被国家知识产权局核定为地理标志证明商标，作为河北唯一品牌，入选"中国好香菇"，品牌价值达 13.6 亿元。品质高端、定位准确使得平泉香菇市场占有率大大提升，尤其在每年 4—10 月，平泉香菇在中高端市场的占有率达到 60% 以上，销售价格也远远高于南方菇和东北菇，产业综合效益高于其他产业 10% 以上，经济效益显著。

2. 流通主体发展成熟，加工产品品类丰富　平泉市注重流通主体建设，在"抓龙头就是拓市场，扶龙头就是扩基地"的工作思路引领下，培育了以瀑河源、森源为代表的流通企业。据调研数据，平泉市瀑河源食品有限公司食用菌年销售量达 16 000～17 000 吨，其中每年出口比例平均约占 3%～5%；承德森源绿色食品有限公司一年转换 6 000～7 000 吨的食用菌加工品，其产品主要作为各类快餐供应北京市的快餐店，食用菌罐头、冻品远销国外，还有食用菌饮料等各种食用菌衍生食品。平泉市在抓好流通企业培育的同时，培养各类食用菌经纪人 3 000 余人，建成食用菌购销点 100 余处。全市 90% 以上食用菌产品通过本土经销商销往国内外市场，牢牢掌握了市场主动权。

3. 交易市场拉动销售，线上线下协同发展　平泉市投资建设了占地 130 亩、总建筑面积 11.5 万米² 的中国北方食用菌交易市场，建立了集交易、仓储、加工、生活为一体的多功能食用菌经营场所和购销、信息咨询、检测、服务一条龙的经营管理体系，成为中国北方食用菌价格形成中心。经过多年的发展，市场功能日趋完善，2004 年即被农业部确定为"中国北方食用菌产品定点批发市场"。此外平泉市还在 11 个食用菌生产重点专业乡（镇）分别建立了农贸市场，并建立食用菌集散点 100 多个，有效地拉动了千家万户的食用菌产品销售。

平泉市注重线上线下市场融合发展，"平泉市食用菌特色产业创业孵化基地"是河北唯一一家"互联网＋线下交易市场"，包含线上平台"中华菇云"，以及线下交易摊位 135 间，香菇保鲜库 31 间 6 000 米²，野生干品蘑菇库房 57 间 8 500 米²，配套设施齐全。该市场自 2017 年投入使用以来，已实现交易额 6 000 万元，积累客户 3 000 家；指导、支持食用菌企业、合作社、园区和交易市场，在京东、天猫、1 号店、中粮我买网、1 亩田等大型平台开展电子商务，进一步加快"平泉食用菌"品牌在电商渠道的传播，力争把平泉培育成全国食用菌价格形成中心、交易中心和数据中心。

二、唐山市食用菌产地市场

（一）唐山市食用菌产地市场总体概况

2019 年唐山市食用菌栽培总面积 20 280.1 亩，总产量 33.42 万吨，食用菌销售总产值 27.19 亿元，产量和产值均位居河北第二，总栽培面积位居河北第四，单位面积产量和产值均较高。全市目前拥有遵化市、迁西县两个食用菌种植大市（县），其中遵化市是省级食用菌特色农产品优势区，以香菇、栗蘑（灰树花）、平菇为主要栽培品种。形成"遵化香菇""七彩平安""众鑫农珍"等优质品牌，"遵化香菇"和"迁西栗蘑"通过国家工商总局审核，成为国家地理标志证明商标。此外，唐山市为促进食用菌产业发展，在规划、政策、资金、信息等诸多方面为食用菌产业保驾护航。

（二）遵化市食用菌产地市场发展

2019 年底，遵化市食用菌特色农产品优势产业区已涵盖 18 个乡镇、120 个村、9 000 多户、6 万多人从事食用菌产业化经营，已建成标准菇棚 1.2 万个，以香菇为主的栽培规模达到 3 亿棒，年产鲜菇 30 万吨，综合产值可达到 30 亿元。目前全市已形成"两区两线"的区域布局，即平安城镇、东新庄镇、刘备寨乡的南川千万棒规模区，新店子镇、团瓢庄乡等沿 112 国道的百万棒发展区，西留村乡、汤泉乡、堡子店镇、石门镇等乡镇沿邦宽公路生产示范一条线，西下营乡、侯家寨乡、小厂乡沿长城生产示范一条线。全市拥有从事食用菌产业化经营的企业或合作社 49 家，其中加工企业 4 家，生产企业 2 家，销售企业 8 家，菌种生产、供应企业 10 家，食用菌机械制造企业 2 家，食用菌专业合作社 49 家，经纪人 1 000 多人，涉及食用菌生产、加工和销售等环节。全市食用菌产业发展形成了以良种繁育、工厂化制棒、规模化生产、食用菌深加工、市场销售、休闲观光等"六大龙头"为核心的全产业链发展格局。

1. 全产业链发展，助力产业提档升级　遵化市食用菌产业链条完整，产业链条各个环节均以龙头企业或以专业合作社带动（表 9-1），龙头企业在产业发展过程中起着示范引领作用。其中，在流通方面支持销售大户和专业物流企业的成长，在食用菌原材料和产品主要集散地培育有较强实力的食用菌物流企业。遵化市坚持把培育食用菌加工龙头企业作为延伸企业链条、提高产业化经营水平的重要抓手。扶持美客多、广野、平安食品等龙头企业开展食用菌深加工项目，开发了食用菌保鲜、烘干、速冻、腌渍、罐头、休闲食品等多种食用菌深加工产品，目前龙头企业年加工食用菌能力 5 万多吨，每千克食用菌经济效益提高 2～3 倍。

表 9-1　遵化市食用菌生产链条环节及龙头企业名称

生产链条环节	龙头企业名称
菌种繁育	宏信食用菌专业合作社
工厂化制棒	众鑫食用菌专业合作社
规模化生产	庆荣食用菌专业合作社
深加工	美客多食品集团
市场销售	唐山绿伞农业开发公司
休闲观光	正和伟业食用菌专业合作社、秀芝家庭农场

资料来源：调研内容整理所得。

完整的生产链条助力香菇产业提档升级，不仅降低了企业间的交易成本，保证了生产的产品质量，还拓宽了香菇的销售渠道，开拓了销售市场。目前，"遵化香菇"销售覆盖范围已经扩展到东三省、天津、北京、山东、河南、山西等大中城市和地区，并远销日本、韩国等东亚国家，在国内外食用菌市场占领了一席之地。

2. 农旅融合，带动品牌发展　遵化市在发展壮大食用菌种植、加工的同时，还在农旅融合方面做文章，不断加大对食用菌休闲观光产业的投入，相继建设了科技馆食用菌展览厅、食用菌研究所产品展示厅、秀芝家庭农场、正和伟业食用菌专业合作社等休闲观光、采摘项目，发展特色休闲农业旅游点 3 个。种类也逐渐从单一的香菇扩展到白灵菇、北虫草、茶树菇、双孢菇、平菇、木耳等，倍受游客青睐。

随着"农旅融合"模式的带动，当地食用菌品牌建设取得了明显成效。遵化市以市场需求为导向，以质量安全为标准，积极建设品牌，"遵化香菇"地理标志认证 550 公顷，香菇无公害农产品认证 35 000 吨，香菇绿色食品认证 20 000 吨；现已形成食用菌品牌 9 个（表 9-2），其中国家级品牌 2 个，分别为"广野"和"美客多"，省级品牌 2 个，市级品牌 5 个，主要生产香菇酱等加工食品。

表 9-2　遵化市食用菌品牌建设情况

品牌级别	数量（个）
国家级品牌	2
省级品牌	2
市级品牌	5
总计	9

数据来源：调研数据整理所得。

三、保定市食用菌产地市场

（一）保定市食用菌产地市场概况

食用菌产业是产业扶贫、精准扶贫的重要产业，是周期短、见效快、效益高的新兴产业，有效带动了保定山区贫困地区脱贫。2019 年保定全市栽培食用菌面积 2.62 万亩，总产量 7.36 万吨，总产值 5.88 亿元。阜平县是保定地区食用菌栽培面积最大的县，2019 年阜平县的食用菌栽培面积为 21 263 亩，占保定市总栽培面积的 80.8%，其次是涞水县和涞源县，栽培面积分别占保定市总栽培面积的 8% 和 4.5%。保定市的食用菌种植以香菇为主，以黑木耳、杏鲍菇、大球盖菇等为辅。

（二）阜平县食用菌产地市场发展

阜平县地处保定市西部，总面积 2 496 千米^2，人口 22.98 万人，为全山区县，山场 326 万亩，耕地 21.9 万亩，人均 0.96 亩，俗称"九山半水半分田"。全县 209 个行政村中有 164 个贫困村，占 78.5%。

1. 科学规划食用菌产业园区　食用菌产业要实现科学健康发展，促进农民持续稳定增收，必须走标准化、集约化、品牌化的园区发展之路。2015 年底，阜平县在天生桥镇谋划建设了食用菌现代农业核心园区，以阜平县嘉鑫种植有限公司为龙头企业，以当地贫困群众为种菇主力军，聘请知名食用菌专家长期驻点现场指导，进行集约化、专业化、标准化生产经营。园区一期总投资 1.2 亿元，建设菌袋生产中心和 300 个菇棚；二期投资 2.4 亿元，建设 700 个出菇棚和二、三产业配套设施，全面建成达产后，可年产鲜菇 2.5 万吨，总产值 2.5 亿元，带动千余户贫困群众增收致富。在带动农户脱贫增收的同时，食用菌种植加工龙头企业自身也得到了蓬勃发展。阜平县嘉鑫种植有限公司（位于天生桥镇南栗元铺村和龙王庙村）资产总规模达到 2.5 亿元，公司销售收入达到 1.44 亿元，实现利润 498.5 万元，产品主要销往北京、上海、深圳、广州等大中批发市场，深受市场青睐。

2. 建立现代食用菌产业经营模式　阜平县根据自身地理、人文条件，推广实施了"六位一体（政府、金融、科研、龙头、园区、农户形成一个产业整体）、六统一分（企业负责建棚、品种、制袋、技术、品牌、销售，农户分户栽培管理）"现代食用菌产业经营模式，使产业各要素的优势得到了充分发挥，保证了全县食用菌产业的快速铺开、稳步发展。引进培育了一批实力雄厚、带富能力强的龙头企业，为菇农提供产、供、销全方位的服务。实施了一整套精准扶贫、促民增收的利益联结机制：一是租棚机制，农户直接租用企业棚室进行生产，收入较原来玉米等传统种植提高 30 倍以上；二是建棚自营机制，农户自己建出菇棚，完成出菇周期，可获利 3.5 万～4 万元；三是农民务工机制，农民到企业厂区或园区务工，月收入 2 000～3 000 元。通过以上机制，凸显利益联结，形成了群众受益、社会共享的收益分配格局，实现了企业（合作社）、贫困户的互利双赢，促进了食用菌产地市场繁荣。

3. 大力实施品牌战略　阜平县注册了"老乡菇"商标作为阜平县食用菌统一品牌，聘请一流传媒公司包装设计、营销推介，积极创建驰名商标。目前，阜平香菇先后在北京新发地开辟了专柜销售，并远销珠三角等地，成为改变全国香菇市场原有供给格局、填补供给档期的食用菌"新势力"。同时，阜平县注重强化品牌宣传，建立了阜平县食用菌网站——"老乡菇网"，由县食用菌办公室负责网站建设运营，全方位展示阜平县食用菌产业的质量技术水平和发展动态，让世界了解阜平食用菌，提高阜平食用菌品牌知

图 9-1　阜平"老乡菇"品牌标识

名度。2018 年"阜平香菇"通过地理标志认证，依托食用菌产业和"老乡菇"品牌（图 9-1），大力发展采摘、休闲、观光、旅游、餐饮等其他产业，全面提升了产业链条的深度和广度，增加了产品附加值。

四、邢台市食用菌产地市场

（一）邢台市食用菌产地市场概况

邢台市食用菌产业位列河北前列，2019 年邢台全市食用菌栽培总面积为 1.54 万亩，总产量达 14.2 万吨，总产值 13.2 亿元，面积和产量均在全省排名第四。邢台市的食用菌栽培以香菇、平菇、金针菇为主，临西县和宁晋县是邢台市的主要食用菌栽培县。

（二）宁晋县食用菌产地市场发展

宁晋县是食用菌生产传统大县，自 1982 年开始种植，历经近 40 年发展，总产量、出口量均位居省市前列。现拥有食用菌专业种植合作社 35 家，建有农业农村部部级标准化食用菌园区 3 个，200 亩以上种植园区 2 个、100 亩以上园区 6 个，宁晋县先后被授予全国食用菌行业优秀基地县、国家级出口食用菌示范县、河北省出口食用菌质量安全标准化示范县等荣誉称号。

1. 引种珍稀食用菌，丰富产地市场品种 邢台市宁晋县盛产平菇，年产平菇5万～6万吨。该地的平菇菌盖颜色灰黑鲜亮，外形美观，菌肉肥厚、柔韧，口感好，耐贮藏，氨基酸、蛋白质含量高，产品远销亚欧美等国际市场，因此，宁晋县也成为全国速冻小平菇出口的重要集散地。

近年，宁晋县又积极引进珍稀食用菌品种羊肚菌，实现了羊肚菌栽培的"南菇北移"，并研发出一套适应北方推广的冀中南羊肚菌设施高产栽培模式。以实现农民增收、助力乡村振兴为目标，采用跨乡连片的建设思路，通过打造"一个中心，四个基地"（以凤凰镇羊肚菌种植为中心，贾家口镇、侯口乡、北河庄镇和唐邱镇四个羊肚菌种植基地连片发展），在全县乃至全市形成跨乡连片羊肚菌全域发展的格局。

2. 积极发展龙头企业，带动市场发展 宁晋县培育了河北云泰食用菌公司、河北盛吉顺食品有限公司等食用菌产业龙头企业（表9-3），创建了3个国家级食用菌标准园，使宁晋县食用菌产业实现了规模化、标准化、园区化，形成了"龙头企业＋合作社＋基地＋农户"的产业化格局，产品主要销往北京、上海、广州等各大城市，并正在积极开拓意大利、加拿大等国际市场。其中，盛吉顺食用菌种植专业合作社是宁晋县食用菌产业龙头企业之一，目前合作社亩均产值达到4万元，鲜羊肚菌主要销往北京、上海、昆明、广州等城市，市场供不应求。

表9-3 宁晋县主要食用菌企业

企业名称	地 址
河北国宾食品有限公司	宁晋县凤凰镇孟村
河北楚氏食品有限公司	宁晋县凤凰镇孟村
河北盛吉顺食品有限公司	宁晋县凤凰镇刘路村
满路华食品有限公司	宁晋县大曹庄
河北凤归巢生态农业科技有限公司	宁晋县北河庄镇素邱一村
河北云泰食用菌公司	宁晋县北河庄镇素邱一村

资料来源：调研内容整理所得。

3. 提高产品附加值，提升高端市场占有率 宁晋县食用菌产业不断扩大产品精深加工规模，提高产品附加值，提升高端市场占有率。该县已初步实现羊肚菌全产业链发展模式，规划利用3～5年时间，打造羊肚菌"第一车间"，建设全国最大的羊肚菌集散中心。宁晋县注重产品营销推介，重视"走出去"，做宣传、强合作、扩市场。该县多次组织食用菌种植企业和产品参加各种宣传推介展示活动，如参加京津冀蔬菜食用菌产销对接大会暨河北省优势农产品推介活动、中国·廊坊国际经济贸易洽谈会等大型和国际性会展，充分展示宁晋食用菌产品魅力，拓宽国内国际市场，助力宁晋食用菌站稳京津冀川等省份，并远销东南亚、欧美等地区。在邢台市2020年中国农民丰收节暨宁晋县农产品展销大会上，宁晋县羊肚菌被省农产品品牌协会授予河北省农业区域公共品牌。

五、河北食用菌优势产地市场的特征

（一）优势主产区规模大

河北各主产区食用菌种植面积都比较大，在其所属市区内属于食用菌种植大县（市），且均以某一主栽培品种占绝大多数的栽培面积，如河北食用菌特色优势产业区内平泉市主要栽培和流通香菇，迁西县是栗蘑的主产区等。同一品种的食用菌便于地域内农户或生产企业的技术指导，形成种植和流通的集聚效应，良性的市场竞争促使生产方主动提高产品质量。同时，前端种植业的发展会促进食用菌流通业、加工业的发展，最终形成规模较大、实力较强的产地市场。

（二）经营模式先进高效

河北现已形成的产地市场的经营模式都比较高效。阜平的龙头企业带动模式，平泉的"龙头企业（合作社）＋加盟园区＋产业工人"模式等，通过龙头企业、合作社的带动可以促使小农户与大市场的高效衔接。种植户通过中间组织的信息传递可以较准确地了解市场行情，根据市场需求进行下一轮的种植，避免盲目生产；龙头企业和合作社反过来对生产端起到监督作用，按照食用菌等级标准收购、进行质量安全检测可以在一定程度上促进食用菌质量的提高，形成各利益主体共赢机制和科学高效的经营模式。

（三）加工企业占有一定地位

食用菌作为一种生鲜农产品，本身具有易腐、保鲜期短的特点，由于存在食用菌集中上市和需求时间分散的矛盾，随着主产地食用菌种植规模的不断扩大，这种矛盾更加明显。为延长食用菌的可食用菌期，逐渐有了初级加工工厂，如烘干、腌渍等，不仅延长了食用期，还提高了效益。据了解，食用菌加工产业是高收益行业，初加工后其产值是原来的3～4倍，深加工带来的效益是原来的数十倍，食用菌深加工成为一种趋势。反过来说，产地市场为食用菌初深加工提供了基础条件，主产地食用菌具有价格优势、流通优势和产业集聚优势。总之，食用菌加工业会带动整个产地市场和食用菌产业的发展。

（四）注重品牌打造

随着河北食用菌产业规模的不断扩大，高质量发展逐渐成为新的议题，而打造食用菌品牌，通过注册品牌商标来提升产品的附加值，是推进食用菌产业高质量发展的重要抓手。近年来，食用菌优势主产区越来越重视区域公用品牌的认定；随着食用菌工厂化的发展，行业品牌意识也逐渐增强，品牌效应的影响力越老越凸显。由此，河北以食用菌区域公用品牌为基础，企业自主品牌叫响市场的产业品牌综合体系逐渐形成。

第二节　河北食用菌批发市场

一、河北食用菌批发市场发展现状

（一）河北食用菌批发市场总体情况

经过多年的发展，河北食用菌流通形成了以批发市场为载体，以农民经纪人、专业合作社、运销商贩、加工企业为核心的格局，流通的主要对象以食用菌鲜品和初级加工品为主。农产品批发市场是河北农产品流通的主渠道和中心枢纽，河北生鲜农产品经过批发市场运销的达70％以上。河北食用菌种植比较分散，规模不一，种植端与消费端对接困难，批发市场在河北食用菌流通过程中发挥了重要作用，是连接食用菌"小生产"和"大市场"的重要渠道。

经过多年的发展，河北形成了一批有特色、辐射范围广、在全国范围内都具有较大影响力的批发市场，其中包含综合性批发市场、专业性批发市场、产地批发市场和销地批发市场。根据 2019 年批发市场行业发展报告数据，2019 年河北 167 个农产品批发市场中产地市场有 32 个，占批发市场总数的 19.16%；集散地市场和销地市场共占批发市场总数的 80.84%（图 9-2）。因为河北产地批发市场占市场总数的比重还不足 1/5，河北正积极响应政策，加强农产品产地基础设施建设，统筹农产品产地、集散地、销地批发市场建设。

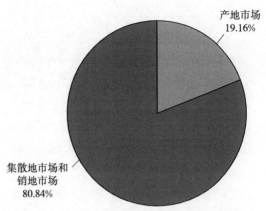

图 9-2　河北省不同类型农产品批发市场比重
数据来源：河北省商务厅

河北新发地农产品物流园是河北综合性批发市场的重要代表，是全国范围内交易规模最大的农产品批发市场；河北产地批发市场以中国北方食用菌交易市场为首，同时它也是专业性的批发市场，是中国北方最大的食用菌交易市场；河北销地批发市场如石家庄桥西蔬菜批发市场，是全国农副产品五十强市场。

（二）河北食用菌产地批发市场

产地批发市场指某些农产品的集中产区，以农户、农民合作社、经纪人等生产经营者作为主要供应商，并起着向外运销、扩散农产品作用的市场。产地批发市场有很多经纪人进行收购，经纪人多为当地人，是经销商良好的合作伙伴。市场内的经销商有时也扮演着经纪人的角色，经销商通过收购产地批发市场的商品，运往销地进行销售，从而赚取中间利润。

河北主要产地批发市场是平泉市的"中国北方食用菌交易市场"，该市场主要销售当地所栽培的食用菌鲜品和经过烘干等初级加工的食用菌干品。随着平泉食用菌产业规模的不断壮大，吸引了很多南方商户入驻市场，他们既是老板又是经纪人，从北方收购食用菌直接运到南方的销地市场，推动"北菇南运"不断发展。其他地市由于农业发展规划不同，没有设立专门的食用菌批发市场，一般是农产品综合市场和果蔬类专业市场，但从表中各地产地批发市场的数量中可以看出，唐山、邢台、张家口等蔬菜、食用菌主产地设立的产地批发市场最多，主产地依靠规模化发展容易形成产地批发市场（表 9-4）。

表 9-4　河北主要食用菌销售产地批发市场

市场名称	所在县（市、区）	经营类别	备注
中国北方食用菌交易市场	承德市平泉市	食用菌	
石家庄高邑蔬菜批发市场	石家庄市高邑县	农产品综合	
石家庄无极王村鲜活农产品交易市场	石家庄市无极县	蔬菜	
宣化区盛发蔬菜副食品综合交易市场	张家口市宣化区	农产品综合	
张北县农产品综合批发市场	张家口市张北县	蔬菜	2019 年度全国蔬菜批发市场 50 强
冀东国际农产品物流有限公司	唐山市乐亭县	蔬菜、水果	

（续）

市场名称	所在县（市、区）	经营类别	备注
唐山金玉农产品综合交易中心	唐山市玉田县	农产品综合	
滦南县姚王庄青河沿果菜批发市场	唐山市滦南县	蔬菜、水果	
青县盘古蔬菜批发市场	沧州市青县	农产品综合	
河间市堤口农产品批发市场	沧州市河间市	农产品综合	
饶阳县春阳瓜菜果品交易市场	衡水市饶阳县	蔬菜	2019 年度全国蔬菜批发市场 50 强
邢台威县瓜菜批发市场	邢台市威县	蔬菜	
邢台任县蔬菜批发市场	邢台市任县	农产品综合	
宁晋县绿源蔬菜果品批发市场	邢台市宁晋县	蔬菜、水果	
邢州现代农产品市场服务有限公司	邢台市邢州	农产品综合	
邯郸魏县天仙果菜批发交易市场	邯郸市魏县	农产品综合	带集散性质
秦皇岛昌黎农副产品批发市场	秦皇岛市昌黎县	农产品综合	
昌黎县新集农副产品批发市场	秦皇岛市昌黎县	农产品综合	
定州蔬菜批发市场	定州市	农产品综合	

资料来源：河北省商务厅市场处。

（三）河北食用菌集散地批发市场

集散地批发市场多处于交通枢纽地或传统的集散中心，起着链接产地和销地中转站的作用，有重要的集散功能。农产品的生产和消费在时间、空间和集散上存在不可避免的客观矛盾，随着商品经济的发展，农产品生产和消费之间的矛盾不断扩大，农产品从生产端到消费端往往要通过两个以上的商业环节才能完成，所以出现了介于产地农产品批发市场和销地农产品批发市场之间的集散地农产品市场。批发商通过买卖把农产品从生产者手中收购进来，然后再将农产品运到集散地市场，转卖给其他商户。

河北拥有食用菌交易业务的主要集散地批发市场的辐射范围很大（表 9-5）。以新发地农副产品物流园为例，该市场的辐射范围基本覆盖了整个北方市场，市场内销售的食用菌，其产地不仅涵盖了本省以及附近省份，来自江苏、上海等省份的食用菌在市场上也占有较大份额，市场内食用菌商户所销售的食用菌不局限于单一的品种，大部分商户销售的食用菌品类比较丰富，年均交易量比较大。但是商户交易量的差异也较大，超大型和大型商户较少。经调查，市场内食用菌主要保障北京、河北、山西、内蒙古、东北地区以及其他北方城市的供应，丰富了城乡居民的菜篮子（表 9-6）。

表 9-5　河北主要食用菌销售集散地批发市场

市场名称	所在县（市）	经营类别	备注
河北新发地农副产品有限公司	保定市高碑店市	农产品综合	2019 年度全国农产品批发市场百强
张家口怀来京西果菜批发市场	张家口怀来县	农产品综合	2019 年度全国蔬菜批发市场 50 强

资料来源：河北省商务厅市场处。

表 9 - 6　2019 年河北新发地农副产品物流园食用菌商户交易情况（部分）

商铺名称	食用菌销售种类	年交易量（吨）
SH 香菇	香菇、平菇	800
LT 菌业	香菇、平菇、金针菇、杏鲍菇、其他草菇、蟹味菇	1 000
WM 菌业	香菇、金针菇、杏鲍菇、海鲜菇、秀珍菇	600
FK 菌业	金针菇、杏鲍菇、白玉菇、秀珍菇	1 400
HH 菌业	香菇、金针菇、杏鲍菇、海鲜菇、白玉菇	700
ZL 菌业	香菇、金针菇、杏鲍菇、海鲜菇、秀珍菇	1 460
JQ 菌业	香菇、金针菇、杏鲍菇、海鲜菇、白玉菇、秀珍菇、蟹味菇	10 000
QZ 菌业	香菇、平菇、黑木耳、金针菇、杏鲍菇、海鲜菇、白玉菇	—
XY 菌业	香菇	800
JN 菌业	香菇、金针菇、杏鲍菇、海鲜菇、白玉菇、秀珍菇	1 300
FH 菌业	香菇、黑木耳、金针菇、杏鲍菇、白玉菇、蟹味菇	1 300
DS 菌业	香菇	700
YS 菌业	杏鲍菇、白玉菇	600
北京 SJ 菌业	杏鲍菇、海鲜菇、白玉菇	650
BY 菌业	金针菇、杏鲍菇、海鲜菇、白玉菇	1 500
HZ 菇行	金针菇、杏鲍菇、海鲜菇、白玉菇	500
XGY 食用菌批发	香菇、平菇、金针菇、杏鲍菇、白玉菇	500
涞水 HY 菌业	香菇、平菇、黑木耳、金针菇、海鲜菇、白玉菇、秀珍菇	1 000
JYLT 菌业	金针菇、杏鲍菇、海鲜菇、白玉菇、秀珍菇	300
BSZ 菌业	金针菇、杏鲍菇、海鲜菇、白玉菇	900
WS 菌业	香菇、平菇、黑木耳、金针菇、杏鲍菇、海鲜菇、白玉菇	300
XD 菇行	杏鲍菇	2 000
TX 菌业	香菇、平菇、黑木耳、金针菇、杏鲍菇、海鲜菇、白玉菇、秀珍菇	800
QY 菌业	香菇、金针菇、杏鲍菇	500
CC 菌类中心	金针菇、杏鲍菇、海鲜菇、白玉菇、秀珍菇	1 500
ZH 香菇	香菇	8 527
ZH 菌业	香菇、白蘑菇	850
福建 MD 食用菌行	杏鲍菇、海鲜菇、白玉菇、银耳、蟹味菇	960
福建 MDHC 食用菌商行	金针菇、茶树菇、银耳	870
ZQ 菌业	香菇、平菇、金针菇	2 200
YH 庄园	金针菇、杏鲍菇、白玉菇、秀珍菇	3 000
HB 菌业	金针菇、杏鲍菇、海鲜菇、白玉菇、秀珍菇、蟹味菇	1 500
MLS 菌业	金针菇、海鲜菇、秀珍菇、小鸡腿菇	1 000
NW 菌业	金针菇、杏鲍菇、海鲜菇、白玉菇	2 000
山东（德州）GR 华北代理	金针菇、杏鲍菇、海鲜菇、白玉菇	2 000
DS 菌业	金针菇、杏鲍菇、白玉菇	600
江苏 HB 代理	金针菇、杏鲍菇、海鲜菇、白玉菇	5 500
北京 RR	金针菇、杏鲍菇、海鲜菇、白玉菇、秀珍菇、其他	2 224
JLB 菌业	金针菇、杏鲍菇、海鲜菇、白玉菇	600

（续）

商铺名称	食用菌销售种类	年交易量（吨）
EY 菇行	金针菇、杏鲍菇、白玉菇	800
WM 菇行	金针菇、杏鲍菇、海鲜菇、白玉菇	3 000
RF（山东）	金针菇、杏鲍菇、海鲜菇、白玉菇、秀珍菇	3 400
LS 菇行	金针菇、杏鲍菇、海鲜菇、白玉菇	1 000
FR 生态菇	金针菇、海鲜菇、白玉菇	1 000
KY 菌业	金针菇、杏鲍菇、海鲜菇、白玉菇、银耳、蟹味菇	1 500
LLL 菌业	香菇、金针菇、杏鲍菇	2 000 以上
SYR 菌业	金针菇、杏鲍菇、海鲜菇、白玉菇、秀珍菇	700
ZZH 菌业	金针菇、杏鲍菇、海鲜菇、白玉菇	1 300

数据来源：调研数据整理所得。

（四）河北食用菌销地批发市场

生鲜农产品具有易腐性、需求点分散等特点，为了实现快速、有效地把生鲜农产品从生产者流通到消费者，急需建立销地农产品批发市场。因此，为保障城市农产品市场供应和消费，基本上每个大城市或周边均建设了较大规模且综合性的销地农产品批发市场，销地批发市场是生鲜农产品的区域集散中心，是农产品流通链中的重要环节，既担负着社会责任，又兼有企业职能。

河北部分食用菌的销地批发市场，一般位于大中城市的郊区或者县域城市（表9-7）。销地市场具有完善的设施、较强的综合服务能力，经营产品多样，交易量也较大，能满足消费者对于大多数农产品的需要，具有"散货"功能。与产地批发市场相比，销地批发市场的食用菌种类更加丰富，不再局限于当地或者河北主产的食用菌品种；但与集散地市场相比（表9-8），集散地市场的食用菌品类更加齐全，主要是因为销地市场辐射区域与集散地市场不同，集散地市场销售的是一定区域内消费者容易接受的食用菌品种，但随着各地食用菌产业规模的不断扩大，销地市场销售的食用菌品种越来越丰富。此外，各地食用菌的质量和销量形成对比，在一定程度上可以促使本地食用菌品种改良，提高质量。

表9-7 河北主要食用菌销地批发市场

市场名称	所在县（市、区）	经营类别	备注
石家庄桥西蔬菜中心批发市场	石家庄市桥西区	农产品综合	
保定新发地联(„原保定市工农路蔬菜果品批发市场）	保定市莲池区	蔬菜、水果	2019 年度全国农产品批发市场百强
唐山市荷花坑农副产品批发市场	唐山市路南区	农产品综合	
唐山市君瑞联合农贸市场有限公司	唐山市路北区	农产品综合	
遵化市燕山果菜批发市场有限公司	唐山市遵化市	农产品综合	
廊坊三河建兴农副产品批发市场	廊坊市三河市	农产品综合	
黄骅市沈庄贸易城综合市场有限公司	沧州市黄骅市	农产品综合	

（续）

市场名称	所在县（市、区）	经营类别	备注
衡水桃城区东明蔬菜果品批发市场	衡水市桃城区	农产品综合	
邢台市顺兴蔬菜批发市场	邢台市开发区	蔬菜	
邯郸市蔚庄农产品市场有限公司	邯郸市丛台区	农产品综合	
邯郸市农科贸易城农副产品批发市场	邯郸市邯山区	农产品综合	
秦皇岛海阳蔬菜果品批发市场	秦皇岛市海港区	农产品综合	
石家庄雨润农产品全球采购有限公司	石家庄市鹿泉区	农产品综合	
平乡县润宏益盛农业开发有限公司	邢台市平乡县	农产品综合	

数据来源：河北省商务厅市场处。

表 9-8　集散地市场与销地市场内食用菌销售品种对比

市场名称	市场类型	销售品种
河北新发地农副产品物流园	集散地市场	杏鲍菇、香菇、金针菇、口蘑、平菇、秀珍菇、海鲜菇、白玉菇、茶树菇、鲜木耳
石家庄桥西蔬菜批发市场	销地市场	杏鲍菇、香菇、金针菇、口蘑、蘑菇
保定新发地联农批发市场	销地市场	海鲜菇、金针菇、平菇、杏鲍菇、香菇

数据来源：河北省商务厅市场处。

二、河北食用菌批发市场的作用

（一）商品集散功能

批发市场具有强大的商品集散功能，集散功能是农产品批发市场发展的基本功能。食用菌受气候影响比较大，不易保存，且全国不同地区的食用菌出菇时间不统一，上市存在时间差，来自全国各地的食用菌在农产品批发市场聚集起来后，通过交易双方短暂地交易，可以再使食用菌进行销售或转移，实现食用菌南北转运。鲜品食用菌保鲜期短、容易腐烂，日常保存和长途运输需要冷藏库和冷链物流，使近年来批发市场不断转型升级，冷库、冷藏车、搬运设备越来越健全，不仅减少了食用菌在流通过程中的损耗，而且食用菌的交易次数和交易成本减少，流通速度加快。

（二）价格形成功能

价格形成功能是指食用菌汇集到批发市场后，根据交易双方的交易情况所形成价格的功能。食用菌在农产品批发市场中集中交易，交易量比较大，且交易主体多，形成一个完全竞争市场，完全竞争市场所形成的价格是市场均衡价格。交易主体能够就同一品类通过货比三家的方式按质论价，从而真正体现农产品价值，迅速形成价格。

（三）信息中心功能

信息中心功能是指农产品批发市场发布买者和卖者在交易过程中所需要的信息。由于连接着生产和消费，农产品批发市场信息便于搜集并且来源相对广泛，搜集的信息也相对完整、真实和及时。在批发市场中，价格信息如同晴雨表一般，反映食用菌的供求关系，影响着食用菌的再生产。有些农产品批发市场通过农业农村部的网站来公布当天农产品价格的信息，还有一些农产品批发市场在市场内部建立了农产品信息公示屏，即时进行价格更新。

（四）供求调节功能

食用菌作为一种农产品，受自然环境影响大，供给不稳定，但人们对于食用菌的消费需求是长期存在的，且比较稳定。批发市场利用市场机制调节供求，促进食用菌市场均衡价格的形成。在批发市场中，大批量的食用菌交易，调节了区域性的供求和促进了区域的经济发展。

（五）综合服务功能

综合服务功能是指批发市场为经销商或是采购者提供一系列服务项目的功能，包括为交易者提供交易空间、停车场、装卸搬运、交易中介、结算方式、包装、储藏等项目，以及场内的卫生清洁及治安管理。一是有利于促进生鲜食用菌的分级、包装和深加工；二是通过批发市场农药残留检验检测、质量可追溯，保障食用菌质量安全；三是批发市场的储藏、保鲜与配送等设施比较完善，可以有效减少食用菌损耗；四是批发市场为商户提供金融贷款、单据结算等，批发市场在发展过程中延伸和创新的业务可以更好地为商户服务，保障商户的日常运营及扩展业务。

三、河北食用菌批发市场实践案例

产地批发市场是我国现代农业产业体系和农产品市场体系的重要组成部分，充分发挥对农业产业的带动作用，是着力解决农产品卖难、卖不出去、卖不上好价钱等问题的重要保障。随着城乡居民生活水平的提高，对生鲜农产品的需求旺盛，农产品批发市场的重要性逐渐凸显。2004 年，中央 1 号文件提出"进一步加强产地和销地批发市场建设"，2005年农业部出台《关于加强农产品市场流通工作的意见》，强调要把产地市场作为农产品市场体系建设的重点；2017 年中央 1 号文件提出加强农产品产地预冷等冷链物流基础设施网络建设；2019 年中央 1 号文件再次提出支持产地建设农产品贮藏保鲜、分级包装等设施，统筹农产品产地、集散地、销地批发市场建设。

近年来，河北致力于农业结构调整，大力发展农业特色产业，食用菌产业是河北的重要特色产业，在促进产业结构调整和产业扶贫方面发挥了重要作用。经过多年的发展，河北食用菌产业不断规模化、专业化发展，品牌知名度不断提高，建设与之相适应的食用菌专业市场至关重要。平泉市是河北最大的食用菌生产基地，为促进食用菌产业的流通，建立了中国北方食用菌交易市场，本节以该市场为案例进行分析。

（一）市场发展历程及现状

中国北方食用菌交易市场位于河北省承德市平泉市卧龙镇，平泉市城北侧约 8 千米处，东临平双公路，西接原 252 省道。中国北方食用菌交易市场于 2000 年建立，2004 年被农业部确定为食用菌定点批发市场，工程总占地 200 亩，建筑面积 18 万米^2。截至目前，一、二期工程已经顺利竣工。其中，一期总规划 120 亩，总建筑面积 115 000 米^2，总投资 5 亿元，交易大厅 16 000 米^2，办公用房 1 400 米^2，交易市场商业用房 38 175 米^2，冷藏室、库房等配套服务设施用房 18 000 米^2。该市场致力于建成一站式食用菌生产、交易市场，为广大种养殖户提供公开、公正的交易平台，同时方便本地商户、外地客商与本地商户的商务洽商，进一步提高了平泉作为食用菌交易中心的地位。二期工程除完善市场硬件设施建设外，还将完善食品检测、大数据分析等软件设施，并打造食用菌精深加工产业链，增加平泉食用菌的产品价值，提升品牌知名度。其中，菌菇人工合成肉技术产业化中试项目是东西部扶贫协作帮扶、平泉华菌菌业有限公司建设项目。项目建成后，年产菌菇人工合成肉600吨，年产值可达2 400万元，将带动平泉乃至周边地区食用菌产业发展，实现食用菌产后增值。

2014年，平泉市政府与平泉华菌菌业有限公司多次组织专家，通过实地考察调研，基于平泉的地理优势和产业特色，规划并设计了"中华菇云食用菌产业园"。项目规划总投资15亿元，占地525亩。以平泉市的食用菌产业为依托，结合"互联网＋"与行业大数据，实现线上线下一体化的食用菌产业链重组，打造中国北方食用菌交易市场，成为中国乃至世界的食用菌产业聚集区。2020年8月18日，平泉市食用菌特色产业创业孵化基地成立，该基地由中国北方食用菌交易市场和线上电商平台"中华菇云网"两部分组成，是河北唯一一家"互联网＋线下交易市场"。

（二）市场经营基本情况

中国北方食用菌交易市场辐射全国29个省份，以北京、上海、广州三地为主，北京占10%，上海可到20%左右，广州可达30%～40%；出口占市场交易总量的20%～30%，主要出口至日本、韩国、美国以及欧洲地区。市场内只开展批发业务，没有零售业务，这与平泉市食用菌产业发展规模大有很大关系，很多食用菌流通加工企业在城区经营零售店，附近小批量的进货和零售都在城区的零售店进行。

市场主要经营食用菌干品和鲜品，季节性交易明显，冬季是市场的淡季，以干品销售为主。平泉市作为河北最大的食用菌主产地，食用菌鲜品在出菇季节销售快，鲜品进入批发市场流通比例较小，因此中国北方食用菌交易市场将朝着打造一个干品交易市场的方向发展。

由于信息灵活，多数客户直接在线上与商户沟通联系十分方便，可通过图片看样品达成交易，不一定亲自到市场采购，洽谈业务的方式以电话、微信为主，直接线上下单。因此，市场内人流量较少，订单交易的比重较大。

市场商户以南方商户居多。市场商户雇工较多，充分带动当地就业，不只包括周边村民，一些城镇居民也会到市场打工，主要进行食用菌初加工、分选、包装等工作。

（三）市场内部配套设施

市场规划为鲜货交易区、干品类交易区、盐水原料产品交易区、速冻产品交易区、深加工品交易区、物资交易专区六大交易区域。市场配备低温仓储区，以空调库为主，市场冷库面积共13 000多米²，并已全部出租，其中干品库2 800多米²，旺季时冷库数量难以满足仓储需求，市场正在新建冷库。为方便食用菌分级销售，市场还在干品区仓库配备了加工车间。

市场通过信息中心、检测中心、价格中心、集散中心、仓储中心五大中心，保障日常交易活动。其中，农产品安全监测中心依托农业农村局建立，农业农村局检测中心定时定点去食用菌种植基地取样，进行统一的质量监测，完善产地抽检制度。此外，平泉市的食用菌生产基地都经过认定，并可实现安全追溯。

市场建立物流配送、生活服务、保安服务、停车及装卸服务、人才培训、电子商务、导购咨询七大服务系统（表9-9），致力于将项目打造成中国北方最大的专业食用菌交易市场，为所有入驻商户提供"一站式"服务。由于受到整个平泉食用菌市场发展阶段的限制，农户、经销商或供应商真正掌握食用菌市场信息的数量相对较少。中国北方食用菌交易市场从劳动力、信息、技术、资金等人力、物力、财力三方面重新对食用菌行业进行资源配置，通过信息服务系统提供专业的食用菌信息资讯，提供食用菌相关的政策法规、扶持政策、市场及行业动态，反映和反馈市场价格信号，将逐步形成中国食用菌行业的产业信息平台。

表 9-9　中国北方食用菌交易市场七大服务系统

服务系统	服务内容
物流配送系统	"一站式"采购模式，解决货物运输模式问题
停车及装卸服务系统	充足的停车位，专业人员装卸货物，提高货物流通速度
电子商务服务系统	建立网络信息平台，实现网上订单交易、信息发布等，信息公开透明，加快信息流通
人才培训服务系统	培育、发掘食用菌研究、技术人员及相关服务人员，为市场内外客商提供人力资源服务
导购咨询服务系统	市场服务部提供细致的导购以及咨询服务
生活服务系统	餐饮、酒店、公寓等商业配套，满足基本吃、住、休闲等生活需求
保安服务系统	稳定市场治安，维持市场秩序，解决存放货物的后顾之忧

资料来源：调研内容整理所得。

市场的投资建设，将使整个交易市场形成一条包括菌包供应、育种供应与服务、干鲜品供应、初加工、深加工、经销贸易、物流仓储等的完整产业链条，优化配置资源，将形成规模化、品牌化的订货和销售窗口，扩大平泉食用菌产品的销路和规模，改变物质供应商和客商的采购方式，从而促进平泉食用菌产业结构升级，向高端化、品牌化发展。

(四) 市场商户管理和服务

市场盈利来源是商铺和仓库的租金。市场引进银行等金融机构帮助商户解决资金周转困难，政府相关部门帮助协调金融贷款相关事宜。市场在水、暖、电、安全保卫等各个方面为商户提供全面的服务。

(五) 市场未来发展规划

中国北方食用菌交易市场未来的发展重点有以下几方面：一是逐渐向电子化交易和电商平台方向发展。二是重点完善产业园食用菌指数大数据项目，健全市场价格等信息公开制度。三是抓好精深加工，延长产业链，不断提高产品附加值。中国北方食用菌交易市场积极响应平泉市政府开展食用菌深加工业务的号召，市场内的食用菌加工基地投入生产后可有效解决食用菌集中上市的问题，消化一部分产品，增加产品附加值。四是做好品牌创建，将平泉食用菌品牌多角度宣传出去，提升品牌影响力和知名度。

第三节　河北食用菌经纪人队伍发展现状

一、河北食用菌经纪人队伍

(一) 农产品经纪人

改革开放后，农村经济逐渐发展，一大批具有专业性质的农产品基地逐渐形成。"行贩"在市场上变得更加活跃，而后逐步衍生为"农产品经纪人"这一职业。2003 年，农产品经纪人被正式列入《中华人民共和国职业分类大典》，泛指从事农产品收购、储运、销售以及代理农产品销售、农业生产经营信息传递、农业销售服务等中介活动而获取佣金或利润的人员。经纪人作为商品买卖交易的中间人和市场信息的收集者、传播者，在发达的商品贸易中起着十分重要的作用。

根据我国实行的行业准入制度要求，为规范全国各地大量存在的农产品流通领域的各种中介行为，国家劳动和社会保障部制定了农产品经纪人职业资格制度，所有在农村从事农产品经营中介活动的人员都需要经过培训取得农产品经纪人职业资格证书，持证上岗。如今，农产品经纪人已成为激活农产品流通最重要的中介力量，是促进河北农业市场化和现代化、推动农村经济发展不可或缺的新型农业经营主体。

（二）食用菌经纪人

食用菌经纪人是指专门从事食用菌产品收购、储运、销售以及销售代理、信息传递、服务等中介活动而获取佣金或利润的经纪组织和个人。以前被称为"二道贩子"的食用菌经纪人在菇农和市场之间，扮演着重要的桥梁角色。食用菌经纪人通过汇集食用菌物资，能够进一步提高食用菌产业的生产经营水平，搞活食用菌产品的营销环节，及时理顺产销关系，促进地区食用菌产业健康发展，搭建起适合地区食用菌产业发展模式的稳固产销体系，为食用菌产业持续发展提供保障。

同时，食用菌经纪人队伍是食用菌批发市场中非常重要的流通主体，是食用菌流通体系中最重要的人力资本和社会资本。食用菌经纪人可以把本地的食用菌资源推向市场，把市场需求和本地生产紧密连接起来，在本地形成强大的商品优势，使资源优势能快速转化为市场优势。河北农产品批发市场重视农产品经纪人队伍的建设，部分市场专门成立了经纪人协会，采取多种形式加强经纪人培训。

（三）河北食用菌经纪人队伍的作用

1. 连接买卖双方的桥梁　食用菌经纪人的经纪业务关键是为食用菌卖家寻找买家，为买家寻找卖家，也就是说，根据经纪人的出谋划策和联系，促使食用菌供需之间的交易。正是有了食用菌经纪人这座桥梁，多数农户所种植的食用菌才能顺利地走向市场，得到较好的收益。

2. 促进食用菌生产和销售　河北食用菌经纪人在河北食用菌产业结构调整中起到了"助推器"的作用。改革开放 30 年来，农产品逐渐由凭票限量供应的短缺经济转变为相对过剩的买方市场。食用菌市场也不例外，河北食用菌产业规模不断扩大，菇农丰产不丰收迫使这些产品急需进入市场，客观要求有一支食用菌的销售队伍。食用菌经纪人是市场信息的"百事通"，将市场信息传递给菇农，菇农种植以市场需求为导向。许多食用菌经纪人在引进新品种、新技术后，自己试种，摸索经验后再推广。在这个转变过程中，联系买卖双方的食用菌经纪人，发挥了农业结构调整的"助推器"的作用。

3. 完善农村市场服务体系　农村市场体系主要包括农产品交易市场、信息市场、农业技术服务市场、生产资料市场，经纪人频繁出现在这些领域，有效地将农户和这些市场相衔接，推动和完善了农村市场服务体系。在河北食用菌的整个交易过程中，菇农因缺乏对整个市场的把控，处于劣势地位，没有谈判的条件，而食用菌经纪人可以在交易过程中代替菇农快速收集各种信息，从整体上把握市场信息的变化，及时预测市场需求、价格信息等，帮助菇农避免农业生产中的决策错误，降低交易中的不确定性，避免交易损失。

4. 促进农村市场现代化　食用菌经纪人在很大程度上改变了菇农传统的生产思维模式，让农民真正懂得什么是市场以及怎样去适应市场，在市场经济下该如何考虑生产、如何从事生产，潜移默化中促进了菇农素质的提高。同时河北食用菌经纪人队伍的兴起，也成为农村剩余劳动力实行内部转移的一个重要途径，实现了买卖双方的互利共赢，推动了河北食用菌产业的发展。

二、河北食用菌经纪人队伍现状

（一）河北食用菌经纪人的类型

河北是食用菌种植大省，每年食用菌出菇的季节，吸引全国各地的食用菌经纪人前来收购食用菌。实地调研发现，河北食用菌经纪人队伍中，不仅有食用菌产地的本地人，还包括河北其他市区的各类经销商和其他省市专门做食用菌批发交易的交易商，他们可能是食用菌代购者，可能是食用菌批发商、农民合作社、流通企业，也可能是食用菌加工商。他们在河北食用菌流通过程中都发挥着重要的作用，有效地缩短了食用菌进入市场的周期，提高了河北食用菌的流通效率。以承德市为例，承德市食用菌产量全河北第一，承德市通过大力发展食用菌经纪人队伍，充分发挥经纪人上联企业、市场，下联农户的中介作用，促进其食用菌产业的快速健康发展，产品远销美国、欧洲、东南亚等国家和地区。

根据是否存在食用菌物质所有权转移，可以把食用菌经纪人细分为农村经纪人和城市经纪人。其中，农村经纪人是主要活跃在农产品产地，通过联系产地农户促成他人（外地批发商或者销地零售商）交易而从事食用菌购销中介服务的农民，他们一般赚取一定比例的佣金。城市经纪人则是负责把产地农户的食用菌运到城市，销售给二级批发商、零售商甚至消费者。与农村经纪人相比，城市经纪人参与农产品采购和运输，实现了农产品所有权转移，其利润是农产品采购和销售的差额利润。城市经纪人为了获得更好的货源，获得更多的利润，到全国各食用菌主产地寻找货源。食用菌种植受气候影响大，南北方出菇时间有差异，食用菌经纪人像"候鸟"一样奔走在不同地区的田间地头。

（二）河北食用菌经纪人队伍规模

1. 河北食用菌经纪人整体发展情况　河北食用菌经纪人发展趋于稳定，2015—2019 年的时间内，河北食用菌经纪人队伍的规模出现了两个高峰，分别是 2015 年和 2018 年，2015 年河北食用菌经纪人队伍共有 4 568 名经纪人，2018 年共有 4 420 名经纪人，2015 年食用菌经纪人的数量略高于 2018 年，但基本持平。2016 年是这五年河北食用菌经纪人最少的一年，据不完全统计有 3 428 人。从图 9-3 中可以看出，河北食用菌经纪人的数量变化逐渐趋于平稳。2015 年达到这五年最高值后，在 2016 年骤降至这五年的最低值，降幅将近 25%；之后便缓慢平稳上升，2018 年达到这五年的第二个高峰值，2019 年河北食用菌经纪人的规模虽有所下降，但仅下降了 7.6%。这表明，河北食用菌经纪人队伍的规模变化趋于稳定，从预测趋势线也可以看出河北食用菌经纪人的数量变化幅度较小，但存在下降趋势（图 9-3）。

2. 河北各市食用菌经纪人发展情况　各市食用菌经纪人规模与食用菌产业发展水平密切相关。承德市、唐山市、邯郸市、石家庄市、邢台市和保定市是河北食用菌的主产区，且承德市的食用菌栽培面积、产量和产值远超其他几个主产地。同样，除石家庄市、邢台市外，承德市、唐山市、邯郸市、保定市的食用菌经纪人的规模也较大，其中承德市食用菌经纪人的规模远大于其他地级市（表9-10）。

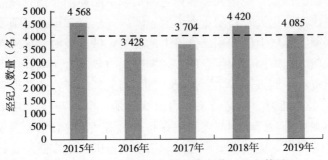

图9-3　2015—2019年河北食用菌经纪人数量

数据来源：河北省农业环境保护监测站。

表9-10　2015—2019年河北食用菌经纪人数量

地区	2015年	2016年	2017年	2018年	2019年
承德市	2 243	695	1 294	2 179	2 179
邯郸市	768	832	791	639	712
邢台市	92	58	58	49	42
保定市	458	499	326	318	—
石家庄市	9	87	42	31	36
唐山市	767	1 137	1 067	1 082	1 071
张家口市	17	12	20	19	18
秦皇岛市	61	—	12	3	3
衡水市	67	72	63	84	10
沧州市	74	25	19	3	2
廊坊市	12	11	12	13	12
河北省	4 568	3 428以上	3 704	4 420	4 085以上

数据来源：河北省农业环境保护监测站。

（三）河北食用菌经纪人的从业知识与技能

作为一名食用菌经纪人，要在市场中生存，更好地服务于农村经济的发展，仅靠自己积累的经验并不够，还应该掌握一定的知识，具备一定的从业素养。

1. 食用菌产品的相关知识　随着河北食用菌产业的不断发展，食用菌的栽培品种不断多元化发展。而且随着市场经济的发展，食用菌产品细分化的趋势愈加明显。从一定的意义上来说，食用菌经纪人应该是食用菌领域的专业人士，不仅熟知食用菌市场行情和各地区的品种分布情况，还掌握一定的操作技能，一个合格的食用菌经纪人都会掌握品种类别、等级鉴定等技能，对怎样去包装、储藏、运输才可以保证食用菌的质量等相关内容也能做到心中有数。食用菌经纪人只有掌握这些食用菌的相关知识，才能使自己的经纪工作顺利进行。

2. 经营管理能力　食用菌经纪人虽然是为食用菌生产者提供中介服务，但整个经纪活动中蕴涵着丰富的经营管理思想。经纪活动不是简单地联系食用菌供需双方，而是一系列的经营活动。在这些经营活动中，需要经纪人了解市场需求，掌握食用菌的采购、销售的若干方法；能根据实际情况对食用菌发展趋势作出合理的判断与预测；对食用菌成本做出正确的核算。

3. 捕捉信息能力　在信息社会，掌握信息是非常重要的。对于食用菌经纪人，进行经营的资本就是可靠的信息，经纪人和客户之间实际上交换的是信息商品和咨询服务。信息的价值和质量是决定经纪人收益的重要因素。所以，信息知识是必须要掌握的内容。食用菌有时间上的限制、地域上的差别、价格上的多变，做到及时、准确地了解各方面的信息尤为重要。而能熟练地运用获取信息的工具同样很重要。食用菌经纪人一般通过接触各种媒体、查阅文献资料、调查了解实际情况、咨询相关部门等方式获取有用的信息。

4. 良好的社交公关能力　社交公关能力反映的是一个人与社会融和、与他人交往沟通的能力，可以体现自身与公众利益之间建立起来的相互了解和信赖关系的能力。食用菌经纪人是买卖双方的纽带，连接着城乡之间，活动的范围比较广泛，良好的社交能力可以充当经纪活动的润滑剂，调整经纪人与他人之间的各种关系。一定的公关手段，可以让经纪人快速开展工作，灵活应对各种局面。

三、河北食用菌经纪人面临的机遇与挑战

（一）机遇

1. 拥抱互联网　互联网浪潮的裹挟下，在这个信息爆炸时代，经纪人的身份逐渐被弱化，市场的触角所延伸的地方，网上都能查到相关价格，经纪人的角色已实现低门槛、大众化和去专业化，似乎只要会用手机，招来客户就都可以称为农产品经纪人。正因如此，食用菌经纪人行业面临重新洗牌的危机。对于真正懂市场、懂行情的优质经纪人，需要借助互联网的力量，发挥经纪人真正的实力。有的经纪人已尝试涉足网上销售、配送销售等新兴销售模式，拓宽销售区域和销售渠道。

2. 推动农产品标准化的发展　食用菌经纪人这个职业发展到后期就会像股票经纪人一样，伴随着客户信任度的增长，会演变成为职业经理人，全产业链介入，对农产品从种植到销售整体操盘，解决卖哪里、卖多少、怎么卖的问题，从而真正帮助货主实现食用菌产品的商业化、食用菌交易的标准化。

（二）挑战

1. 电商平台快速发展　电商带来了丰富的信息流，打通了农产品销售的"最后一公里"，解决了农产品滞销的难题，让农产品以最短的时间变现，完美地平衡了农产品的供销关系，带动农业发展进入快车道。同时，电商的崛起又将市场完全透明化，原本的市场就像"薛定谔的猫"，充满了神秘的投机色彩，而如今，大量的农民可以通过拼多多、抖音、淘宝等平台直连消费者，掀起了产地直买的浪潮。

电商平台给大量产地农民带来了丰富的客源，一定程度上打破了产地和销地信息不对称的局面，冲击了经纪人在产地市场的独特地位。"产地直采才是未来农产品流通的主要趋势""去中间商势在必行"的声音不断响起。

2. 现代化农业蓬勃发展　传统的小、乱、散的种植模式正在被机械化、农场化、集约化的经营模式替代，放眼望去，各地的种地大户都在蓄积力量，悄悄推动市场变化。这群人逐渐成为市场的主体，参与到市场规则的制定中来，市场的博弈规则渐渐从由需求端制定变为由供给侧制定，农户和客商之间不再是经纪人牵线后的"零和博弈"关系，这种越过代办的直接合作往往产生"1+1＞2"的效果。

第四节　河北食用菌市场占有率

一、河北食用菌生产和销售概况

2019 年全国食用菌总产量 3 933.87 万吨（鲜品），比 2018 年 3 789.03 万吨增长了 4%，2019 年产值 3 126.67 亿元，比 2018 年 2 938.78 亿元增长 6%。其中，食用菌产量在 300 万吨以上的 5 个省分别是河南（540.94 万吨）、福建（440.8 万吨）、山东（346.38 万吨）、黑龙江（342.87 万吨）、河北（310.02 万吨）。与此同时，2019 年河北食用菌总产值 232.39 亿元，比 2018 年 228 亿元增长了 1.93%。2019 年河北蔬菜总产量 72 102 万吨，食用菌产量占蔬菜产量的 4.3%。河北食用菌辐射全国 29 个省份，国内主要销往京津冀、上海、广州、江苏、内蒙古等地区，主要出口国家和地区有日本、韩国、美国以及欧洲地区。

二、河北食用菌不同地区供应量

（一）河北食用菌北京市场供应量

河北食用菌北京市场供应量呈连续下降的态势，从 2016 年的 415 229 吨一直下降至 2019 年的 183 470 吨。与此相对应，下降率呈增加趋势，且 2019 年的下降率高达 43%，是 2018 年的 2.87 倍（图 9-4）。

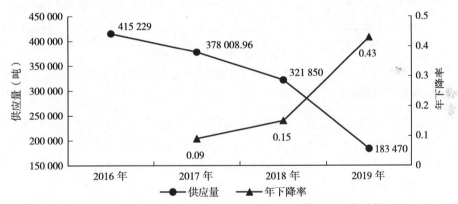

图 9-4　2016—2019 年河北食用菌北京市场供应量变化趋势

数据来源：调研数据整理所得。

河北省承德市对北京市场的供应量最大，远高于其他市，2016—2019 年承德市对北京市场的供应量虽每年都有所下降，但 2019 年承德市对北京市场的食用菌供应量骤然下降，从 2018 年的 229 000 吨下降至 2019 年的 105 400 吨，下降幅度高达 53.97%，直接导致河北食用菌北京市场供应量的整体快速下降。此外，保定市 2019 年下降幅度也比较大（图 9-5）。

（二）河北食用菌天津市场供应量

2016—2019 年，河北食用菌天津市场供应量的变动情况与北京市场供应量相似，总体呈下降趋势。2016 年河北食用菌天津市场供应量为 144 190 吨，2017 年略有上涨，涨幅仅为 2.7%。2018 年和 2019 年河北食用菌天津市场供应量持续下降，2018 年下降幅度较小，但 2019 年的下降幅度攀升至 23.44%，由 141 460 吨下降至 108 299 吨（图 9-6）。

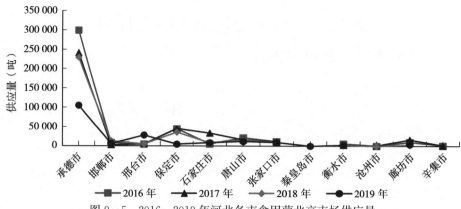

图 9-5 2016—2019 年河北各市食用菌北京市场供应量

数据来源：调研数据整理所得。

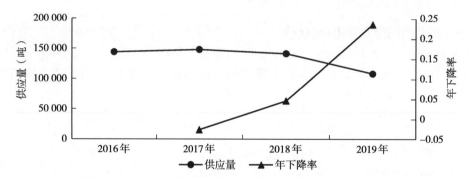

图 9-6 2016—2019 年河北食用菌天津市场供应量变化趋势

数据来源：调研数据整理所得。

河北对天津市场供应食用菌最多的也是承德市，承德市是河北最大的食用菌产区，远高于其他各市。2016—2018 年承德市对天津市场的供应量也呈下降趋势，但相对于北京来说下降趋势不明显，2019 年承德市对天津市场的食用菌供应量下降幅度最大，从 2018 年的 123 500 吨下降至 2019 年的 88 600 吨，下降幅度为 28.26%（图 9-7）。

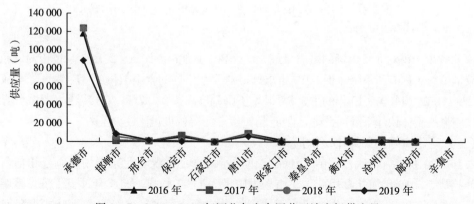

图 9-7 2016—2019 年河北各市食用菌天津市场供应量

数据来源：调研数据整理所得。

（三）河北食用菌其他市场的供应量

河北最大食用菌生产地是承德市，2019 年承德市食用菌总产量 120.54 万吨，占河北总产量的 50.48%。随着食用菌产业的发展，批发市场和流通企业也随之建立起来。其中，位于承德市平泉市的中国北方食用菌交易市场，是河北最大的食用菌专业批发市场，除本地商户外，市场内还有大批南方商户聚集于此进行食用菌流通，依靠食用菌产地优势，每年的收获期有大批量的食用菌从市场流转到全国各地。流通企业也是主要的流通参与者，流通企业通过收购分散农户的食用菌，加上企业自身的种植基地，使分散的食用菌集中起来统一流通，流通范围也比较广泛，可以辐射全国 29 个省份，还有将近三成的交易量出口到日韩、美国以及欧洲地区。

第五节　河北食用菌消费市场

食用菌味道鲜美，兼具荤素之长，具有高蛋白、高维生素、高矿物质、高膳食纤维，以及低糖、低脂肪、低热量的"四高三低"营养特点，是"一荤、一素、一菇"健康膳食的三大基石之一。食用菌中含有的生物活性物质如高分子多糖、β-葡萄糖和 RNA 复合体、天然有机锗等对人体健康具有重要的利用价值。近年来，菌类多糖又被临床研究证实在抗瘤、降血脂、护肝排毒等方面发挥着重要的生物活性，因此食用菌不仅能满足人们对食物的需求，而且营养均衡、药食同源，是未来食品消费升级的重要方向。

一、河北食用菌消费市场现状

（一）食用菌消费商品日趋多样化

随着河北城乡居民收入水平的不断提高，食用菌作为一种健康食品日益受到消费者的重视，消费者对食用菌产品的消费越来越多样化。河北食用菌消费的多样化主要体现在品种多样化和商品多样化上。

1. 食用菌消费品种多样化　随着食用菌产业的发展、人们生活水平的提高和"一荤一素一菇"最佳膳食结构的提出，食用菌在人们膳食生活中的地位不断提高，越来越受青睐。随着食用菌品种的多元化发展，河北消费者日常选购的菌种也逐渐多样化。过去，人们选择的食用菌品种基本只有常见的平菇、香菇、黑木耳、银耳，在很多农村地区，物质生活水平较低，只会在过年过节的时候才会吃蘑菇，没有食用菌日常消费的相关意识。随着食用菌产业的不断发展，菜市场和超市内的食用菌种类越来越丰富，金针菇、杏鲍菇、海鲜菇、蟹味菇等食用菌在人们日常饮食中越来越常见，烹饪方式也不再局限于以前单一的食用方法，烹炒、煲汤、火锅等在各大餐饮店和路边摊都随处可见。

2. 食用菌商品形式多样化　过去河北城乡消费者对食用菌购买集中在食用菌鲜品和干品上，鲜的平菇、干的榛蘑、木耳在农贸市场上销量比较大。现在，随着食用菌产业的不断发展、加工技术的不断进步，越来越多的食用菌深加工产品逐渐上市，如蘑菇酱已经是日常饮食中非常受消费者喜爱的佐餐食品，香菇脆等食用菌风味零食已经是人们在闲暇之余都会品尝的休闲食品，"猴菇"饼干不仅是人们日常的零食，还是逢年过节走亲访友的礼品，还有食用菌保健品等在春节期间销售旺盛。在一些超市，以食用菌为主题的精品包装礼品盒被摆放在显著位置，成为消费者访亲会友的馈赠礼品。

（二）更加注重食用菌品质

如今随着生活水平提高，河北城乡居民的消费理念发生了很大的变化，尤其城镇居民在消费食用菌鲜品时更加注重品种、品质、品牌的选择。人们更加注重食用菌产品的品质保障，有品牌、有包装的有机、绿色产品被更多消费者接受，且具有原产地标识的食用菌更受消费者青睐，这些食用菌源源不断地送到老百姓的餐桌上。目前，市场上可以看到的食用菌品种有30多种，除了常见的香菇、木耳、平菇、金针菇、杏鲍菇等外，像北虫草、灵芝、黑皮鸡枞、牛肝菌、羊肚菌、竹荪等珍稀食药用菌在大型超市都有售卖，而这些菇类市场价格相较普通食用菌高出不少，但消费者的购买热情却丝毫不减，可见随着消费升级，越来越多的珍稀菇类成为消费热点。

（三）食用菌消费方式多元化

随着电子商务快速发展，河北城乡居民的购买方式逐渐多元化。过去，大家买食用菌大都去集贸市场现场采购，费时也费力。而如今，网上购物成为现代人的一种消费习惯，一些食用菌企业也开始在线上开店，通过线上线下的经销渠道，增加销售量。网上购买食用菌也成为消费时尚，动动鼠标，网上来自天南海北的菌菇产品很轻松就送到家，让大家足不出户就享受到美味食用菌。这种购物方式的转变，使得我们的生活更加便捷。

二、河北食用菌的需求特性

（一）食用菌的需求具有不稳定性

随着河北城乡居民收入水平的不断提高，食用菌越来越成为居民餐桌上的必需品，但相较于米、面、粮、油等这类农产品而言，其需求受价格波动的影响程度较大。食用菌与其他生鲜果蔬一样，消费者对于食用菌的需要弹性一般大于1，河北消费者对食用菌的消费量呈现一定的波动性。

人们对于食用菌的消费季节性波动明显。以金针菇为例，从年度数据来看，其平均售价一般在每年第二季度处于全年的谷底，从二季度到三季度初开始震荡上行，于第四季度达到全年售价的高点。这是因为第二季度由于天气较热，火锅等餐饮消费较少，是金针菇的销售淡季，入秋后天气逐渐凉爽，金针菇的消费量也开始上涨。

（二）生鲜食用菌的需求与其品质有较大的相关性

生鲜消费品的品质既包括食品安全方面的属性，又包含质量方面的属性。消费者在选购生鲜农产品时首先希望自己买到的是安全的，其次希望食用菌在口味、营养等方面达到一定的要求。当前，河北城乡消费者对食品安全问题十分关心。因此从食用菌生产阶段的安全到加工运输阶段的安全性，再到最终的销售过程如产品是否经过合格检验或者是否经过认定等，消费者都非常关心。每一个种植加工、流通环节出现问题都会引起食用菌质量下降，造成需求量的减少。同时，消费者追求食用菌口味、营养等品质。首先要确定的就是食用菌的鲜活性，消费者食用到鲜活的食用菌会得到更大的心理满足，这种满足感与产品从种植户到达消费者的总时间呈负相关。食用菌作为一种农产品本身就具有易腐性，食用菌实体具有较高的营养成分，而且主要成分中90%为水，存在形式为游离水、胶体结合水以及化合水，较高的营养成分与含水量为各种细菌提供了良好的生存条件，使得食用菌产品在缺乏特殊保管措施的情况下，非常容易腐败变质。

三、河北食用菌消费趋势分析

食用菌产量的提高和品种的丰富，使得食用菌产品的价格变得亲民，由以前的高端消费转变为了大众消费。餐饮业快速发展直接推动产品需求，餐饮业逐渐成为拉动消费的重要产业。专家预测我国食用菌消费年均增速可达 10％，食用菌作为餐饮业不可或缺的一部分，餐饮业的发展也必将带动食用菌的需求。同时以食用菌为主体的素食餐厅遍地开花，刺激了食用菌的消费。18～35 岁的新生代消费者成为消费市场主导力量，他们的消费能力将以年均 14％的增长速度持续增长，是 35 岁以上消费者消费能力的两倍，对消费增量的贡献达到 65％。

随着外界环境、消费者收入和消费偏好的不断变化，消费者对食用菌有了新的需求。随着基础设施的改善和我国物流体系的完善，地域之间的运输时间在不断缩减，有力地促进了不同地区之间的交流和市场融合，加上电子商务的迅速发展和广泛应用，使得消费者选择食用菌等农产品得到了极大的扩展，逐渐改变了消费者食用菌产品消费的趋势。

（一）食用菌需求朝着营养、优质、安全方向发展

食品品质与安全是生鲜农产品需求的重点，对于食用菌也不例外。并且，随着人们对于食用菌健康保健功能的了解和对于食用菌中有效成分研究的深入，食用菌日益广泛地应用于药品和保健品生产。食用菌深加工技术的发展延伸了食用菌的产业链，增加了食用菌生产的附加值，为食用菌生产企业提供了更大的业务发展空间及潜在市场规模，同时也通过产品多样性的增加优化了食用菌消费需求。因此，食用菌经营主体应致力于食用菌产品的质量提升，通过引入国外先进技术设备或进行自主研发，加强产品技术创新，并为食用菌各环节制定科学完善的质量标准。

（二）食用菌产品需求的绿色、天然、健康新趋势

随着全球绿色有机革命的深入，消费者越来越重视食品健康和绿色消费需求。返璞归真、绿色天然、健康的绿色食品、有机食品更加受到消费者的青睐。研究机构尼尔森2015 年发布的《全球健康饮食报告》显示，我国消费者越来越关注食品的安全性，并愿意对安全性更高的食品支付更高的价格。同时报告中的消费者调查结果表明，消费者较为关注无人工色素、非转基因、无人工味素、纯天然和有机等几类食品属性，大约 3/4 的中国受访者非常愿意或一定程度上愿意溢价购买具备健康属性的食品品类。食用菌营养价值高，成为消费者的新宠，绿色、有机、无公害以及地理标志农产品越来越成为消费者的首选。强化河北食用菌的品牌效益已成为一种趋势，品牌可以在一定程度上反映产品的质量。

（三）消费者追求多样化的食用菌产品

随着食用菌产业的发展和居民生活水平的提高，消费者对食用菌的需求不局限于干品和鲜品，食用菌调味品、保健品、风味休闲食品的市场不断扩大。此外，城乡居民尤其是城市居民的生活节奏越来越快，休息时间较少，超市内销售的净菜广受消费者欢迎，每份净菜包内配料齐全，方便烹饪，给工作繁忙的人们提供了极大的便利，还可以品尝到有营养的餐食。因此，加大食用菌加工产品的研发力度也是当务之急，尤其侧重于食用菌产品

的营养保健功能，提高产品附加值，满足消费者的不同需求，推动食用菌产业深入发展。

食用菌产品的多样化不仅体现在产品形式的多样化上，还体现在食用菌产品的包装上。消费者不仅对食用菌产品的需求逐渐多样化，而且对新颖、有趣的食用菌包装越来越感兴趣。包装容易形成消费者看到食用菌产品后的第一印象，第一印象往往会先入为主，使第一眼看到的信息在消费者的脑海中发挥主导作用，对消费者的消费判断产生较大的影响。食用菌是公认的健康食物，"绿色、健康、营养"是它的代名词，但目前大多数食用菌产品的包装与其他蔬菜并没有什么不同，没有突出其本身的特色。食用菌包装在设计的时候，首先要突出菌类产品的新鲜特征，让消费者通过包装可以直观地感受到此产品的新鲜度与较好的口感，这是激发消费者购买的首要因素。在食用菌产品的包装上注入文化内涵，也是激发消费者购买欲望的重要因素。在食用菌产品包装上注入文化内涵和文化背景，为食用菌产品增添品牌特色，使食用菌产品的形象深入人心，可以更好地提高食用菌产品在市场上的认知度。

四、河北食用菌扩大市场供应的建议

（一）重视优质种源开发

种源是食用菌产业发展的核心，目前河北很多食用菌品种都是引进国外的，成本较高。河北应加大力度建设科研团队，加强科技研发工作，以本土品种为基础，提升其产量和质量，培育国人喜闻乐见的食用菌品种，并使其适应工业化的生产。优质的产品是创建优质品牌的基础，河北更应立足于现有食用菌资源和研发的新品种，把食用菌品牌作为推动食用菌产业高质量发展的重要抓手。以国内大循环为主，国内国际双循环相互促进，加大宣传力度，积极拓展消费市场和发现新兴市场，突出"丰富、安全、绿色、优质"产品特色，培育一批影响力大、竞争力强、带动明显的农产品"河北食用菌品牌"。

（二）创新全产业链发展

目前，河北食用菌产业的多数企业主要以种植为主，处在食用菌产业发展的初级阶段，食用菌深加工、精加工非常缺乏，完善全产业链发展是中国食用菌产业实现突破性发展的关键。首先，引导食用菌产品向食品加工方向发展。随着生活水平的不断提高、城乡居民尤其是城市居民健康意识的不断增长，健康食品越来越受欢迎。要将食用菌加工食品以主食、副食、零食等不同的身份，带入人们的日常生活中，让更多的消费者认识到食用菌食品。其次，很多食用菌在预防和治疗疾病方面都有很大的作用。例如，除了我们所熟知的灵芝、虫草，香菇也是一种常见的抗癌食品，将食用菌多糖提纯出来，其利润比食品加工高几百倍，但河北乃至全国这方面的技术还很落后，需要加强技术研发和改进。

河北食用菌流通

第一节　河北食用菌流通渠道

河北食用菌产业发展迅速，栽培面积和产出水平在近些年表现出稳定增长趋势，食用菌在河北的地域发展趋势十分明朗。在河北农业农村战略性调整中，食用菌产业充分展现了其低投入、高效益、周期短、见效快的产业优势，不仅经济效益较高，而且是资源节约型生态环保产业。作为劳动密集型产业，在河北的产业扶贫中发挥了重要作用，使许多贫困地区通过劳动走上了致富的道路。但目前河北食用菌产业在快速发展过程中也存在诸多问题，河北食用菌的生产仍以小农户为主，分散的"小种植"格局难以形成"大流通"，导致食用菌产品流通不畅，从而导致信息不通畅，影响食用菌产业的再生产，进而影响菇农的经济利益。

食用菌产业的健康发展离不开市场流通体系的建设。在现代经济的发展中，任何不遵循市场规律，离开市场或者不按照市场导向寻求产业发展的做法都是目光短浅的传统思维模式行为。农产品流通是促成农产品交易成功的重要环节，是构成农产品扩大再生产的重要一环。虽然河北已经建立起一些专业的食用菌交易市场，但由于地域限制，仍存在"买卖两难"的现象，河北食用菌流通环节是制约河北食用菌产业持续发展的薄弱环节，长此以往，对生产主体和消费者的切身利益都会产生影响。本章以食用菌的流通渠道为着眼点，对食用菌的销售渠道进行归纳、分析，讨论河北食用菌流通渠道的管理问题。

一、河北食用菌流通渠道及特征

经过多年的发展，河北食用菌已经形成了以批发市场为龙头，以农贸市场为基础，以超市对接为补充，电子商务线上线下相结合的多元流通渠道，食用菌流通体系逐步完善。其中，市场中介、经营商户、食用菌加工者和物流服务商是食用菌流通市场的主要参与者，现货仍然是传统交易形式，流通商品以食用菌鲜品和初级加工品为主。

（一）以农产品批发市场为核心的食用菌流通渠道

农产品批发市场在河北农产品流通中占据了主要地位，以批发市场为核心的农产品流通渠道一般分为两种：一是农户种植的食用菌大部分被经纪人、种植基地或者农民专业合作社等进行统一收购，经由一级或多级农产品批发市场流通，流向农贸市场、个体零售商或超市等零售环节，最终到消费者手中；二是工厂化的食用菌生产企业直接与批发市场的商户联系，将大批量的食用菌运往批发市场进行批发销售。

　　河北食用菌主要流向产地批发市场和集散地批发市场、销地批发市场，并且这三者大多属于综合类批发市场，如石家庄桥西批发市场、唐山金玉农产品综合交易中心等，还有一部分果蔬类专业批发市场，如宁晋县绿源蔬菜果品批发市场、乐亭冀东果菜批发市场。随着食用菌种植规模化、产业化的发展，在食用菌主产地形成了食用菌专业批发市场。例如，北方最大的食用菌生产基地河北省承德市平泉市，在食用菌产业不断壮大的过程中形成了中国北方食用菌交易市场。作为北方最具规模的食用菌交易市场，不仅为食用菌的储存和交易提供了场所，也促进了全市香菇的进一步发展和流通，平泉还将依托产业优势，着力打造成北方乃至全国的食用菌集散中心。

　　以批发市场为核心的食用菌流通渠道，是我国农产品流通的主要渠道，在河北食用菌的流通过程中也发挥着重要作用。批发市场具有强大的集散功能，以批发市场为核心的流通渠道可以将各级农产品集中在市场，便于输送给不同购买层次的消费者。农产品批发市场的快速发展，将河北食用菌的小种植户与大市场连接起来，为农民带来了可观的收益，作为扶贫产业也给农业、农村带来了巨大的收益。通过合作社或者经纪人收购小农户种植的食用菌，在一定程度上减少了农民自身所需要承担的销售风险，但同时也削减了农户的议价权。此渠道将批发市场作为核心企业及联结流通各环节的纽带。当前的很多农产品批发市场运营商通过不断拓展服务功能来进一步强化这种流通模式的科学性和合理性，这些功能包括批发交易、冷藏冷冻、仓储保管、流通加工、分货拣选、包装配送等，更深层次的则是将这些功能整合，建立综合的现代鲜活农产品流通服务体系，批发市场联结各个利益相关者，实施系统管理，建立利益共享、风险共担的运行机制。随着工厂化的不断发展，越来越多的批发市场商户更倾向与工厂化企业通过订单式交易合作，可以更稳定地保证全年的供货量。市场中的商户也有一部分从事食用菌经纪人的职业，自己去食用菌产地收购农民菇，进行简单的初加工后再销售。

（二）以农贸市场为核心的食用菌流通渠道

　　农贸市场是农副产品生产者与消费者双方直接进行买卖活动的场所，是以零售经营为主的固定场所。农贸市场作为最传统、最常见、最普通的流通渠道，多为本地市场，在保障周边居民日常生活所需的生鲜农产品中发挥着重要的作用，尤其在城镇和市郊等区域中占据着重要地位。

　　在食用菌产地的农贸市场，除了从批发市场流通过来的食用菌外，还有很多菇农自产自销。菇农自产自销的食用菌大多数没有经过任何的初级加工，甚至没有进行标准分级，菇农通过自身经验按照食用菌的个头、成色"分堆"销售。对于菇农来说，自产自销没有任何的中间环节，卖多少就是挣多少，但往往总体利润没有其他经过包装的销售渠道利润可观。在菇农种植规模不断扩大的背景下，大部分食用菌会被统一收购、统一运销，留下来的一小部分，菇农会到农贸市场自行销售，这些往往品质较差。

　　该渠道模式有容纳性强、规模适中、便民等优势，但存在着环节多、中间成本高、时间长、保鲜难度大、食品安全难保证、生产环节薄利而零售环节价格过高等"痛点"问题。随着人们生活水平的提高和生活方式、生活习惯的改变，农贸市场的地位逐渐下降，此类食用菌销售渠道亟待转型升级。从长远来看，农贸市场的转型升级是不可避免的，如国外一些升级版的菜市场吸引了大家的目光，尤其吸引了年轻群体的注意。这种菜市场干净整洁、性价比高，安全卫生、菜品丰富，在市场不仅可以买菜，还能边吃边逛，是升级版的农贸市场。

（三）以连锁超市、大卖场为核心的食用菌流通渠道

我国的超市行业从 1995 年开始便呈快速发展之势，伴随超市的发展，人们的销售方式也发生了巨大的变化。连锁超市和大型商超作为一种新型的销售业态，近几年在涉足农产品销售领域后快速发展，成为人们日常购买果蔬的常见场所之一。强大的客流量对于保鲜时间较短的农产品来说，具有很大的销售优势。摆在超市里的果蔬比堆放在以往环境较差的菜市场中，更让消费者有购买欲。食用菌营养丰富，味道鲜美，具有高蛋白、低脂肪、低热量、低盐分的特点，是富含人体必需的氨基酸、矿物质、维生素和多糖等营养成分及生物活性成分的健康食品，在各大超市成为热销品。一般情况下，超市中销售的食用菌都是人们日常生活中经常食用的品种，如香菇、平菇、杏鲍菇、金针菇、蟹味菇、海鲜菇等。品质较好的食用菌还会出现在各大超市的高端蔬菜区内。相比品质一般的食用菌，放在高端区销售的食用菌都带有包装，还会有不同种类食用菌的拼盘，并且产品信息上明显地标注出品牌、产地和保鲜期。

在以连锁超市和大卖场为核心的食用菌流通渠道中，作为零售终端的超市一般通过流通中介来与货源对接。菇农种植的食用菌通过经纪人、种植基地、合作社等中间人和各类专业组织进行统一收购，连锁超市直接与合作社合作，对食用菌货品进行"直采"，去除了部分产地或销地批发市场，缩短了流通环节，在某种程度上减少了流通成本，提高了流通效率。对于菇农来说，通过与中介组织签订食用菌购销协议，农户在生产过程中把订单量纳入考虑范围，可以合理有效地确定种植规模，规避农产品市场供求波动、价格波动等不可预测因素给农户造成的收益风险，使自己的经济收入比较稳定。对于超市来说，避开层层批发市场，与农产品生产端实现连接，减少很多环节，避免更多中介进入，既可在一定程度上保证农产品的质量和安全，又可降低流通成本，提高流通的效率与双方的经济收益。

（四）以电子商务为核心的食用菌流通渠道

随着科技和时代的不断进步，互联网渗透在人们生活的各个方面，改变着人类的生产、生活方式，也催生了新的经济模式。农产品电子商务也以迅雷不及掩耳之势的速度发展起来，通过虚拟信息的传递，使生产者和消费者之间的距离越来越近。河北食用菌电子商务流通渠道主要通过垂直型电子商务平台和综合型电子商务平台进行。

垂直型食用菌电子商务平台多用于供应链上食用菌企业之间的流通。食用菌生产加工企业、商贸公司或批发市场通过自建基地，或从农户、农业合作社批量采购食用菌，经自有网站、生鲜电商平台、社群团购平台实现线上订单交易，并由自建物流或第三方物流公司冷链配送至农贸市场、连锁超市、生鲜商店等末端企业。垂直型的电子商务平台以平泉市的"中华菇云网"为典型，该平台配备了完善的基础设施，交易摊位 135 间、香菇保鲜库 31 间、野生干品蘑菇库房 57 间，冷库、保鲜库使用面积 1.45 万米^2，可以实现食用菌在全国范围内的流通。这类平台销售的农产品品类比较单一，基本只为食用菌流通做专门服务，消费者也比较稳定。该类平台在基础设施上配备的相关设施如冷库、保鲜库、冷链物流比较完备，自身拥有配送体系可以避免在运输过程中的损耗，降低成本。不仅如此，

该类平台对自己销售的货品也有一定的采购标准。河北垂直型食用菌电子商务平台多数开在食用菌产地，不少平台都有自己的种植基地，在食用菌种植、收购方面，有自己的质量评价体系，并通过对食用菌进行分级、包装后再销售，在一定程度上扩大了利润空间。

在阿里、淘宝、京东、拼多多等综合类的电商平台上，食用菌借助其已有的强大客户量，为自身业务的开展获取了良好的客户资源。以阿里为首的电商在国内发展得较为完善，并已经占据了电子商务市场的 80%，巨大的市场辐射范围，必然产生强烈的影响。在疫情防控期间，各地食用菌流通受到了不同程度的影响，通过综合电商中"主播带货""县长来了"等不同形式的直播活动，给滞销的食用菌带来了新的生机。例如，2020 年 4月，阜平县县长在直播平台推介阜平"老乡菇"，广大网友在直播间刷起了一波波好评，短时间内，收获了近 90 万次的点击量。

与此同时，各类网络平台和新媒体迅速发展，为食用菌营销开辟了新的沃土。新媒体平台凭借其自身所具有的社交性、传播性极强的特点，通过博主视频或者"发文种草"的方式很容易形成天然的广告效应。

二、河北食用菌流通渠道存在的问题

（一）流通渠道组织功能不健全

河北典型的食用菌流通渠道是从菇农开始的，把食用菌卖给产地的批发商，有的还需要经纪人在中间收购，然后再把农产品批发给分销地的批发商，再分销给各类农贸市场、连锁超市等零售商，最终转移到消费者手中，一般至少要经过 4～5 次的流通才能到达消费者手中。当前河北食用菌生产还主要以一家一户式的小规模生产为主，将分散的、小批量的食用菌集中起来流通就需要较多的中间环节。若流通环节中的批发商还承担着经纪人的身份，食用菌的流通环节会适当少一点。另外，已建立的批发市场在基础设施、交易方式、冷链仓储运输等方面还不能满足现代食用菌流通的需要，离现代化的流通渠道还有一定距离，这些在一定程度上增加了食用菌在流通过程中的损耗。

（二）流通过程标准化程度低

产品是渠道流通的主体，高质量、标准化的产品对整个食用菌的流通意义非常重大。河北食用菌在流通过程中，各流通环节没有确立统一的标准。首先，食用菌多是小农户分散种植，加上食用菌是一种非加工产品，外形和内在品质很难统一，难以实现标准化、高质量食用菌的流通。其次，在食用菌流通中，无论线下渠道还是线上电商平台，产品检验、合理包装、冷链仓储、配送等环节发展还不完善，传统低水平的简易商品运输，难以满足当前人们对高品质食用菌的需求。

（三）电商平台发展水平低

因线上流通模式使得交易的主体不会面对面地完成交易，所以在此期间往往会存在诚信、支付、质量等方面的问题。农产品电子商务涉及农业生产、加工、物流、营销及网站建设等多个方面，导致其营销难度较大，政府扶持与监管困难。虽然近年来我国已经出台了一些电子商务相关的政策、法规，但还是很不健全，涉及跨地区、跨部门的政策协调方面仍存在不少问题，导致政出多门，难以落实，尤其是跨境电商面临的问题更多。农产品在网络销售总体中所占的比重还很小，专门从事生鲜农产品电子商务的网站影响力也非常有限，盈利是长期困扰生鲜电商的重要问题。

三、河北食用菌流通渠道发展趋势

（一）强化批发市场和超市在食用菌销售渠道中的作用

农产品批发市场及超市是农产品进入消费市场的最主要的"桥梁"，能有效地将农产品由生产环节向消费环节运输。在河北食用菌营销渠道构建中，应积极发挥农产品批发市场及超市的作用，将超市或批发市场与食用菌生产加工企业进行整合，形成"企业＋超市"或"企业＋批发市场"的渠道模式，使超市与批发市场在市场经营方面的优势与加工企业的生产优势相结合，发挥"1＋1＞2"的效应，实现渠道利益的更大化。

（二）建设以加工企业为核心的食用菌流通渠道

河北食用菌加工能力急需加强，因此在河北食用菌流通渠道构建时应以加工龙头企业建设为重点，将食用菌专业合作社、农产品批发市场、超市纳入营销渠道的整体构建当中，发挥加工企业的串联作用，将食用菌的生产、加工、流通、销售到最终的消费者有效地连接起来，通过构建"公司＋"模式，形成农产品供、产、加、销一体化的经营组织形式，提高流通渠道的经营效率。

（三）提高合作社在食用菌流通中的参与能力

专业合作社在农户权益保障、政策支持性、产业贡献、渠道稳定性等方面具有优势。因此在河北食用菌流通渠道构建中，应根据地区特点及农户的需求引导食用菌专业合作社的建设，将分散的农户家庭式经营纳入合作社的统一经营之中，通过合作社内的资源、信息的共通性与互补性，整合农户间专业化技能、信息和生产设施等关键性资源，获得食用菌产业的集聚效应。另外通过与食用菌生产、加工和流通的龙头企业进行合作，将流通渠道上游的生产、加工环节进行有效的整合。由此，既可以避免合作社在生产加工及市场经营方面的劣势，又可以弥补核心加工企业在农户权益保障、相关资源、政策支持等方面的劣势。

（四）稳步推进食用菌电商发展

生鲜电商受到了国家的高度重视，国家的大力支持及目前的市场环境将推动生鲜电商持续高速发展。O2O模式将成为生鲜电商的主要供应模式，O2O电子商务模式是指将线下的商务机会与互联网结合，让互联网成为线下交易的前台。线上平台为消费者提供消费指南、优惠信息、便利服务（预订、在线支付、地图等）和分享平台，而线下商户则专注于提供服务。河北推进O2O电商模式，可以通过与电商企业合作，依托线下仓储和线下店面的优势，结合电商的互联网技术，实现线上线下相融合，更容易满足用户消费习惯和需求，带来更好的消费体验。

第二节　河北食用菌流通模式

随着河北食用菌产业的发展，其投入低、效益高、周期短的产业优势充分展现出来，在带动农民增收和解决农民就业中发挥了强劲的带动作用，尤其在产业扶贫中见效很快。因此，对河北食用菌流通模式进行归类梳理，分析各自特点，对优化河北食用菌流通模式，提高流通效率和流通效益，突破制约食用菌种植者、食用菌供应链参与者以及食用菌产业进一步发展的瓶颈具有重要的意义。

由于食用菌产业的特殊性质，食用菌在生产环节呈现出集中种植的现象，出现了平泉市、遵化市、阜平县等食用菌主产地，但在消费环节呈现出消费分散的特点，不同地区出产的食用菌所供市场大不相同，在满足京津冀地区和整个北方市场的同时，有大批食用菌流入了南方市场。在河北食用菌流通的过程中，流通主体多样，不同的产地也有各自的地域特色，形成了不同流通模式并存的现状。经过多年发展，河北食用菌流通体系逐步完善，逐渐形成了以农户、批发商、农民专业合作社、农产品加工企业及零售商为主要流通主体，以食用菌鲜品和初级加工产品为主要流通客体，以批发市场、农贸市场和超市为载体，以农产品集散及现货交易、期货交易为基本流通方式的格局。

一、河北食用菌流通模式现状

从河北食用菌流通的现实情况来看，食用菌需要经过众多的中间环节，才能从分散的农户生产者流转到消费者手中。中国农产品的流通渠道长期以来一直是"农户—经纪人/批发商/生产加工企业—批发市场—零售终端—消费者"这种多环节、长链条的流通模式。

（一）自产自销模式

自产自销是一种直接流通模式，主要是指菇农不经过任何中间环节直接销售给消费者的流通模式，这是一种最原始、最简单的农产品流通方式。菇农主要是通过农贸市场或其他直接面向终端消费者的市场来进行农产品销售，该模式中菇农与消费者之间的关系非常松散，大多是一次性交易。食用菌主要由菇农自己运输，主要通过本地县、乡（镇）一级的农产品农贸市场，或者将食用菌运到居民小区，实现与消费者面对面交易。自产自销食用菌流通模式是菇农与消费者双方直接见面进行现货交易，但因营销渠道辐射面小、半径小，菇农往往难以准确把握市场整体的交易信息，无法充分实现调节食用菌供求的功能。这种流通模式实现的条件是菇农与消费者的距离很近，因此主要存在于乡（镇）及城乡结合区域。

"市场＋农户"的自产自销模式有最少的流通环节，小农户在这样的食用菌流通模式中既承担着生产者角色，又承担着流通者角色，可以降低交易成本，扩大利润空间。虽然，这种模式在绝大多数情况下是菇农直接和消费者交易，没有中间环节，但消费者和菇农的双重分散性使得这种流通模式无法承担食用菌大批量的流通，从而造成流通的效率低下，耗费的时间成本、人工成本高，且来自市场的不确定性给菇农带来了巨大的风险。随着经济的发展，自产自销的流通模式越来越少，且由于菇农种植的食用菌大多会有专门的经纪人或流通、加工企业收购，因此自产自销所售卖的食用菌大多是自身品质较差的，效益一般。自产自销流通模式只是食用菌及其他生鲜农产品流通最初级的形态，不符合以专业化分工为特征的现代化农产品流通的要求，并且这种销售模式往往是短期的、季节性的。

（二）以批发市场为主体的食用菌流通模式

以批发市场为流通主体的食用菌流通模式是将批发市场作为核心企业及联结流通各环节的纽带，最常见的是"农户＋（收购商）＋批发市场＋零售终端"的流通模式

（图 10 - 1）。

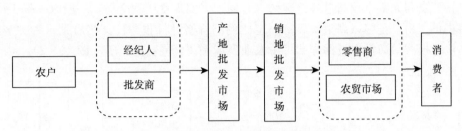

图 10 - 1　以批发市场为主体的食用菌流通模式

以批发市场为主体的食用菌流通模式可以细分为两种。第一种是存在收购商的模式，即"农户＋收购商＋批发市场＋零售终端"，在此模式中，收购商可能是单独的流通环节，也可能是批发商户自身或者是食用菌生产企业。收购商在以批发市场为流通主体的流通模式中发挥了很大的作用，扮演了连接种植端和中转端的重要角色，在农户和市场之间架起了一座桥梁。收购商多是当地具有话语权、掌握市场信息，可以让村民们信任的"熟人"。菇农将采摘后的食用菌直接卖给收购商，收购商直接将收购的食用菌再转卖给批发商，批发商再转卖给下一级批发商或者零售商，最终到达消费者手中。在食用菌的主产地扮演"收购商"角色的还可能是专门的食用菌流通企业，食用菌流通企业收购当地食用菌，进行包装后再流通到批发市场上。这种模式的特点就是渠道单一，容易造成菇农对收购商的依赖，但农户与收购商之间的利益关系不是非常紧密。

第二种是不存在收购商，即"农户＋批发市场＋零售终端"。这种模式一般存在于食用菌大片集中栽培的地区，也就是食用菌主产地。在该类型地区，由规模种植形成了规模经济，菇农以较低的成本进入市场直接和批发商进行交易，也可以说批发商本身就扮演着收购商的角色。通过对批发市场进行实地调研后发现，批发市场中有一部分商户扮演着收购商的角色，他们亲自去食用菌产地或自己的家乡收购食用菌，运到市场后再进行简单的初加工，然后打包销售。在一些河北食用菌主产地，随着食用菌产业的不断发展，吸引着越来越多的外地批发商到来。以河北香菇的主产地——平泉市为例，当地有很多南方商贩，尤其在出菇的季节，南方的食用菌商贩活跃在平泉的田间地头，自己收购、自己租仓库、自己运输，运送到其他市场，进入下一环节的流通。这种模式的特点是农户和批发商的交易是一次性的，看中了且价格合适就成交，双方只寻求当次利益的最大化。

很多农产品批发市场运营商通过不断拓展服务功能来进一步强化这种流通模式，拓展的服务功能包括批发交易、冷藏冷冻、仓储保管、流通加工、分货拣选、包装、配送等，更深层次的则是将这些功能整合，建立综合的现代鲜活农产品流通服务体系，批发市场联结各个利益相关者，实施系统管理，建立利益共享、风险共担的运行机制。这种渠道模式有容纳性强、规模大、对商品消化能力强等优势，但也存在着信息传递滞后、环节过多、运输时间长、保鲜难、食品安全难保证、中间成本高，生产环节薄利而零售环节价格过高，生产者和消费者都不满意等问题。

（三）以龙头企业为流通主体的食用菌流通模式

"农户（＋合作社）＋龙头企业"模式是指农户把农产品销售给龙头企业的农产品流

通模式。这一模式也包含了两种具体形式：一是菇农与龙头企业按照市场价格进行现货交易；二是菇农与龙头企业通过签订契约（合同）来实现食用菌交易，一般以不低于市场价的价格进行交易，且多以高于市场价一定比例的价格进行收购，其实质是一种"契约型"农产品流通模式，通常也被称为"订单农业"或是"合同农业"等（图 10-2）。

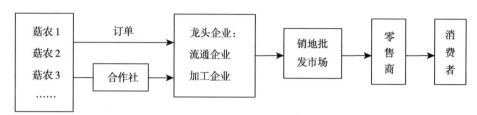

图 10-2　以龙头企业为主体的食用菌流通模式

该流通模式的关键在于菇农与龙头企业之间的关系。根据双方签署的合同，菇农按照合同中相应的产品质量标准生产既定数量和种类的食用菌，龙头企业则负责收购、加工以及销售工作，将收购来的农产品进行深加工，提高农产品的附加值，转卖给下级的批发商和零售商来完成流通，这种流通操作就是"订单农业"。

对菇农来说，选择"农户+龙头企业"，能够获得稳定的农产品销售渠道，减小盲目生产的风险，使菇农的生产与收入预期比较稳定。在"农户+龙头企业"模式中，菇农通过与龙头企业进行合作交易，将部分生产经营风险与交易费用（搜寻成本和信息成本等）转移给了龙头企业，其次，菇农能够获得服务，提高生产经营效率。龙头企业能为菇农提供生产资料供应、信息传递、资金支持、技术指导以及其他附加服务。对于龙头企业而言，与菇农合作可以获得稳定的原材料供应，以规避经营过程中因原材料的不稳定供应而可能产生的风险。龙头企业规模越大，对原材料稳定供应的需求就越强烈。这里的"稳定"不仅是指产量的稳定，更重要的是质量与价格的稳定。通过与菇农签订"订单合同"并提供必要的激励措施，龙头企业就能够满足原材料稳定供应。此外，通过"农户+龙头企业"的组织模式，龙头企业能够扩大生产经营规模，并带动食用菌产业链的延伸。

以龙头企业为主体的流通模式也存在一定的缺陷，在"农户+龙头企业"这一模式中容易出现违约现象。履约困难的根本原因是双方利益目标的不一致性，菇农与龙头企业是不同的利益主体，都追求各自利益的最大化，交易双方机会主义倾向严重，都具有强烈的违约动机。

菇农和龙头企业还会以合作社作为桥梁，形成"农户+合作社+龙头企业"的模式，合作社将分散的菇农集中起来，根据订单要求组织生产，对菇农的产品进行统一收购，然后统一组织销售。农民专业合作社代替分散的菇农与龙头企业进行交易，可以节省磋谈的时间，并且相对稳固的关系可以使流通渠道更加流畅。此外，合作社相对分散的菇农肯定有更强的谈判能力，因此可以为菇农争取更多的利益。这种模式需要更多的优秀农民专业合作社。

（四）以大型连锁超市为流通主体的食用菌流通模式

以大型连锁超市为主体的食用菌流通模式也叫做"农超对接"模式。"农超对接"模式是指，超市作为零售终端，或与菇农参与的农民专业合作社之间通过"直供"或"直采"的形式，或通过龙头企业和批发市场，或通过种植基地"直采"完成食用菌流通（图10-3）。该模式减少了部分流通环节，在某种程度上提高了流通的效率和收益，降低了流通的成本。

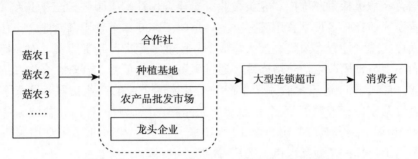

图10-3　以大型连锁超市为主体的食用菌流通模式

从全国范围来看，20世纪90年代以来，随着我国连锁超市、大型商超的不断发展以及农产品需求的日益增加，2011年就出现"农超对接"农产品流通模式。随着超市在京津冀的迅速发展，以超市为零售终端的农产品流通模式不断成熟。在大中城市，以连锁经营为特征的专业超市、大超市、大卖场不断设立，以专业经营或者综合经营形式加入农产品零售经营的行列中。另外，全国各地都在进行"农改超"行动，这也在很大程度上引导和带动了农产品流通终端业态向超市集中，为"农超对接"模式奠定了基础。

京津冀大型连锁超市辐射范围广，客流量大，农产品销售能力强，货源组织形式多种多样。河北农产品市场流通在京津冀协同发展中扮演着重要的供给者角色，河北食用菌在京津冀乃至整个北方市场都占据了一定的地位。

以超市为代表的零售终端与代表菇农的农民专业合作社之间没有任何其他环节，二者以"直供"和"直采"的形式对接农产品。超市凭借其自身资金、管理、技术等方面的优势参与食用菌生产、加工与流通过程，并以其信息、技术、物流等为食用菌产业提供一条龙服务，使菇农与市场之间不需流通组织也能有效连接，达到缩短流通环节、降低流通成本的目的，并且超市对食用菌流通过程进行监控，充分地保障了产品的质量。食用菌产业在河北的发展过程中形成了集中的产区，也为连锁超市寻找食用菌种植基地提供了便利，有利于保证食用菌的品质和质量，有助于农民、超市、消费者三方实现共赢。首先，对于菇农来说，很大程度地降低了市场不确定性对菇农种植的影响，避免了菇农盲目生产。其次，从超市的角度来看，省去的中间流通环节节省了流通成本，这样降低了食用菌的价格，提高了食用菌产品竞争力。最后，从消费者的角度看，食用菌价格的降低是消费者的最大福利。大型连锁超市与批发市场进行合作，为大型超市在采购环节提供了很多方便，批发市场内不仅食用菌的种类丰富，其他丰富的果蔬品类，也为大型超市采购提供了全面的货源。随着人们生活水平的不断提高，对食用菌产品的需求也越来越多样化，龙头企业在食用菌包装和加工品上的优势比较明显。

二、河北食用菌典型流通模式

截至2018年底，平泉市食用菌基地面积达到6.5万亩，标准化率达到90%以上，生产规模达到 6.4 亿袋，产量 58 万吨，产值 60 亿元，是华北地区最大的食用菌生产基地，平泉市也被称为"中国食用菌之乡"。

在平泉市的食用菌产业发展过程中创新经营机制，坚持把发展食用菌产业与扶贫攻坚工作有机结合，积极探索、推广"龙头企业（专业合作社）＋园区＋产业工人（贫困户）"等新型经营模式，在县乡设立食用菌办公室，组建了 400 多个食用菌专业合作社，让农户特别是贫困户实现"经营零风险、投入零成本、就业零距离"精准脱贫，农民持续增收更有保障，农民参与食用菌生产热情高涨。通过引资金、上项目，合资、合作、招商、嫁接等各种方式，形成了汇聚 45 家食用菌生产加工及流通企业的产业集群，培育了森源、瀑河源、润隆百菇宴、菇芳源等 25 个企业和产品品牌，以保鲜、速冻、盐渍为主的香菇产品行销国内 60 多个大中城市并出口至 12 个国家、地区。2016 年中国食用菌协会授予平泉"全国香菇出口优秀基地县（市、区）"称号。

以平泉市瀑河源食品有限公司为例，这是一家以香菇的生产和干、鲜香菇的收售为主业的食用菌经营企业，自有百亩以上标准化香菇生产基地 2 处，总投资 1 000 万元。采用"龙头企业＋合作社＋基地＋农户"一体化销售模式，在菇农和企业之间形成生产、加工、销售的利益共同体，辐射带动全县 19 个乡镇，带动农户 5 000 余户从事食用菌生产，使农民总增收 9 000 余万元。该公司是河北省农业产业化重点龙头企业、中国北方最大的香菇流通企业。"瀑河源"牌商标被评为"河北省著名商标"，公司产品被评为"河北省名牌产品"，先后通过无公害、绿色、有机、农产品地理标志和 GAP 认证，产品质量及货架期在国内同行业中首屈一指。在国内建立了庞大的营销网络体系，在一线、二线城市建立了直销点，国外主要销往美国、英国、韩国、日本等发达国家。

作为一家以食用菌流通为主体的企业，平泉市瀑河源食品有限公司所销售的食用菌鲜品和干品均来自当地，年流通量可达 1.6 万～1.7 万吨，其中约有 1 万吨属瀑河源公司自产，其余均来自当地农户种植。瀑河源食品有限公司依托利达食用菌专业合作社，通过合作社把一家一户的小农生产集中起来，由瀑河源公司以不低于市场价的价格收购，进行统一分级、包装。近年来，随着城乡居民生活水平的不断提高，以及对品牌意识的不断增强，"瀑河源"牌食用菌产品得到了消费者高度认可，并在国内外消费者心里赢得了"安全和品质"的认知。通过龙头企业的带动，小规模种植的菇农可以直接找到销售渠道，不用担心卖不出去，借用"平泉香菇"和"瀑河源"的品牌，增加了食用菌在流通过程中的价值。

三、河北食用菌供应链流通模式

传统的食用菌流通模式在一定时期内满足了市场的需求，但是其信息不对称、物流效率低等问题已逐渐凸显。在电子商务、大数据、智慧物流飞速发展的今天，农产品的流通需要借助新设备、新技术，从供应链的视角整合产、供、销，提高物流效率，减少仓储、物流损耗，解决"最后一公里"难题，为农产品流通保驾护航。在生鲜农产品流通中，选择科学合理的流通模式十分必要，而供应链管理流通模式代表了行业未来发展趋势，需要有效应用这一流通模式。作为相关管理人员，应准确运用各种供应链管理模式，从各个方面入手，优化供应链管理流通模式，从而更好地发挥供应链管理流通模式的作用，使河北食用菌流通供应得到更加满意的效果。

第三节　河北食用菌流通周期

食用菌产业是河北近年来快速发展、扶贫效果明显的特色产业，是河北现代农业和生态循环经济发展的重要组成部分，在促进农民增收、农业增效以及调整优化农业产业结构和改变发展方式等方面发挥了重要作用。研究河北食用菌流通周期及其变化特征，对改进河北食用菌流通体系具有重要意义。

一、河北食用菌的种植周期

食用菌栽培大都在自然条件下进行，受自然气候的影响较大，因而需要根据食用菌的温度特性确定适宜的栽培季节。食用菌的栽培模式按照栽培时间分为季节性栽培、周年栽培和反季节栽培。季节性栽培就是根据自然的气候温度变化规律，利用现有的生产设备条件组织生产，食用菌栽培程序各地基本相似，但由于气候因素的影响和制约，栽培生产的时间安排各地并不一样。在华北产区，如山东、河南、河北等省，受气候温度影响，食用菌堆肥的堆制发酵一般在8月中下旬进行；播种时间多安排在9月上旬，此期棚内温度易控制在20～25℃，适合蘑菇菌丝生长；发菌及覆土一个月后，气温下降到20℃以下，利于子实体形成。因而华北的出菇期适宜安排在秋天（10—11月）与春天（4—5月），冬天气温在5℃以下为休眠期。一般9月初播种，秋菇高峰在11月，占总产量的70%；12月至翌年3月因低温而不出菇；春菇高峰在4月，5月中下旬出菇结束。河北食用菌以传统农户生产为主，主要为季节性生产，工厂化水平较低，难以满足周年供货。近几年，反季节栽培和周年栽培逐渐发展起来，反季节栽培是针对季节性栽培所提供的"季节性市场"的补充生产，使食用菌市场淡季不淡，同时拥有较大的利润空间。周年栽培要根据市场需求，设计好不同温型的品种，利用好生产设施设备；对技术及各环节的管理要求都比较高，是实现食用菌的高效生产、满足市场周年需求、提高设施设备利用率的最佳模式。

河北食用菌栽培发展较快，栽培方式可以分为传统散户栽培、"企业＋散户"栽培和工厂化生产三种。

（一）传统散户栽培

河北食用菌散户栽培有悠久的发展历史，是涉及范围最广和发展时间最长的生产方式。散户栽培是指在传统的暖棚或冷棚中栽培，以家庭为单位栽培食用菌。散户栽培方式对于农户而言门槛较低，但由于在栽培过程中受到温度、湿度、光照等客观自然规律的限制，且菇农本身生产技术水平较低，经营规模小，组织化程度低，地理位置分散，无法实现常年化生产，导致食用菌产品供应量小，良品率也比较低，无法很好地保障食用菌的品质。

（二）"企业＋散户"栽培

"企业＋散户"方式是指企业提供专业的生产技术人员，向菇农传授生产原料配方以及解决在生产过程中遇到的具体技术问题，菇农仅负责生产，为企业提供其所需的食用菌产品。随着食用菌产业的迅速发展，产业的生产主体和生产方式逐渐发生了变化，一改以往单一的农户栽培方式，逐渐启用"企业＋散户"的新型栽培方式来突破传统菇农栽培过程中出现的技术瓶颈，同时也可以解决零散栽培与大市场对接的不对称性问题。然而"企业＋散户"生产方式依旧无法解决自然条件等外在因素所造成的负面影响，而且栽培规模受制于菇农的土地规模，导致食用菌的产量并没有取得突破性增长。

（三）工厂化生产

食用菌工厂化生产是指利用先进的科学技术设备，模拟食用菌的生长温度、湿度、通风、光照等自然条件，利用自动化机械设备和标准化工艺流程栽培食用菌，是集工业、农业、科学为一体的生产经营方式。与传统的大棚人工种植方式相比，工厂化能够更好地处理食用菌的生产环境，使食用菌生产能够向高产、高效、抗逆性好等方向发展。食用菌工厂化生产不仅可以解决季节、气候等环境限制因素的影响问题，实现周年化生产，还可以为食用菌提供最有利的生长环境，大大提高了食用菌的产量和质量，降低发生病虫害的概率，提高栽培效率、增加效益。但河北食用菌工厂化生产水平较低，仍是以散户种植和"公司＋农户"种植为主，难以实现周年供给，因此食用菌从田间地头到消费者手中的流通过程还存在很强的周期性。

二、河北食用菌价格周期波动

食用菌在流通过程中能否交易成功，价格是一个非常关键的因素。食用菌的栽培情况（包括种植面积、食用菌品质等各种因素）直接影响食用菌的交易价格，反过来价格又会影响下一轮的食用菌栽培，如此循环往复。在经济学理论中，供给和需求共同决定价格，而价格的波动又会起到调节供求的作用。

河北栽培食用菌的散户、家庭农场栽培和加工流通企业收购的规模都比较大，工厂化生产相对落后，传统的栽培方式受季节等因素影响较大，容易造成食用菌的价格波动，这也势必会影响到菇农和企业当期以及后期的经济收益，因此，研究食用菌的价格波动周期特征，把握其波动规律，对稳定菇农和企业的经济收益有着重要的意义。香菇是河北栽培面积最大、产量最多、产值最高的食用菌品种（图10-4），在河北的食用菌产业中最具代表性，因此，以河北香菇价格为研究对象，应用季节调整模型分析香菇价格变化的周期性特征，采用HP滤波方法对香菇价格趋势因子和循环因子进行分解。

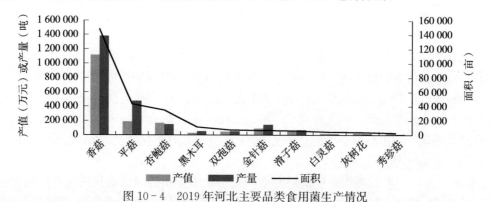

图10-4 2019年河北主要品类食用菌生产情况

数据来源：河北省农业环境保护监测站。

（一）数据来源

研究采用河北2010年1月至2020年6月香菇月度平均价格数据，原始数据来源于中国食用菌商务网。为保证数据的可比性，香菇价格采用当日统货级别的成交价格，这一数据基本反映了河北香菇鲜品的可测日价格。香菇月度平均价格数据为当月香菇成交价格统计数据的简单平均数。

（二）香菇价格总体趋势分析

选用河北香菇年度平均价格以及香菇价格变异系数，对 2010 年 1 月至 2019 年 12 月河北香菇价格波动情况进行统计分析。

1. 香菇价格年度波动趋势 2010 年 1 月至 2019 年 12 月，河北香菇的年度均价波动性明显，呈现"一峰一谷"的形态（图 10 - 5）。2010 年至 2014 年，香菇年度平均价格持续上升，2014 年均价达到近 10 年香菇均价最高值 9.86 元/千克。2014 年以后香菇的年度平均价格呈现出先下降后上升的趋势，从 2014 年的 9.86 元/千克下降到 2016 年的 8.31 元/千克，其中 2014 年到 2015 年下降趋势最为明显，价格下降幅度达到了 12.78%。2016 年开始，香菇年度价格呈现持续上升趋势，至 2019 年香菇均价已达 9.31 元/千克。

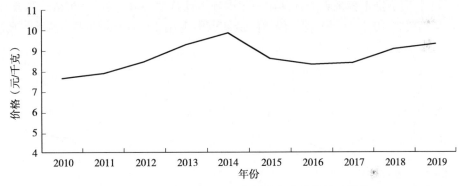

图 10 - 5 河北 2010—2019 年香菇年度价格波动趋势

数据来源：中国食用菌商务网。

2. 不同年份之间波动幅度差异较大 分析食用菌在不同年份之间的价格波动程度时，采用食用菌月度价格的变异系数为观测变量。变异系数是对一个序列变动幅度的度量，变异系数越大，说明价格波动程度越高，其计算公式为：

$$变异系数 = 序列的标准差/平均值$$

整体来看，2010—2019 年，香菇年度价格变动系数呈现出先上升后下降的趋势（表 10 - 1）。2016 年之前香菇年度价格变动系数波动较小，维持在一个相对稳定的形态，2016—2019 年香菇年度价格变动系数出现下降趋势。香菇变异系数最大的是 2016 年，说明 2016 年的香菇价格波动幅度最大，年内月均最高价格为 14 元/千克，年内月均最低价格为 6.5 元/千克。

表 10 - 1 河北香菇 2010—2019 年价格变动系数

年份	变异系数
2010	0.130 691 025
2011	0.155 705 674
2012	0.117 639 755

（续）

年份	变异系数
2013	0.140 526 921
2014	0.120 169 144
2015	0.149 513 965
2016	0.237 874 505
2017	0.165 309 307
2018	0.175 774 323
2019	0.105 095 880

（三）香菇价格分解分析

1. 香菇价格的季节性特征 香菇月度价格走势呈现出明显的季节特性。从 2010—2019 年月度平均价格走势来看，香菇在一年内基本保持"一峰一谷"，价格的最高点出现在 8 月，平均价格 10.54 元/千克，价格的最低点出现在 3 月，平均价格 7.1 元/千克（图 10 - 6）。

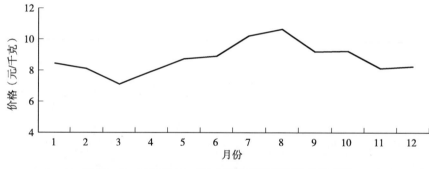

图 10 - 6　河北 2010—2019 年香菇月度平均价格走势

从季节因子波动图形中，也可以清楚地看到，香菇价格波动呈现出很强的季节性特征：夏秋两季香菇价格较高，春冬两季价格偏低。从香菇价格的月度数据中可以看出，每年的 8 月香菇价格最高，处于波峰，达到峰值状态，8 月至次年的 3 月香菇价格呈下行趋势，在每年的 3 月香菇价格最低，处于波谷，随后的 4—8 月香菇价格开始呈上升趋势，9—12 月香菇价格下降，这主要与香菇的生长特性和需求有关。秋季末期至春季末期是香菇生长的主要季节，冬春两季香菇供应量大，河北香菇在 11 月开始大量上市，供给量增加，导致香菇价格迅速下降，价格相对低；而夏秋两季香菇多为反季节菇，对生长条件要求较高且单产低，市场供应量较小，价格较高（图 10 - 7）。从整体来看，每年 3—4 月和 11—12 月这两个时间段香菇价格都处于较低值，但是冬季香菇价格较高，元旦和春节双节的影响会带动食用菌消费量的增加，因此这个时间段的香菇价格会稍高一些。

2. 香菇价格的周期与循环特征 采用 H - P 滤波分析法将季节调整模型得出的趋势循环因子进行分解，得到了食用菌的循环特征图（图 10 - 8）。从价格循环波动图形中可以看出，香菇价格波动的循环周期逐年缩短，并且其价格稳定性呈现降低趋势。

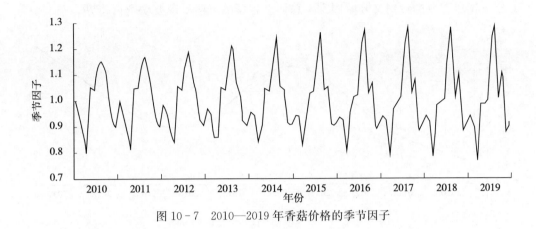

图 10 - 7 2010—2019 年香菇价格的季节因子

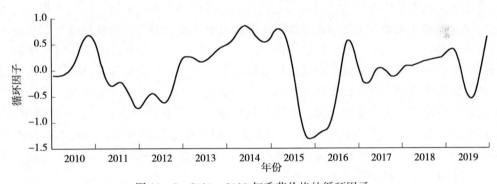

图 10 - 8 2010—2019 年香菇价格的循环因子

数据来源：中国食用菌商务网。

香菇价格波动的循环特征既有产业发展自身内在规律的体现，又受原材料价格周期性变动的影响。相较于蔬菜类农产品，食用菌成本低、收益高，并且生产周期较短，收效快，因此也吸引了大量资本和农户。由于企业投资者大部分是工业转型的非农业技术性人员，缺乏农产品市场敏感度，为了追求利益最大化，栽培者盲目扩大生产，产量超过市场需求，导致香菇市场产能过剩。为减少损失，许多生产者被迫降价销售。价格的下降引发生产者收缩产能，导致后续市场供给量的减少，受供求关系的影响，价格又会缓慢回升，由此造成香菇价格的周期性循环。另一方面，随着生态环境保护力度的加大，以木屑为主要基质的香菇原料价格不断提升，导致香菇成本增加，香菇价格受到原料价格波动和气候等因素的影响也较大。

采用玉米芯、棉籽壳或秸秆等为生产原料的食用菌，这些生产原料均来源于季节特性明显的农产品，在这些农产品的丰收季节，玉米芯、棉籽壳和秸秆将大量上市，其价格下跌，而随着市场供给量的逐步减少，价格逐渐升高，直到下一个丰收季的到来。

3. 香菇价格的趋势特征 采用 H－P 滤波分析法将季节调整模型得出的趋势循环因子进行分解，得到了香菇价格的趋势特征图（图 10 - 9）。从趋势因子变化来看，2010—2014 年香菇的价格呈现明显的增长趋势，2014—2016 年香菇的价格有明显下降趋势，

2016 年下半年香菇的价格又开始回升，总体上香菇的价格呈现波动增长趋势。

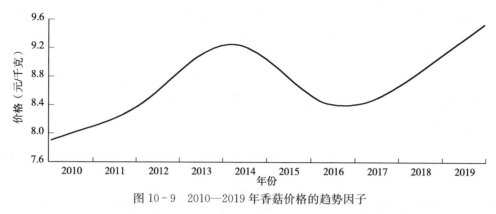

图 10-9　2010—2019 年香菇价格的趋势因子

　　香菇价格出现趋势波动的原因主要有：首先，我国经济不断发展，居民人均收入和消费水平相应提高，消费者更加追求健康的生活，具有丰富营养价值的食用菌类逐渐进入人们的视野，对香菇行业的发展有促进作用（图 10-10）。其次，香菇价格长期上涨的主要原因还有生产成本的上涨以及消费品价格总体逐渐抬高。通过调研发现，雇工成为食用菌生产环节普遍较难的问题，很多雇主不得不通过更优的工资待遇来吸引工人，劳动力成本上涨加剧了食用菌生产企业的负担。此外，近年来，消费者对于香菇的需求量逐年增加，香菇价格随着 CPI 的变化也在逐年上升。随着人们对香菇行业的认识逐渐趋于合理，资本市场将会对该行业的资本投入进行合理调整，逐渐体现出香菇的实际价值，因此香菇价格今后会处于稳步小幅上升状态。

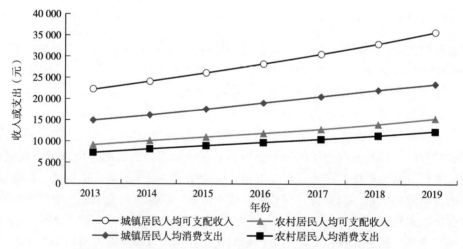

图 10-10　河北 2013—2019 年城乡居民人均收入与支出情况

数据来源：《河北省统计年鉴（2020）》。

　　通过对年度香菇价格和月度相关价格的规律性进行分析，得出以下结论：香菇价格变化存在着明显的季节性，夏秋两季香菇价格较高，春冬两季价格较低；从长期看，香菇的价格呈现波动上升的趋势；从波动循环来看，呈现接近两年至三年一个周期的特征，但循环周期在逐年缩短。

三、河北食用菌流通周期性变动对策

食用菌的生长特性和河北食用菌的栽培现状决定了食用菌流通的周期性。河北多数食用菌难以实现规模化、工厂化生产，受季节因素影响食用菌集中上市，导致价格波动较大。为平抑河北食用菌的价格波动，维护河北食用菌生产者、流通者和消费者的利益，促进河北食用菌市场动态平衡，提出以下意见：

（1）建设食用菌保鲜库，完善配套烘干、仓储、分选、冷链运输车辆等设施装备，有效调节市场供应周期。

（2）推进河北食用菌工厂化生产，实行工厂化培育、流水线作业，一年四季不间断地满足市场需求，尤其注重接种、灭菌、发菌、保鲜等环节的技术攻关，全方面利用新的科学技术进行改造，实现生产效率的跃升。

（3）积极发展食用菌加工业，延长食用菌产业链。根据不同菇种的特点进行深加工，开发出各种形式的产品，以发达的食用菌加工业作为"增长极"，延长产业链条，提升附加值，解决食用菌阶段性产量过剩而导致产品积压等问题，降低因食用菌产量过剩而导致价格大幅度波动的风险，从而起到调节食用菌价格波动的作用。

（4）加强河北食用菌市场信息公共服务平台的建设。采用规范化信息采集，建立健全信息平台，增加信息发布渠道，定期收集并发布食用菌生产、布局、价格等信息。企业、政府和各大院校共同合作建立食用菌市场价格预警系统，定期对食用菌出厂价格和销售价格进行预测性分析，避免食用菌市场价格剧烈波动给生产主体带来的高风险。

（5）充分发挥政府职能，稳定食用菌价格。在市场低迷或发生突发自然灾害时，政府出台相关的补贴政策调动龙头企业为整体区域市场进行价格兜底，切实保证农户的经济利益，稳定市场，保证整体的食用菌产业良性发展。此外，对于河北食用菌产业的调控，必须要坚持市场导向，充分发挥市场对资源配置的基础性作用，处理好市场导向和适度调控的关系，避免使河北食用菌各品种价格出现大起大落，保持食用菌产业良性健康发展。

第四节　食用菌冷链物流

一、食用菌冷链运输及其发展现状

食用菌在物流中应保持于低温条件下，其运输通常采用冷链物流。冷链物流与其他常温物流相比，总体要求更高，且更为复杂，成本也较高。由于新鲜食用菌更容易腐坏，时效性要求更高，对冷链物流的各环节协调度有着更高要求。当前，国内食用菌受到物流条件的约束，大多数采用传统方式运输。在食用菌实际物流中很少有企业用到冷链物流。即使由加工企业开始到销售商能够使用冷链物流，但是在销售环节仍然是以传统物流方式为主，各环节协调度会影响食用菌质量。

食用菌冷链物流是指食用菌生产、贮藏、运输、销售的整个过程中处于严格规定的低温环境下和严格的质量监控下，减少产品损耗、防止污染的特殊供应链系统。对于食用菌的冷链物流有着最基本的"3T"要求和"3M"要求，"3T"要求是指食用菌的产品

质量是由三个方面决定的，即时间（time）、温度（temperature）、产品耐藏性（tolerance）。食用菌在冷链物流运输的过程中食品的品质与时间和温度密切相关，这两点决定了食用菌的产品耐藏性。"3M"则是指食用菌在冷链物流运输的过程中冷藏的手段（means）、方法（methods）和管理措施（managements）。冷链物流是一个完整的密不可分的过程，食用菌的采后预冷—气调冷藏—冷藏运输—冷藏批发—超市冷柜—消费者的冰箱这一整套程序才是一个完整的流程，其中任何一个环节出现问题都会对食用菌的品质产生影响。

冷链技术的出现对于食用菌物流运输的影响是巨大的，它扩大了食用菌运输范围的同时还可以保证产品的质量，随着消费者的健康意识和消费水平的提高，市场中的野生、品质高的食用菌逐渐出现供不应求的现象，消费者也不再满足于能够长时间保存的干燥脱水的食用菌，而是要求新鲜的食用菌，冷链技术的发展是解决这些问题的关键点。我国的冷链物流技术的发展还没有国外的先进，但是自从颁布《中华人民共和国食品卫生法》之后，国家和社会开始重视食品冷链技术的发展，很多企业开始投入资金研究该技术，并逐渐建立起冷链物流的雏形。

（一）市场对食用菌冷链物流的需求迅速增大

随着社会经济的快速发展和消费者消费水平的提高，对于食用菌的品质已经不再是以前的"干燥食用菌"就可以满足的，而是不管在离食用菌种植区多远的地方都要求能够吃上新鲜的野生食用菌，这类食用菌的营养价值相比较干燥处理过的而言更高，口感上也是更为丰富。在这样的市场要求下，食用菌冷链物流的运输压力也在不断加大，无论是从技术上还是效率上对冷链物流都是巨大的挑战，且在未来需求也是呈现不断增加的趋势。

（二）食用菌冷链物流设施设备逐步完善

在食用菌冷链物流设施中最重要的是冷藏库和冷藏运输车这两种设施，近几年因为冷链物流的普及，冷藏库的区域分布也从之前的一线城市发展到县级市，更加合理化，而且有一些地区还因此产生了冷藏库租赁的业务。这样食用菌物流中的每一个环节都不用担心是否有冷藏库的问题，并且现在的冷藏库已经科技化，可以远程进行监控，出现问题时也可以第一时间调取录像，及时解决问题。基本上所有的食用菌企业都会配备冷藏运输车，而且数量随着市场的扩大逐年递增，我国也开始出现铁路的冷链运输和集装箱的冷链运输，这是未来的发展方向。

（三）食用菌的冷链储藏及保鲜技术水平不断提高

在整个冷链运输过程中，温度对于食用菌的品质起着决定性作用，因此这对于食用菌储藏和保鲜技术是一大挑战。我国在这些方面加大了科技的投入，发展各种冷链运输的技术，使得制冷的效果大大增强，温度的波动也不再剧烈。为了预防以往冷链运输司机为了节省自己的运输成本，在运输过程中将制冷系统关闭，最终导致食用菌变质的情况发生，研发机构研发出了能够对温度、湿度进行实时的记录监控并且可以远程记录观察的设备，这样的管理下食用菌的保鲜质量也会不断提高，这对于冷链物流技术的发展又是一个质的飞跃。

二、食用菌冷链运输模式

(一)批发市场食用菌冷链运输模式

食用菌批发市场的存在是为了更好地服务食用菌的流通,一般食用菌批发市场按照流通环节可以分为生产端的批发市场和销售端的批发市场,两者都是为了更好地促进食用菌产业发展。但是随着食用菌产业规模的不断扩大,物流环节也越来越多,这会对食用菌的流通效率产生一定消极影响,环节越多意味着需要付出更多的仓储或者运输等成本,进一步压缩销售的利润空间。科学地规划食用菌冷链运输环节和流程是食用菌冷链发展的重中之重。

批发市场下的食用菌冷链运输模式中,菇农会将种植收获的食用菌集中到批发市场,之后通过批发市场进入流通环节,走向消费者的千家万户(图 10 - 11)。利用互联网技术,针对不同消费群体的食用菌消费需求,直接和农户签订相关的销售合同,在销售端的批发市场进行实时运输,且通过分类包装供给到各类消费者手中。再统一将销售地批发市场的数据反馈给菇农,以便于菇农根据市场的需求变化调整生产。

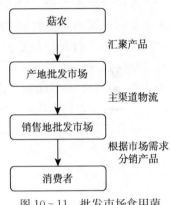

图 10 - 11　批发市场食用菌
冷链运输模式

(二)农产品加工企业食用菌冷链运输模式

河北食用菌的深加工和精加工发展水平较低,但是工厂化发展速度较快。按照不同的种类,有些菇种的工厂化程度较高,如平菇、杏鲍菇、金针菇。食用菌的加工水平较低意味着产品增加值较低,利润率较低。根据传统食用菌物流模式,还应加强低温冷链运输的建设,发展加工企业食用菌冷链运输模式,强化采后食用菌储藏管理,提高产品附加值。食用菌加工企业是模式的主导者,是食用菌冷链运输中的重要一环,连接着生产者和消费者,发展食用菌加工企业的冷链运输模式可以有效减少食用菌的流通环节浪费现象,降低流通环节的腐坏率(图 10 - 12)。另外,加工企业的冷链运输可以为生产活动提供保障,使食用菌生产更加稳定,在一定程度上缓解增产不增收的问题,降低相关成本,利用规模经济提高生产效率。

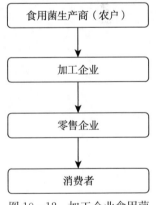

图 10 - 12　加工企业食用菌
冷链运输模式

(三)连锁超市食用菌冷链运输模式

在连锁超市冷链运输模式中,连锁超市起着承上启下的作用。超市配送模式需要加强信息系统的完善,及时采集市场需求数据和信息并对市场做出反应。反馈到超市模式的上游环节,也就是生产部门和中介组织,以防出现信息传递的偏差。互联网技术能够为冷链运输提供运输信息,同时超市模式中的销售人员和专业基地可以稳定长久地合作,一定程度上强化食用菌供给的稳定(图 10 - 13)。如今,人们的生活条件逐渐变好,对饮食结构中各种营养元素的搭配提出了更高的要求,由此在一定程度上提高了珍稀食用菌消费量。而处于供应方位置的超市和餐饮等各企业也逐渐增加了此类产品的供给，防止整个链条出现中断的现象，获得产业竞争优势。综上，连锁超市食用菌的冷链运输模式相对灵活，可以及时基于消费市场所反馈的各类信息对产品进行调整。

（四）中介和专业化合作组织食用菌冷链运输模式

在珍稀食用菌冷链物流中，中介和专业化合作组织负责签订食用菌产品收购合同，产品生产商与经销商反馈专业性的质量检测规范与结果，并增加食用

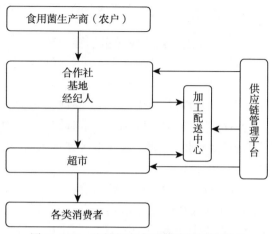

图 10 - 13　连锁超市食用菌冷链运输模式

菌产品实时采购、与经销商在价格方面对应谈判、向各个相关方提供相应信息等多个实际功能。中介和专业化合作组织食用菌冷链运输模式将较为分散的食用菌生产栽培农户与市场联系起来，可以增强抵御市场经营活动风险的能力，以此打造出属于自身的食用菌品牌，优化食用菌产品在市场竞争中的地位，同时更加注重维护农户的利益，实现食用菌产前和产后的高效衔接，大大提升食用菌产业链的综合利益（图 10 - 14）。

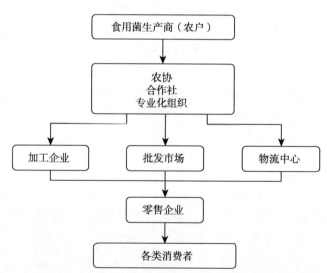

图 10 - 14　中介和专业化合作组织食用菌冷链物流模式

三、食用菌采后物流保鲜技术

（一）食用菌低温保鲜技术

食用菌采后的物流保鲜，对延长食用菌的保鲜期和提升品质质量以及扩大食用菌食用范围有重大意义。深入研究冷链物流背景下食用菌采后物流保鲜技术，以食用菌生产基地的香菇为试验研究对象，研究冷链物流背景下采后预冷处理、气调保鲜技术和包装覆膜对

香菇贮藏效果的影响。通过比较试验香菇在采后一定时间的感官质量、含水量、含糖量和可溶性蛋白质含量变化结果，实现冷链物流背景下食用菌采后物流保鲜质量的研究。实验结果表明，食用菌产地预冷处理、气调保鲜技术和包装覆膜均能起到食用菌的保鲜效果，且二氧化碳和氧气含量分别为 $10.5\%\sim13.5\%$ 和 $2.5\%\sim3.5\%$ 时的食用菌保鲜质量最佳。

（二）大数据智能编码与食用菌冷链运输保鲜技术

近年来，大数据技术为食用菌信息的有效管理提供支撑，智能化信息编码技术在大数据平台下可以完成对海量数据的分类和有效管理。大数据智能编码也为食用菌产品的科学分类和数据共享提供基础，可以有效提高数据的利用率。我国已经有许多食品分类编码，涉及食品安全、居民健康膳食、税收等多个领域。其中就包括食用菌的分类编码，但这些食品分类编码的标准并不统一，这就造成了食用菌分类体系和数据编码的不统一，各种食用菌分类和数据编码方式都有一套体系标准。如在海关报税时，规定了"鲜或冷藏的伞菌属蘑菇"的税号编码是"07095100"，其中明确说明了编码中的税号 07.09、07.10、07.11 及 07.12 所称"蔬菜"，包括食用的蘑菇、块菌、油橄榄、辣椒、茴香菜等 15 种蔬菜，并对食用菌类商品给出了明确的归类。而在国家税务总局公告 2016 年第 23 号《关于全面推开营业税改增值税试点有关税收征收管理事项的公告》附件中，也有对食用菌编码的具体说明，按照篇、类、章、节、条、款、项、目、子目、细目等进行合并编码。可以看出，编码的不统一使人们对食用菌的分类和认知产生了差异，造成了"信息孤岛"，信息不能共享，同时各个体系编码又相互交叉，容易产生数据信息紊乱。因此，有必要建立一个统一的食用菌大数据编码系统，用于食用菌的分类编码。

在信息化高度发达的今天，大数据、条形码、标准电子数据交换技术已经被广泛用于国际物流行业中。利用大数据智能编码系统，对传统的食用菌分类编码体系数据类型和标准不统一、各系统间对接和信息传递困难的问题，采用了大数据的分布式数据存储技术，有效解决了食用菌各种分类体系中不同的异构数据需求，统一了编码查询的标准，提升了数据共享度。同时，对食用菌冷链物流保鲜技术进行了研究，对比了 3 种食用菌的保鲜技术，详细讨论了温度、呼吸强度、营养成分等对食用菌品质的影响。

四、食用菌冷链运输发展策略

当前很多食用菌产地已具备了冷链物流发展基本条件，然而从整个冷链市场来看还不是非常规范，具备的功能也不是十分全面。需要在强化和完善珍稀食用菌的冷链运输模式基础设施建设的基础上，实施以下策略。

（一）实行商流与物流相分离的对策

食用菌的冷链物流涉及生产、贮藏、运输、销售的整个过程，其中任何环节问题都会影响之后的环节并且对食用菌造成一定的损耗，我国目前大多数的食用菌企业还是倾向于自己完成所有的环节，这就导致了在所有环节中只有贮藏和销售这两个过程的低温储存可以得到一些保证，但是生产和运输环节就得不到相应的重视，企业还是会选择在常温的环境中搬运食用菌，这样发展下去将不能实现整个冷链物流的一体化。假如可以实现商流和物流相分离，建立一个完整的冷链物流流程，注意在这个流程中的上下级企业之间的联系，实现由专业的物流公司负责冷链物流中的运输过程，这并不会使得整个运输物流脱离食用菌企业的掌控，而是可以更有利于对食用菌运输环境的保护。只要构建完善的一体化食用菌冷链物流运输体系，就可以实现商流和物流相分离。

（二）增加预冷储存环节

预冷环节是将食用菌采集后立刻利用人工或自然降温的方式将食用菌的温度降至最有利于保存的温度。经过这样的处理之后可以减少运输过程中的损耗，低温可以延缓食用菌的新陈代谢，使其保持新鲜状态的时间得到最大限度的延长，并且经过调查研究后发现，经过预冷处理过后的食用菌变质的概率降低很多，这种方式特别适合于出现大量食用菌订单的情况下，且预冷必须是在食用菌采集过后立刻进行，随着中间时间的延长，预冷的效果也会大打折扣。发达国家的冷链运输体系中，预冷已经成为必不可少的一个环节，我国一定要建立起预冷的概念，果蔬的预冷方式有很多种，最适合食用菌的是冷库冷却法，对其之后运输过程中的品质可以起到很好的保障作用。

（三）提高现有冷链技术的装备水平

在食用菌的冷链物流运输过程中最重要的就是温度，可以说温度决定着食用菌的一切。温度波动是一直困扰食用菌企业的问题，首先要保持极低的适合于食用菌的温度，其次这个温度要保持稳定，对于移动储藏来说是很大的难题，虽然我国近几年已经在此技术方面取得非常大的进步，但还未能涉及集装箱或者铁路的冷链运输，这种较大规模运输的温度波动是更难控制的。在加大技术投入的同时，也要将技术应用推广至所有的食用菌企业，一定要注重冷链技术的装备，这是整个物流中的关键点。

第五节　构建河北食用菌流通新局面

一、食用菌流通环节的重要性

食用菌的流通问题是食用菌产业发展中十分关键的问题，它事关食用菌产业现代化、菇农收入等多个方面。食用菌产品供应链是由农户、加工企业、经纪人、批发商、零售商和消费者有机结合形成的完整流通链条。在流通环节，不论是鲜品还是加工品在仓储保鲜、物流运输、产销对接方面都面临着难题。首先，生产出来的食用菌卖给谁？通过什么形式或者渠道卖出去？产品卖出去后，由于流通成本高，流通环节多，作为生产者的农民在整个链条中并没赚到钱，农民由于处在生产链的最底端，很难分享到价值增值，这就导致了我们注意到的农民收入低这一现象。我国果蔬在流通中的损耗率达到 20%～30%，远高于发达国家，损耗率高是流通成本高的重要原因，除此之外，流通环节过多也导致了农产品在流通过程中的损耗，流通环节多导致了进场费、出场费、搬运费、摊位费、水电费、人工费和其他各种费用的叠加，最终都加在食用菌的销售价格上。在流通过程中，如何减少损耗、降低流通成本，让菇农分享到更多的利润，是食用菌流通环节需要解决的问题。

2009 年以来，新一轮农产品价格上涨最突出的特点就是最具鲜活农产品特点的蔬菜价格率先上涨，再蔓延到其他农产品。由前文分析可知，河北食用菌价格波动较为频繁，存在大起大落的现象，"卖难买贵""菜贱伤农""菜贵伤民"等问题交替出现，菇农、中间商、市民等相关各方均受到了不小的影响。归根结底，是供需关系的问题，分析预判不佳，造成市场上食用菌出现了周期性的供给变化，有时产品短缺，有时产品过剩。价格和供给之间的相互影响，不仅体现在产量上，还体现在品种上，品种结构不合理，品种行情好的时候，菇农们一拥而上，结果市场过剩后，出现菇贱伤农。当然，国家的政策和补贴措施有一定的调节作用，但仅靠政府的调控也只能解决眼前困难。近年来，河北食用菌的种植面积和产量稳步上升，如此巨大的食用菌生产量，如何把这些产品高效、准确并且安全地从生产者手中送到每一个消费者的餐桌上，是一个非常重要且复杂的过程。在食用菌的流通环节中，各流通主体是连接菇农和消费者的纽带，在生活水平日益提高的当下，消费者对食用菌产品的需求越来越大，对其质量要求也越来越高，给食用菌流通带来更大的挑战。

二、河北食用菌流通环节中存在的问题

（一）经营管理松散粗放

河北食用菌种植规模偏小、经营分散。以单个农户为生产单位，干多少就是挣多少，干得好便挣得多，很大程度上调动了生产的积极性，但也造成了小规模分散经营的问题，由此产生了生产的专业化程度低、种植规模化程度低和产品的标准化程度低，产品售卖议价能力弱，农户的抗风险能力也弱，从而形成"小生产"与"大市场"的矛盾。河北食用菌家庭种植占大多数，其中包含有些家庭种植棒数多，需雇佣长期工和短期工。但在调研过程中发现，受制于种植成本、雇工、资金和其他风险因素，家庭种植户难以再扩大种植面积，较大规模的种植可以赚取较为可观的利润，但家庭种植户大都难以将种植扩大到可以充分盈利的范围，因此种植规模还保持在较小的范围内。

（二）物流环节成本高

食用菌流通需要物流体系保障。虽然河北物流行业近些年发展迅速，但依然存在不少问题。相关数据显示，我国农产品流通成本一般占总成本的40%左右，其中鲜活产品及果蔬食用菌产品占60%以上，而国外发达国家物流成本一般控制在10%左右。而且农产品流通各环节因运输、包装的不统一等物流标准化体系的不完善，流通过程中多有质量问题出现，专业度有待提升。河北食用菌种植地域不均衡，食用菌物流配送以自营配送模式为主，由种植基地、流通企业将自己种植或收购的食用菌送至批发市场或其他流通主体，主要是以满足运货的送达为目的，难以实现全程物流，预冷环节难以保证，销地运输常为常温运输，整个环节损失巨大。目前河北食用菌加工配送的专业业务刚刚起步，通常是基地加配送中心的形式，而非真正的第三方食用菌物流配送企业。

（三）产品附加值低

河北食用菌流通过程中，以食用菌鲜品为主，加工产品数量较少且品类单一。河北食用菌的加工以初级加工为主，成品主要有盐渍食用菌、烘干食用菌、食用菌脆片，传统的加工工艺难以提高食用菌的产品附加值。食用菌自身具有很高的营养价值，应充分开发其健康因素，进行更深层次的开发。近年来，美国、俄罗斯、泰国等国家均开发出多款蘑菇咖啡产品，将蘑菇精华添加到咖啡中已不是件新鲜事，此类产品上市后倍受消费者关注。例如，美国洛杉矶一家公司推出的一款含益生菌的功能性蘑菇咖啡粉，该产品面市后在亚马逊"速溶咖啡"类别中销量稳居第一，超越了雀巢咖啡和星巴克咖啡两大知名咖啡品牌。

（四）食品安全问题比较突出

近年来，食用菌质量安全问题比较突出，农药残留和有毒有害物质残留超标，尤其是流通领域销售的食用菌质量安全问题较多，引起了媒体和社会的广泛关注。流通环节中食用菌质量主要存在重金属、农残超标及不明有毒有害物质等问题，对人体健康存在潜在的威胁。主要危害有：一是荧光增白剂，它是一类精细化工产品，被人体吸收后，在体内蓄积，大大削弱人体免疫力，加重肝脏负担，可导致细胞畸变。如果接触过量，毒性累积在肝脏或其他重要器官，就会成为潜在的致癌因素，危害人体健康。市面上有些不良商家会在双孢菇、鸡腿菇等食用菌上使用荧光增白剂或含有该成分的保鲜剂，使其表面十分光滑，颜色也比较白。二是食品级柠檬酸是饮料和食品行业的酸味剂、防腐剂。如果长期过量食用含有柠檬酸的食品，会导致体内钙质流失，出现低钙血症。而使用工业柠檬酸浸泡，化学残留会损害神经系统，诱发过敏性疾病，甚至致癌。此前就有用工业柠檬酸泡出致癌盐渍金针菇的例子，由于缺乏有关盐渍金针菇的标准，很难进行监管与处理。

（五）食用菌品牌知名度低

有好品牌的产品更好销，也更容易卖出好价钱。但就河北食用菌而言，形成品牌效应的不多。虽然已经形成了"平泉香菇""老乡菇"等地理标志品牌，但品牌知名度仍比较低。首先，小农小户的小规模分散经营，种植销售不可控，产品品质与数量难以保障，若品质没有监控好，某家某户某些产品出现问题，产地的其他产品也会受到牵连。其次，缺乏品牌推广，没有树立起品牌形象，缺乏市场竞争力。

三、促进河北食用菌流通的对策建议

（一）发展合作社，形成规模化经济

当前河北合作社并没有充分地发挥出其应有的作用，相关管理部门应号召合作社进一步完善其发展架构，形成党组织、合作社、农户相结合的组织架构，整合小规模的分散种植，将分散经营转化为统一收购、统一经营，最终为老百姓增收。农业合作社的存在，使千家万户的分散经营集中起来，在流通过程中直接提高菇农的议价权。合作社比单个农户更容易收集到有用信息，根据市场行情指导菇农合理种植，不断更新品种、统一管理、分批上市。此外，合作社要充分发挥第一监督人的角色，严格把好初始质量关，在技术和标准上给予农户标准化的指导，保护地理标志品牌。

（二）健全冷链物流相关设施和服务

食用菌生鲜产品具有较高的易腐性，在产品流通过程中必须有效保证鲜活程度，才能让产品的竞争力在市场中得以发挥。首先，建立农产品冷链物流园及冷库中心，将原有的物流、货运中心进行升级改造，提高冷链物流功能，并对园区内设备进行合理规划，实现"最先一公里"的预冷设想。其次，培养冷链物流人才，提高大众冷链物流意识。利用当下互联网的传播优势，向大众普及冷链物流相关知识及其重要性，使企业、消费者及社会各界人士意识到建设完善的冷链物流产业链的重要性，推动社会各界发挥自身力量为冷链物流人才培养作出贡献。例如，高校可设立专门的冷链课程来培养相应人才，科研机构可建立实训基地以供实训操作所用。再次，冷链物流设备本身存在投资建设成本高的因素，冷链企业要发展就必须进行创新，提高其附加增值能力。这就需要冷链物流企业转变商业

模式，向全方位综合型的物流企业转变，并在业务环节提高自身硬实力与软实力，利用完整的信息管理平台及优质的服务来简化流程，提高流通效率，减少流通损耗。

(三) 健全食用菌质量监管系统

食品安全问题十分重要，安全食品一个是"产"出来的，一个是"管"出来的，"管"就是标准的制定、执行等。河北食用菌产业良性发展，需要尽快建立起针对食用菌产业的数据库和信息平台，建立食用菌产品流通相关指标体系，将食用菌生产、加工、流通的数据进行有效的搜集与整理，并进行动态更新，从产前为河北食用菌质量保证提供标准依据。建立健全食用菌检测系统，政府要抓住有利时机，积极引导批发市场通过区块链技术打造从产地到消费者全渠道、各环节信息公开透明的追溯体系，确保供应链中各参与主体及时发现流通中的问题。完善食用菌食品安全追溯体系，使流通中各环节都包括在内，让消费者通过溯源码知道种植、加工、检测、运输等各项信息，保障农产品质量，真正做到让消费者"眼见为实"。

(四) 着力发展食用菌深加工产品

我国城乡居民饮食结构逐渐多元化，河北在京津冀地区坐拥巨大的消费市场，应着力发展食用菌精深加工业。在食用菌加工关键技术、产品研发、市场拓展等多个方面，对河北食用菌精深加工领域的发展现状和市场空间进行充分的市场调研。加大科技投入和产品研发力度，以高科技手段，生产健康产品，引领健康生活，研发出具有提高人体免疫力、优化体内环境的食用菌健康产品，形成食用菌调味品、食用菌休闲食品、食用菌保健食品等多元化的产品体系。

(五) 提高河北食用菌品牌知名度

有计划地举办河北食用菌学术、产品和菌类文化的交流活动，以提高河北食用菌产品、食用菌企业、食用菌企业家在国内外的知名度。定期举办河北食用菌文化交流节，以此为契机扩大河北食用菌流通领域；不定期举办食用菌行业专题研讨会，食用菌、药用菌产品订货洽谈会等活动。运用互联网电商平台，通过网店、直播等多种形式直观地展现河北食用菌的突出特点，通过互动沟通有利于广大消费者感受河北食用菌的优秀品质，提高河北食用菌品牌的知名度。同时做好品牌营销，通过新媒体的形式让河北食用菌进入大众眼中。

第十一章

河北食用菌品牌

品牌是具有经济价值的无形资产，用抽象化的、特有的、能识别的心智概念来表现其差异性，是产品在人们意识中的综合反映。品牌建设重在提升产业发展质量和强化产品质量安全，具有长期性。围绕食用菌产业链条生产各个环节，河北培育了一批创新能力强、标准实施严、质量安全好、市场占有率高、核心竞争力强的菌种供应、生产栽培、精深加工、物流运销等食用菌企业，树立了河北食用菌品牌，提升了河北食用菌产业核心竞争力和品牌影响力，增强了消费者的满足感和增加了生产者利益。

第一节　河北食用菌区域公用品牌

一、平泉香菇

平泉香菇是全国农产品地理标志产品。平泉香菇的营养价值高，独特口感和独特品质与其所处地理位置有一定关系，平泉香菇地域保护范围位于燕山山脉，属大陆性季风气候，昼夜温差大，低温时间较多，香菇生长缓慢，菇质硬实，非常适合变温结实的香菇栽培。

平泉香菇营养丰富，子实体具有菇质紧实、菇盖厚、柄短、不易开伞的独特品质；菌盖表面呈灰白色至浅褐色，表面光滑或花纹明显；外表含水量低；口味纯正、清香、有韧性，其干制品吸水膨胀后，复原性好，水质清澈、不破碎、不粘糊。据测算，平泉香菇的各种氨基酸含量均高于普通香菇。每 100 克香菇中含蛋白质 3.86 克、粗纤维 5.1 克、氨基酸总量 2.44 克（谷氨酸 0.58 克、缬氨酸 0.31 克、天门冬氨酸 0.2 克、亮氨酸 0.19 克、赖氨酸 0.15 克、丙氨酸 0.14 克、苯丙氨酸 0.13 克、苏氨酸 0.12 克、丝氨酸 0.12 克、甘氨酸 0.1 克、异亮氨酸 0.1 克、精氨酸 0.1 克、脯氨酸 0.09 克、组氨酸 0.05 克、酪氨酸 0.04 克、胱氨酸 0.02 克）、维生素 B_1 含量 0.056 毫克、维生素 B_2 含量 0.29 毫克、磷 0.12 克、铁 1.45 毫克。特别是多糖含量达到 18.72%，位居全国各主产地所产品种之首。

2010 年 12 月，平泉香菇获得农业部农产品地理标志登记；2016 年 5 月，平泉香菇获得国家质检总局生态原产地产品保护；2016 年 9 月，平泉香菇被评为"河北省十佳农产品区域公用品牌"。2017 年，平泉香菇登上了中国特色农产品优势区第一榜，并位列农业部等九部门于 12 月 6 日公布的中国特色农产品优势区（第一批）名单榜中第三。在 2017 中国农产品区域公用品牌价值评估中，"平泉香菇"的品牌价值评估为 13.36 亿元人民币，该评估从构成品牌强度的品牌带动力、品牌资源力、品牌经营力、品牌传播力和品牌发展力"五力"要件，根据材料的完整性、真实性等标准，采用科学、系统、量化的方法，以科学、客观、中立为原则得出。2019 年 11 月，平泉香菇入选中国农业品牌目录 2019 农产品区域公用品牌。

平泉市政府为将平泉打造成全国第一大香菇生产、交易地，给予香菇产业发展较大支持力度，包括支持企业发展、建成较大规模交易市场、发展与国内各大市场及国际市场的贸易等。平泉培养各类香菇经纪人 3 000 余人，建设香菇购销网点 100 余处，建成瀑河源、兴远、天远等流通企业（合作社）20 余个，特别是投资 5 亿元建成了总建筑面积 20 万米² 的中国北方最大的香菇交易市场，成为中国北方香菇产品集散地。在上海、成都等地设立了香菇直销、代销网点，并辐射二、三线城市。建成世界首家食用菌全产业链服务平台、线上线下一体运行的"中华蘑菇云产业园"项目。平泉有 11 家香菇出口企业，出口基地备案面积超过 1 万亩，以保鲜、速冻、盐渍为主的香菇产品出口至美国、日本、韩国等 16 个国家和地区，年出口额 2 000 多万美元。其中，鲜香菇出口量占全国出口量的 40% 以上，反季香菇占国内中高端市场份额的 50% 以上，平泉成为全国唯一产地定价优势市，并成为全国最大的反季节香菇生产基地。

2016 年，政府将"平泉香菇"品牌纳入平泉城市名片，将"平泉香菇"区域公用品牌和平泉城市品牌同步打造，动员社会各界力量，通过报纸、杂志、电视、网络、户外广告牌等形式，全方位展示"平泉香菇"形象。通过举办三届中国北方食用菌交易大会、首届中华菌文化节等全国性行业盛会，承办河北省出口食品农产品质量安全示范区建设现场会，积极参加广交会、廊交会、食品展会、蘑菇节、食用菌博览会、食用菌餐饮大赛等国内外展会和活动，"平泉香菇"品牌形象得以广泛传播，"平泉香菇"区域公用品牌知名度和影响力逐渐提升。将"平泉香菇"区域公用品牌建设与"森源""润隆""瀑河源"等企业品牌和"菇芳源""百菇宴"等产品品牌有机结合，探索"母子品牌"之路，通过区域品牌带动企业、产品品牌传播，同时在企业、产品品牌传播过程中体现"平泉香菇"品牌特色，实现区域整合力量与品牌个性价值协同发展。

2021 年 4 月 18 日，中国食用菌品牌集群成立大会暨"平泉香菇"区域公用品牌高峰论坛在平泉召开。"平泉香菇"进入中国农产品区域公用品牌 300 强，截至 2020 年底，全市食用菌生产面积达到 6.5 万亩，产量 60 万吨，产值 62 亿元，食用菌产业综合实力稳居全国县级第一。平泉市政府正在以"平泉香菇"区域公用品牌为抓手，探索平泉香菇产业"品牌化、电商化、标准化、生态化、金融化、现代化"发展模式，结合"平泉香菇"在文化、环境、品质、技艺、管理等方面的特色和优势，确立了"平泉香菇"区域公用品牌的口号："平泉香菇，源来更好"。进一步把提升平泉香菇产业运营能力、渠道控制能力、产业链各节点盈利能力、要素条件供给能力、抵抗风险能力和创新商业模式作为重点，以项目为依托，强化与京东等电商平台合作，加快现代化园区建设步伐，延伸产业链条，畅通销售渠道，打造知名品牌，由规模扩张向全产业链闭合发展转型，实现规模效益与边际效益同步提升，提高食用菌产业对农民收入增长和地方经济发展的贡献率。着力培育优势产业品牌集群，以集群品牌的力量参与全球竞争，通过品牌集群的成立和运作，加快推动国内食用菌企业与国际接轨，加快食用菌产品走向全国，走向世界、迈上国际舞台。

二、迁西栗蘑

迁西县地处河北东北部，燕山南麓，长城脚下，全县可耕地 17 498 公顷，林地 90 757 公顷，是一个"七山一水分半田、半分道路和庄园"的纯山区县。

迁西栗蘑是迁西人科技创新结出的硕果。迁西栗蘑子实体肉质，短柄，呈珊瑚状分枝，末端生扇形至匙形菌盖，重叠成丛，大的丛宽 40～60 厘米，重 3～5 千克；菌盖直径 2～7 厘米，灰色至浅褐色，有反射性条纹，边缘薄，内卷，菌肉白。栗蘑不光好看、好吃，而且重要的是具有其他菌类不可比拟的营养成分和药用价值。据农业农村部质检中心和中国预防医学科学院营养食品卫生研究所检验，每 100 克栗蘑含有蛋白质 31.5 克，含有 18 种氨基酸、总量 18.68 克，脂肪 1.7 克，粗纤维 10.7 克，碳水化合物 49.69 克，灰分 6.41 克，富含钾、磷、铁、锌、钙、硒和维生素 B_1、维生素 B_2、维生素 C、维生素 E、胡萝卜素等。其中，维生素 B_1 和维生素 E 含量是其他蘑菇的 10～20 倍，蛋白质的含量可与鸡肉、豆类相当。栗蘑的另一特点是富含膳食纤维，其含量是一般脱水蔬菜的 3～5 倍。

迁西栗蘑历史悠久，早在 1991 年，由迁西县食用菌研究所牵头，成立了迁西县栗蘑研究课题组，承担了河北省"八五"攻关课题《栗蘑人工驯化栽培技术研究》；1992 年开始小片区试验，栗蘑仿野生人工栽培获得成功；1994 年通过省级技术鉴定，同年被国家科委列入"星火计划"，并推广到全国各地；1996 年获得国家发明专利，至今已有 20 多年栽培历史。迁西栗蘑发展成果显著，2012 年，"迁西栗蘑"取得了农业部颁发的国家农产品地理标志登记证书；2013 年，迁西县被中国食用菌协会授予"中国栗蘑之乡"称号；2014 年，以迁西栗蘑为主要食材的栗蘑宴荣获"中国国际食用菌烹饪大赛团体冠军"。2015 年，迁西县被中国食用菌协会授予"全国优秀主产基地县"称号；3 月，"迁西栗蘑"被中国食用菌协会授予"最具投资价值产地品牌"；5 月，迁西栗蘑获国家工商总局下发的"迁西栗蘑"商标注册证书；8 月，"首届迁西栗蘑（灰树花）食药用价值推介会"在迁西隆重举行。12 月，迁西县政府被河北省食用菌协会授予"河北省食用菌现代园区示范基地县"称号，同时又获得"河北省食用菌产业扶贫突出贡献单位"等荣誉。迁西县也因此被评为中国栗蘑之乡、全国优秀主产基地县、全国栗蘑特色小镇。

截至 2019 年，迁西县栗蘑菌厂 25 家、食用菌专业合作社 16 家、食用菌公司 5 家，栽培总量达到 4 000 万棒，产鲜菇 8 500 吨，产值突破 3 亿元。如今，迁西县已成为国内最大的栗蘑（灰树花）生产基地，拥有注册商标 20 多个，栗蘑产业已成为继板栗之后，迁西县农业经济发展又一新亮点。

迁西县积极创新品牌建设，打造区域公共品牌。迁西县利用"迁西栗蘑"地理标志，实现"迁西栗蘑"公用品牌与企业自身品牌两者的统一，争创"中国灰树花产业基地"和"中国驰名商标"。积极扩大对外宣传迁西栗蘑，进行整体形象包装，通过媒体、平面、图文、网络和形象代言、产品包装等途径，扩大宣传，成为中国灰树花行业第一品牌。积极与中国食用菌协会和中国食用菌商务网密切联系，发挥"中国迁西栗蘑网"的作用，将迁西网站建设成为全面展示迁西产业形象、产业风采、产业文化、产业成果的窗口。在充分整合有限资源的基础上，以主要品种、主要产品、主要园区、主要产业链条环节为重点，加大技术人才引进，整合各类资金渠道，促使要素投入集成集约，强化关键技术突破和管理效能提升，大力推进迁西栗蘑基地建设，着力打造迁西栗蘑品牌，切实增强迁西食用菌产业健康可持续发展能力。

迁西县栗蘑正在围绕科研、菌种、市场流通、深加工、循环经济、包装、文化创意、产业配套管理等8个方面，在现有企业规模基础上，突出产业重点，加大推进重点项目建设力度，整合各类资源，形成拳头冲击，着力打造龙头企业，增强各个企业在产业链条上的影响力。在空白节点部位，分析产业形势，深入项目谋划，加大招商引资，加快企业建设，使整个产业链条各个环节均有科学技术支撑、强势企业引领、知名产品覆盖、靓丽品牌树立和产业文化延展，迁西栗蘑产业有深度、有厚度、有亮度、有长度、有强度，营造出良好发展环境和培育产业核心竞争力。

三、灵寿金针菇

灵寿县位于河北中南部，太行山东麓，东与行唐县相邻，南与石家庄市接壤，西接平山县，北通保定市阜平县，西北部与山西省山体相连。灵寿县南北较长，东西较窄，地势自西北向东南倾斜，西北为山区，中部为丘陵，东南隅是冀西平原的边缘。灵寿县农业独具特色，发展迅速，是"国家食用菌生产基地县""中国金针菇之乡""河北省食用菌之乡""国家食用菌标准化示范县"。灵寿县以金针菇、白灵菇、杏鲍菇、鸡腿菇等为主的食用菌种植面积达680万米²，年产量11万吨，产值7.2亿元，纯收入3.5亿元。灵寿县已经注册并规范运行的合作社有15家，并以灵寿县冀乐食用菌专业合作社为代表成立了灵寿县食用菌专业合作社联合社。

灵寿县气候南北差异较大，生产的金针菇以其菌盖滑嫩、柄脆、营养丰富、味美适口而著称，具有热量低、高蛋白、低脂肪、多糖、多种维生素的营养特点。经检测，灵寿金针菇每100克含蛋白质2.02毫克，氨基酸总量1.31克（富含缬氨酸、蛋氨酸、异亮氨酸、苯丙氨酸、亮氨酸、色氨酸、苏氨酸、赖氨酸等8种人体必需氨基酸），钾元素389毫克，碳水化合物6.1克，粗纤维0.67克，锌元素0.49毫克，是凉拌菜和火锅的上好食材。灵寿金针菇是秋冬与早春栽培的食用菌，完全可在黑暗环境中生长，能制造碳水化合物等营养物质，尤其是对儿童的身高和智力发育有良好的作用，人称"增智菇"。

自2000年以后，灵寿县大力抓了优势食用菌产业品牌建设，2002年被河北省农业厅授予"河北省食用菌之乡"，2005年被中国食用菌协会授予"中国金针菇之乡""全国标准化示范县"，2006年"灵洁"牌食用菌被评为"全国食用菌行业最具影响力品牌"，同年被评为"河北省著名商标"，2007年被评为"河北省第八届消费者信得过产品"。2010年"灵寿金针菇"通过农业部地理标志登记，灵寿县被评为"食用菌生产优秀基地县"。2016年9月京津冀首届蔬菜产销对接大会上"灵寿金针菇"被评为十大地方特色蔬菜。

灵寿金针菇主要采用棉籽壳、麸皮等为原料，生长于半地下菇棚（宽7~8米，长14~15米，总面积100~120米²，总高度1.8~2米，下挖0.6~0.7米，上边垒1.2~1.3米，土墙厚度为0.5~0.7米，或砖墙厚度0.37米）。使用符合国家《食用菌菌种管理办法》规定已登记注册的优良品种，并经过栽培试验证明该品种的习性适应灵寿地区气候条件，抗逆性强，抗杂菌力强，菌丝生长健壮，原基生长整齐，子实体生长快，速生高产，商品性好。生产过程对质量技术要求严格，发菌期温度控制在 18～25℃，空气相对湿度在 70% 以下。采收的标准是菌盖轻微展开，菌盖开伞度 30%，菌盖直径 1～2 厘米，菌柄长度 13～15 厘米。鲜销的金针菇要求在菌盖六七分开时采收，不宜太迟。灵寿金针菇从产地选择、品种选择到温度控制和采摘都有严格的要求，保证了其产出的金针菇的高品质。

灵寿县正在积极引进食用菌企业，搞好食用菌深加工及冷链物流、鲜品存储、市场销售等。在培育品牌的同时，对内积极对品牌保护，标准化组织生产，严把质量关，保证品牌的名副其实。对外积极组织企业参加农产品展示会、交易会、推介会，通过新闻媒体、电视、电台宣传，公益广告制作，积极宣传、推广品牌。

四、遵化香菇

遵化市位于河北东北部，为燕山南麓山间盆地，属温暖带半湿润的大陆性季风气候，年平均气温 10～11.5℃，昼夜温差大，四季分明，干湿季节明显。年太阳辐射总能量为 531.8 千焦/厘米，多年平均日照时数为 2 705.9 小时，年有效积温 4 285.9℃，多年平均降水量为 804.2 毫米。冬季利用日光温室、夏季采用简易遮阴棚即可实现香菇周年生产。遵化市有林面积 116 万亩，小麦种植面积 20 万亩，玉米 40 多万亩，花生 15 万亩，年产各种作物秸秆 30 万吨。林业加工下脚料，板栗、苹果、梨树等修剪下来的枝条及大量的麸皮等为食用菌生产提供了原辅材料。

遵化香菇子实体为半球形，由菌盖、菌褶和菌柄三部分组成，中等大至稍大。菌盖直径 4～6 厘米，呈扁平至稍扁平，表面淡褐色至褐色、深肉桂色，中部往往有深色鳞片，而边缘常有污白色毛状或絮状鳞片。菌肉白色，稍厚或厚，细密，具香味；菌褶白色、密、弯生、不等长。菌盖厚度大于 2 厘米，近半球形或伞形，开伞度小于 6 分；菌柄长小于菌盖半径，白色、稍弯曲，长 2～6 厘米，粗 0.5～1.5 厘米，单果重 30～50 克，无异味，可鲜食。遵化香菇营养丰富，含蛋白质、维生素 B_1、维生素 B_2、铁、氨基酸。其中，每 100 克含蛋白质大于 4.12 克、维生素 B_1 大于 19 微克、铁大于 0.84 毫克、氨基酸总量大于 2.39 克。

2013 年 9 月 10 日，农业部正式批准对"遵化香菇"实施农产品地理标志登记保护。同年遵化香菇保护面积 600 公顷，种植面积 550 公顷，产量达到 9 万吨。此后遵化香菇开始了规模化生产。

为保证香菇的质量且保护环境，遵化在长期实践中摸索出了一套适合遵化香菇生产的特定生产方式，制定了包含生产前、中、后各环节的标准。遵化香菇生产基地选择通风、避北风、向阳好、水源近、有电源、地面平整、排水畅通的地块。遵化香菇采用日光温室进行生产，冬季菇生长期在 8 月至次年 6 月，夏季菇生长期在 4～10 月。遵化香菇生产的整个棚室采用全钢架结构。配料主料采用木屑 79%，辅料采用麸皮 15%，玉米粉 5%，石膏 1%，主辅料干燥无霉变，配料过程保持主料和辅料的均匀度、含水量。对于产品收获及产后处理方面，遵化香菇选择菌伞尚未完全张开（菌盖 70%～80% 展开时），菌盖边缘稍内卷，菌褶已全部伸直时，为采收最适期，在晴天进行采收，并将采收的香菇分级、分品种存放。远途运输时内包装用聚乙烯塑料袋抽真空包装，外包装用聚苯乙烯泡沫保温箱；冷柜运输时，用纸箱打孔内垫隔纸板包装。就近内销时采用塑料周转箱包装。生产全过程建立生产记录，对生产情况、病虫害发生情况、补水情况、技术措施等进行全面记载和妥善保存，以便追溯。

遵化市委、市政府把以香菇为主的食用菌产业，作为调整农业结构、发展现代农业、推动乡村振兴的主导产业之一，在资金、技术、配套设施建设等多个方面为农户提供优质服务，实现了规模化、集约化、标准化发展。"以'第一个吃螃蟹'的精神推动香菇产业稳健发展"，针对本地均为冬季菇，存在上市时间集中、产品价格逐年走低等问题，遵化市在巩固冬季香菇产业的同时，积极加强新品种引进和技术培训，鼓励菇农巧打"错季牌"。同时积极拓展衍生品，其中"香菇鸡蛋"是该市菇农延展香菇产业链条的有益尝试。在聚农农业生态养殖基地，5万只海兰褐壳蛋鸡全程喂养香菇发酵后的混合粮食，所产的鸡蛋售价2元/个，畅销北京、唐山等地商超。将香菇进行发酵，发酵过程中酵母菌等有益菌，使得香菇内的营养成分更容易被蛋鸡吸收，再配合谷物粮食等饲喂蛋鸡，所产生的鸡蛋富含核苷酸、维生素D等营养物质，较市场上普通产品具有更高的营养价值。

秉持"创新才能持续发展"的理念，农产品精深加工成为延长香菇产业链、提升价值链的硬核举措。遵化市在政策上不断为国家级农业产业化龙头企业"加码"，扶持美客多、广野等一批农产品深加工企业，开发出食用菌保鲜、烘干、速冻、腌渍、罐头、休闲食品等多种产品，畅销国内及日本、美国、俄罗斯、欧洲等国家和地区。遵化市还在农旅融合方面做文章，不断加大对食用菌休闲观光产业的投入，相继建设了科技馆食用菌展览厅、食用菌研究所产品展示厅、秀芝家庭农场、正和伟业食用菌合作社等休闲观光、采摘等项目，发展特色休闲农业旅游点。

五、阜平老乡菇

一是"蘑菇县长"抓落实。阜平县成立了食用菌产业发展领导小组，由县长任组长主抓产业发展。出台了具有地方特色的食用菌产业扶持政策，大力开展奖补措施。通过合资建立商业化运作的融资担保公司，扩大产业贷款担保范围，成立惠农担保公司等举措强化金融支撑，与人保财险公司建立联办共保机制，加大对灾害险、产品质量责任险的支持力度，实施保险兜底。二是龙头企业做引擎。阜平县委、县政府在食用菌产业发展中，培育了一批对产业和贫困农户有带动作用的龙头企业，以嘉鑫公司为首，通过政府扶持和企业改造升级，推动与食用菌产业高端技术融合，做大做强。强力推动原有合作社规范提升，以鑫阜达合作社为重点，推进管理经营园区化，促进改造升级，进行精细化管理，打造自身品牌，提高经营效益。三是科技助力谋创新。阜平县采用了高起点规划、高标准建设、高技术创新、高质量发展的"四高"模式。与国内各高校和科研院所进行合作，对贫困农户定期开展技术培训指导，专家团队为企业提供智力支持。四是多重收益保增收。通过包棚挣现金，通过务工挣薪金，通过固定收益得股金，通过统筹协调分"红"金。五是品牌唱响"老乡菇"。阜平县食用菌产业按照"六统一分"的管理模式，由企业统一建棚、统一品种、统一制袋、统一技术、统一品牌、统一销售，由农户分户经营管理。从源头加强质量管理，推广标准化生产，开展食用菌绿色食品认证、地理标志农产品认证，提高食用菌质量安全水平，打响"老乡菇"品牌。

2016 年 5 月 18 日成立阜平县老乡菇菌业发展有限责任公司，经营食用菌研发、种植、加工、包装、运输、储藏、收购、销售，食用菌种植机械设备销售，食用菌种植原辅材料收购、销售；菌棒销售，菌种培育及销售，生态农业观光服务，食用菌栽培技术推广，技术管理服务，开展技术交流和信息咨询服务并提供技术指导。产品通过分级采摘、统一包装、冷链运输，大批量的鲜菇被运送到京津冀各大蔬菜批发市场；为拓宽销售渠道，也有部分产品被运送到长三角、珠三角地区的销售市场。为对接高端消费市场，公司注册了"老乡菇"品牌，并对该品牌进行了专门的 LOGO 设计，建立了条形码识别，为实现农产品绿色认证、产品质量可追溯奠定了基础。公司已与央视网商城对接，依托全国知名网购企业，在京东、淘宝、阿里巴巴等网站开设网店，开拓香菇销售网上渠道。公司同时计划依托物联网设备等高科技手段，发展智慧农业，通过线下专柜、线上专区项目，开展线下兆邻体验便利店专柜陈列、线上商城专开阜平专区，进行阜平菌类产品专题专项售卖，将阜平老乡菇菌类产品打入高端消费市场，实现销路拓展与品牌缔造的双赢。

第二节 河北食用菌企业品牌

一、平泉"瀑河源"

平泉市瀑河源食品有限公司始建于 2001 年，注册资金 2 883.09 万元人民币，现拥有总资产 1.3 亿元人民币，公司以干、鲜香菇的收售为主业。

"瀑河源"牌商标于 2003 年申请成立，并于 2013 年 12 月获得"河北省著名商标""河北省名牌产品"，位列河北省十大优秀食用菌品牌之首，公司也先后被评为"承德市农业产业化经营重点龙头企业""承德市科技型龙头企业""河北省农业产业化经营重点龙头企业"，于 2014 年度获得 QS 生产许可证。公司现正申报中国驰名商标，2016 年在中国香港、中国澳门、韩国进行了商标注册。随着城乡居民生活水平的不断提高，以及对品牌意识的不断增强，"瀑河源"牌食用菌产品得到了消费者高度认可，并在国内外消费者心里已赢得了"安全和品质"的认知。"瀑河源"牌香菇远销美国、日本、韩国等发达国家，在国内大中城市均有销售，年销售鲜香菇 16 000 吨，营业额超 1.8 亿元，出口创汇 240 万美元，拉动了平泉的香菇市场发展，确保了平泉香菇价格稳定和菇农利益。

公司在平泉市的卧龙镇、梓椤树镇、柳溪镇、台头山乡建设高标准生产基地 1 800 亩，是平泉市省级农业科技园区核心示范区，具有较强的种植、科研示范作用，园区采用先进的管理模式，使品种、生产模式、生产周期、资源达到最合理配置。公司采用"公司＋合作社＋基地＋农户"为一体的经营模式，使农户和企业形成产、供、销的利益共同体，以高出市场价位的标准收购社员的香菇，而菇农保证供应产品的质量，带动农户6 000 余户从事食用菌生产。

公司在全国建立了庞大的营销网络体系，在各大、中等城市建立了直销点；国外主要销往美国、英国、韩国、日本等发达国家，其中通过首尔众鑫菇菜贸易有限公司，直接对韩国进行终端销售，仅 2014 年出口韩国香菇达 1 500 吨，出口蘑菇菌丝 50 万棒，出口创汇突破 500 万美元，农户平均增收 0.5 元/千克，首尔公司的设立也成为平泉市食用菌产业在韩国市场销售的一个重要窗口。这种稳定的营销体系使公司的销售量、销售额不断攀升，保证了市场产品不积压，解决了菇农的后顾之忧。

二、光明"九道菇"

河北光明九道菇生物科技有限公司成立于 2015 年 4 月，为光明食品集团上海五四有限公司旗下的食用菌生产企业，注册资本 5 000 万元，公司位于河北省邢台市临西县轴承工业园区内。公司投资的食用菌项目分二期实施。一期用地面积 156 亩，总投资 3.62 亿元，总建筑面积 101 252 米^2，建设日产 31 万瓶、年产 42 000 吨金针菇生产基地。河北光明九道菇生物科技有限公司建有高标准的搅拌车间、装瓶车间、培养车间、搔菌车间、栽培车间、包装车间、动力车间、冷库、包装材料库，以及办公楼、实验室、食堂、宿舍等，该项目已经建成，是国内至今为止单体规模大的工厂化食用菌栽培基地。二期用地面积 150 亩，总投资 4.31 亿元，总建筑面积 92 000 米^2，建设日产 25 万瓶、年产 17 500 吨真姬菇工厂化栽培基地。

公司推行食用菌工厂化周年栽培，既符合国家产业政策，又切合集团实际情况，可使河北区域的资源优势、区位优势与企业本部的经营达到优势互补，从而进一步推动光明食用菌产业的现代化、规模化、标准化发展，不断提高公司的技术研发水平和市场竞争力，保障公司长期稳定可持续发展，并为打造成为国内一流的食用菌生产企业奠定坚实的基础。

公司倡导绿色、可持续发展理念，其生产所使用的原料全部来自农林业下脚料，如麸皮、米糠、棉籽皮、玉米芯、木屑等，年可消化当地玉米芯 1.26 万吨、棉籽壳 4 900 吨。经过科学配比，高压灭菌，整个生产过程不使用农药、化肥和激素，出菇后的废料又是良好的生物质燃料，每年可节约 3 000 吨燃料柴油，还是生产生物有机肥的主要原料，不会造成二次污染。每袋产品要经过严苛环境条件下的九道生产程序，包括种菌选育、基料培养、灭菌瓶栽、无菌接种、低温栽培、净化育收、生物检测、保鲜包装、冷链物流，所以产品命名为"九道菇"。

公司致力于推进"增品种、提品质、创品牌"，产品曾获得河北省名牌产品、食用菌十佳品牌等称号。光明"九道菇"积极推广"一荤一素一菇"的膳食理念，不断深化金针菇、蟹味菇、鹿茸菇等食用菌品种的自主研发与培育工作，更好地服务全国人民的"菜篮子"，满足人民对绿色、安全、放心、健康的食用菌产品需求。公司对于推动临西县深化农业供给侧结构性改革，加快建设省级现代农业园区、科技示范园区，推进现代农业高质量发展，发挥了示范引领和支撑带动作用，为临西县及周边县市的农村剩余劳动力提供了 1 000 多个就业岗位，促进全县 6 000 多个农户实现增收 1.8 亿余元，对于贫困人口"加速度"脱贫致富发挥了极大的助推作用，带动了当地塑料、食品加工等 10 多个关联产业发展，为大众创业提供了利好平台。

三、平泉"森源"

承德森源绿色食品有限公司是一家集食用菌基地建设、产品研发、生产、销售为一体的全国食用菌行业十大龙头企业，具有进出口经营权。生产加工能力达 2.6 万吨，其中罐头产品 2 万吨，速冻产品 6 000 吨。公司是以天然野生菌、优质人工栽培菌为原料进行生

产加工的河北省农业产业化重点龙头企业、河北省质量效益型企业、食用菌行业信用等级
AAAA 企业。公司先后通过了 ISO 9001：2008 质量管理体系、ISO 22000：2005 食品安
全管理体系认证、出口欧盟 IFS 认证、出口美国 FDA 认证，拥有食用菌功能发酵饮品、
有效成分提取技术等发明专利 4 项，速冻产品生产技术、罐头产品生产技术科技成果
2 项。

公司"森源"牌产品有饮品系列、蘑菇酱系列、冷藏冷冻中央厨房系列、进出口系列
和调味料，包括盐渍食用菌、速冻食用菌、食用菌干制品、植物蛋白饮料、杏仁露、银耳
羹等，主要销往德国、法国、意大利、俄罗斯、乌克兰及中东等国家和地区。蘑菇酱罐头
畅销河北，热销京津，辐射辽蒙。其产品为"河北省名牌产品""河北省优质产品""消费
者可信赖产品"，"森源"为河北省著名商标。

四、承德"双承"

承德双承生物科技股份有限公司厂区坐落于河北省承德县头沟镇，占地 4 100 余亩，
有双庙、瓦房两个生产厂和朱营等七个出菇园区。公司建立食用菌菌种研发中心、菌种
厂、食用菌种植、食用菌深加工、生物有机肥生产等多元化农业模式。自产"双承"牌杏
鲍菇已取得国家绿色食品使用证书，产品畅销全国各地。

"双承"完成研发中心、菌种厂和食用菌种植项目建设，达到了年产食用菌栽培种
3 000 万袋、年产杏鲍菇等食用菌 15 000 吨的可观效益。公司研发的技术引领了食用菌行
业的发展方向，为食用菌技术改革探索了新的模式。公司使用独特的控制系统，使得菌种
培养过程更加符合食用菌生长的生物学环境，也降低了培菌成本；使用独特的原料配方技
术，将杏鲍菇原料配方中的木屑占比降到 15％以内，黑木耳原料配方中木屑占比由 88％
降到 60％以内。

"双承"杏鲍菇生长在空气清新、环境优美的承德县头沟镇，享受着饮用级别的地下
水灌溉，出生在全国最大规模的气膜培菌车间。杏鲍菇产品形状不大，但营养成分丰富，
有 25％的植物蛋白含量，18 种人体所需的氨基酸，可以提高人体免疫力，还可以增进肠
胃的消化和吸收功能，是集食用、药用、食疗于一体的珍稀食用菌新品种。不仅营养成分
丰富，而且口感好，菌香浓郁，入口爽滑，有嚼头。除了杏鲍菇鲜品之外，还有"双承"
牌杏鲍菇干品，在干制时仍保持了肉质饱满、入口香滑、脆嫩鲜美的口感，且泡发率较
高。"双承"牌杏鲍菇已通过中国邮政邮乐网传播到了全国各地，得到了全国人民的认可。

五、张北"绿健"

河北绿健食用菌科技开发有限公司主要从事食用菌菌种选育扩繁，食用菌栽培技术开
发与推广，食用菌产品收购、加工及销售等业务，2010 年已被市政府认定为农业产业化
重点龙头企业。

公司先后与十多家出口企业合作，开展平菇、香菇、双孢菇等品种的盐渍品、鲜品、
干品的加工出口和菌棒的加工出口。

河北绿健食用菌科技开发有限公司以"育天然菌菇，办惠农企业"为宗旨，坚持"政
府支持，科研先行，标准化生产"的生产路径，着力做大做强已注册的"野狐岭"品牌。

公司启动了"提标、升级、扩模"工程，按照政、企、研、农联袂的形式搭建致富平台，形成"政＋企＋研＋农"共赢的模式。政，即河北省农业农村厅和郝家营乡政府。省农业农村厅负责菌种提供及产品销路推荐，郝家营乡政府负责企业帮扶和农民对接协调服务。企，即本企业负责按照规划和绿色生态、可持续发展的要求，完成提标、升级、扩模工程；创办惠农企业，发展农户、对接市场，负责产品回收销售。对接科研院所，建设科研转化基地。研，即中国农业大学农学与生物技术学院、河北师范大学生命科学学院负责科研和技术指导，主要是品种的更新换代和产业链条新生代产品研发。农，即发展当地农户，对于冬暖式大棚，按照农企合作的形式，可以承包，也可以免费种植，企业按合同价回收产品，形成"政＋企＋研＋农"共赢的模式。把企业打造成全国优质菌种扩繁基地，换代菌种科研技术转化示范基地，"政企研农"联合扶贫攻坚示范基地。

六、宁晋"盛吉顺"

河北盛吉顺食品有限公司成立于 2014 年，注册资金 1 000 万元，占地面积 16 660 米²，主要从事合作社农户种植的产品速冻加工及进出口业务。公司涉及品种有羊肚菌、羊肚耳、猴脑菇、桑黄、姬松茸、平菇、姬菇、草菇、金针菇、台湾秀珍菇、黑皮鸡枞菌等、年产食用菌上万吨。

盛吉顺食用菌拥有商标"盛吉顺"，基地种植的产品获国家绿色认证，地理标志产品"宁晋平菇"和区域品牌"宁晋羊肚菌"产品获得 HACCP 和 ISO 22000 国际认证，产品质量达到国内外同行业先进水平。2013 年种植基地通过了河北出入境检验检疫局出口备案，成功创建了"出口食用菌标准化示范县"生产基地。2018 年被评为"河北省现代农业产业体系食用菌创新示范基地"，2019 年被评为"河北省扶贫龙头企业""河北省外贸转型示范基地"，2020 年被评为"河北省农业创新驿站"。盛吉顺合作社负责安排种植计划，为农户提供食用菌的产前、产中、产后技术、信息、生产资料购买及产品加工、储藏、销售服务，采用"公司＋专业合作社＋种植户"的管理模式，形成食用菌新品种研发、种植、采摘、加工、销售、出口一条龙的产业发展模式。紧扣市场脉搏，确定了"巩固老品种、发展高精尖"的思路，重点发展高端品种，荣获"中国产学研工匠精神奖"的高级农艺师李建华攻克了珍稀菌种羊肚菌的高产稳产难题，科技厅立项为"霞中南羊肚菌高产栽培技术"，拥有自己的专利，创下亩产 1 350 千克的单产纪录，实现了羊肚菌"南菇北移"高产稳产栽培技术。目前羊肚菌种植技术的"火种"，已经撒播到全国各地，共计上百万户农户因此增收致富。盛吉顺食用菌现形成全系列研发、种植、加工产业链，以"不忘初心，牢记使命"的信念进入了快速发展轨道，稳占国内外食用菌市场，产品销往北京、大连、广州、上海等国内的各大城市，以及出口至美洲、欧洲、东南亚等地区。

第三节　河北食用菌产品品牌

一、菇芳源

"菇芳源"牌食用菌产品是承德森源绿色食品有限公司生产的"河北省名牌产品""河北省优质产品""消费者信得过产品"。公司建有"河北省食用菌加工工程技术研究中心"，拥有发明专利 4 项，外观专利 6 项，速冻产品生产技术、罐头产品生产技术科技成果 2 项，是全国食用菌行业十大龙头企业、河北省农业产业化重点龙头企业。公司主要生产经营食用菌罐头、调味食品、速冻、盐渍、鲜品、干品等六大系列百余种不同规格的产品。

自建立以来，公司始终把产品质量和科技含量放在公司发展首位，产品生产工艺先进、管理体系严谨，产品质量和科技含量在国内处于领先地位。在"把管理做细、把产品做精、把市场做宽、把企业做实、把基地做好"经营原则的指导下，公司产品 80％ 成功出口至德国、法国、俄罗斯、乌克兰及中东等国家和地区，出口创汇能力居河北同行业首位。

"菇芳源"系列深加工产品主要为蘑菇酱，也有果蔬罐头、肉制品、盐渍食用菌、速冻食用菌、食用菌干制品、干煸蘑菇、即食菇菜、鲜菇拌面等 100 多个品种。其中蘑菇酱有下饭神器之称，目前人们生活节奏较快，蘑菇酱这类速食产品深受消费者喜爱。"菇芳源"注册商标于 2017 年被认定为中国驰名商标，是平泉市食用菌行业首次获得如此殊荣，这进一步提升了平泉市食用菌知名度，促进平泉市食用菌产业提档升级。

二、百菇宴

承德京美农业开发有限公司注册资金 5 374 万元。公司位于风景秀丽的平泉市北部老哈河河畔。公司主要经营集工厂化种植、加工、销售、观光体验、农产品推广于一体的现代化农业循环经济产业园区，公司建设项目被列为河北省重点项目，项目规划总占地 10 000 余亩，设计总投资 12 亿元。项目一期已建成双菇工厂化种植区、生物有机肥加工区、食用菌深加工区，二期建设食用菌休闲及功能食品加工区，三期建设食用菌循环经济及一二三产业融合发展区。承德润美食品科技有限公司是承德京美农业开发有限公司的全资子公司，是以食用菌深加工产品的研发、生产、品牌运营、全渠道营销为主的科技企业，公司拥有现代化食用菌生产线 6 条，速冻、保鲜冷链库 3 万米^3。公司通过了 ISO 22000 国际食品安全管理体系认证和 BRC 国际体系认证，借助企业母公司多年来形成的团队优势、资源整合优势、市场策划优势、全渠道运作优势，致力于打造中国食用菌第一品牌。

百菇宴是润美食品旗下的食用菌品牌，其产品包含菌菇煲系列、蘑菇好礼系列、蘑菇佐餐系列、火锅食材系列、椒麻捞汁系列、初加工食材类和臻菌佛跳墙。百菇宴蘑菇产地为承德平泉，生态条件得天独厚，地处辽河平原与内蒙古草原交界处，拥有辽河源国家级森林公园，境内自然条件好，水资源丰富。百菇宴蘑菇拥有深厚的历史文化底蕴，产自皇家圣地，带有皇家符号，彰显百菇宴蘑菇的高贵品质。百菇宴蘑菇拥有完善的全产业链，是从种植到餐桌全程可追溯的放心蘑菇。润美食品树立国内先进的研发理念，培养专业人才，与食用菌研发中心建立了良好的合作关系，并加大投入使得最终产品多样化。蘑菇种植时保证每一个蘑菇都是有户口的，做到产品安全，保证供应的产品符合国家出入境检验检疫局的检测标准。润美食品拥有多条速冻生产线，年加工能力 10 000 吨，有技术人员 300 多名，确保生产质量的稳定。润美食品与国内各大城市的冷冻、冷藏运输体系建立战略合作关系，保证客户的配送时间，将产品出口到十几个国家和地区，且基本覆盖了京津冀的速冻品批发市场，建立了以超市、特产店面为支点的销售网络。公司通过这一系列举措，来保证品牌产品质量，增加品牌影响力。

三、鲜菇道

河北丰科生物科技有限公司是上海丰科生物科技股份有限公司在秦皇岛建立的全资子公司，计划分三期建设，总投资规模 8 亿元。上海丰科生物科技股份有限公司成立于2001 年 12 月，是目前国内先进的集珍稀食用菌研发、生产、贸易于一体的上海高新技术企业。公司位于上海奉贤现代农业园区，总占地面积约 150 亩，建有 2 个分厂，食用菌加工厂房总面积近 100 000 米^2，总投资近 3 亿元，具有年产 13 000 吨食用菌鲜品的生产能力，拥有独立自主核心知识产权专利 80 多项，是国家农业标准化示范区基地。公司现有员工 300人，其中管理和工程技术人员 95 人，成为国内蟹味菇的生产基地和国内知名食用菌品牌。

丰科是目前世界上先进的蘑菇种植工厂，采用立体式砖瓦结构建筑厂房，全天候智能调控温度、通风、湿度与光照，模仿蘑菇的最适宜生长条件。整个生产工艺使用世界上最先进的设备，并且全工艺链采用流水线操作，蘑菇在菌丝生长和出菇阶段采用高密度、立体化种植方式，大大减小了空间，不与粮争田；种植蘑菇的培养基采用麸皮、米糠、玉米芯、棉籽壳等农业下脚料精确配比，采用塑料瓶栽，不与人争粮，体现了农业的机械化、智能化、信息化、现代化。

丰科是河北省秦皇岛市农业产业化重点龙头企业、国家高新技术企业、全国绿色食品示范企业，拥有国内注册商标 20 个，拥有国外注册商标 3 个；丰科坚持走自主创新之路，企业技术中心是业内领先的技术平台，拥有核心技术人员 65 人，占员工总数的 21％。目前拥有有效专利 56 件，其中发明专利 12 件；已提交国家知识产权局的专利申请有 39 件，全部为发明专利。蟹味菇、白玉菇、灰树花、鹿茸菇通过省级 SGS 检测报告。丰科凭借自身的良好研发平台，积极开展技术创新，不断培育新的工厂化栽培优良菌株，开发先进的配方和工艺，综合技术水平处于国际先进、国内领先，多项科技成果填补了国内空白。丰科在不断提升研发能力的同时，大力促进了我国食用菌行业的人才队伍和工厂化生产的现代化发展。

丰科打造了业内领先的销售模式和销售网络，不断提升丰科产品的市场占有率和品牌影响力。在国内，实施"以餐饮为龙头，以商超为展示，以农贸为辅助，以团购为补充"的全面市场开发策略，鲜品包装采用塑料卷膜小盒精美包装，保鲜时间长，并根据品种、品相及进出口采用不同包装，包装形式超过 10 种。而且构建了以长三角、珠三角、环渤海为中心，辐射全国核心大中型城市的营销网络。在国外，产品畅销澳大利亚、日本、欧盟、新加坡、马来西亚、南非、以色列、越南、泰国、美国等国家和地区。丰科以绿色健康的产业优势，在不断做大做强的过程中，将独特的菌菇营养和菌菇文化传向世界的各个角落，积极引领食用菌消费的新时代。丰科以全球化视野和长远目标来制定科学的发展战略，以打造国家级龙头企业、创建国家食用菌知名品牌为目标，不断开发具有独立自主知识产权和市场前景的珍稀食用菌新品种，引入农业生态旅游、生态养生等新元素，让驯化培植与农业生态旅游、生态养生相得益彰，不断提升企业的综合效益和可持续发展特性，引领未来农业企业新潮流。

目前，公司拥有国内外注册商标多个。其中，主导商标"Finc"于 2007 年底被认定为上海市商标。丰科蟹味菇、丰科白玉菇先后荣膺中国绿色食品、上海市专利新产品等荣誉称号。

"鲜菇道"是公司于 2011 年隆重推出的产品品牌，既是对原有丰科品牌"丰承芝栭，科育鲜菌"的进一步诠释，又体现了丰科独有的菇道文化，即"丰科鲜菇道，道法自然"。"鲜菇道"生产所用原材料全部源于农业天然植物体，不添加任何药剂及添加剂，且产品生产周期长，自然营养好；原材料入厂需经过严格检验，每年送第三方进行检验。生产所用配方经技术中心多年反复试验获得，为菇体生长提供充足的营养成分。生产过程中所用的原材料搅拌、装料采用日本进口全自动设备，节能高效，并保证每一瓶中原材料营养均匀一致。装料后经高压湿热灭菌，消除原材料自身所带的有害微生物，减少污染。采用自动化接种方式，引用日本先进自动化接种设备，员工每日对设备及接种环境进行卫生清理，确保无污染。人工调控菇体生长所需温度、光照、空气、湿度、通风条件，保证菇体生长环境适宜；培养、栽培过程中，不使用任何农药，保证全程无药剂污染。及时采收，以避免菇体开伞营养流失。菇体采收、包装、储藏均在低温下进行，保障产品保鲜期。包装过程中尽力避免菇体拆分、菇盖破损等现象，朵型美观。包装膜采用 BOPP 防雾膜，透气性好，菇体保鲜持久。

公司秉承"成为世界一流的珍稀食用菌生物科技企业，引领食用菌消费新时代"的经营理念，搭建成长平台，成就员工价值，以创新科技的健康产品，满足人们对高品质生活的需求。以创新为先，以诚信为本，强化危机意识，实施百年创业。

四、口福来

魏县福来食用菌专业合作社由刘瑞芹、苗银德等人发起，于 2007 年 12 月 8 日召开设立大会，于 2008 年 1 月 16 日正式注册，成员组成全部是农民，注册资本 510 万元，收益分配机制是按出资数额比例盈利分红。年实现产值 2 000 万元，纯利润 1 000 万元以上。园区占地 234 亩，其中菌种生产厂区 34 亩，食用菌生产基地 200 亩。年生产二级菌种 12 万袋，栽培种 120 万袋，年生产平菇、白灵菇等食用菌 3 000 吨；年消化作物秸秆 3 000 吨以上，示范推广优平 680、黑白膜等新品种、新技术十余项，辐射带动面积达 1 万多亩。

以社员为主要服务对象，依法为社员提供农业生产资料的购买，农产品的销售、加工、运输、贮藏以及与农业生产经营有关的技术、信息等服务。组织食用菌生产，开展食用菌购销；组织采购、供应社员所需的生产资料；开展社员所需的运输、贮藏、加工、包装等服务；引进食用菌新技术、新品种，开展技术培训、技术交流和咨询服务；研究和开发食用菌生产新技术等。合作社于 2008 年 11 月 20 日被河北省农业厅确定为"省级农民专业合作社示范社"，并于 2007 年 5 月 28 日申报"口福来"商标。

合作社主要培养、种植、加工和销售食用菌，主导产品是平菇和白灵菇，并不断改进和研发新品种。2009 年对引进的"新科 200 高温平菇"和"03 耐高温白灵菇"进行示范，取得了成功，一万千克料增收六千到一万元，又研发了利用白灵菇废料发酵后再种杏鲍菇技术，还利用比较便宜的木屑、锯末、棉花柴等废料加工种植白灵菇等，并应用于生产。这些都充分得到了上级部门的肯定和认可，促进了食用菌产业的发展，增加了农民的收入。

目前魏县福来食用菌专业合作社已带动农户 1 500 户发展食用菌生产，生产食用菌菌种 300 吨，鲜平菇 1 500 吨，白灵菇 100 吨，购销生产资料 500 吨，销售额 280 多万元，产品销往河北、河南、北京、天津等地，为合作社盈利 30 多万元。从市场供需情况看，食用菌产业发展前景较好，由于食用菌尤其是白灵菇具有高蛋白、低脂肪、高维生素、低热量的特点，含有丰富的无机盐类和可食性纤维素，富含氨基酸、真菌多糖、微量元素等营养成分，食用起来不但营养丰富，而且味道鲜美，因而倍受人们的青睐。下一步，根据市场需求，种植更具竞争力的菇种，从而能够进一步提升品牌影响力。

第四节　河北食用菌品牌价值评价

在对农产品品牌价值评价时，根据产品实际情况，提出若干个影响品牌价值水平的重要变量，要求每个变量的变动都对评价对象产生影响，造成评价结果的相对应变化，这样的变量为评价指标。根据农产品品牌价值评价原则，本节主要设立以下三方面的品牌评价准则层指标：品牌力水平、品牌有效性管理水平和品牌可持续发展水平。在各个准则层下又分别设置具体的指标，这一系列指标共同构成品牌价值评价指标体系。价值评价指标体系构建后，通过选择适当的价值评价数学模型对河北食用菌品牌价值进行实证分析。

一、河北食用菌品牌价值评价指标体系构建

（一）品牌价值评价体系确立的目的及原则

1. 品牌价值评价体系确立的目的　农产品品牌价值的评价受很多因素的影响，品牌价值评价指标体系的设计应围绕研究目的而展开。本研究在选取评价指标，建立评价指标体系的过程中，通过结合河北实际，综合考虑影响河北食用菌品牌价值水平的影响因素，结合河北食用菌品牌建设过程中品牌力水平、品牌有效性管理水平和品牌可持续发展水平的特性，进行整体评估，以使评价指标体系的设计能全面而准确地反映河北食用菌品牌价值水平，分析品牌价值评价结果的原因，并有针对性地提出提升品牌价值的建议，从而更好地推动河北食用菌品牌建设的可持续发展。

2. 品牌价值评价体系确立的原则　品牌价值评价体系是一系列评价的指标所构成的一个整体，河北食用菌品牌价值影响因素的选取、评价模型的构建及分析应用，是衡量河北食用菌品牌价值水平评估的核心部分。因此，要客观科学地反映评价对象的品牌价值，构建有效的河北食用菌品牌价值评价体系，应遵循以下原则：

（1）系统性原则。指标应从整体考虑品牌价值评价体系，全面反映河北食用菌的综合发展情况及各因素之间的关系。品牌价值评价体系是一个系统概念，是各因素的有机结合并融合成一个整体，受品牌力水平、品牌有效性管理水平、品牌可持续发展水平及客观条件等多方面的影响，所以在选取品牌价值评价指标时，一方面要做到各指标的结合使用，保证相关指标选取的有效性和全面性，另一方面也要保证指标间的联系和区别，使评价指标展现出层次性、整体性和综合性。

（2）科学性原则。品牌价值评价体系的提出要基于科学的理论作指导，评价体系设计要科学合理、客观严谨、理论与实践相结合，评价指标的选取要从对象的各方面、各角度

来衡量，运用科学的理念和方法，做到统筹兼顾。评价体系是理论与实践相结合的产物，无论是运用怎样的方法，建立怎样的模型，都能对河北食用菌品牌进行客观的评价。

（3）可量化原则。食用菌品牌建设的影响因素是多样的，有的指标数据不能直接用数据或指标表示出来。所以在构建品牌价值评价体系时，应尽量将能量化的指标或因素量化，从而减少主观因素对品牌评价的影响。如果指标确实不能直接得到，那在指标量化的过程中，选择的指标赋权法也应兼顾科学和合理。

（4）代表性原则。在选取反映河北食用菌品牌价值水平的指标或因素时应简而精，选取具有代表性的指标。选取的指标过多而又不能有效地反映产品品牌价值，易产生指标间的信息重复，多指标会导致评价过程多而烦琐；选取的指标过少则不能全面反映产品品牌价值。所以，在选取指标时要考虑是否具有良好的代表性。

（5）可行性原则。食用菌品牌价值评价体系要客观实际，要具有稳定的指标数据来源，选取可操作的、接近客观事实的、具有可测性的数据进行分析。一方面，要从理论上筛选能反映河北食用菌品牌价值的影响因素，另一方面要根据品牌建设现状的相关数据来合理构建评价指标体系，保证评价指标的可操作性、数据的规范性和口径的一致性。

（二）河北食用菌品牌价值评价体系的构建

在现阶段的市场经济体制机制下，着重政府的产权性地位，兼顾产品区域特征，通过对河北食用菌产业进行实地走访调研，翻阅相关资料，结合河北实际，从品牌力水平、品牌有效性管理水平和品牌可持续发展水平三方面来构建河北食用菌品牌价值评价指标体系。

1. 品牌力水平　品牌力水平是一个品牌成立的基本条件、政府培育的基础，是一个品牌所具有的基本能力，主要包括品牌认知、市场占有率、品牌忠诚度、品牌联想和市场定位五个方面。

品牌认知是指消费者对产品的总体印象和无形感知，简而言之就是对品牌的了解程度。品牌形象是认知的基础，品牌形象是以品牌产品具有的质量为依托，必须依赖于该产品所标示的商品某些特性，如外观、特点、功能等商品质量因素。成功的食用菌品牌，应具有较高的品牌认知度，即对品牌的知晓程度，人们通过对食用菌品牌的了解，带来正面的情感，促使人们再消费，好的认知能增强品牌效应，抑制类似品牌。

市场占有率是指一段时间内，某产品与同类产品市场销售量或销售额的比重。市场占有率能剔除价格变化因素，有效体现某产品在市场上的竞争力状态。如果食用菌产品销售额增加了，可能是由于整个地区经济环境的发展。而如果食用菌产品的市场占有率升高，表明它较其同类产品竞争力更强。产品的市场占有率高就更容易获取高额利润，推动河北食用菌产业的长足发展。

品牌忠诚度体现了消费者对品牌的偏爱程度和转移选择其他品牌的可能性。当消费者对某品牌比较信任时，说明此时品牌忠诚度高，消费者转而选择其他品牌的可能性就小，对该品牌的重复购买率就会提高。因此，食用菌品牌的忠诚度越高，对消费者的吸引力越强，市场竞争力也越强。

品牌联想是指人们通过品牌所能想到的各种相关联的事物。如果通过一个品牌可以联想到的东西越多，说明品牌的影响力和效益就越大。品牌联想是人们的一种意识，可以通过脑海中对信息的提取，帮助消费者获得与品牌有关的信息，品牌联想本身就凸显了食用菌品牌定位和品牌个性，有助于区别食用菌品牌与其他农产品品牌。

市场定位是通过分析产品发展实际和发展趋势，预测产品在市场中所要达到的一定目标和位置。食用菌企业根据现有食用菌产品在市场上所处的位置，针对消费者或用户对该产品某种特征或属性的重视程度，强有力地塑造出食用菌企业产品与众不同的、给人印象鲜明的个性或形象，并把这种形象生动地传递给顾客，从而使食用菌产品在市场上确定适当的位置。

2. 品牌有效性管理水平　品牌有效性管理水平是在分析产品的独特性的基础上，针对其准公共品特性和明晰产权归属，提出以政府为建设主体，对区域品牌建设水平进行综合度量，共选取了五个指标，分别是：品牌经营管理、品牌优化与保护、品牌发展环境、人力资本与技术服务、政策引导与支持。

品牌经营管理是明确产品品牌的经营管理产权机制，使农产品品牌发展有具体的责任主体。其是把品牌看作一种独立的资本运行，通过品牌效应来带动、整合和利用其他资源，使资源有效融合，以品牌促使社会和经济效益最大化的经营管理方式。品牌经营管理的主要目的是以品牌效益的提升来提高产品的市场占有率。品牌经营管理对食用菌品牌建设至关重要，它包括品牌创造、品牌注册、品牌授权、品牌运作、品牌营销、品牌质量管理等方面。

品牌优化与保护，其中品牌优化是指通过市场反馈情况和绩效评估结果，对品牌进行有针对性的改进，给予消费者更好的选择，同时使产品更符合消费者的需求，从而提高对品牌的认可度和消费量。品牌保护是指加强对农产品开展原产地保护产品注册或地理标志产品的注册，使品牌的保护和使用有法可依。通过利用排他性来阻止外地生产商使用此品牌，同时，加强对本地产销商的管理，加强产品质量认证体系建设，加大监管力度，防止其他食用菌以次充好来损害河北食用菌总体品牌形象。

品牌发展环境，即品牌的打造离不开与之共存的发展环境，特别对于特色农产品来说，发展环境对品牌的塑造至关重要。要打造好的品牌需具备好的硬环境和软环境，就要加强农田水利设施、道路交通设施，电、水网，能源供给设施等建设，积极建立和完善高效物流配送、信息服务指导、质量检验与监管等多层次的立体平台，打造利于食用菌品牌发展的良好环境。

人力资本与技术服务是指通过加强人才培养和引进，提升生产技术水平而影响农产品发展的一种因素。通过完善激励机制，调动人才投入农业发展的积极性，提高食用菌种植人员的文化素质和农业专业科学技术素质，为食用菌品牌发展提供人才储备。技术服务主要是建立科研、推广应用相结合的技术服务体系，建立产学研合作协调发展机制来提升产品技术含量。

政策引导与支持是指地方政府对品牌建设在财政、土地和金融等方面给予的帮助。政府通过宏观调控来指导农产品的发展，研究制定相关政策以促进食用菌产业的发展，同时加强对产业协会如行业协会、农民合作组织的指导、引导与支持。政策的落地，能有力推动农产品品牌发展，同时为企业提供良好的投资和发展环境。

3. 品牌可持续发展水平　品牌可持续发展水平是反映品牌形成以后持续发展的动力，具体包括品种更新与技术推广、品牌市场推广与宣传、产业开发与集聚、技术培训四个方面。

品种更新与技术推广是指在专业研发人员的努力下，完成品种的更新，通过各种方式对新研发的技术进行普及，使高质量产品理念深入人心。新品种、新技术的引进推广，农业技术创新、高新技术产业化及农业技术储备的前沿技术的推广，能够提高食用菌质量和效益，整体促进河北农业结构调整和农业可持续发展。

品牌市场推广与宣传是指品牌持续发展要通过市场化运作，以各种渠道和形式宣传，让人们知晓，提高知名度。通过选择好的传播沟通模式和推广工具达到宣传河北食用菌的效果，可借助人员、营业推广，产品展销会和公共关系建设等传统传播进行推广，还可以通过互联网、微博、微信等自媒体进行推广。

产业开发与集聚对农产品品牌发展有较大的推动作用。农产品品牌作为一种无形资产，会影响和带动更多的企业向区域内聚集，这必将带动人力资源、资本、信息技术等多种要素的流入，这将促使产业集群的扩张，从而产生更大的产业集聚效应，推动食用菌品牌可持续发展。

技术培训是指加强对农产品种植者的科技培训，提高种植者的整体水平，培养有文化知识、懂科学技术、有品牌意识和管理经营理念的新型种植者。食用菌种植者的农业技术直接影响农产品品质，要通过多种渠道将技术信息传达给农户。邀请农业科研院所或农业部门的专家来培训新的农业科技知识，积极引导农户学习，严把种植技术和质量关，为品牌的可持续发展提供坚实的保障。

通过以上分析，结合河北食用菌发展实际，所构建的食用菌品牌价值评价指标体系如表 11-1 所示。

表 11-1　食用菌品牌价值评价指标体系

目标层	准则层	指标层
食用菌品牌价值发展水平 C	品牌力水平 c_1	品牌认知 c_{11}
		市场占有率 c_{12}
		品牌忠诚度 c_{13}
		品牌联想 c_{14}
		市场定位 c_{15}
	品牌有效性管理水平 c_2	品牌经营管理 c_{21}
		品牌优化与保护 c_{22}
		品牌发展环境 c_{23}
		人力资本与技术服务 c_{24}
		政策引导与支持 c_{25}
	品牌可持续发展水平 c_3	品种更新与技术推广 c_{31}
		品牌市场推广与宣传 c_{32}
		产品开发与集聚 c_{33}
		技术培训 c_{34}

二、河北食用菌品牌价值评价实证分析

（一）品牌价值评价模型的选择

本节采用了层次分析方法和模糊综合评价方法对河北食用菌品牌价值影响因素作出评价。其中，层次分析方法是用于对指标准则层和指标层的权重作出评定，模糊综合评价方法用于对河北食用菌品牌价值各影响因素的发展现状作出评定。选择以上评价方法的原因

如下：首先，两种评价方法均清晰明了，能有效地处理模糊性指标，客观科学地对受多种因素影响的事物作出全面评价，准确地描述事物发展的水平，这两种评价方法得到了各个领域专家的认可和广泛运用。其次，河北食用菌品牌建设水平还在逐步提高的过程中，对影响河北食用菌品牌建设的因素缺乏有效、准确的判断，在没有相关标准的情况下，对河北食用菌品牌价值的影响因素难以作出有效的评价。最后，由于影响农产品品牌价值的因素诸多，对于类似河北食用菌农产品品牌价值因素的研究，由于所依据的指标无法完全定量化的特点，有些因素存在不确定性。因此本节采用定性与定量相结合、精确与非精确相统一的层次分析法与模糊综合评价方法。该模型对于定性、定量兼有的决策分析和多因素、多层次的复杂问题评判效果是比较好的，是一种十分有效的系统分析法。

（二）实证分析

1. 确定因素集　根据上文对影响因素集 C 的分析，可将因素集划分为三个子集：c_1、c_2、c_3。其中 c_1 子集下包括 5 个具体的因素指标，分别表示为 c_{11}、c_{12}、c_{13}、c_{14}、c_{15}；c_2 子集下包括 5 个具体的因素指标，分别表示为 c_{21}、c_{22}、c_{23}、c_{24}、c_{25}；c_3 子集下包括 4 个具体的因素指标，分别表示为 c_{31}、c_{32}、c_{33}、c_{34}。即 c_1 为品牌力水平，包括 c_{11} 品牌认知、c_{12} 市场占有率、c_{13} 品牌忠诚度、c_{14} 品牌联想、c_{15} 市场定位；c_2 为品牌有效性管理，包括 c_{21} 品牌经营管理、c_{22} 品牌优化与保护、c_{23} 品牌发展环境、c_{24} 人力资本与技术服务、c_{25} 政策引导与支持；c_3 为可持续发展水平，包括 c_{31} 品种更新与技术推广、c_{32} 品牌市场推广与宣传、c_{33} 产业开发与集聚、c_{34} 技术培训。

2. 确定指标权重与判断矩阵　指标权重是指标重要程度的表现，层次分析法作为一种定性与定量相结合的工具，可用数学手段对指标进行定量化处理。本节通过邀请河北食用菌专家对影响因素进行比较分析，并采用 1—9 标度法，对各影响因素进行比较打分，获得判断矩阵，再检验矩阵的一致性，最终得到影响品牌价值各因素的判断矩阵及权重值（表 11-2、表 11-3、表 11-4、表 11-5）。

表 11-2　食用菌品牌价值发展水平判断矩阵

	c_1	c_2	c_3
c_1	1	1/4	2
c_2	4	1	4
c_3	1/2	1/4	1

$CI=0.026\ 8<0.1$，$\lambda_{\max}=3.053\ 6$，$RI=0.58$，$CR=CI/RI=0.046\ 2<0.1$。

表 11-3　品牌力水平判断矩阵

	c_{11}	c_{12}	c_{13}	c_{14}	c_{15}
c_{11}	1	1/2	1/3	2	1/4
c_{12}	2	1	2	4	1/2
c_{13}	3	1/2	1	3	1/3
c_{14}	1/2	1/4	1/3	1	1/2
c_{15}	4	2	3	2	1

$CI=0.090\ 7<0.1$，$\lambda_{\max}=5.362\ 7$，$RI=1.12$，$CR=CI/RI=0.081\ 0<0.1$。

表 11 - 4　品牌有效性管理水平判断矩阵

	c_{21}	c_{22}	c_{23}	c_{24}	c_{25}
c_{21}	1	3	5	2	3
c_{22}	1/3	1	3	1/2	1/4
c_{23}	1/5	1/3	1	1/2	1/3
c_{24}	1/2	2	2	1	1/2
c_{25}	1/3	4	3	2	1

$CI = 0.073\ 9 < 0.1$，$\lambda_{max} = 5.295\ 4$，$RI = 1.12$，$CR = CI/RI = 0.065\ 9 < 0.1$。

表 11 - 5　品牌可持续发展水平判断矩阵

	c_{31}	c_{32}	c_{33}	c_{34}
c_{31}	1	1/3	1/2	3
c_{32}	3	1	1/2	4
c_{33}	2	2	1	3
c_{34}	1/3	2	1/4	1

$CI = 0.070\ 2 < 0.1$，$\lambda_{max} = 4.210\ 6$，$RI = 0.90$，$CR = CI/RI = 0.078\ 9 < 0.1$。

从表 11 - 2 至表 11 - 5 能看出，一致性指标 CI 值均小于 0.1，即通过了一致性检验，说明该判断矩阵能够反映客观事实；满意一致性指标 $CR = CI/RI$ 均小于 0.1，即通过了满意一致性，说明该判断矩阵前后判别无矛盾，符合数学逻辑。最终，可以总结得到食用菌品牌价值水平评价指标体系的权重（表 11 - 6）。

表 11 - 6　河北食用菌品牌价值水平评价指标体系

目标层	准则层	指标层	最终权重值
食用菌品牌价值发展水平 C	品牌力水平 c_1 0.208 1	品牌认知 c_{11} 0.102 9	0.021 4
		市场占有率 c_{12} 0.252 0	0.052 4
		品牌忠诚度 c_{13} 0.185 8	0.038 7
		品牌联想 c_{14} 0.083 5	0.017 4
		市场定位 c_{15} 0.375 9	0.078 2
	品牌有效性管理水平 c_2 0.660 8	品牌经营管理 c_{21} 0.407 4	0.269 2
		品牌优化与保护 c_{22} 0.111 2	0.073 5
		品牌发展环境 c_{23} 0.066 0	0.043 6
		人力资本与技术服务 c_{24} 0.159 7	0.105 5
		政策引导与支持 c_{25} 0.255 6	0.168 9
	品牌可持续发展水平 c_3 0.131 1	品种更新与技术推广 c_{31} 0.177 7	0.023 3
		品牌市场推广与宣传 c_{32} 0.335 8	0.044 0
		产品开发与集聚 c_{33} 0.400 4	0.052 5
		技术培训 c_{34} 0.086 2	0.011 3

各级指标权重明确后，再逐个对评价指标 c_i 进行单指标评价，影响因素对评语等级

A_j（其中 $j=1$，2，$\cdots$，n）的隶属度为 u_{ij}，则由 m 个影响因素评价集合，可构建一个总体评价矩阵 U。

$$U=\begin{bmatrix} u_{11} & u_{12} & \cdots & u_{1n} \\ u_{21} & u_{22} & \cdots & u_{2n} \\ & & \cdots & \\ u_{m1} & u_{m2} & \cdots & u_{mn} \end{bmatrix}$$

u_{ij} 表示第 i 个因素 c_i 在第 j 个评语集上的概率分布。

3. 建立评价集　再次邀请河北食用菌领域 10 位专家按设定的评价集，对河北食用菌的品牌价值指标进行等级评定，共分为 4 个等级，定义评价集 $A=\{a_1$，a_2，a_3，$a_4\}$，分别表示优秀、良好、一般、差，并发放品牌价值水平的等级评定表，由此得出 c_1、c_2、c_3 的模糊隶属度矩阵，分别为：

$$U=\begin{bmatrix} 0.1 & 0.3 & 0.3 & 0.3 \\ 0.2 & 0.4 & 0.2 & 0.2 \\ 0.2 & 0.5 & 0.2 & 0.1 \end{bmatrix} \qquad U_1=\begin{bmatrix} 0.3 & 0.2 & 0.5 & 0 \\ 0.1 & 0.1 & 0.5 & 0.3 \\ 0.2 & 0.3 & 0.3 & 0.2 \\ 0.1 & 0.3 & 0.4 & 0.2 \\ 0.1 & 0.2 & 0.6 & 0.1 \end{bmatrix}$$

$$U_2=\begin{bmatrix} 0.1 & 0.2 & 0.4 & 0.3 \\ 0.1 & 0.2 & 0.6 & 0.1 \\ 0.2 & 0.2 & 0.6 & 0 \\ 0.2 & 0.1 & 0.5 & 0.2 \\ 0.3 & 0.5 & 0.1 & 0.1 \end{bmatrix} \qquad U_3=\begin{bmatrix} 0.1 & 0.2 & 0.5 & 0.2 \\ 0.3 & 0.5 & 0.2 & 0 \\ 0.2 & 0.4 & 0.3 & 0.1 \\ 0.2 & 0.5 & 0.2 & 0.1 \end{bmatrix}$$

三、河北食用菌品牌价值评价结果

由模糊隶属度矩阵和指标权重，通过符合运算求出综合评价结果：$B_i=c\times U_i$。其中 c 为指标权重，U_i 为模糊隶属度矩阵，得出 c 的最终评语向量 B_i。河北食用菌品牌力水平的综合评判结果为：$B=c\times U=(0.179\ 2,\ 0.392\ 3,\ 0.220\ 8,\ 0.207\ 7)$。

同理可得：

$$B_1=c_1\times U_1=(0.139\ 2,\ 0.201\ 8,\ 0.492\ 1,\ 0.167\ 1)$$
$$B_2=c_2\times U_2=(0.173\ 7,\ 0.260\ 7,\ 0.374\ 7,\ 0.190\ 8)$$
$$B_3=c_3\times U_3=(0.215\ 8,\ 0.406\ 7,\ 0.293\ 4,\ 0.084\ 2)$$

用饼状图表示如图 11-1 所示。

由最终的评语向量看河北食用菌品牌价值总水平在一般以上的百分比为 79.23%，若根据打分标准 8~10 为优秀，6~8 为良好，4~6 为一般，0~4 为差，由 $D=B\times A=$（$0.179\ 2$，$0.392\ 3$，$0.220\ 8$，$0.207\ 7$）$\times[10,\ 8,\ 6,\ 4]^T=7.086$

同理可得：

$D_1=B_1\times A=(0.139\ 2,\ 0.201\ 8,\ 0.492\ 1,\ 0.167\ 1)\times[10,\ 8,\ 6,\ 4]^T=6.627\ 4$

$D_2=B_2\times A=(0.173\ 7,\ 0.260\ 7,\ 0.374\ 7,\ 0.190\ 8)\times[10,\ 8,\ 6,\ 4]^T=6.834$

$D_3=B_3\times A=(0.215\ 8,\ 0.406\ 7,\ 0.293\ 4,\ 0.084\ 2)\times[10,\ 8,\ 6,\ 4]^T=7.508\ 8$

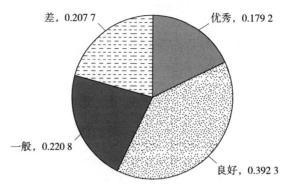

图 11-1　河北食用菌品牌价值总水平

通过计算得到河北食用菌品牌价值总体水平，品牌力水平、品牌有效性管理水平和品牌可持续发展水平均为良好。从模型分析中看到：

从指标整体来看，河北食用菌品牌价值总体水平和三个分指标的建设水平为良好，但品牌力水平和品牌有效性管理水平分值偏低，说明河北食用菌品牌价值还有待进一步提升。

第一，从具体指标来看，根据评价集指标可以看出河北食用菌的品牌认知、品牌发展环境、品牌市场推广与宣传这三个指标的比例一般以上达到百分之百，但品牌市场占有率、品牌经营管理一般以上仅占总比例的 70%，明显偏低，说明品牌的区域发展环境有较好的保障，人们对河北食用菌的认知程度也比较高，但是从模型分析可以看出其市场占有率还不太理想，需进一步加大品牌经营力度，利用品牌效应，提升产品的市场占有率，提高经济效益。品牌优化与保护，人力资本与技术服务，品种更新与技术推广这三个指标的比例良好以上仅为 30%，明显偏低，很重要的原因来自区域品牌与产品品牌的矛盾，对此，政府应加强对企业品牌的监管，加快品种更新速度，改进栽培技术，加大对危险性病害防范的力度，确保品牌良好的品质和声誉。

第二，从权重系数来看，品牌有效性管理水平对品牌价值水平的影响度为 66.08%，说明了政府在提升品牌价值过程中的决定性作用，但是品牌价值的提升还需结合行业协会、企业和农户等来共同努力。因此，政府应充分发挥作用，尽快统一质量标准和监测标准，完善区域立法，促进品牌的可持续发展。

第五节　河北食用菌品牌建设对策

一、提高认知水平，支持品牌建设

河北食用菌企业在发展过程中，要提高自身品牌认知水平，精准自身品牌定位，制定适宜的战略规划，保证企业品牌强势发展。首先，提高河北食用菌种植农户的品牌认知水平，河北食用菌种植农户作为第一线生产主体，要增强品牌认知，才能在种植和生产过程中作出有助于河北食用菌品牌化发展的行为。认知水平越高，种植生产的产品质量也越高，越有利于河北食用菌品牌的市场扩展。其次，提高政府和企业认知水平，作为地理标志农产品，河北食用菌的发展不仅能够提高区域农户的收入水平，而且能推动当地经济的大发展。政府作为区域经济的指挥官，肩负着河北食用菌品牌保护的职责和职能，政府要积极制定河北食用菌品牌专利保护政策，严厉打击假冒伪劣产品，严格认证标准与监管，杜绝行业恶性竞争等。政府与企业要积极制定相关措施，加强农户品牌宣传，提升农户品牌认知水平，保障河北食用菌符合"三品一标"认证标准。

二、保证产品质量，促进品牌创新

质地优良是农产品立足于市场中最具竞争力的前提，要严格把控全产业链产品质量。一是保证河北食用菌初级产品质量。种植农户和种植专业合作社要严格按照政策法规要求，种植和生产绿色、无公害产品。条件允许的地域，要大力发展有机产品和地理标志产品的种植。严格化肥农药使用量，保证产品质量。二是确保河北食用菌加工质量。河北食用菌生产加工企业，在生产加工过程中要严格遵循国家相关生产标准和行业标准，建立风险预估和风险抵御机制，增加资金投入，减少产品质量隐患，提高产品合格率。此外，企业应采取与科研单位和高校的技术联合，不断提升产品加工质量，丰富产品种类，吸引消费者，提高产品品牌影响力。三是做好河北食用菌销售监控。做好河北食用菌从种植到餐桌的各个环节监控，特别是销售环节更要注重产品运输、储存等问题，直接售卖的农户和零售门店要做好自身管理，防止产品变质销售，损害消费者利益和产品品牌形象。

加大科技投入，加强品牌创新。政府与企业加大财政资金支持力度，扶持科研单位和高校研发优良种苗，提升河北食用菌产量和质量，为河北食用菌质量提升打下坚实基础。同时利用科技改善生产技术，做好深加工，延长产品生产链，增加产品种类，满足市场需求，加强品牌创新，促进河北食用菌品牌化发展。政府也要做好农业技术推广与服务工作，及时解决农户食用菌种植中存在的难题。

三、强化外部保障，做好品牌维护

为促进河北食用菌产业的平稳健康发展，河北政府应该提供农业保险和灾害补贴，同时加强农业设施的基础建设，以此来支持保护河北食用菌产业。龙头企业往往是区域农产品品牌建设的主要执行者，相比一般企业而言，河北食用菌品牌的龙头企业在资金、信息、技术和管理方面都有巨大优势。政府应重点扶持龙头企业发展，做好企业联合工作，形成产业集聚优势，将小规模的种植户和企业与市场连接起来，提高河北食用菌种植户的生产积极性，形成规模化、标准化的生产加工系统，不仅可以提高河北食用菌产业的经济效益，还可以为河北食用菌品牌化发展提供物质、技术的支持，推动河北当地的经济发展。

同时加强宣传，扩大品牌影响力。河北政府应发挥自身职能，建立公共信息平台，一方面为企业和农户提供最新的市场信息，拓展河北食用菌的销售途径，另一方面对外宣传河北食用菌品牌发展状况，使得更多的消费者了解河北食用菌的食用、药用价值，引导大众消费。一是充分利用互联网宣传优势，结合传统媒介，加大资金投入，进行品牌宣传，不断扩大品牌影响力。二是通过超市卖场、零售门店、展销会扩张渠道，扩大品牌覆盖面，宣传河北食用菌，做大做强河北食用菌品牌。

四、建立优势品牌，提升品牌知名度

"三品一标"产品作为公共产品品牌，发展日益迅猛，对于推动传统农业向现代农业发展起到巨大的促进作用。随着科技进步和市场扩大，有机农产品和地理标志农产品无法利用原有的认证标准作为依据，因此政府应积极完善和落实"三品一标"农产品认证标准，推动无公害农产品和绿色农产品稳定发展，促进有机农产品和地理标志农产品增加耕作面积，以满足日益增长的市场需求。河北食用菌种植土壤得天独厚，优势区位众多，选取适宜的地理位置建立"三品一标"示范基地，政府应当建立完备的工作机制，选派对接人员和专人负责示范基地的管理工作，入驻示范基地的企业和基地内种植农户要按照政府下发的指导文件进行规范化生产，依据"三品一标"生产标准。制定"三品一标"管理办法，规范生产主体行为，生产企业（包括种植合作社）及种植农户要遵循"三品一标"管理办法，选取规定范围内的菌棒、化肥、农药，严禁使用危害物超标的化肥、农药，有机农产品要杜绝使用任何化肥、农药，切实符合"三品一标"标准，确保生产过程安全合规，产品绿色无公害，夯实品牌发展基础。明晰有机产品发展困境，做好产品营销。现阶段，有机农产品缺乏正规的产品认证标准，认证市场无序混乱，消费者信任度低等问题一直得不到有效解决，阻碍了有机农产品的发展和品牌的建立。走出有机农产品品牌发展困境，一是要做好有机农产品技术创新，突破种植成本高、收益率低发展瓶颈。二是要做好有机农产品营销，及时占领宣传阵地，实现价格优势。三是要将硬性营销与参观采摘相结合，引起消费者兴趣，实现良好品牌吸引力提升。

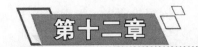

河北食用菌产业组织与经营

第一节 食用菌产业经营组织主体

一、生产组织

食用菌生产过程中，涌现了大量的生产经营主体，既有小规模的传统家庭农户，又有不断发展壮大的龙头企业、农民专业合作社、家庭农场等新型经营主体，生产组织表现出多元化特征。

（一）传统家庭农户

传统家庭农户就是生活在农村的、主要依靠家庭劳动力从事农业生产的、拥有剩余控制权和剩余索取权的社会经济组织单位。从性质上看，家庭农户分为专业户和兼业户，专业户是指专门从事农业生产，家庭收入的80％以上来自农业的农户，兼业户是指同时从事多种经营业务的农户。从规模上看，农户分为大户和小户，一般大户种植规模较大，生产中需要临时性的雇工，小户主要依靠家庭劳动力进行生产。食用菌家庭农户生产仍然占据相当大的比例，农户主要根据种植习惯和常年积累的种植经验，维持小规模生产，生产过程中固定资产投入少，一般不需雇工生产，产品直接销往市场或者通过经纪人销售，面临较大的市场风险。

（二）专业大户

专业大户是指以专业化生产为主，初步实现规模经营的农户，与其他新型经营主体相比，专业大户内生于农村社会内部，具有较高的威信，更多依靠地缘关系处理与其他农户之间的关系，彼此交易谈判成本较低。对于食用菌产业基础较差、经济发展落后地区，龙头企业、专业合作社等新型经营主体数量较少，在短期内还未能发挥较大的辐射带动作用。在此阶段，专业大户发挥了连接传统农户与市场的桥梁作用，在自身扩大生产规模的同时，也不断引导和带领邻里乡亲发展生产，以滚雪球的方式逐步形成了产业化生产格局。专业大户既可以是种植大户，又可以是运销大户。一般来讲，种植大户本身从事食用菌生产，对生产设备也具有刚性需求，所以通常会购置专用设备，并通过统一生产提供菌棒或有偿提供给农户使用来维持与农户的关系。运销大户类似于批发商或经纪人，有时候与农户的交易甚至只是一次性的，因此双方关系连接松散。

（三）家庭农场

家庭农场是指以家庭成员为主要劳动力，从事农业规模化、集约化、商业化生产经营，并以农业收入为家庭主要收入来源的新型农业经营主体。家庭农场以追求利益最大化为目标，使农业由保障功能向盈利功能转变，克服了自给自足的小农经济弊端，推动了农业商品化的进程。家庭农场与专业大户相比，经营规模更大，固定投资多，管理水平更高，并进行了工商注册，是农业大户发展的高级阶段，或者是更加制度化和规范化的专业大户。目前，我国家庭农场的经营机制大体可分为三类：第一类主要是种植大户、村干部、返乡创业人员创办的家庭农场；第二类是农民采用合伙经营的形式，即通过农民专业合作社的形式，将家庭农场的成员组织起来，以农民专业合作组织的品牌进行经营；第三类是城镇个人创办，主要是大学生或者城里人到农村创业，创办家庭农场，雇佣种植能手和懂农业的管理者进行经营。

食用菌产业发展中对家庭农场的申报标准还未统一，但一般认为投料量 500 吨以上，食用菌栽培种植时间达 3 年以上，可申报家庭农场。

（四）食用菌农业企业

农业企业是指采用现代企业经营方式，进行专业分工协作，从事商业型农业生产及其相关活动，并实行独立经营、自负盈亏的经济组织。改革开放以来，随着土地流转规模的增加，大量民营资本进入食用菌行业，具有强大的资金优势、技术优势和信息优势的食用菌企业，逐渐发展成行业的领头羊，成为食用菌产业化发展过程中重要的新型经营主体。在食用菌生产中，种植龙头企业会与农户进行一定程度的联合，企业通过与农户签订契约合同，提供产前、产后服务和产中指导，与农户形成风险共担、利益共享的共同体。根据利益联结机制的紧密程度分为两种类型：一是"企业＋农户"模式，即企业和农户双方通过签订合同，建立委托代理关系，农户按合同要求进行生产，企业负责技术指导和产品收购；二是"企业＋基地＋农户"模式，企业通过流转土地，统一建立基地，再返包给农户，进行标准化生产。龙头企业资金实力雄厚、生产规模大、带动农户户数多、产前和产后提供服务项目多、销售渠道多元化，在食用菌产业化发展初级阶段，发挥重要的辐射带动作用。

（五）食用菌专业合作社

农民专业合作社是指在农村家庭承包经营基础上，同类农产品的生产经营者或者同类农业生产经营服务的提供者、利用者，自愿联合、民主管理的互助性经济组织。农民专业合作社是在农村家庭经营并自愿联合的基础上，以专业性合作社为中介，通过互助合作或股份合作等利益联结机制，带动农户从事标准化和专业生产，并将生产、加工、销售有机结合，实施一体化经营。专业合作社的利益联结机制主要有三种：一是通过按惠顾额返回，强化农户参与意愿，实施按劳分配；二是农户共同出资，购入专用型生产设备，统筹生产，实施按劳分配与按股分红相结合；三是农户以资金、技术、土地或劳力入股，采用股份合作约束机制和按股分红利益分配机制。农民合作社是农户自己的组织，改变了单一农户规模小、力量弱的状态，提升了农户在市场的谈判地位，并通过合作社集体的力量降低独自从事经济活动的风险。

（六）产业园区

现代食用菌产业园区，就是以调整产业结构、增加菇农收入、展示当代食用菌科技为主要目标，在食用菌科技力量较雄厚、具有一定产业优势、食用菌产业相对较发达的地区划出一定区域，以食用菌科研、培训和技术推广单位作为依托，由政府及社会各方面力量投资，对食用菌新产品和新技术集中开发，形成集高新技术设施、优良品种和高新技术于一体的食用菌高新技术开发基地、中试基地和生产示范基地。食用菌产业园区主要有两个设计途径：第一个是食用菌科技示范园区，主要是以推广先进食用菌新品种、新技术为主体的试验示范基地；第二个途径是建立观光菇业园，这些场地适合财力雄厚的经营者，大多分布在城市郊区，或靠近旅游区。食用菌产业园区是这个产业新兴事物的代表，它的示范和辐射功能都有一定局域性，它的主要宗旨是为区域经济服务。

二、销售组织

（一）经纪人

经纪人是指在经济活动中，以收取佣金为目的，为促进他人交易而从事居间、行纪或者代理等经济业务的公民、法人和其他经济组织。经纪人一头连着市场，一头连着农户，凭着对市场信息的准确把握，解决产品销路问题，通常被形象地比喻为搅活市场的"鲶鱼"。经纪人需要时刻掌握着各地的市场行情，不仅要根据行情有针对地选择品种，而且要为不同的品种选择合适的销售市场。作为销售组织，经纪人市场信息灵通，办事效率高，能帮助解决供求矛盾，撮合市场成交。经纪人销售组织的主要缺点是大多数经纪人与农户的关系不稳定，销售风险不可控。在食用菌产业发展的初期，各个地方往往设有食用菌"经纪人"销售组织，随着食用菌经纪人的不断活跃，食用菌产业才不断发展壮大，从而逐渐带动一方市场的活跃。

（二）批发市场

批发市场是专门从事批发贸易，插在生产者和生产者之间、生产者和零售商之间的中间商业市场，其职能在于通过买卖，把产品从生产者手中收购进来，然后将其转卖给其他生产者或零售商，引导生产有计划发展，促进商品流通的扩展和密切地区间的经济联系。批发市场销售集中和销量大，能够实现快速集中运输、妥善储藏、加工及保鲜。但批发市场在从事购销经营活动中，可能存在大幅压低收购价、抬高销售价的情况，不仅农民利益受损，而且往往造成当地市场价格失真，管理混乱。食用菌批发市场是指向食用菌再销售者、产业和事业用户销售商品和服务的商业市场，分为产地批发市场和销地批发市场，在食用菌产业基础发展较好的地区，均建有一定规模的批发市场。

（三）龙头企业

龙头企业作为销售组织，是指依托产业和生产基地建立的以从事产品加工或流通为主的涉农工商企业。这些企业一般经济基础雄厚、辐射面广、带动性强，具有引导生产、深化加工、服务基地和开拓市场等综合功能，既是生产加工中心，又是信息科研、服务中心，是发展产业化经营的核心。龙头企业作为销售组织的主要优点在于可以使销售组织从零星、松散、随意的销售方式，尽快向标准化、规范化、集约化、专业化的栽培方式转变，提高产业化水平；同时龙头企业还有利于推行和发布生产、加工、储运及包装标准，加强对产品的监督和检测，实施标准化生产，进而提高产品质量。龙头企业作为销售组织的缺点在于龙头企业与农户利益的非一致性，龙头企业和农户都是独立的经济主体，都在追求自身利益的最大化，一旦出现市场风险，农产品价格出现较大变化，龙头企业和农户都有可能出现短期利益行为，出现违约的现象。在我国大部分食用菌生产省市存在食用菌销售龙头企业，它通过自身强大的经济基础，引导生产，辐射带动周边食用菌加工、销售，在食用菌销售过程中承担着重要的角色。

（四）农产品电商

农产品电商是农产品实体交易与电子商务有机融合，通过网上交易、电子支付等方式进行农产品销售的组织形式，旨在于服务高端客户，依靠产品质量取胜，农产品电商的核心竞争力在于对上游资源的控制。农产品电商的主要优点是让消费者同生产者直接对接，缩短中间流通环节，减少购销成本，并且通过农产品电商可以减少由于信息不畅带来的滞销风险。但是由于农产品电商目标人群定位具有特殊性，销售数量取决于需求人群网购次数；配送需要特殊的车辆设施，物流成本无法控制；由于电商监督机制尚不健全，销售假冒伪劣产品、商业欺诈行为和不正当竞争活动仍然高发，主体之间信任度低。电商是现在食用菌销售的主要方式之一，电商平台上大多销售的是耐储藏、保质期较长的食用菌产品，电商为食用菌提供了新的销售方式，拓宽了销售渠道，降低了食用菌种植户的宣传成本，同时也为消费者提供了更多的可选择项，解决了地域差异导致的产品稀缺问题。

（五）农超对接

农超对接指的是农户和商家签订意向性协议书，由农户向超市、菜市场和便民店直供农产品的流通方式。农超对接的本质是将现代流通方式引向广阔农村，将千家万户的小生产与千变万化的大市场对接起来，构建市场经济条件下的产销一体化链条，实现商家、农民、消费者共赢。农超对接可以根据市场需要进行生产，避免生产的盲目性，稳定农产品销售渠道和价格，将更多利益留给农民和消费者。农超对接的缺点在于远程"直购"面临困难，超市对外地产品的价格信息了解不畅，超市如自带人员、车辆进行远程采购，则成本加大，而在当地寻找运输车和帮手，又不太容易，这些都无形中增加了超市"直购"的难度。在食用菌销售过程中农超对接方式在逐渐增加，通过直采可以降低流通成本20%～30%，给消费者带来实惠的同时减少食用菌种植主体面临的风险。

（六）"互联网＋"

"互联网＋"代表一种新的经济形态，是充分发挥互联网在生产要素配置中的优化和集成作用，将互联网与产业深度融合，以此来提升产业实体经济的创新力和生产力，形成更广泛的以互联网为依托的经济发展新形态。"互联网＋"的出现不仅可以推动食用菌产业现代化进程，还可以减少买卖的中间环节，增加食用菌种植主体的收益。但"互联网＋"尚处于初级阶段，农产品生产者网络意识较差，培训过程需要投入大量的物力、人力及财力去研究与实施行业转型。在"互联网＋"的时代背景下，食用菌产业面临新的发展环境，信息化、电子商务、物联网、休闲生态农业也纷纷出现在食用菌产业领域内，使得食用菌产业在多元化的发展中升级提速。

三、服务组织

农业服务组织就是指与农业相关的经济组织为了满足农业生产发展的需要，为直接从事农业生产的经营主体提供各种服务的组织，服务内容包括物资供应、生产服务、技术服务、农工服务、信息服务、金融服务、保险服务，以及农产品包装、加工、运输、贮藏、销售等内容。我国农业社会化服务组织的特点基本可以归纳为：以家庭联产承包经营为基础、以政府公共服务机构为主导、多元化市场主体广泛参与。根据服务性质划分，农业社会化服务可分为公益性和经营性。公益性社会化服务指用于满足"三农"公共需要而提供的具有一定排他性和非竞争性的社会化服务；经营性社会化服务指收取一定费用的服务，此类服务基本以市场服务为导向，以追求利润为交易动机。农业服务组织及其所承担的角色大致为：公共服务机构是依托，食用菌合作经济组织是基础，涉农企业是骨干，金融机构与保险是补充。

（一）公共服务机构

公共服务机构包括一些专门的经济部门，如提供基础设施建设的服务组织、提供技术推广的服务组织、提供资金投入的服务组织、提供信息的服务组织、提供政策和法律服务的组织等。具体实体形式为：农业技术推广站、农技站、经管站、水利电力排灌站等。公共服务机构主要负责产前环节的农资供给和农业技术推广，包括食用菌品种选育与良种繁育中心、栽培技术研发、食品检测、成果转化推广服务等，进行食用菌技术培训，提供各种各级菌种和有关生产资料，并进行山野资源的开发利用和食用菌产品经销。

（二）食用菌合作经济组织

食用菌合作经济组织包括专业服务组织和专业技术协会等，主要负责产前环节的农业技术推广和产中环节的农业劳务服务，如各类食用菌菌种培育，菌种供应，规模化示范栽培，传授各类食用菌栽培技术，产品回收加工，废菌包回收，加工菌糠饲料等；开展食用菌品种资源、基质资源的考察，加强对野生品种资源和栽培配料的合理开发利用和保护，大力推进食用菌产品深加工，对新技术、新产品进行鉴评和对菌需品的推荐，组织技术交流和技术合作；发展餐桌经济，宣传普及食用菌食用价值、食用方法和科学知识等。

（三）涉农企业

涉农企业包括菌种公司、肥料公司和农资经销商等，是为食用菌提供科研、开发、销售服务的食用菌机构。这些企业通过大批量、规模化繁育销售食用菌母种、原种和栽培种，制作蘑菇出菇菌包、平菇菌棒，供应棉籽皮、菌种袋、蘑菇袋等，为食用菌产业发展提供全产业链条服务。

（四）金融机构和保险

其主要包括农村信用社、商业银行、保险公司等，负责产后环节的农业金融及保险，推动解决农业贷款难、贷款贵以及农业风险无保的问题。金融机构通过各种渠道向农户提供贷款资金，解决食用菌产业发展中的资金问题。目前食用菌保险是由省级财政保费补贴、县级财政保费补贴和农户按比例分担进行投保，参保后，如遇火灾、爆炸、雷击，暴风、台风、龙卷风，暴雨、洪水、冰雹、暴雪，以及因异常高温引起的出菇异常、烂棒等，菇农可获得相应的保险赔偿，最大限度减少损失。

第二节 食用菌产业经营组织模式及创新

一、工厂化经营组织模式

工厂化经营组织模式是集模拟生态环境、智能化控制、自动化机械作业于一体的生产组织方式。食用菌工厂化栽培实际上就是封闭式、设施化、机械化、标准化、周年栽培，是在按照菇类生长需要设计的封闭式菇房中，利用温控、湿控、风控、光控设备创造人工环境，利用机械设备自动化（半自动化）操作，在单位空间内，立体化、规模化、周年化栽培。

工厂化经营组织模式的主要优点表现为：生产环境可控，基本不存在产品质量和安全问题；机械化程度高，消除了农业模式最头痛的人工工资增长问题；一年四季生产，解决了鲜品市场断档问题。这些特点决定了工厂化经营组织模式一旦启动，所有和它生产相同品种的农业模式都将败下阵来，如灵寿、唐县的白金针菇，20世纪90年代后期发展的杏鲍菇等。但工厂化经营组织模式必须满足以下几点：生产从接种到出菇在120天以内的品种；第一潮的生物转化率就能占到50％以上的品种（双孢菇除外）；对光照强度要求不高的品种，这也就决定了并不是所有的食用菌品种都适合工厂化生产。

在我国目前能够人工栽培的50多个品种中，主要工厂化品种为金针菇、杏鲍菇、海鲜菇、双孢菇和平菇，这些产品在市场上的占有量应在30％左右。截止到2020年，河北工厂化生产企业有138家。

二、家庭分散经营组织模式

目前食用菌产业基本上还处于劳动密集型产业阶段，生产单位是家庭，生产方式是手工，消耗最多的是廉价的劳动力，内含最低的是科技，这种千家万户作坊式的小农生产虽然在精细化管理方面存在一定的优势，但终将因为规模狭小、分散无序而逐渐被取代。家庭分散经营在生产中存在诸多问题，主要表现在：

第一，生产技术不易规范，产品质量难以控制，缺乏风险化解机制。例如，生产中最为关键的问题是菌种选择问题，菌种质量关系着食用菌产业的生存和发展，菌种质量低下，可导致菇农减产减收，甚至绝产绝收。但目前分散经营中，菌种来源不一，良莠不齐，难以实现统一供应菌种，更是缺乏统一的技术指导，极大影响了食用菌的产量和数量。

第二，前期投入资金短缺，影响食用菌产业的适度规模发展。食用菌产业是高产出、周期短、见效快的产业。但是前期投入较大，使得经济基础差的贫困群众无法参与或扩大食用菌种植，难以实现规模效益。

第三，组织化程度低，减弱了生产者抵御风险的能力。广大菇农或单一生产企业只是生产的主体，无法成为市场的主体，无法参与市场竞争，更没有定价权和议价对话权，无力抵御市场风险。组织化程度低使得菇农或企业在生产和市场中面临较大的技术风险和市场风险。

三、合作型经营组织模式

合作型经营组织是指各种产业组织通过不同程度的联合，实现准纵向一体化经营。以由谁做龙头为依据，食用菌合作型经营组织模式分为三大类型：专业大户带动模式、龙头企业带动模式和合作社带动模式。不同类型的模式中，由于龙头与农户之间的利益联结关系的不同，又可以进行细分，龙头企业带动模式可细分为"企业＋菇农"模式和"企业＋基地＋菇农"模式，专业合作社带动模式可分为传统合作模式、社区合作模式和股份制合作模式三种。

（一）专业大户带动模式

专业大户带动模式是专业大户与传统农户之间的联合模式，指的是专业大户作为龙头，带动普通农户在一定范围内进行标准化、规模化生产，实现产供销一体化经营（图12-1）。该模式具有以下特点：农户的种植规模普遍偏小，技术实力差；专业大户一般内生于农村系统内部，种植规模大，威信较高，充当菇农与市场的中介；专业大户与农户之间多为口头协议，缺乏规范性的合同约束，关系较为松散。

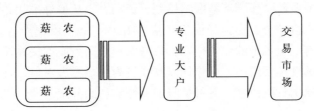

图12-1 专业大户带动组织模式示意

对于食用菌产业基础较差、经济发展落后地区，龙头企业、专业合作社等新型经营主体数量较少，在短期内还未能发挥较大的辐射带动作用。在此阶段，专业大户发挥了连接传统农户与市场的桥梁作用，在自身扩大生产规模的同时，也不断引导和带领邻里乡亲发展生产，以滚雪球的方式逐步形成了产业化生产格局。

专业大户既可以是种植大户，又可以是运销大户。一般来讲，种植大户本身从事食用菌生产，对生产设备也具有刚性需求，所以通常会购置专用设备，并通过统一生产提供菌棒或有偿提供给农户使用来维持与农户的关系。运销大户类似于批发商或经纪人，有时候与农户的交易甚至只是一次性的，因此双方关系联结松散。

（二）龙头企业带动模式

龙头企业带动模式是食用菌种植、加工或销售企业与农户之间的联合模式，是指企业通过与农户签订契约合同，提供产前、产后服务和产中指导，与农户形成风险共担、利益共享的共同体（图12-2）。龙头企业带动模式具有以下特征：农户的种植规模偏小，规避风险能力差；龙头企业与农户之间是准一体化的关系，产业链条中各自保持独立地位；龙头企业与农户之间签订契约合同，利益联结机制可能是松散的，也可能是紧密的。

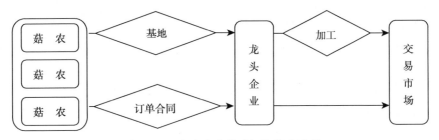

图12-2 龙头企业带动组织模式示意

根据利益联结机制的紧密程度，龙头企业带动模式分为两种类型：一是"企业＋农户"模式，即企业和农户双方通过签订合同，建立委托代理关系，农户按合同要求进行生产，企业负责技术指导和产品收购；二是"企业＋基地＋农户"模式，企业通过流转土地，统一建立基地，再返包给农户，进行标准化生产。在"企业＋基地＋农户"模式下，企业在组建基地的过程中，投入了大量的专用型资产，而农户投入了组建大棚的费用、购入菌棒费用等专用型投资，加强了彼此之间的联系。无论哪种形式，若企业为农户提供"非市场安排"，可加强龙头企业与农户的利益联结。

（三）专业合作社带动模式

专业合作社带动模式是在农村家庭经营并自愿联合的基础上，以专业性合作社为中介，通过互助合作或股份合作等利益联结机制，带动农户从事标准化和专业化生产，并将生产、加工、销售有机结合，实施一体化经营（图12-3）。农民专业合作社具有以下特征：农户一般是具有一定规模的专业户，农户与农户之间结成的关系较为紧密；合作社是成员自愿联合的互助性经济组织，合作社以其成员为主要服务对象；合作社内部，社员之间按惠顾额或股份比例分配盈余，并可参与加工环节利润分配。

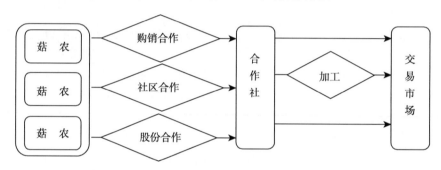

图12-3 合作社带动组织模式示意

四、农业产业化联合体经营组织模式

农业产业化联合体是农业经营组织的创新形式。各类新型农业经营主体通过细化分工沟通协作的对话机制、要素整合产业融合的融通机制、利益共享风险共担的联结机制形成外在松散、内在紧密的命运共同体。河北已建成的省级示范食用菌产业联合体有平泉市瀑河源食用菌产业联合体、宁晋县一菇食用菌产业化联合体、宽城农业循环经济联合体与承德食用菌全产业链经营联合体。

（一）产业链条延伸，主体各取所需

食用菌产业联合体由食用菌种植、加工、运输、销售等相关联的企业、合作社、家庭农场或个人组成，业务范围包括流转土地进行食用菌种植、销售、加工、运输、物流配送、提供食用菌生产经营相关技术、信息服务等，覆盖食用菌生产、加工、储运、流通全产业链。联合体以科技为先导，以市场为导向，以食用菌为基础，以食用菌加工为龙头，积极推进农业产业化经营，优化资源配置，增强联合体成员的抗风险能力。联合体各成员之间地位平等，在充分协商的基础上进行决策，保障各成员的知情权和话语权。联合体中，合作社可以借助龙头企业的影响力为食用菌产品找销路，获得企业的品牌效益；另一方面，通过龙头企业的带动和扶持，菇农的种植技术和产品标准以及合作社的服务能力也

能得到较大提升。在"众星捧月"的格局下形成了一个稳定的经营团体，既通过品牌共建获得了更高效益，又凭借资源要素共享实现了产业融合发展。

（二）提升加工技术，催生新兴业态

联合体以龙头企业为带动，建设现代化、标准化食用菌生产基地，对分布相对散乱的生产基地，进行适度整合和改造提升，构建规模较大、设施良好、管理规范、运行有序的标准化产业园区，吸引和鼓励产业主体入园生产，不断提升食用菌的产业集约度和空间聚集度，增强产业的持续发展能力和基础设施完善程度，在区域内实现统一建棚、统一技术、统一菌种、统一原辅材料、统一销售。联合体依托产业链条，以工厂化思维和市场化理念发展食用菌产业，建立专门的食用菌加工技术工程中心，推进食用菌精深加工，有助于形成种类齐全、规模逐步扩大、竞争力不断增强的食用菌深加工产业体系。以联合体为载体搭建技术培训网络，充分发挥食用菌技术服务站和基层农技推广综合区域站职能，培训村级技术能手，解决菇农小事不出村的问题。实施"统一园区生产、统一材料购进、统一菌种提供、统一技术指导、统一生产标准、统一产后销售、分户生产经营"的管理模式，严格把关菌种培育和物资供应等重要环节，扎实做好新品种、新技术引进推广和试验示范工作，为产业快速发展提供强力科技支撑。龙头企业承担成品、半成品、原料、辅料等各项检验，保证食用菌产品的质量安全。在园区内建立食用菌观光基地，挖掘食用菌文化，以此带动第一、二产业，使游客体验到每一个有机产品由田间到舌尖的整个过程，带动周边旅游、餐饮、住宿、运输等不同行业的发展。

（三）利益联结紧密，约束效力增强

食用菌产业化联合体成员间的利益联结更为紧密，主要形式为：建立共同遵守的联合体章程，明确各成员的权利与义务，相互监督，共同参与决策；发展订单农业，成员之间订立具有法律效力的购销合同，约定交售产品的品质、数量、时限、价格及服务内容等事项，低于市场价以保底价收购，高于市场价则随行就市；建立保证金制度，加入联合体时交纳一定的保证金作为违约风险发生后的惩罚；龙头企业以资金、技术、优质菌种等要素入股合作社和家庭农场，农户以其生产要素的所有权和土地经营权入股合作社，通过双向入股方式进行利益联结。

第三节　食用菌产业扶贫经营模式成功案例

一、平泉食用菌产业经营组织模式——"三零"模式

（一）"三零"模式形成背景

平泉位于河北东北部，冀、辽、蒙三省区交界处。平泉总面积 3 296 千米²，耕地面积 62 万亩，是个"七山一水二分田"的典型山区农业县。在发展农村经济建设和农业产业结构调整的过程中，平泉充分发挥区位、资源、气候、技术等优势，开辟了食用菌这一新兴产业，经过 30 年精心打造，目前已经成为平泉最具优势特色、产业链条最完整、辐射带动能力最强、农民从中受益最多、国内外影响力最大的农业支柱产业，并辐射带动周边 6 个省区 20 余个市县，成为名副其实的"中国菌乡"。

平泉食用菌产业兴起于 20 世纪 80 年代末期，在县委、县政府的长期重视与大力支持

下，平泉食用菌产业发展速度较快，生产规模持续扩张。2016 年平泉食用菌产业共辐射带动 20 多个周边的市县，食用菌基地面积达 4 000 万米^2，产量为 52 万吨，产值为 54 亿元。在品种结构上，形成了香菇、滑子菇、双孢菇、杏鲍菇等多个品种互促共进的多元格局，实现了产品结构的理性优化。在生产方式上，积极探索适应环境与市场发展变化的科学方式，构建了顺季、反季栽培及工厂化周年生产相结合的发展模式，推动了产业效益的不断提升。培育打造了"森源""三棵树""润隆""平泉""乾岁"等知名品牌。平泉在把握国内市场的需求下，积极开拓国外市场，年出口额超过 2 000 万美元，远销"一带一路"沿线的 16 个国家，带动了食用菌品质的提升和附加值的增长。

平泉将食用菌产业作为产业扶贫的最重要抓手，在产业扶贫过程中发挥了重大作用。但对于特殊贫困农户参与食用菌产业，还存在较大问题。第一，贫困农户分散化，且贫困人口 60% 以上分布在老弱病残家庭，还有一部分家庭既无劳动能力，又不符合低保标准，增收脱贫难度大。第二，农户贷款难。金融机构对农户贷款年龄要求不能超过 60 周岁，期限三年，额度小、期限短，无法满足贫困农户发展产业或入股需求。贷款审批流程多、耗时长。第三，贫困农户更加惧怕风险，面对食用菌产业相对较高的前期投入，农户不愿自己承担经营风险。

（二）"三零"模式典型做法

针对平泉贫困户分布零散化、无资金技术、怕风险赔钱的实际，平泉食用菌产业化扶贫探索了让贫困户"零成本"生产、"零风险"经营、"零距离"就业的"三零"产业扶贫模式。同时，为了解决贫困群体资金从哪里来，土地从哪里来，人居环境如何改善，素质如何提高等问题，先后探索形成了"政银企户保""一户一棚""两区同建""农民土地股份合作社带动""新型农村经营主体助推"的产业扶贫体系，建立了较为完善的产业脱贫新机制，推进了食用菌产业扶贫脱贫。

1. 投入"零成本" 为解决贫困农户发展生产缺资金问题，采取银行贷、财政补、园区赊的办法，让贫困户不花一分钱发展扶贫产业。银行贷是指县政府出资注入金融机构，搭建了"政银企户保"融资平台，支持每户 5 万元扶贫小额信贷资金，按基础利率予以贴息，让贫困户不用投资一分钱，也能发展产业，所借贷款也可以入股园区，由园区负责还本付息。财政补即扶持每户发展产业资金 1.2 万元，引导贫困户参与经营或入股经营，具体是实行"普惠＋特惠"政策叠加扶持。普惠就是产业园区在建档立卡贫困村新建连片开发集约经营 100 亩以上，园区入驻贫困户 20 户以上，食用菌园区每户生产 2 万袋以上，扶贫部门按照每户 6 000 元标准扶持入园的贫困农户；特惠是县财政按照每户 6 000 元标准，再给予上述园区基础设施补贴。园区赊即园区赊给每户 2 万棒菌棒，并无偿提供菌棚和配套设备，待贫困户稳定收入后收回欠款。通过以上三个渠道，没有劳动能力的农户可"零投资"入股食用菌园区 6.2 万元，每年分红 6 000～10 000 元，有劳动能力的贫困农户可"零成本"直接参与园区生产经营，每年增收 4 万元。

2. 经营"零风险" 一是建立"贫困户＋合作社＋园区＋企业"的模式，解决贫困户怕承担风险问题。为打消贫困户怕风险、怕赔钱的心理，鼓励支持企业负责产前投资、产中技术和产后销售等高风险环节，贫困户只负责简单的无风险的生产管理环节。属于菌种、菌棒这种技术含量较高，风险较大的生产环节，由企业采取工厂化、规模化、标准化进行生产，既降低了成本，又提高了质量。然后，将成熟的菌棒交给贫困户进行简单管理出菇。在销售环节，全部由企业合作社负责销售，解决贫困户没有销路的顾虑。

二是通过"一户一棚"等模式，解决贫困户与园区利益联结机制问题。"一户一棚"模式就是一个贫困户建设或租赁或承包或入股一个食用菌棚，确保有固定的脱贫产业。贫困户通过出租土地"收租金"、直接经营"得现金"、资金入股"分红金"、务工取酬"挣薪金"等几种渠道实现收入，产生"一地生四金"的效果。

3. 就业"零距离"　为解决贫困群众离家不便难就业问题，把就业岗位搬到贫困农户身边，一是基地建到村头。推进新型农村社区和产业园区"两区同建"，引导龙头企业、合作社在 84 个贫困村建设食用菌生产园区 151 个、加工基地 23 个，实现所有乡镇和贫困村全覆盖。二是培训办到地头。结合食用菌生产不同阶段，组织技术人员定期进村入户开展免费食用菌技术培训，每年举办培训班 260 期，培训 8 100 多人次，贫困群众在家门口就能得到技术指导。三是就业落到人头。园区优先吸纳贫困劳动力务工，有 9 360 名外出困难的贫困群众就近到园区就业、在家门口挣钱，人均月工资 2 500 元，实现一人就业、全家脱贫。

综上所述，"三零"扶贫模式是以农户为支点，将资金、政策等杠杆直接作用于贫困人口，通过解决资金困难和经营风险问题，激励贫困农户积极参与产业化链条，分享产业化利润，实现脱贫致富（图 12-4）。

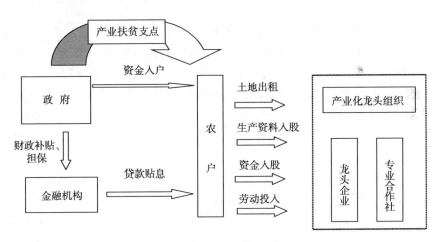

图 12-4　"三零"模式示意

（三）"三零"模式启示

"三零"模式实施以来，平泉建设多个食用菌精准扶贫园区，累计发展百亩以上园区 112 个，直接带动 7 900 户、16 300 名贫困群众脱贫，户年均增收 2.7 万元，带动了 64.2% 的贫困农民实现脱贫。仅 2016 年就建设 40 个扶贫产业园区，园区面积 4 500 亩，直接带动 2 000 户贫困户进入园区务工；2017 年投资 3 亿元，建设 50 个扶贫产业园区，共占地 400 万米²，带动 3 000 户贫困户实现稳定脱贫。综合来看，"三零"模式的实施，必须满足三个条件：

第一，良好的产业基础。贫困农户对食用菌产业有充分的认识，地区的产业基础和周围环境足以让贫困农户相信，参与产业化过程可以获得利润，一旦获得资金便参与产业化链条。平泉自古就有食用菌生产，县志曾有"沙头蘑菇一寸厚，雨过牛童提满筐"的记载，20世纪80年代开始了椴木黑木耳的种植，90年代成功引进滑子菇栽培技术并取得良好效果；1995年在"南菇北移"推进战略背景下，开始引进香菇生产。经过几十年的不懈努力和产业发展思想的不断完善，平泉已经在产业基础设施、产业技术条件、产业管理政策以及产业组织模式等方面，构建了产业支撑，菇农对食用菌产业发展潜力有良好的信心。

第二，完善的产业组织体系和经营管理机制，能够随时接纳贫困农户加入产业组织。平泉食用菌产业组织化程度较高，先后共培育建设流通企业126家、合作社381家、加工企业11家，专业化菌种、菌棒生产厂15～20家，10亩以上标准化园区1 455个，标准化覆盖率达到90%。完善的产业组织，促使农户与各种产业组织之间具有联合的可能。

第三，政府加大对产业扶贫力度，积极引导。平泉成立了食用菌产业局，10年间共投入资金2.4亿元，用于食用菌产业发展，同时制定了各种产业优惠政策，为食用菌产前、产中和产后提供全面服务和支持。食用菌产业局在平泉推行"三个零"模式，"三个零"模式为农户缓解了资金压力和后顾之忧，增加了农户入股专业合作社的动力。

二、阜平食用菌产业经营组织模式——"六位一体"模式

（一）"六位一体"模式形成背景

阜平是全国著名的革命老区，由于客观条件所限和历史原因，阜平与全国其他革命老区一样，经济社会发展仍然相对滞后，与发达地区相比还有较大差距。全县209个村1 208个自然村，其中164个村是贫困村；全县贫困人口10.81万人，占农村人口的54.38%（全县农村人口19.88万人）。阜平地处太行山中部，国土面积2 496千米²，山场面积326万亩，基本农田9 976.27公顷。2014年之前阜平一直是一个食用菌生产小县，产业发展也属于典型的专业大户带动模式，食用菌种植面积132亩，产量1 742吨，产值871万元。

由于发展环境恶劣、产业基础薄弱、产业化发展不足等原因，阜平县农户对食用菌产业缺乏足够的信心。首先，阜平贫困地区面临的发展环境恶劣、地形地貌条件差、自然灾害频发、基础设施落后、经济发展水平偏低，影响了产业化经营的程度，并且贫困地区经营主体规模普遍偏小，市场竞争能力和带动力较弱，对农户的吸引能力还很有限。其次，阜平县食用菌产业基础薄弱，农户对产业发展特征及效益没有充分深刻的认识，也缺乏大型龙头的示范作用。最后，广大农户思想相对保守，缺乏生产技能和专业知识，如果没有足够的利益保障，宁愿墨守自给自足的小农生产，也不愿意承担风险去开始新的产业，更不用说加入产业化链条。

在反复研究产业发展环境的背景下，2014年在政府的推动下，确定了阜平县食用菌产业发展的思路，即大力扩建园区，引导龙头企业加入园区，并采用龙头带动农户模式发展食用菌产业，仅仅1年的时间，全县增加香菇大棚332个，共673亩，涉及7个乡12个村，辐射带动970户，其中贫困户占70%。完成流转土地5 679亩，覆盖3 708户农户，4个菌棒加工厂全面开工。从2015年10月到2016年4月，这半年时间内阜平县共

投资 6 300 亩的食用菌产业 6 亿元，涉及全县的 11 个乡镇 61 个村，共建成 46 个百亩以上园区，建设 3 100 个大棚，带动 7 500 户贫困农民参与食用菌产业种植，贫困户每户增收 2 万元以上，阜平县食用菌产业一举成为太行山地区食用菌产业发展的领头羊。

（二）"六位一体"模式典型做法

阜平县在食用菌产业上，建立"政府＋金融＋科研＋园区＋企业＋农户"六位一体产业联盟。"六位一体"是指企业、农户、政府、金融、科研部门，依托产业园区形成紧密型的利益联合体，其中产业园区是载体，企业是龙头，农户是主力军，政府是黏合剂，金融机构是推手，科研机构是引擎。

园区是载体。其建设是首先把农户分散经营的土地统一流转集约使用，合理规划建成成方连片的棚室，水电路设施配套和环境优美的现代农业标准园基地，在园内栽培菌类可实现全程监控无公害标准化，还可降低看护管理成本，便于技术指导与产品回收，实现效益最大化。

企业是龙头。龙头企业根据自身实力和政府指导意见，在专家指导帮助下引进现代生产体系，设计建设菌棒厂，做到布局合理，机械设备使用寿命长，效率高，为规模化生产打好基础。龙头企业招收一大批农民进厂，通过全方位培训，使其成为产业工人，胜任公司交给的各项任务，产业工人严格按照技术操作规程进行操作，努力提高菌棒标准化程度，降低污染率，为优质高产打好基础。政府要求龙头企业树立把种植户利益放在首位的指导思想，全程跟踪指导，做到"四到位"，即每户必到、每棚必到、每天必到、随叫随到，确保种植户通过精细管理获得理想的收益。做好产品回收和销售，制定产品分级标准，以质论价，价格随行就市，在产品营销上要做到鲜销与加工品两条腿走路，确保获取既得收益。

农户是主力军。栽培管理和出菇采收属于劳动密集型环节，适合以户为单元精细管理。种菇农户通过政府扶持、龙头带动、技术指导服务和自身努力实现勤劳致富，努力钻研技术，人人争当种菇能手，致富状元。

政府部门是黏合剂。通过相关部门在政策、资金、项目等方面的支持，做好相关服务保障工作。同时协调金融机构为龙头企业和农户贷款，激励龙头企业吸纳贫困农户投入产业化链条。

金融机构是推手。金融机构不仅能提供优化扶贫资金配置的撬动杠杆，还能盘活财政、社会等扶贫资金，引导其实现精准投放，保障实现"造血式"长效脱贫致富机制。合理利用金融机构在资金融通、中介引导和风险管控等方面的市场化功能优势，能够弥补或规避传统财政和政策金融在扶贫开发中引致的政府失灵。

科研部门是引擎。科研部门通过对接贫困地区的政府和农业管理部门，着眼经济发展、制定区域规划，开展科技合作和技术服务工作，解决贫困地区产业化脱贫致富中的关键科技问题，提供产业化发展思路、方向和策略。

综上所述，阜平县"六位一体"扶贫模式是以园区为支点，将资金、政策杠杆直接作用于园区，通过完善园区条件、大力扶持园区发展，引导企业、激励农户进入园区，形成产业化经营（图 12 - 5）。

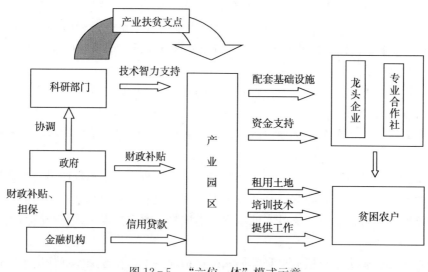

图 12 - 5 "六位一体"模式示意

(三)"六位一体"扶贫模式启示

阜平的食用菌栽培面积达到 2 万亩，大棚 5 000 多个，食用菌年栽培规模 2 亿棒，鲜菇年产量 6 万吨，总产值 5 亿元，通过种菇、务工、入股分红等形式共带动 1.5 万户贫困户参与食用菌产业生产，贫困户每户增收 2.75 万元。阜平县在食用菌产业方面总共投资 21.5 亿元，涉及全县的 13 个乡镇。阜平县食用菌产业扶贫模式适用条件为：

第一，产业基础薄弱，农户面临较高的技术风险。对于产业基础发展比较薄弱的地区，专业大户数量有限，几乎没有大的龙头企业带动，而且小农户对产业的认识和种植技术都很缺乏，种植的差异程度较小，同时长期的家庭小规模生产，农户的保守固本思想非常明显。在这种情况下只有让农户充分认识到产业发展潜力和利润的可能性，才能促使其进入全新的产业链条，形成规模化和产业化生产。

第二，产业组织缺乏，需要搭建平台。对于产业组织缺乏的地区，政府的主要任务是搭建良好的平台，吸引龙头企业加入，激励农户参与。在政府的引导下，阜平县洽谈合作的企业有 20 余家，200 多人次。全县共有 14 家企业、合作社。其中，外地企业 9 家（烨沛林、昶超农业科技、平泉瀑河源、北京中菌、阜平济昌、泽阜农业科技、遵化平安城众鑫合作社、青岛昌盛光伏、昊艺食用菌），本地企业 5 家（嘉鑫、白河盛平、大台彬阜商贸、史家寨瑞泰、刘家沟鑫阜达）参与建设生产。大量龙头企业的引进，对带动产业的发展起到了至关重要的作用。

第三，政府出台优惠政策支持。为加快推进食用菌产业发展，拓宽农民增收渠道，增加农民收入，在借鉴其他地区成熟经验的基础上，制定出台扶持政策，激励产业健康快速发展。一是由政府出资组织专家团队、技术团队，每个生产基地（片区）各安排两名常住实用技术人员，通过培训，一年内建立基地（片区）自己的技术团队。二是企业、合作社入驻基地（片区），农户参与率达到 80% 以上且流转土地 100 亩以上，给予水、电、路基础设施配套。三是对年生产能力在 1 500 万棒以上的菌棒加工厂，日生产 5 万棒以上，给予全部资金投入的 40% 补贴。四是对于基地（片区）内新建标准化冷库，给予每平方米

150元的补贴。五是对建设砖混、钢筋结构，配备棉被、卷帘机或岩棉及提温设备自动化程度较高的设施暖棚（要求冬季夜间温度保持在10℃以上），给予每平方米20元的补贴；钢架结构的凉棚每平方米补贴5元；林下小拱棚每平方米补贴1元。

三、易县食用菌产业经营模式——"非市场安排"模式

（一）"非市场安排"模式形成背景

易县位于河北中西部，太行山东麓，地形地貌复杂，素有"七山一水二分田"之称。易县山区生产生活条件非常恶劣，贫困村均处于地理条件极差区域，土壤瘠薄，水源匮乏，交通不便，水、电、路、通信等基础设施建设滞后。同时受国家生态建设、南水北调、输电线路、液气管道等工程建设的影响，山区群众面临封山禁牧、土地减少、资源不能开发、投资办厂受限等多方面限制，大部分农民仅靠外出务工和微薄的农业收入维持生计。2011年，易县农民人均纯收入为3 678元，比全国人均低2 241元，比全省人均低2 012元，属环首都贫困带中集中连片特殊困难地区。

在政府政策的引导和支持下，易县积极尝试片区建设与入户项目相结合的农业产业化发展模式，通过在易县紫荆关片区规划食用菌产业，利用海拔高、气温低、昼夜温差大、硬杂木丰富等资源优势，发展中低温型香菇种植，取得了极其突出的成效。该片区种植食用菌达2 000万棒，流转土地1 500亩，辐射带动该片区30多个村、1 800多户贫困户种植食用菌，种植户人均增收2 000多元。不仅使贫困农民走上了脱贫致富的道路，而且成为河北食用菌产业发展的典型。

（二）"非市场安排"模式典型做法

易县食用菌产业发展过程中，采用"非市场安排"的产业扶贫模式。"非市场安排"是指龙头企业为农户提供的不以市场交易原则为特征的咨询和帮助，如为农户提供资金贷款担保、保护价收购农户产品、无偿或低偿服务、免费使用生产设备、低价赊销生产资料等，这种安排对小规模农户或刚刚进入行业的农户具有较强的吸引力。

易县"非市场安排"的产业扶贫模式，具体运作是企业、农户、政府部门，依托产业园区形成紧密型的利益联合体，联合体内实行"统分结合"的运作模式。产前和产后由企业负责，产中由农户负责。企业统一组建大棚、统一采购原料、统一引进菌种、统一制作菌棒、统一技术指导、统一分级销售，菇农分户管理。在该模式下，贫困户通过签订合作协议，向企业订购菌棒（可赊购菌棒，收菇时扣回成本）即可在园区投入生产，凡在园区种植香菇的贫困户，水、电、大棚全部免费使用，并获得全程技术指导，最终产品由企业统一销售和加工处理。这样不仅大大减少了贫困户的产前资金投入，还保证了产品标准化生产和质量安全。同时，企业通过流转土地，建立生产园区，吸引更多农户种植香菇，获得了更大的规模经济效益。

具体来说，"统一流转土地"是指企业通过土地流转，建立基地，降低流转成本，实现规模效益；"统一组建大棚"是为了提高生产标准化程度，因地制宜，统一棚室宽度和高度，水电的配套以及遮阳网等，这样的基地建设设施配套比较合理；"统一引进菌种"可以避免菌种良莠不齐和老化、污染菌种，能够降低风险，保证出菇质量；"统一购买原料"可以降低生产资料购买成本；"统一制作菌棒"是由龙头企业统一制作并完成发菌工

作，菌棒生产涉及配料、拌料、装袋、高温蒸汽灭菌、净化消毒、接种操作等几十道工序，是技术密集型环节，一家一户操作不仅投入高，设备使用效率低，而且质量没有保证，所以菌棒进行专业化生产、农户购买使用是最好的选择；"统一技术指导"主要对菌棒发菌技术、棚内控温技术、病虫害防治技术等进行指导；"菇农分户管理"是农户负责产中种植阶段，产中管理、采摘是一个劳动密集环节，所以这一环节应该交给农户去做。

综上所述，易县"非市场安排"扶贫模式是以龙头企业为支点，将资金、政策杠杆直接作用于龙头企业，激励企业为农户提供"非市场安排"，吸引农户加入产业园区基地，形成产业化经营（图12-6）。

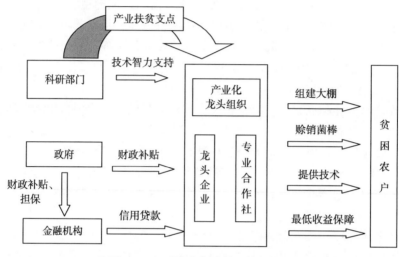

图12-6 "非市场安排"扶贫模式

（三）"非市场安排"扶贫模式启示

"非市场安排"扶贫模式首先解决了当地弱势群体就业问题，易县农户在从事食用菌种植后，在技术人员的统一指导下生产香菇，实现了收入的数倍增长；部分年老、病残农民也受雇于签约农户，参与出菇采菇环节，领取每个工作日50～100元的报酬，彻底摆脱了完全靠政府救济生存的境况，易县食用菌产业的发展壮大，极大地解决了当地弱势农民群体的就业问题。其次，在该模式的带动下，形成了食用菌特色产业，促进了地区经济发展。易县利用当地的地理环境和自然气候条件，发展食用菌产业，通过创新生产组织模式，进行标准化生产、规模化经营，形成了当地的特色支柱产业。易县食用菌凭借优异的品质获得了市场的广泛认可，与北京、天津、石家庄、上海、深圳、郑州、平泉等国内经销商建立了联系，还与韩国、美国等进口商建立了供货关系。食用菌产品的畅销，极大地刺激了种植农户的积极性，提高了农民的收入水平，促进了当地经济的发展。

易县"非市场安排"扶贫模式是企业和农户在政府的协调下，实施的利益联结机制。该模式的实施，主要取决于以下三点：

第一，具备一定的产业基础，产业组织逐步完善，确立龙头企业带动型产业扶贫模式。从贫困地区特性、合作社模式与龙头企业模式的对比来看，龙头企业带动型模式更适合当前背景下的农业产业化扶贫发展。从实践经验看，河北易县食用菌产业发展的实践表明，龙头企业带动型的"大园区、小片化"模式解决了农户资金投入困难，促进了产业规模迅速壮大，加快了当地的脱贫致富。

第二，企业增强对基地的控制力。在贫困地区，如果龙头企业自身没有标准化的生产基地，直接与分散农户签订合同，不仅成本高，而且操作难度大。有实力的龙头企业应该尝试组建生产园区，直接建立或控股生产基地，通过统一生产管理和物流销售，保证产品的产量和质量，提高产业经济效益。在基地或园区的组建过程中，政府要加大对龙头企业的扶持力度，改变传统的"撒胡椒面式"分散扶持，重点扶持发展一批起点高、规模大、带动力强、成长潜力大的产业化龙头企业，增强其吸引带动作用。

第三，优化产业的要素组合机制。生产要素包括土地、资金、技术、信息、劳动力等，在贫困地区，资金、技术与信息等要素掌控难度较大，但劳动力相对丰裕。根据比较优势原理和分工原理，如果要素分归不同主体提供，各自发挥其比较优势和禀赋特征，可以产生更大的生产力。企业一般拥有较强的资金实力，具有信息渠道优势，并且能够掌握最先进的生产技术，但如果雇工生产，产生的费用较高，且劳动积极性差；贫困户虽然缺乏资金、技术，但能够提供充足有效的劳动力。因此，企业负责资金、技术与信息的供给，贫困户负责劳动力的供给，是扶贫产业要素组合的最优选择。

第十三章

河北食用菌产业创新发展

关于产业经营主体的最权威概念是："农业经营主体是指直接或间接从事农产品生产、加工、销售和服务的任何个人和组织。"新型经营主体是指新时期推进现代农业建设的新主体和构建新型经营体系的新载体，主要包括农业龙头企业、农民合作社、农业创新驿站、现代农业园区。

第一节　河北食用菌新型经营主体

一、食用菌龙头企业

农业产业化龙头企业是指以农产品加工或流通为主，通过各种利益联结机制与农户相联系，带动农户进入市场，使农产品生产、加工、销售有机结合、相互促进，在规模和经营指标上达到规定标准并经政府有关部门认定的企业。龙头企业由于具有强大的资金优势、技术优势和信息优势，已逐渐发展成为行业的领头羊。河北拥有食用菌类省级以上农业产业化龙头企业 44 家（见附表一），在龙头企业的带动下河北食用菌产业建设了现代化和标准化的食用菌生产基地，不断提升了食用菌的产业集约度和空间聚集度，增强了产业的可持续发展能力和提高了基础设施完善程度，建立了专门的食用菌加工技术工程中心，推进食用菌精深加工，逐步形成种类齐全、规模逐步扩大、竞争力不断增强的食用菌深加工产业体系。

二、食用菌合作社

2007 年正式实施的《中华人民共和国农民专业合作社法》对农民专业合作社的定义为："在农村家庭承包经营基础上，同类农产品的生产经营者或者同类农业生产经营服务的提供者、利用者，自愿联合、民主管理的互助性经济组织。"农民专业合作社在服务社员的同时实现自身的可持续发展，并对周边农户产生一定的辐射带动作用。河北食用菌农民专业合作社发展速度较快，数量增加较为明显，截至 2020 年，有食用菌类农民合作社 1 282 家，形成了以涿州市裕农香菇种植专业合作社、遵化市众鑫食用菌专业合作社、临漳县广纳种植专业合作社、宁晋县盛吉顺食用菌种植专业合作社、青龙满族自治县易朋食用菌专业合作社为核心的 361 家代表性农民合作社（见附表二）。

三、食用菌现代农业园区

现代农业园区以技术密集为主要特点，以科技开发、示范、辐射和推广为主要内容，以促进区域农业结构调整和产业升级为目标，不断拓宽园区建设的范围，打破形式上单一的工厂化、大棚栽培模式，把围绕农业科技在不同生产主体间能发挥作用的各种形式，以及围绕主导产业、优势区域促进农民增收的各种类型都纳入园区建设范围。目前河北以灵寿县现代农业（食用菌）园区、石家庄市平山县食用菌现代农业园区、平泉市辽河源现代农业产业园区、兴隆县零灵山现代农业园区等25个食用菌现代农业园区建设为载体，因地制宜、科学地规划食用菌产业的发展，利用产业园区带动河北食用菌"一环五带"全面发展，提高食用菌产业化经营程度。对分布相对散乱的生产基地，进行适度整合和改造提升，构建规模较大、设施良好、管理规范、运行有序的标准化产业园区，吸引和鼓励产业主体入园生产。河北食用菌产业发展取得突破性进展，以调整产业结构、增加菇农收入、展示当代食用菌科技为主要目标，在食用菌科技力量较雄厚、具有一定产业优势、食用菌产业相对较发达的地区划出一定区域，以食用菌科研、培训和技术推广单位作为依托，由政府及社会各方面力量投资，对食用菌新产品和新技术集中开发，形成集高新技术设施、优良品种和高新技术于一体的食用菌高新技术开发基地、中试基地和生产示范基地。积极发展食用菌产业三产融合，促进产业升级（表13-1）。

表13-1 河北食用菌现代农业园区

市	名　　称
石家庄市	灵寿县现代农业（食用菌）园区 石家庄市栾城区弘顺农业科技有限公司（苏园） 平山县食用菌现代农业园区 藁城区现代农业园区
唐山市	遵化市食用菌现代农业园区 遵化市现代农业园区
廊坊市	固安县现代农业园区 盐山县现代农业园区
承德市	围场满族蒙古族自治县木兰皇家现代农业综合示范区 滦平县现代农业园区 承德县现代农业科技园区 平泉市辽河源现代农业产业园区 丰宁县九龙松现代农业园区 宽城县现代农业园区 平泉市杨树岭现代农业园区 平泉市现代农业园区
邢台市	威县现代农业园区 宁晋县九河现代农业示范园区 临西县光明现代农业园区 宁晋县北河庄现代农业园区
保定市	涿州市督亢秋成现代农业园区 阜平县食用菌现代农业园区 望都县现代农业园区
张家口市	蔚县现代农业综合示范区
邯郸市	魏县博浩现代农业园区

资料来源：河北省农业农村厅特色产业处。

第二节　河北食用菌农业创新驿站

农业创新驿站以农业科技创新与地方特色产业有机融合为基础，是国内外尖端农业科技要素聚集地，是京津冀高端农业产业转移和科技成果转化承接地，是河北高新农业技术研发与推广的试验示范地，是满足京津高端市场消费、保障雄安新区高端农产品需求的供给地，是引领河北现代农业高端发展的农业科技创新高地，食用菌农业创新驿站将成为引领食用菌产业发展的前沿阵地，河北已经建设18家食用菌省级农业创新驿站。

石家庄市拥有两家省级农业创新驿站，分别以灵寿县雪纯食用菌种植有限公司和辛集市万隆食用菌有限公司为依托主体，首席专家为高春燕和郑素月。唐山市拥有省级农业创新驿站项目两项，分别位于遵化市和迁西县。遵化市创新驿站以众鑫食用菌专业合作社为依托，张金霞担任首席，以香菇为主要经营类别；迁西县以燕山科学实验站为依托，赵国强担任首席专家。秦皇岛市昌黎县以河北丰科生物科技有限公司为主体建立创新驿站，鲍大鹏担任首席；海港区以秦皇岛夏都菌业股份有限公司为依托，李明担任首席建立食用菌驿站。邯郸市成安县由忻龙祚担任首席专家，依托成安县乾翔农业科技有限公司建立双孢菇农业创新驿站。邢台市拥有食用菌产业创新驿站两家，分别以宁晋县盛吉顺食用菌种植专业合作社和河北汇珍食用菌有限公司为依托主体，由李明、李守勉分别担任首席专家。承德市拥有农业创新驿站三家，位于平泉市和承德县，分别由张金霞、王玉宏和李明担任首席专家。张家口市以河北绿健食用菌科技开发有限公司为依托，由刘宇担任首席专家建立创新驿站一家。保定市拥有农业创新驿站五家，分别位于涞水县、阜平县、博野县、涞源县和涿州市，涞水县、阜平县和涿州市农业创新驿站均由李明担任首席专家；博野县以绿博农作物种植服务农民专业合作社为依托，由高义平担任首席专家；涞源县以北农农业科技有限公司为依托建立黑木耳创新驿站，由张瑞芳担任首席专家（表13-2）。

表13-2　河北食用菌省级农业创新驿站

市	县（市、区）	首席专家	产业类别	依托主体名称
石家庄市	灵寿县	高春燕	食用菌	灵寿县雪纯食用菌种植有限公司
	辛集市	郑素月	食用菌	辛集市万隆食用菌有限公司
唐山市	遵化市	张金霞	香菇	遵化市众鑫食用菌专业合作社
	迁西县	赵国强	食用菌	迁西县燕山科学实验站
秦皇岛市	昌黎县	鲍大鹏	食用菌	河北丰科生物科技有限公司
	海港区	李明	食用菌	秦皇岛夏都菌业股份有限公司
邯郸市	成安县	忻龙祚	双孢菇	成安县乾翔农业科技有限公司
邢台市	宁晋县	李明	食用菌	宁晋县盛吉顺食用菌种植专业合作社
	新河县	李守勉	食用菌	河北汇珍食用菌有限公司
承德市	平泉市	王玉宏	食用菌	平泉市日昌农业开发有限责任公司
	平泉市	张金霞	食用菌	华蕈生物科技有限公司
	承德县	李明	食用菌	承德穆勒四通生态农业有限公司

（续）

市	县（市、区）	首席专家	产业类别	依托主体名称
张家口市	张北县	刘宇	食用菌	河北绿健食用菌科技开发有限公司
保定市	涞水县	李明	食用菌	涞水县华益菇业有限公司
	阜平县	李明	食用菌	阜平县嘉鑫种植有限公司
	博野县	高义平	食用菌	博野县绿博农作物种植服务农民专业合作社
	涞源县	张瑞芳	黑木耳	涞源县北农农业科技有限公司
	涿州市	李明	赤松茸	涿州秋实农业科技有限公司

资料来源：河北省农业农村厅科教处。

一、辛集市万隆食用菌产业农业创新驿站

辛集市万隆食用菌产业农业创新驿站自 2019 年起，由辛集市万隆食用菌有限责任公司承接该创新驿站建设工作，聘请河北工程大学郑素月教授任驿站首席专家，组建了 12 人组成的全产业链高层次专家团队。依托河北省现代农业产业技术体系河北工程大学食用菌创新团队开展平菇、香菇、黑木耳、毛木耳、大球盖菇等品种的引进和筛选，筛选出适宜林下栽培的香菇、毛木耳等优良品种，适宜干旱地区栽培的黑木耳优良品种，引进了珍稀食用菌羊肚菌、大球盖菇的栽培。

辛集市万隆食用菌有限责任公司协同河北工程大学，研发了技术成果两项，即"果菌间作食用菌高效栽培技术"和"沙漠干旱地区黑木耳高效栽培技术"，两项技术分别通过了河北省科技厅成果转化中心组织的成果评价。研发集成食用菌生产装备三项。2020 年 5 月国家知识产权局授予实用新型专利证书"一种木耳立体栽培架"。2020 年 5 月国家知识产权局授予实用新型专利证书"一种缺水地区木耳栽培装置"。2020 年 5 月国家知识产权局授予实用新型专利证书"一种木耳栽培用增湿装置"。形成技术标准四个：梨树下香菇栽培技术规程、干旱地区黑木耳栽培技术规范、食用菌菌种繁育标准化生产技术规程、食用菌新品种配套栽培技术规程。突破产业发展的难题和瓶颈三项：果木屑栽培香菇技术、全开放敞开式食用菌接种新技术、果菌间作关键栽培技术。

二、遵化市众鑫食用菌专业合作社农业创新驿站

众鑫食用菌专业合作社位于遵化市平安城内，合作社于 2013 年成立。2019 年省级农业创新驿站项目提供支持，以该合作社为主要依托单位建立香菇作为主要产业类别的创新驿站，由张金霞担任首席。

合作社内成员自愿入社，合作社是以民办、民管、民收益作为经营理念的农村合作经济组织，是集菌棒规模化生产、新品种培育开发、产品冷藏销售、食用菌加工为一体的全产业链经营企业。年产菌棒 2 000 万棒，菌棒污染率不足 1/270 000。众鑫食用菌专业合作社形成了"产、供、销、收"一体化的产业模式，助力周边菇农脱贫致富。合作社引进专业的生产技术，从菌袋包装膜的生产到制棒的制作，再到食用菌的生产、收购、加工和销售，合作社具备完整的产业链条。产业链条的延伸不仅避免了企业购买菌棒等的交易成

本，还在一定程度上降低了菌棒的污染率。合作社通过自身生产香菇和收购香菇并行的统购统销的模式，在市场上也掌握了一定的定价话语权。该合作社不仅制作、销售菌棒，还具备标准的发菌室，用于现有品种的发菌及新品种的培育与研发。并且合作社引进了包装膜生产设备及技术，不需从其他厂商处购买包装膜，合作社以更加低廉的成本生产菌袋包装膜，在保证自身利润的同时避免由于包装膜生产不规范带来的菌棒污染问题。先进的科学技术不仅降低了菌棒的污染率，而且在一定程度上增加了合作社的利润空间。

三、成安县乾翔农业科技有限公司农业创新驿站

乾翔农业科技有限公司位于邯郸市成安县，公司于 2012 年 3 月注册成立，注册资金 2 000 万元，流转土地 1 600 余亩，食用菌钢结构自动恒温大棚 27 000 余米^2。公司是集双孢菇种植及菌种繁育、技术推广、加工、销售等业务于一体的新型农业科技有限公司，于 2019 年加入河北农业创新驿站，由忻龙祚担任首席专家。

乾翔农业科技有限公司利用黄秋葵秸秆发酵种植食用菌，再用食用菌的下脚料发酵成有机肥种植黄秋葵。将种植、养殖、加工各种资源有效结合起来，在不同区域间各个生产环节互为补充，循环利用，实现产量、品质同步提高，逐步形成一种符合企业自身的"乾翔式"的多链条、多形式、环保、节约闭合型生态循环产业链模式。

四、河北汇珍食用菌有限公司农业创新驿站

河北汇珍食用菌有限公司位于素称"五朝古都、十朝雄郡、国中之国"的邢台，于 2015 年 11 月在新河县工商局注册成立，注册资本为 1 000 万元，以高端菌类和精品果蔬种植、销售为主，拥有日光大棚 80 座，占地 500 余亩，且拥有 6 000 米^2 的钢结构产房和高标准冷库 6 间。产品主要有药用灵芝、羊肚菌、茶树菇等珍稀食用菌，产品均是新华社和碧桂园指定扶贫产品，拥有"汇益珍""众口乐"品牌，所产羊肚菌品种均获得绿色食品认证。在省级农业创新驿站项目的推动下，由李守勉作为首席专家，于 2019 年建立食用菌农业创新驿站。

五、阜平县嘉鑫种植有限公司农业创新驿站

阜平县嘉鑫种植有限公司是省级创新驿站，由李明担任首席。嘉鑫种植有限公司成立于 2013 年 3 月，注册资本 1 亿元，公司资产总额达到 22 000 万元，其中固定资产 15 482 万元，管理经营标准化棚室 2 860 余座。公司于 2015 年 10 月开始建设食用菌产业核心区，规划投资 3.6 亿元，占地 1 500 亩，目前已建设 700 亩，拥有保鲜库 10 000 多米^2，高温灭菌室 1 620 米^2，养菌车间 12 500 米^2，先进菌种繁育中心及香菇（黑木耳）菌棒生产车间 33 000 米^2，标准化香菇菌棒生产线 4 条，菌棒日生产能力达 20 万棒。拥有可开展菌种研发、菌种规模生产、品种试验示范、规模化种植、统一化收购、集中分拣包装、冷链物流等产业化生产加工车间。其中菌种生产车间占地 50 亩，菌棒生产车间占地 20 亩，菌种培养室 24 间，菌棒培养室 88 间，出菇大棚凉棚 318 座、暖棚 24 座。建设有现代化菌种中心实验室、菌种培养室、液体菌种发酵室、菌棒生产车间、菌棒高压灭菌车间、现代化菌棒接种车间、自动化菌棒恒温培养室等，完全能满足菌种标准化生产和出菇

棒标准化生产需求。此外，建成分拣包装、冷链物流设施 2 000 米^2，储藏加工鲜蘑能力达 1 000 吨。现代化菌种繁育研发中心位于核心园区下游，其中固体和液体菌种培养室、发酵室，菌棒生产车间、灭菌车间，现代化无菌接种车间，自动化菌棒恒温培养室等仪器设备具备突出的研发能力，为创新驿站建设提供坚实的基础。菌种繁育研发中心采用现代化无菌新风系统，消毒配套设施完善，基础仪器设备齐全。

六、涞源县北农农业科技有限公司农业创新驿站

北农农业科技有限公司位于保定市涞源县，主要以食用菌菌种研发、加工、销售，生物技术推广服务，初级农产品购销，食用菌收购、加工、销售、冷链物流服务为主，注册资金 200 万元。公司以"立足涞源、销向全国、走向世界"为产业发展目标，主要发展黑木耳产业。2019 年在国家农技推广补助项目的推动下，建立以黑木耳为主要产业类别的农业创新驿站，由张瑞芳担任首席专家。在驿站建设推进过程中，公司内核心工厂试生产成功，推动和加快了涞源县特色农业产业化发展，为涞源县脱贫攻坚注入强大动力，大大加快了脱贫致富的进程。

第三节　河北食用菌产业化联合体

河北现有食用菌产业化联合体 6 家，分别为平泉市瀑河源食用菌产业联合体、承德森源中央厨房食材加工产业联合体、宽城食用菌产业联合体、承德双承生物食用菌产业联合体、为民康食用菌产业联合体、遵化市食用菌产业联合体。6 家联合体中有 4 家位于承德市，分别为平泉市瀑河源食用菌产业联合体、承德森源中央厨房食材加工产业联合体、宽城食用菌产业联合体、承德双承生物食用菌产业联合体。唐山市和邯郸市分别各有一家食用菌产业化联合体（表 13 - 3）。

表 13 - 3　河北食用菌产业化联合体

示范农业产业化联合体名单	联合体年总产值（万元）
平泉市瀑河源食用菌产业联合体	44 989.14
承德森源中央厨房食材加工产业联合体	62 148.65
宽城食用菌产业联合体	5 767
承德双承生物食用菌产业联合体	2 132
为民康食用菌产业联合体	37 490
遵化市食用菌产业联合体	37 715

资料来源：河北省农业农村厅产业化办。

一、平泉市瀑河源食用菌产业联合体

平泉市瀑河源食用菌产业联合体位于承德市平泉市，其中包括核心企业 1 家、上下游企业 1 家、国家重点龙头企业 1 家、省级重点龙头企业 2 家、市级重点龙头企业 2 家、合

作社 9 家、国家级示范合作社 3 家、省级示范合作社 3 家、市级示范合作社 4 家和省级以上示范家庭农场 1 家。联合体年总产值 44 989.14 万元，其中核心龙头企业年销售额 12 196.81 万元、上下游相关农业企业年总销售额 27 868.84 万元、合作社年总产值 4 452.92 万元、家庭农场总产值 470.57 万元。

平泉市瀑河源食用菌产业联合体具备统一的生产标准，内部技术统一指导覆盖率高达 96%。联合体拥有中国驰名商标 2 个、省知名品牌与省著名商标 2 个、地理标志产品 2 个、绿色认证 1 个、有机认证 1 个、其他品牌 8 个。联合体内部配备研发机构 1 个、科技推广机构 1 个、科研人员 8 人、技术推广员 50 人。并在科研及推广方面投入 608.65 万元，直接带动总户数达 3 078 户，带动农户户均收入达 25 000 元，带动联合体外关联农户数量达 7 214 户，安排农村就业人数达 2 658 人，提供就业岗位 2 000 个，参与建档立卡贫困户 895 户，流转面积 1.8 万亩，种植产量 3 万吨，种植面积 1.5 万亩，其中获得"两品一标"等认证的种植面积 0.8 万亩。

二、承德森源中央厨房食材加工产业联合体

承德森源中央厨房食材加工产业联合体位于承德市平泉市，包括核心企业 1 家、上下游企业 1 家、国家重点龙头企业 1 家、省级重点龙头企业 1 家、合作社 9 家、国家级示范合作社 2 家、省级示范合作社 2 家、市级示范合作社 3 家。联合体年总产值 62 148.65 万元，其中核心龙头企业年销售额 27 868.84 万元、上下游相关农业企业年总销售额 34 279.81 万元、联合体内合作社年总产值 7 330.09 万元。

承德森源中央厨房食材加工产业联合体具备统一的生产标准，内部技术统一指导覆盖率高达 98%。联合体拥有中国驰名商标 2 个（菇芳源、瀑河源）、省知名品牌与省著名商标等 6 个（森源、润隆、菇芳源、瀑河源、鑫盛源、百菇宴）、地理标志产品 2 个（平泉滑子菇、平泉香菇）、绿色认证 3 个（香菇、滑子菇、杏鲍菇）、有机认证 2 个（香菇、滑子菇）。联合体内部配备研发机构 3 个（河北食用菌加工工程技术研究中心、河北企业技术中心、承德市食用菌深加工工程技术研发中心）、科技推广机构 1 个、技术合作单位 2 家（河北师范大学、河北农业大学）、科研人员 32 人、技术推广员 56 人。同时在科研及推广方面投入 1 026 万元，直接带动总户数达 4 500 户，户均收入达 40 000 元，带动联合体外关联农户数量达 3 300 户，安排农村就业人数达 3 200 人，提供就业岗位 1 200 个，其中建档立卡贫困户 320 户。

三、宽城食用菌产业联合体

宽城食用菌产业联合体位于承德市宽城县，截至 2020 年，土地流转面积 0.6 万亩，种植产量 0.32 万吨，种植面积 0.02 万亩，"两品一标"认证面积 0.02 万亩，联合体实现年总产值 5 767 万元。联合体内有核心企业 1 个，年总销售额 3 027 万元；市级重点龙头企业 1 个；合作社 9 个，实现年总产值 1 964 万元，其中省级示范合作社和市级示范合作社各 1 个，家庭农场 1 个。联合体带动上下游企业 1 个，上下游相关农业企业实现年总销售额 776 万元。

联合体拥有统一的生产标准，内部技术统一指导覆盖率 90%。其有食用菌保鲜加工

技术研发中心 1 个研发机构,科研人员 15 人,技术推广人员 15 人,科研及推广投入资金 50 万元。统一的生产标准下,创建了满乡食客品牌。联合体实现了较好的社会效益,直接带动农户 825 户,带动建档立卡贫困户 68 户参与,并带动联合体外农户 3 150 户,农户户均收入增加 1 500 元,安排农村就业人数 610 人,提供就业岗位 800 个。

四、承德双承生物食用菌产业联合体

承德双承生物食用菌产业联合体位于承德县,截至 2020 年,土地流转面积 1.2 万亩,种植产量 166 000 万吨,种植面积 1.1 万亩,"两品一标"认证面积 0.4 万亩,联合体实现年总产值 2 132 万元。联合体内有核心企业 1 个,年总销售额 11 727 万元;省市级重点龙头企业各 1 个;合作社 4 个,实现年总产值 746 万元。联合体带动上下游企业 10 个,上下游相关农业企业实现年总销售额 16 358 万元。

联合体拥有统一的生产标准,内部技术统一指导覆盖率 100%。研发机构有承德市食用菌栽培工程技术研究中心。联合体与福建省龙海市九湖食用菌研究所、山西大学应用技术化学研究所、国家黑木耳产业技术创新战略联盟、黑龙江省科学院微生物研究所及承德食用菌院士工作站等单位建立技术合作,拥有科研人员 20 人,技术推广人员 13 人,投入科研及推广资金 425 万元。统一的生产标准下,形成 1 个绿色认证产品:杏鲍菇(鲜)。

联合体实现了较好的社会效益,直接带动农户 5 100 户,带动建档立卡贫困户 4 600 户,并带动联合体外农户 1 200 户,农户户均收入增加 24 000 元,安排农村就业人数 3 600 人,提供就业岗位 1 200 个。

五、为民康食用菌产业联合体

为民康食用菌产业联合体位于邯郸市邱县,由 1 个核心企业、12 个上下游企业、3 个合作社和 7 个家庭农场共同组建成联合体。其中包含 1 个省级重点龙头企业,1 个市级重点龙头企业和 1 个市级示范合作社。

该联合体年总产值 37 490 万元,核心龙头企业年销售额 18 338 万元,上下游相关农业企业年总销售额 5 215 万元,联合体内合作社年总产值 8 150 万元,家庭农场总产值 3 040 万元。联合体采用统一的生产标准,联合体内部技术统一指导覆盖率为 96%。联合体有 1 个省知名品牌与省著名商标(为民康牌食用菌),1 个地理标志(邱县杏鲍菇),具有 2 个认证(杏鲍菇无公害农产品认证和良好农业规范认证)。

联合体内有 1 家研发机构(为民康食用菌产业联合体技术研发部),1 家科技推广机构(为民康食用菌产业联合体技术推广部),其中科研人员 45 人,技术推广人员 15 人,科研及推广投入 68 万元。联合体直接带动 7 428 户农户,提供 1 160 个就业岗位,户均收入 67 380 元,此外还带动联合体外农户 2 190 户,安排农村 574 人成功就业,其中建档立卡贫困户 494 户。

六、遵化市食用菌产业联合体

遵化市食用菌产业化联合体位于唐山市遵化市,是由 1 个核心企业(唐山市金泰旺食品有限公司)、2 个上下游企业(遵化市悠选商贸有限公司、遵化购电子商务有限公司)、10 个种植合作社(遵化市优升食用菌农民专业合作社、遵化市正和伟业食用菌专业合作社、遵化市诚杰食用菌农民专业合作社、遵化市玉财食用菌农民专业合作社、遵化市鸿鹄食用菌专业合作社、遵化市宏信食用菌种植专业合作社、遵化市平安城镇鼎祥食用菌专业合作社、遵化市小龙食用菌农民专业合作社、遵化市利东食用菌专业合作社、遵化市宝伞食用菌专业合作社）、2个家庭农场（遵化市朱山庄村志鑫家庭农场、遵化市朱山庄村占东家庭农场）共同组建的联合体。其中有1个省级重点龙头企业、1个省级示范合作社、8个市级示范合作社。

联合体年总产值37 715万元，其中核心龙头企业年销售额21 657万元，上下游相关农业企业年总销售额3 151万元，联合体内家庭农场总产值673万元。联合体采用统一的生产标准，联合体内部技术统一指导实现100%的覆盖率。

联合体有1个省著名商标、1个地理标志（遵化香菇）、2个有机认证（美国有机认证和犹太洁食认证）、3个其他品牌（糖小山商标注册证29类、31类、35类）。联合体内有1家研发机构（金泰旺技术研发中心，技术合作单位为河北农业大学），其中科研人员10人，科研及推广投入300万元。

联合体直接带动4 600户农户，其中户均收入28 478元，带动联合体外关联农户300户。联合体提供10个就业岗位，安排了农村200人就业。联合体流转土地0.62万亩全部用于种植，其种植产量为2万吨。

第四节　河北食用菌特色农产品优势区

一、国家级食用菌特色农产品优势区

《中共中央　国务院关于深入推进农业供给侧结构性改革加快培育农业农村发展新动能的若干意见》（2017年中央1号文件）提出，要做大做强优势特色产业，把地方土特产和小品种做成带动农民增收的大产业。文件明确要求，制定特色农产品优势区建设规划，建立评价标准和技术支撑体系，鼓励各地争创园艺产品、畜产品、水产品、林特产品等特色农产品优势区。为贯彻落实中央1号文件精神，发挥区域农业比较优势，加快形成国内外知名的特色农产品优势区，国家发改委、农业部、国家林业局会同科技部、财政部、国土资源部、环境保护部、水利部编制了规划纲要，旨在引导各地创建特色农产品优势区，也为国家层面认定特色农产品优势区作指导，以此促进优化特色农产品生产布局，推进特色农业产业做大做强，提升特色农业产业发展绿色化、产业化、品牌化水平，增加农产品供给的多样性和有效性，实现农业提质增效和农民增收，增强农业的国际竞争力。2017年中央1号文件第一次在特色优势产业中写入"食用菌"。

中国特色农产品优势区第一批认定了62个地区，其中包括食用菌特优区2个，分别为河北省平泉市平泉香菇中国特色农产品优势区、吉林省汪清县汪清黑木耳中国特色农产品优势区。第二批中国特色农产品优势区共有84个优势区入选，其中3个食用菌优势区入选，分别为湖北省随州市随州香菇中国特色农产品优势区、贵州省织金县织金竹荪中国特色农产品优势区和黑龙江省东宁市东宁黑木耳中国特色农产品优势区。2019年12月公布了83个中国特色农产品优势区（第三批）名单，其中包含浙江省庆元县、龙泉市、景宁畲族自治县庆元香菇中国特色农产品优势区，陕西省商洛市商洛香菇中国特色农产品优势区和黑龙江省伊春市伊春黑木耳中国特色农产品优势区 3 个食用菌特优区。2020 年 9 月底第四批中国特色农产品优势区名单公示，新认证特色农产品优势区 79 个，其中河南省汝阳县汝阳香菇中国特色农产品优势区、河北省遵化市遵化香菇中国特色农产品优势区、吉林省蛟河市蛟河黑木耳中国特色农产品优势区 3 个食用菌特色农产品优势区进入名单。

截至 2021 年底，共认定了 308 个国家级特色农产品优势区，11 个食用菌特色农产品优势区入选，河北现有两个国家级食用菌特色农产品优势区。

（一）平泉香菇中国特色农产品优势区

1. 基本情况　平泉地处河北东北部、冀辽蒙三省区交界，素有"京冀门楣、通衢辽蒙"之称。年平均气温 7.9℃，降水量 510.2 毫米，日照 2 595.4～2 839.9 小时，无霜期 147 天；同时受燕山丘陵地形构造影响，境内具有形状各异、大小不同的沟谷盆地和极具特色的区域小气候，形成了日照充足、四季分明、冬无严寒、夏少酷暑的气候条件。这种低温干燥和气候冷凉的气候特点，为香菇生产生长提供了优越的自然条件。平泉是一个"七山一水二分田"的山区市，森林覆盖率 58.3%，有林地面积近 300 万亩，还有苹果、梨、葡萄、杏等水果生产基地，这种巨大的栽培原料资源，为香菇生产增长提供了强大支撑。截至 2019 年，全市香菇种植面积达到 36 000 亩，产量 386 820 吨，产值 379 720 万元，出口量达到 6 600 吨，主要出口到美国、韩国、澳大利亚和日本等国家。

平泉香菇是河北省十佳农产品区域公用品牌、十大特色蔬菜，先后通过农业部农产品地理标志认证和质检总局生态原产地认证，被国家知识产权局核定为地理标志证明商标，作为河北唯一品牌，入选"中国好香菇"，品牌价值达 13.6 亿元。每年 3—10 月，平泉市每天为全国各地供应 500 吨以上订单，成为全国香菇市场价格的风向标。平泉市充分发挥区位、资源、气候、技术等优势，大力发展食用菌产业，现已成为华北地区最大的食用菌生产基地。香菇种植面积占平泉市食用菌总种植面积的 80%，覆盖平泉市 19 个乡镇，生产的香菇品质优良、特色鲜明。2018 年平泉市以首批香菇产业入选"中国特色农产品优势区"，是全国错季香菇价格形成中心，具有一定的市场定价权。

2. 主要做法　平泉市政府将食用菌产业纳入全市经济发展总体布局，专门制定产业发展行动计划、政策扶持计划等 10 余项专项规划。委托中国农业大学农业区划所编制了《平泉县食用菌产业发展规划（2016—2025）》。该规划全面总结了平泉食用菌产业发展现状、存在的问题，明确了今后 10 年工作的指导思想、基本原则、发展目标、区域布局、产品结构、重点项目、保障措施和规划组织与实施。各乡镇政府设立食用菌办公室，对食用菌产前、产中、产后服务负责，并成立食用菌产业服务局，负责食用菌产品质量安全、菌种监管执法及市场运营和技术服务工作。

平泉市政府对食用菌产业给予财政上的支持。市本级财政投入香菇产业发展资金超过 3.5 亿元，重点支持人才引进、技术创新、菌种研发、基地建设、设施改造、土地利用、企业升级、质量认证、品牌建设、文化提升、市场开拓、冷链物流、农业保险、融资平台、"互联网＋"等产业，在发展重要节点持续发力支持。政府与各大高校积极开展科研合作交流，与高校院所建立合作课题和项目；建立国家级食用菌产业技术研发中心等"产学研"合作平台；建设河北省食用菌产业技术研究院、研究所等专业机构；引进食用菌领域高端人才 122 人，邀请国内知名专家对全市科研给予全程指导和服务。全市取得各项专利 17 件，省级以上科研成果 11 项，国家审定品种 2 个，引进试验示范新品种 15 个，研发新技术 30 余项，特别是"香菇周年化栽培集成模式"对中国香菇产业转型升级起到了强有力的支撑作用。

对于食用菌质量管理，平泉市政府成立了由 66 名专家组成的食用菌产业技术体系专家委员会，为食用菌标准推广提供技术保障。平泉市食用菌局、科技局、农广校、职教中心等单位，采取集中培训、现场指导、跟踪服务等措施，合力推广标准化生产。政府组织有关部门联合开展执法检查，对投入品及添加剂生产、经营、使用各环节实施全程监管，特别是对物资门市等重点部门、烘干盐渍等重点环节实施专项整治，确保种植生产及加工储存全过程安全可控。

平泉市政府以龙头企业、合作社为平台，探索了"三零"精准扶贫模式，即：投入"零成本"，运用"政银企户保"融资平台，由政府整合政策资金、金融部门提供贷款资金作为贫困户入股园区本金；经营"零风险"，通过"坚实的产业基础＋新型利益联结机制＋科学防控措施"，让贫困户不用承担产业发展、独立经营和偿还贷款的风险；就业"零距离"，通过实施中心村社区与现代农业产业园区"两区同建"，让群众就近参与产业发展，有效解决了"三无一有"问题、深度贫困群众的脱贫问题以及贫困户普遍缺资金、缺技术、怕风险、离家不便这四大难题。

为加速食用菌一二三产业的融合发展，围绕生产环节实现食用菌产业营销交易、文化休闲以及技术服务等食用菌二、三产业延伸。建立了集历史文化、资源民俗、艺术观赏、器物展览、科普教育、学术交流于一体的中华菌文化博览中心。这种产业链条不断延伸格局的形成，对放大产业规模效应和推动地方经济发展起到了巨大的支撑作用。

3. 取得成效　在当地政府财政和政策的大力支持下，平泉市香菇产业发展速度较快，规模扩张能力不断提升，生产能力以年均 30% 的速度递增。全市食用菌基地面积达 6.5 万亩，产量 60 万吨，全产业链产值 80 亿元（占平泉市农业总产值的 76%），带动全市 3.5 万户农户、12 万余人就业创业，占区域内农业劳动力的 48.8%（区域内劳动力数量 24.6 万人）。已累计建设 20 亩以上标准化食用菌园区 1 500 多个，总面积达 5.5 万亩，食用菌产业年提供农民人均可支配收入达 4 800 元，占比达 46%。

平泉香菇的定位得到了提升，使得香菇经济效益显著提升。确立了"反季、鲜品、优质"的竞争优势，满足消费者的差异化需求，提高了市场占有率。极大地促进了平泉市香菇的发展，种植香菇收入占全市人均总收入的 45% 以上，有效带动了农民增收。

（二）遵化香菇中国特色农产品优势区

1. 基本情况　遵化市地处燕山南麓，属京津唐承秦腹地，素有"畿东第一城"之称。遵化市环渤海、环京津，长深高速、承唐高速、112 国道等多条公路横贯境内，交通四通八达，地理位置优越。

1994 年遵化市首次引进香菇生产，在"南菇北移""东菇西移"的摸索过程中充分利用自身地处京津唐秦腹地的地理优势及昼夜温差大、光照充足的气候特点，不断发展壮大香菇产业，其生产规模不断扩大，并且在遵化市香菇特优区建设和发展过程中香菇产业生产水平不断提高，服务体系与流通设施不断完善，科技支撑队伍不断壮大，品牌价值不断提升，破除了一家一户"小作坊式"生产带来的资金不足、菌棒污染率高等生产难题，推动香菇产业不断走向标准化、工厂化和品质化。目前遵化市已经成为我国北方重要的食用菌生产基地之一。

在遵化市香菇特优区的不断建设过程中，香菇种植逐步发展到18个乡镇100多个村的种植规模，全市有9 000多户、6万多人从事食用菌生产和经营，食用菌标准大棚达到10 000多个，以香菇为主的食用菌生产规模达到3亿棒，年产各类鲜菇30万吨，年综合产值达28亿元。千万棒以上规模的乡镇3个，百万棒以上的专业村60多个，3万棒以上的专业户2 000多户，香菇产业成为当地农民致富的有力工具。

2. 主要做法　建立完善的服务体系和流通设施。遵化市以香菇特色产业为基础，建立了覆盖菌种繁育、菌棒加工、机械制造、仓储物流、技术服务、精深加工、营销推介、休闲观光等关键环节的社会化服务体系。遵化市建有多个香菇冷藏、分级、烘干等初级加工点，实现了冷链物流、贮藏保鲜、脱水干燥等功能。遵化市与30家超市、学校、企业、社区等建立了长期合作关系，建设了燕山果菜、食用菌产业物流园两处专业的产地批发市场，使得遵化市香菇产品可以及时卖到全国各地。遵化市还积极拓展国外市场，将产品出口到韩国、日本等市场。

积极探索适应互联网时代的销售方式。积极推进香菇产业与"互联网＋"融合发展，建设了"遵化农业信息网""91食用菌信息网""燕山农产品网"等多家电商销售展示平台。多次参加各类产品展会和对接活动，如京津冀第一、第二、第三届产销对接大会及河北省食用菌产业发展大会等。

遵化市政府高度重视香菇产业的技术研发，引导和鼓励社会资本投入产品研发、菌种引进推广等领域。2015—2017年这三年平均每年对特色主导产业科技资金投入1 248.66万元，其中投入财政资金248.66万元，投入社会资本1 000万元。

遵化市食用菌产业发展技术支撑力量雄厚，现设有食用菌产业发展办公室、市食用菌协会、市食用菌协会人才理事会、乡镇农技推广站，拥有食用菌合作社42家，食用菌研究机构2家，技术干部268人，乡村技术员2 000多名。与中国农业科学院、河北农业大学、河北大学、河北省农林科学院、唐山市农业科学研究院等多家科研院所建立了长期合作关系，为遵化市提供了有力的技术支撑和保障。

为严格监管香菇质量，遵化市投资160万元建成省内县（市）级一流水平的农产品质检中心，定期对香菇生产基地的产品进行检验和监测。并在食用菌生产重点乡镇、燕山果菜、尚禾源等生产运输重要环节建立速测点，基本实现了农产品质量安全检测全覆盖，使得香菇产品合格率达到100％。制定了特色主导产品生产经营主体监管目录和"黑名单"制度，建立了九次方等质量追溯平台，同时加入唐山农安质量追溯平台。众鑫、正和伟业、平安等生产企业制定了二维码农产品质量安全可追溯制度，对特优区投入品、生产过程、流通过程全程可追溯。同时制定农产品投入品监督管理制度，定期对香菇进行抽检监测，通过抽检监测，香菇产品合格率达100％。监管执法到位，定期组织相关执法部门深入投入品经营网点进行拉网式排查，宣传农产品质量法律法规，检查投入品销售台账。

着力打造本市品牌，注重发挥品牌效应。遵化市是我国北方重要的食用菌生产基地之一，先后被评为"河北省食用菌之乡""中国香菇之乡""全国食用菌产业化建设示范县""全国食用菌优秀主产基地县"。市政府制定了以"遵化香菇"为区域公用品牌的管理制度，参加各类产品展会和对接活动，以此扩大遵化市香菇影响力。

3. 主要成效 遵化市被誉为中国香菇之乡，遵化市现有食用菌无公害基地认证达2 000公顷，"遵化香菇"地理标志认证达550公顷、9万吨/年，香菇无公害农产品认证达3.5万吨，香菇绿色食品认证达2万吨。"遵化香菇"通过国家工商总局审核，成为国家地理标志认证商标。遵化市拥有食用菌品牌9个，其中国家级品牌2个，为"广野""美客多"，省级品牌2个，为"尚禾源""燕春"，市级品牌5个，为"宝伞""赵老师""遵菇源""众鑫农珍"等。其中"美客多"在遵化市及北京、石家庄、唐山等地设立了专营店。并且在政府及各方主体的努力下，香菇基本实现了绿色无污染生产。每年菌袋、棚膜等塑料制品达5 000吨，且实现了100%回收再利用，创建了绿盛农有机肥、众鑫浸提液等废菌棒再利用项目，年利用废菌棒10万吨，实现了90%的废菌棒循环再利用。香菇生产100%采用喷灌技术，最大限度地节约了水资源。

二、河北省省级食用菌特色农产品优势区

通过结合中国特色农产品优势区的认定标准，河北省省级特色农产品优势区的认定，分别从资源禀赋、产业发展和绿色生态等8个方面47项指标进行了详细规定。2019年1月，河北省特色农产品优势区名单（第一批）认定了55个农产品优势区，其中包括河北省平泉香菇特色农产品优势区、河北省遵化香菇特色农产品优势区、河北省迁西栗蘑特色农产品优势区3个食用菌优势区。2019年12月，第二批特色农产品优势区公布，共有40个特色农产品优势区入选，其中河北省阜平香菇特色农产品优势区、河北省承德县食用菌特色农产品优势区2个食用菌优势区成功入选。2020年12月23日，认定了45个特色农产品优势区，其中包含2个食用菌优势区，分别是河北省宽城香菇特色农产品优势区、河北省宁晋羊肚菌特色农产品优势区。

（一）迁西栗蘑特色农产品优势区

1. 基本情况 迁西县地处河北东北部，燕山南麓，长城脚下，属环渤海经济圈。全县有着70多万亩板栗资源，森林绿化率达62%。迁西县是全国休闲旅游示范县，是一个"七山一水分半田，半分道路和庄园"的纯山区县。迁西县属暖温带大陆性半湿润季风气候。独特的地理生态环境使得这里不仅是迁西板栗优质生长区，更是迁西栗蘑最佳适生区。迁西县是著名的"中国板栗之乡"，板栗栽培面积70多万亩，每年修剪下来的废弃板栗枝条有5亿多千克，这是生产栗菌袋的最佳主原料。

栗蘑因依栗树生长而得名，学名灰树花、贝叶多孔菌，日本、韩国、美国等国家称"舞茸"，是一种珍稀的食药两用真菌。夏秋之交，迁西的栗树下大多会生长出这种酷似莲花的蘑菇，闻之芳香四溢，食之脆嫩爽口，采集后可干鲜两用。因为栗蘑含有丰富的膳食纤维，其具有久煮不烂、永葆香脆的特点。栗蘑能凉拌、热炒、蒸煮和做汤馅，深受人们喜爱。正是这种独特的地理生态环境造就了迁西县无可比拟的自然生态条件，迁西县常年降水量达600~800毫米，无霜期183天，全年日照率60%；土壤以片麻岩为主，土层厚，微酸，富含铁、锰、钾、硒等矿物质。这里不仅是"中国栗蘑之乡"，而且是中国乃至世界栗蘑生长的最佳适生区，是国内最大的栗蘑生产基地。

2. 主要做法 迁西县政府利用银行贷款、上级政府扶持、企业融资等多种方式，拓

展资金来源渠道，加大食用菌产业发展的资金筹措力度，进一步整合各类涉农项目资金，加大对生产基地园区、龙头企业、科技研发平台、菌用林生产基地、市场基础条件及信息网络体系的建设投入与资金支持。不断优化投资环境，利用优先贷款、税费减免等各类优惠政策，吸引并鼓励各种产业组织和经营主体参与食用菌产业开发。面对设备设施简陋、手工操作、标准化程度低、病虫害多发易发和产量、质量不稳定的家庭作坊式生产状况，加大食用菌生产基础设施建设投入，提高生产装备技术水平，改善生产环境，提升食用菌综合生产能力，以此强化食用菌产业健康持续发展的基础支撑。

为加大对栗蘑产业的科技支撑力度，迁西县农牧局成立了专门的食用菌办公室，负责全县食用菌的推广、培训、新菌种的选育和实验以及新技术的示范推广。2012年，河北省现代农业产业食用菌创新团队燕山综合试验站落户迁西，省内外食用菌专业团队积极为迁西食用菌产业话谋献策，在技术和实验经费方面给予了大力支持。政府积极加强和改进食用菌技能培训，一改往年传统技术培训模式，采用多种有效培训模式。一是根据各地栽培时间，在食用菌栽培集中的地区，现场进行栽培指导；二是在出菇时，对菇农出现的管理问题集中会诊；三是深入各个主要基地进行产品质量意识和品牌意识宣传。全年集中培训3次，下乡指导、会诊50多次，培训菇农700多人次，共发放各种资料达到5 000多份。

迁西栗蘑依托县级商区、片区商超、乡镇商贸等体系，以龙头企业为依托、以专业合作社为纽带，积极培育发展商贸流通、物流仓储、电子商务等主体，延长栗蘑价值链、产业链，实现了从卖原产品到卖商品、卖标准的转变。推进"互联网＋"的现代农业行动，多家企业和园区与电商企业全面对接融合，推动线上线下互动发展。目前，迁西栗蘑与省农产品电子交易中心等多家电商建立了合作关系，网上交易规模逐年扩大。

3. 主要成效　栗蘑产业发展迅猛，已经得到国内外食用菌行业的广泛关注和认可。迁西县农牧局是国际蘑菇学会会员单位，中国食用菌协会常务理事单位，河北省食用菌协会副会长级单位。2012年，"迁西栗蘑"取得了农业部颁发的国家农产品地理标志登记证书；2013年，迁西县被中国食用菌协会授予"中国栗蘑之乡"称号；2014年，以迁西栗蘑为主要食材的栗蘑宴荣获"中国国际食用菌烹饪大赛团体冠军"；2015年，迁西县被中国食用菌协会授予"全国优秀主产基地县"称号；3月，"迁西栗蘑"被中国食用菌协会授予"最具投资价值产地品牌"；5月，迁西栗蘑获国家工商总局下发的"迁西栗蘑"商标注册证书；8月，"首届迁西栗蘑（灰树花）食药用价值推介会"在迁西县隆重举行；12月，迁西县政府被河北省食用菌协会授予"河北省食用菌现代园区示范基地县"称号，同时又获得"河北省食用菌产业扶贫突出贡献单位"等荣誉。

（二）阜平香菇特色农产品优势区

1. 基本情况　2012年12月29日，习近平总书记在阜平县慰问考察时作出"宜农则农、宜林则林、宜牧则牧、宜开发生态旅游则搞生态旅游"的重要指示。阜平县委、县政府立足自身资源优势，自2015年9月以来，把食用菌产业作为脱贫攻坚主导产业来抓，举全县之力推进食用菌产业发展壮大。2019年12月，阜平香菇特色农产品优势区成功入选河北省特色农产品优势区。

阜平县利用自身独特的地理环境和自然气候条件，自2015年确立食用菌产业扶贫以来，累计投资 9.2 亿元拉动食用菌产业发展。截至 2019 年底，食用菌产量达到 5.70 万吨，是 2015 年食用菌总产量的 15.40 倍。食用菌产业覆盖了全县 13 个乡镇的 140 个村，栽培总量达到 1.85 亿棒，建成省级园区 1 个，百亩以上园区 54 个，产业总产值高达 4.5 亿元，对全县 GDP 的贡献率达到 10%。

2. 主要做法　阜平县采用统一建棚、统一种植品种、统一制棒、统一技术指导、统一品牌、统一销售、分户进棚栽培的"六统一分"产业扶贫模式，使农户与企业形成利益紧密联结的共同体。在这种模式下，农户获得收益的渠道主要有四个：一是农户将扶贫资金款入股公司，每户每年获取 1 200 元固定收益；二是土地流转获取租金，阜平县食用菌产业流转农户土地 1.8 万余亩，每亩租金 1 000 元，覆盖农户 1.1 万余户，其中包含贫困户 6 000 余户，农户获得出租土地的收益；三是劳动务工获得薪金，食用菌产业为有劳动能力的贫困户提供了广阔的务工平台，可以根据自身真实情况参与食用菌产业的各个环节，基本实现家门口就业；四是租棚分红，有能力的贫困户可以通过租赁大棚种植食用菌获得分红，每个棚室每年纯利润可达 3 万～4 万元。

阜平县在产业扶贫过程中，政府联合生产企业定期对贫困户进行技术应用、经营管理等培训，帮助农户全面掌握食用菌生产种植技术。包棚种植的贫困户在政策扶持及技术指导下每年至少可获得收益 4 万～6 万元，拥有了继续生产的原始资金，同时企业采取赊购赊销的经营管理方式，减轻了菇农购买菌棒等资金负担。在食用菌产业扶贫推进过程中，贫困户在实际种植及技术培训指导下，拥有了一定的种植经验和资金积累，为扶贫政策抽离后的持续生产奠定技术及资金基础，坚定了贫困户脱贫致富的信心。

阜平县原有食用菌种植者多为一家一户的小农生产方式，品牌意识差，利润空间低，自食用菌产业扶贫项目成立以来，政府在大力推进食用菌产业标准化种植的同时，积极进行品牌建设，打造了"老乡菇"区域品牌，并且整合扶贫资金，通过网络、报纸、传媒等形式，扩大宣传，不断提高知名度。通过建立二维码、条形码和标识，开展"三品一标"认证和质量追溯，保证食用菌产品优质。目前，阜平"老乡菇"及系列产品被评为"河北省十佳知名品牌"，在多次品牌评比活动中分别获得金、银、铜奖。在市场知名度不断提高的情况下，扩大了产品销售市场，保证了产品销路，为阜平县食用菌产业实现中高端产品市场销售奠定了基础。

3. 主要成效　2014 年，阜平县建档立卡贫困户高达 44 415 户，贫困发生率 54.4%，是河北 10 个深度贫困县之一。自 2015 年食用菌产业扶贫实施以来，带动群众增收总额 2.55 亿元以上，直接带动 1.5 万户农户。并通过土地流转、直接参与、务工就业、资金入股等多种形式，实现食用菌产业带动所有建档立卡贫困户，户均年增收万元以上。同时，食用菌产业还解决了弱势群体的就业问题，部分年老、病残农户直接参与采菇、分拣、剪柄等环节，日均收益可达 60～80 元，彻底摆脱了靠政府救济生存的境况。截至 2018 年底，阜平县建档立卡贫困户数降低到 5 719 户，贫困发生率降为 6.93%。

阜平县把食用菌产业作为脱贫攻坚主导产业，举全县之力推进食用菌产业发展壮大。食用菌产业覆盖全县 13 个乡镇的 140 个行政村，完成投资 9.2 亿元，建成标准棚室 4 610 栋，年栽培以香菇、黑木耳为主的各类食用菌 7 500 万棒，年产菇耳 5.8 万吨，实现产值 4.64 亿元。

（三）承德县食用菌特色农产品优势区

1. 基本情况　承德县位于河北东北部，总面积 3 648 千米²，辖 23 个乡镇和 1 个街道，378 个行政村，人口 42.65 万人，有着"八山一水一分田"的自然地貌，年平均气温仅在 9℃左右，且常年干旱少雨，给当地群众的生产生活带来巨大困难，是河北首批扩权县，被确定为国家级贫困县。为此，承德县积极引导贫困农民进入农业产业化流程，在政府的引导下，全县涌现出了 15 家市级以上龙头企业，建成 31 个千亩以上农业产业园，培育出 172 个农民专业合作社，通过食用菌产业化带动，采用龙头企业、合作社加农户的经营模式，农业合作化组织帮扶一举脱贫。

2. 主要做法　承德县委、县政府确定食用菌为五大农业主导产业之一，自 2011 年以来先后制定出台了《扶持食用菌产业暂行办法》《关于提升食用菌产业发展的实施意见》等多项政策文件，对食用菌产业发展在基地建设、菌棒生产设备、园区基础设施、园区用地用电、品牌建设等方面予以政策扶持和倾斜，有力地促进了全县食用菌产业快速发展。并且县政府委托中国农业科学院编制了《承德县农业发展总体规划（2014—2020）》，明确了食用菌产业发展思路、目标任务、总体布局。根据总体发展规划，编制了《承德县食用菌产业"十三五"发展规划（2015—2020）》，对承德县食用菌产业进行了整体规划，明确了食用菌产业总体发展方向。

3. 主要成效　2019 年底，承德县食用菌种植面积为 2.1 万亩，食用菌总产量为 25.6 万吨，创造产值高达 17.9 亿元。在食用菌产业发展过程中，产业布局逐步优化，承德县现已建成南部雾灵山、北部北大山等四大产业基地以及金菇菌业、承德双承等十大菌棒生产基地。建成千万棒食用菌专业乡镇 3 个、食用菌产业生产基地 60 个、百亩以上食用菌标准化园区 21 个、保鲜库 80 座，基地主要涉及 10 个乡镇、190 多个行政村。

（四）宽城香菇特色农产品优势区

1. 基本情况　宽城位于河北东北部，承德市东南部，东与辽宁省凌源市、河北省秦皇岛市青龙满族自治县接壤，西与兴隆县相邻，北与平泉市和承德县相连，南面隔长城与唐山市相邻。县域面积 1 933 千米²，全县辖 10 个镇、8 个乡。2019 年宽城食用菌种植总面积 5 000 亩，食用菌总产量达到 3.8 万吨，年创造产值 3.4 亿元，其中香菇种植面积为 4 400 亩，年产香菇达到 3.5 万吨，占宽城食用菌总产量的 92.11%，年创造产值 3.2 亿元。

2. 主要做法　为促进食用菌产业高质量发展，宽城满族自治县政府相继制定出台了《宽城满族自治县"十三五"食用菌产业发展规划》《宽城满族自治县关于推进食用菌产业转型升级加速发展实施方案》等发展规划及配套支持政策，在加大对食用菌产业政策支持的同时，积极发挥财政资金的杠杆作用，拨付财政资金 1 亿元，直接撬动银行贷款 8 亿元资金用于食用菌产业发展。并积极向国家、省部级单位争取项目资金达 2 000 多万元，为保证食用菌产业前端生产安全，于 2017 年积极促使全省唯一菌种厂项目落户宽城。全面落实现代农业园区各项优惠政策，在用电、水利配套、土地等方面提供优惠政策，放宽条件，全力支持食用菌产业发展，为食用菌产业发展保驾护航。

3. 主要成效　"十三五"以来，通过政策扶持、技术支撑、龙头企业带动，在政府、技术研发部门、企业、合作社等多方主体带动下，宽城食用菌产业发展规模已进入市级前三名。2018 年被省农业农村厅列入《河北省特色优势农产品区域布局规划》（冀农业计发

〔2018〕11号）中的燕山特色香菇优势区，同时列入市级食用菌特色发展优势区。

（五）宁晋羊肚菌特色农产品优势区

1. 基本情况 宁晋是传统的食用菌生产大县，自1982年开始种植，历经近40年发展，现拥有食用菌专业种植合作社35家，建有农业农村部部级标准化食用菌园区3个、200亩以上种植园区6个、100亩以上园区10个。种植品类多样化，涵盖平菇、羊肚菌、姬菇、草菇、杏鲍菇、秀珍菇、金针菇、灵芝、木耳等品种，经过整合优化，食用菌产业形成了以平菇、羊肚菌为主，杏鲍菇、双孢菇等品种为辅的格局。

2. 主要做法 2016年，盛吉顺种植专业合作社李建华引进羊肚菌栽培技术，试验种植成功，2017—2018年，经反复实践研究，摸索出"冀中南羊肚菌设施高产栽培模式"，亩产突破1000千克。2019年，发展羊肚菌基地60亩，均获成功。2020年全县羊肚菌种植面积3200亩，建成羊肚菌规模种植基地12个，已形成北方最大的设施羊肚菌种植基地。2020年以来，宁晋县制定了《宁晋县羊肚菌产业发展实施方案（2020—2022）》《宁晋县2020年羊肚菌产业规模落实方案》，出台了一系列扶持政策，整合资金5100万元，扶持当地羊肚菌产业发展。扩大种植面积，延伸产业链，以实现农民增收，助力乡村振兴为目标，采用跨乡连片的建设思路，通过打造"一个中心，四个基地"（以凤凰镇羊肚菌为菌种繁育中心，贾家口镇、北河庄镇、换马店镇、东汪镇四个羊肚菌种植基地连片发展），辐射带动全县乃至全市形成跨乡连片羊肚菌全域发展的格局。并在发展过程中，注重科技软实力的提升，长期与河北省农林科学院、河北农业大学、河北工程大学等多家科研院所和高校建立合作关系，并在县域内成立食用菌田间大学，聘请河北省食用菌产业体系专家、老师为企业、农户、技术人员进行不同层次的技术培训，为宁晋县羊肚菌产业提供有力的技术支撑。

3. 主要成效 宁晋县现有注册商标5个，获得绿色食品认证产品3个，有机认证产品2个。目前，全县年产食用菌6万吨，产业产值达10亿元，占全县农业生产总值的15.9%，年出口量1万吨，年出口创汇1200万美元，总产量、出口量均位居省市前列，先后被授予"全国食用菌行业优秀基地县""国家级出口食用菌示范县""河北省出口食用菌质量安全标准化示范县"等荣誉称号。2020年，宁晋羊肚菌被评为"河北省优质农产品区域公用品牌""河北省气候好产品""河北省宁晋食用菌特色农产品优势区"等。

第五节　河北越夏食用菌产业集群

河北食用菌产业在全国占据重要地位，尤以全国最大越夏香菇生产基地独具特色。作为河北农业农村经济的新兴产业，近年来，食用菌产业在一些县（市、区）已经成为乡村振兴的重要支柱产业，特别是燕山太行地区既是河北贫困人口集中区，又是传统食用菌种植区，河北燕山太行山食用菌优势特色产业集群对带动贫困人口持续稳定脱贫具有重要战略意义。综合分析全省越夏食用菌产业基础、资源禀赋、发展潜力等因素，食用菌优势特色产业集群建设以发展优质香菇为主，适度发展黑木耳、双孢菇、杏鲍菇、金针菇等辅助菇种，强化产前菌种研发和菌棒集约化加工弱项，补齐产后仓储保鲜和初深加工短板，兼顾提升基地标准化建设和科技水平。

按照全产业链打造的要求，结合各地产业基础和资源禀赋，明确各县功能定位，建立优势互补、合作共赢、集群发展的空间格局。2020年优势特色产业集群建设空间布局为"一核、两区、三中心、三基地"，2021年空间布局在保持"一核、两区"基本布局的基础上，推动"三中心、三基地"向"四中心、五基地"扩展，集群县涵盖范围在原来平泉市、阜平县、宽城满族自治县、兴隆县、承德县、平山县、遵化市、临西县、张北县等9个县（市）的基础上，新增宁晋县、迁西县、涞源县，进一步丰富集群品种结构，优化产业布局，提升集群综合实力。

"一核"即平泉国家现代农业产业园。围绕建设"世界一流，国内第一"的中国食用菌产业基地，通过国家现代农业产业园和优势特色产业集群建设同谋共建，把平泉建成生产基地高端、菌种研发领先、菌棒加工成熟、仓储保鲜完善、加工能力雄厚、物流体系健全、文化底蕴深厚、一二三产业高度融合的全国食用菌产业中心，成为引领河北食用菌转型发展的样板、全国食用菌产业发展和产业扶贫的标杆。

"两区"即燕山转型升级优质菇产区与太行山规模化周年菇产区。以平泉市、承德县、宽城满族自治县、兴隆县、遵化市、迁西县为主，重点发展香菇生产，兼顾发展黑木耳、栗蘑等，通过提高设施化、标准化栽培技术水平，促进产业转型升级，瞄准高端消费人群，创新销售渠道，打造知名品牌，建设燕山转型升级优质菇产区。以阜平县、涞源县、平山县为主，围绕香菇、黑木耳等主导品种，利用山区气候优势，培育周年化生产品种，充分利用"六位一体、六统一分"经营模式，推进规模化生产，实现食用菌全年供应，打造河北太行山食用菌区域新品牌，建设太行山规模化周年菇产区。

"四中心"即建立四个菌种研发中心。一是临西珍稀和工厂化菌种研发中心。重点开展鹿茸、蟹味、大球盖菇等珍稀菌和金针菇、杏鲍菇等工厂化栽培种类的菌种研发，实现菌种研发、生产、供应一体化，提升河北珍稀食用菌菌种研发水平，为河北食用菌产业品种多样化结构调整提供优质种源，推进食用菌产业供给侧结构性改革。二是平泉香菇菌种研发中心。依托平泉国家食用菌菌种改良中心，重点开展香菇菌种提纯复壮及保藏技术研究，确保香菇种源质量，优化菌种生产工艺参数，增强菌种活力，确保菌种的一致性和稳定性，实现香菇菌种研发、生产、供应一体化，提升河北香菇菌种生产的专业化、标准化、智能化水平，为河北香菇产业健康发展提供菌种保障。三是承德县黑木耳菌种研发中心。重点开展黑木耳区域优良品种筛选与种源维护，研发集成黑木耳液体菌种智速繁育技术体系并进行示范推广，培育大型现代化黑木耳菌种龙头企业，有效提高黑木耳菌种质量和供给能力，为河北黑木耳产业健康发展提供菌种保障。五是迁西栗蘑菌种驯化中心。开展迁西栗蘑种质资源收集与评价，进行栗蘑区域优良品种筛选与种源维护，研发集成优质菌种快速繁育技术体系，培育菌种生产龙头企业，提高自主知识产权品种占有率，占领国内栗蘑菌种研发高地，建立繁、育、推一体化菌种创新体系。

"五基地"即全国最大的越夏香菇生产基地、全国一流的工厂化食用菌生产示范基地、全国领先的食用菌加工基地、全国效益最好的设施羊肚菌示范基地、全国最大的栗蘑生产基地。以平泉、阜平、承德、宽城、兴隆为中心，利用夏季气候凉爽、昼夜温差大的独特优势，发展越夏香菇种植，与其他区域形成时间差，增强独特的市场竞争优势，稳固越夏香菇定价权，逐步建设成全国最大的越夏香菇生产基地。以河北光明九道菇生物科技有限公司为核心，带动周边工厂化食用菌生产企业，打造临西工厂化食用菌生产示范基地，带动全省食用菌工厂化水平提升。以遵化为核心，发展香菇酱、香菇丸子、香菇馅料、食用菌焙烤等加工，开展功能性食品研发，提高食用菌加工转化率，延长产业链，提高产品附加值。以宁晋为核心，利用其羊肚菌高产稳产技术全国领先的优势，带动周边县新发展设施羊肚菌种植 5 000 亩，总面积达到 10 000 亩以上，建成北方面积最大、全国效益最好的设施羊肚菌种植示范基地。以迁西为核心，利用 75 万亩的板栗修剪枝条资源优势，建设栗蘑标准化生产基地，开展栗蘑品种驯化，开发栗蘑多糖产品精深加工，打造全国面积最大、品质最优的栗蘑生产基地。

按照省域内全产业链发展、县域功能定位各有侧重原则，明确各县功能分工和产业发展定位，平泉市为食用菌融合发展示范区，阜平县为现代化食用菌发展样板区，平泉市、承德县、临西县、迁西县为菌种研发中心，阜平县、平泉市为北方集约化菌棒加工输出中心，遵化市为食用菌深加工中心，平泉市、兴隆县、宽城满族自治县、承德县、阜平县、张北县共同构成全国面积最大的越夏香菇生产基地，新增的宁晋县为北方面积最大、全国效益最高的设施羊肚菌种植示范基地，新增的迁西县为全国面积最大、品质最优的栗蘑示范基地，新增的涞源县为全省规模最大的现代化黑木耳示范基地（表 13-4）。

表 13-4 越夏食用菌优势特色产业集群

项目县	品种定位	功能分工	发展定位
平泉市	香菇	香菇菌种选育、香菇生产基地、集约化菌棒加工	全国食用菌融合发展示范区、全国最大越夏香菇基地生产县之一
阜平县	香菇	香菇生产基地、集约化菌棒加工	全国现代化食用菌发展样板区、北方菌棒加工输出中心、全国最大越夏香菇基地生产县之一
承德县	香菇、黑木耳	黑木耳菌种选育，香菇、黑木耳生产基地	国内一流的黑木耳菌种研发中心、全国最大越夏香菇基地生产县之一
临西县	杏鲍菇、金针菇等	工厂化菌种选育、工厂化食用菌生产基地	全国一流的工厂化食用菌示范基地、全国一流的工厂化菌种研发中心
宽城满族自治县	香菇	香菇生产基地	全国最大越夏香菇基地生产县之一、全国一流的食用菌循环利用示范基地
兴隆县	香菇	香菇生产基地	全国最大越夏香菇基地生产县之一
平山县	香菇、黑木耳	集约化菌棒加工	国际领先的食用菌菌棒智速繁育中心
张北县	香菇、杏鲍菇	香菇、杏鲍菇生产基地	全国最大越夏香菇基地生产县之一
遵化市	香菇	食用菌深加工	国内一流的食用菌深加工基地
宁晋县	羊肚菌	羊肚菌生产基地	北方面积最大、全国效益最高的设施羊肚菌示范基地
迁西县	栗蘑	栗蘑菌种驯化中心、栗蘑生产基地	全国面积最大、品质最优的栗蘑示范基地
涞源县	黑木耳	黑木耳生产基地	全省规模最大的现代化黑木耳示范基地

资料来源：河北省农业农村厅特色产业处。

附表一 河北省省级以上食用菌产业化龙头企业名单

所在县（市、区）	企业名称	地址
平山县	河北国脉农业开发有限公司	石家庄市平山县平山镇钢城路8号
高邑县	河北双盛农业科技有限公司	石家庄市高邑县东邱村农业园区
宽城满族自治县	宽城聚盛园食用菌种植有限公司	承德市宽城满族自治县峪耳崖镇双洞子村
宽城满族自治县	宽城嘉润食用菌种植有限公司	承德市宽城满族自治县汤道河镇黄土坡村
平泉市	承德金稻田生物科技有限公司	平泉市平泉镇东三家村1-8幢（承德金稻田生物科技有限公司房）
平泉市	平泉市中润生物科技股份有限公司	承德市平泉市卧龙镇碾子沟村
平泉市	承德华菌食用菌交易市场有限公司	承德市平泉市卧龙镇沙坨子村
平泉市	平泉市亿园生物科技有限公司	承德市平泉市七沟镇七沟村
平泉市	河北隆悦农业发展有限公司	承德市平泉市卧龙镇头道沟村
承德县	承德金菇菌业股份有限公司	承德市承德县刘杖子乡陈庄村
张北县	河北绿健食用菌科技开发有限公司	张家口市张北县郝家营乡新地房行政村
张北县	张北嘉茂菌业有限公司	张家口市张北县台路沟乡李家营村
昌黎县	河北丰科生物科技有限公司	秦皇岛市昌黎县大蒲河镇昌黄公路南侧、规划沿海快速路东侧
海港区	秦皇岛夏都菌业股份有限公司	秦皇岛市海港区石门寨镇山羊寨村村南
丰南区	唐山市丰南区鼎新蔬菜出口加工有限公司	唐山市丰南区经济开发区晨光街
遵化市	遵化市众鑫菌业有限公司	唐山市遵化市平安城镇平三村
易县	易县天顺林木种植有限公司	保定市易县南款村
阜平县	阜平久丰农业科技有限公司	保定市阜平县平阳镇白家峪村
顺平县	顺平县顺德农业开发有限公司	保定市顺平县高于铺镇王各庄村
顺平县	河北金果科技农业开发有限公司	保定市顺平县苏辛庄村
涞水县	涞水县华益菇业有限公司	保定市涞水县王村镇王村
涿州市	涿州秋实农业科技有限公司	保定市涿州市义和庄镇长安城村村北
故城县	河北绿康现代农业科技股份有限公司	衡水市故城县郑口镇西南屯村
武邑县	河北古早清凉实业股份有限公司	衡水市武邑县清凉店镇清凉店村村北
饶阳县	河北新饶农业科技股份有限公司	衡水市饶阳县留楚镇影林村村东800米处
饶阳县	河北青云现代农业发展股份有限公司	衡水市饶阳县现代农业产业园大尹村镇中心街（众悦大街）2号
临西县	河北东苑农业发展有限公司	邢台市临西县老官寨镇东袁庄村

（续）

所在 县（市、区）	企业名称	地　址
隆尧县	河北泽阳园农业科技开发股份有限公司	邢台市隆尧县莲子镇镇任村北
信都区	邢台九绿农业开发有限公司	邢台市信都区西黄村镇北河村村东
宁晋县	河北凤归巢生态农业开发有限公司	邢台市宁晋县北河庄镇素邱一村村东南
成安县	乾翔农业科技有限公司	邯郸市成安县漳河店镇朱庄村
	邯郸市兆辉生物科技有限公司	邯郸市成安县成马路南
邱县	河北康贝尔食品有限公司	邯郸市邱县经济开发区富强大街8号
	邱县民康菌业有限公司	邯郸市邱县经济开发区丰登街049号（河北昱港蔬菜 加工有限公司院内）
魏县	河北绿珍食用菌有限公司	邯郸市魏县邯大高速连接口北100米路西
	邯郸市浩弘食用菌有限公司	邯郸市魏县魏城镇马于村
	魏县申霖农业发展有限公司	邯郸市魏县车往镇车西村
肥乡区	河北森潜养殖有限公司	邯郸市肥乡区西吕营镇大西高村
	邯郸市肥乡区丰硕食用菌种植有限公司	邯郸市肥乡区毛演堡乡路堡村
曲周县	河北政麟食品有限公司	邯郸市曲周县现代新型产业园区（南环路东段路北）
	河北东粮农业科技股份有限公司	邯郸市曲周县现代新兴产业园区（南环路东段路北）
冀南新区	河北万兴农业科技有限公司	邯郸冀南新区花官营乡所坊营村
定州市	中仓生态农业有限公司	定州市赵家洼村工业区
辛集市	辛集市万隆食用菌有限责任公司	辛集市田家庄乡东张口村村南

附表二　河北省食用菌类农民合作社名单

所在县(市、区)	合作社名称	地址
任丘市	任丘市悬圃灵芝种植专业合作社	任丘市出岸镇段家坞村东
孟村	洪香富农食用菌专业合作社	宋庄子乡姜东
	九友食用菌农民种植专业合作社	宋庄子乡许村
	东兴食用菌种植专业合作社	新县镇新县村
黄骅	兄弟家庭农场	滕庄子乡朱里口村
	黄骅市香玉种植专业合作社	常郭镇街西村
	黄骅市金路家庭农场	滕庄子乡南王曼村
泊头市	泊头市龙宇虫草种植合作社	泊头市泊镇肖圈村
	泊头市天华种植专业合作社	泊头市营子镇后乜村
	泊头市华林种植专业合作社	泊头市富镇楼子铺
	泊头市菇旺食用菌种植合作社	泊头市泊镇谢家八里
献县	献县清新食用菌合作社	献县淮镇百兴庄村
平泉市	平泉市利达食用菌专业合作社	卧龙镇八家村
	平泉市热河源食用菌专业合作社	卧龙镇庙后村
	平泉市兴远食用菌专业合作社	卧龙镇洼子店村
	平泉市百家兴食用菌专业合作社	卧龙镇头道沟村
	平泉市民丰食用菌专业合作社	卧龙镇洼子店村
	平泉市丰盈食用菌专业合作社	党坝镇大吉口村
	平泉市文静食用菌种植专业合作社	黄土梁子镇龙潭社区
	平泉市梁后食用菌专业合作社	黄土梁子镇梁后村
	平泉市九龙菌业专业合作社	柳溪镇薛杖子村
	平泉市鼎盛食用菌专业合作社	杨树岭镇排杖子村
	平泉市臣民食用菌种植专业合作社	平北镇干河子村
承德县	承德县金历食用菌种植专业合作社	承德县刘杖子乡金厂村
	承德县北山香菇种植专业合作社	承德县刘杖子乡陈家庄村
	承德县保利食用菌种植专业合作社	承德县头沟镇双庙村
	承德县海延食用菌种植专业合作社	承德县五道河乡建厂村
	承德县全旺食用菌种植专业合作社	承德县甲山镇缸沟子村
	承德县王桐食用菌种植专业合作社	承德县三沟镇三道河子村
	承德县鸣想食用菌种植专业合作社	承德县六沟镇北水泉村

（续）

所在县（市、区）	合作社名称	地 址
承德县	承德县春民食用菌种植专业合作社	承德县三沟镇下二道河村
	承德县宏联食用菌专业合作社	承德县石灰窑乡石灰窑村
	承德县大龙食用菌种植专业合作社	承德县五道河乡冷杖子村
	承德县鸿瑞食用菌专业合作社	承德县三沟镇上二道河子村
	承德县新程食用菌种植专业合作社	承德县三家乡老当铺村
	承德县民惠食用菌种植专业合作社	承德县三家乡孤山村
	承德县兴家食用菌种植专业合作社	承德县三家乡兴家村
	承德县聚赢食用菌专业合作社	承德县三家乡北孤山村
	承德县众升食用菌种植专业合作社	承德县磴上乡庙沟门村
	承德县山和食用菌种植专业合作社	承德县三家乡孤山村
	承德县海盛食用菌种植专业合作社	承德县磴上乡东三十家子村
宽城县	宽城洪利食用菌专业合作社	亮甲台镇
	宽城顺潮食用菌专业合作社	峪耳崖镇
	宽城龙门食用菌专业合作社	龙须门镇
	宽城鹏华食用菌专业合作社	汤道河镇
兴隆县	兴隆县瑞泰蔬果种植农民专业合作社	雾灵山镇梨树沟村
	兴隆县春宏香菇农民专业合作社	大杖子乡南道村
	兴隆县金鑫食用菌农民专业合作社	大水泉乡大水泉村
	兴隆县宝地蔬菜农民专业合作社	大水泉乡宝地村
	兴隆县桂龙蔬菜农民专业合作社	三道河乡鸠峪儿村
	兴隆县跃进食用菌农民专业合作社	三道河乡洒河南村
	兴隆县明学食用菌养殖农民专业合作社	蓝旗营镇马圈子村
	兴隆县众鑫蔬菜种植农民专业合作社	北营房镇冰冷沟村
	兴隆县蓝旗营香菇专业合作社	蓝旗营镇古石村
	兴隆县半壁山有机果品种植农民专业合作社	半壁山镇半壁山村
	兴隆县圆丰食用菌农民专业合作社	三道河镇鸠峪村
	兴隆县盛圆食用菌养殖农民专业合作社	三道河镇鸠峪村
	兴隆县挂兰峪三拨子民富食用菌合作社	挂兰峪三拨子村
	兴隆县旺胜食用菌农民专业合作社	蘑菇峪乡宽甸村
	兴隆县金禹合食用菌农民专业合作社	李家营镇早子岭村
	兴隆县田园食用菌农民专业合作社	北营房镇姚栅子村
	兴隆县全新食用菌农民专业合作社	蓝旗营镇榆树沟
	兴隆县振山香菇种植农民专业合作社	蓝旗营镇榆青杏沟
	兴隆县郭健食用菌种植农民专业合作社	兴隆县兴隆镇黄酒馆村三组

（续）

所在 县（市、区）	合作社名称	地　址
兴隆县	兴隆县福秀食用菌农民专业合作社	兴隆县大杖子乡大杖子村
	兴隆县茂盛圆蔬菜农民专业合作社	兴隆县三道河乡大石门村
	兴隆县文成食用菌种植农民专业合作社	兴隆县南天门乡大洼村
	兴隆县蓝旗营龙雨食用菌农民专业合作社	兴隆县蓝旗营镇马圈子村
	兴隆县兴峪源食用菌农民专业合作社	兴隆县三道河乡鸠儿峪村
	兴隆县育柳食用菌农民专业合作社	兴隆县南天门乡南天门村
	兴隆县绿通食用菌农民专业合作社	兴隆县三道河乡鸠儿峪村
	兴隆县龙兴食用菌种植农民专业合作社	兴隆县蘑菇峪乡成功村
	兴隆县六合食用菌农民专业合作社	兴隆县六道河镇六道河村
	兴隆县众发食用菌种植农民专业合作社	挂兰峪镇大鹿圈村
	兴隆县小平食用菌种植农民专业合作社	六道河镇二道河村
	兴隆县园盛达蔬菜种植农民专业合作社	大杖子镇南道村
	兴隆县丰农蔬菜种植农民专业合作社	平安堡镇白毛甸子村
	兴隆县秋实种植农民专业合作社	大杖子镇柳河口村
	兴隆县春丰蔬菜农民专业合作社	大杖子镇石佛村
	兴隆县兴鹏蔬菜种植农民专业合作社	三道河镇大石门村
	兴隆县桂田种植农民专业合作社	北营房镇姚栅子村郭希田
丰宁县	丰宁满族自治县鸿运食用菌合作社	石人沟乡石人沟村
	丰宁满族自治县正诺食用菌种植专业合作社	杨木栅子乡歪脖沟村
	丰宁满族自治县建泽合众食用菌专业合作社	王营乡王营村
	丰宁满族自治县润源食用菌种植专业合作社	石人沟乡亢家沟村
	丰宁满族自治县青原蔬菜合作社	大滩镇南窝铺村
	丰宁满族自治县佳乐鲜食用菌种植专业合作社	西官营乡西窝铺村
	丰宁满族自治县富盈种植合作社	南关乡横河村
	丰宁满族自治县鑫发食用菌种植专业合作社	胡麻营乡吴营村
围场县	万行农作物种植专业合作社	蓝旗卡伦乡锦善堂村
	兴华黑木耳种植专业合作社	新地乡大西沟村
隆化县	川达种养殖专业合作社	营房
	丰源种养殖专业合作社	营房
	丰润种养殖专业合作社	大后沟
	玉华种养殖专业合作社	石虎沟门
	亚山种养殖合作社	茅吉口
	亿利种养殖专业合作社	茅吉口
	红军种养殖专业合作社	岭沟门

（续）

所在县（市、区）	合作社名称	地址
隆化县	德隆农业开发有限公司	营房
	晓伟种养殖专业合作社	营房
	海民种养殖专业合作社	东兴村
	鱼顺种养殖专业合作社	平房
	龙源种养殖专业合作社	平房
	鑫蒋洲黑木耳种植基地	胡永营
	极致种养殖合作社	太平村
	金刚种养殖专业合作社	西街
	通事营村木耳生产基地	通事营
	承德宇航农业发展有限公司	玉皇庙
	宝丰种植专业合作社	颇赖村
	香菇园专业合作社	东南沟
	鑫泰种养殖专业合作社	小汤头沟
	勤盛种养殖合作社	小偏颇营
	同源种养殖专业合作社	岔沟
	泽丰民种养殖合作社	尹家营
	双缘食用菌种植合作社	石灰窑沟
	佳源种养殖专业合作社	二道营
	小龙种养殖合作社	二道营
	园丰食用菌种养殖合作社	三道营
	凤军种养殖合作社	黑水村
	超越园区香菇基地	苔山后
定州市	定州市飞腾农产品农民专业合作社	定州市开元镇小油村
安次区	安次区落垡长弘食用菌种植专业合作社	廊坊市安次区落垡镇东张务村
大城县	大城县冠金食用菌种植农民专业合作社	大城县南赵扶镇东辛庄村
广阳区	广阳区丰翠谷果蔬专业种植合作社	万庄镇韩各庄村
香河县	香河东泰缘种植专业合作社	香河县渠口镇金庄村
	香河县盛年华蘑菇种植专业合作社	香河县蒋辛屯镇北六百户村
永清县	永清县鑫华食用菌农民专业合作社	龙虎庄乡北孟二村
青龙县	益朋食用菌专业合作社	青龙镇前庄村
	万丰食用菌专业合作社	青龙镇苏杖子村
	常丰食用菌专业合作社	马圈子镇马圈子村
	龙姑食用菌专业合作社	土门子镇东蒿村
	绿科种植专业合作社	娄杖子镇狮子坪村

（续）

所在县（市、区）	合作社名称	地　址
	张杖子食用菌专业合作社	马圈子镇张杖子村
	东升食用菌专业合作社	木头凳镇响水村
	菇香美菌业专业合作社	双山子镇小巫岚村
	双岚食用菌专业合作社	双山子镇小巫岚村
	岚兴食用菌专业合作社	双山子镇小巫岚村
	祥林食用菌专业合作社	安子岭乡榆树林子村
	旭东种植专业合作社	双山子镇半壁山村
	姐弟食用菌专业合作社	青龙镇镇满杖子村村
	鑫远大农产品专业合作社	马圈子镇马圈子村
青龙县	林生食用菌专业合作社	凉水河乡下草碾村
	恒祥种植专业合作社	马圈子镇马圈子村
	丰登食用菌种植合作社	马圈子镇杨杖子村
	拉拉岭种植专业合作社	马圈子镇拉拉岭村
	西石岭食用菌专业合作社	大石岭乡西石岭村
	丰菇食用菌专业合作社	大石岭乡岭东村
	立国食用菌专业合作社	大石岭乡写字洞村
	兴农食用菌专业合作社	茨榆山乡厂房子村
	盈升食用菌专业合作社	三星口乡谷杖子村
	海韵农牧专业合作社	隔河头镇樊家店村
	裕民食用菌种植专业合作社	留守营王庄
	抚宁区宝伶食用菌种植专业合作社	留守营山上营
抚宁区	秦皇岛冠威食用菌种植专业合作社	下庄管区高庄
	抚宁区台营镇万民食用菌种植专业合作社	台营镇六村
	秦皇岛五二九食用菌种植专业合作社	榆关镇庞家沟
晋州市	晋州市丰业种植专业合作社	总十庄镇河头村
	赵县众利食用菌专业合作社	赵县杨户西门村
赵县	赵县和丰惠畅农作物种植专业合作社	赵县赵州镇封家铺村
	赵县少伟食用菌专业合作社	赵县谢庄乡大寺庄村
	赵县诚荣蔬菜种植专业合作社	赵县沙河店镇西大诰村
行唐县	行唐县科丰果蔬种植专业合作社	行唐县口头镇万里村东
	平山县进学香菇专业合作社	营里乡营里村、大吾乡西荣村
平山县	平山县建波食用菌专业合作社	平山镇孟家庄村
	平山县惠实农业专业合作社	温塘镇李家沟村
	平山县超新养殖专业合作社	回舍镇西黄泥村

（续）

所在县（市、区）	合作社名称	地　　址
平山县	平山县绿营食用菌专业合作社	营里乡古都村
	平山县河东农业专业合作社	古月镇北古月村
	平山县爱平家庭农场	北冶乡下滩村
	平山县富起来农业专业合作社	营里乡西下庄村
	平山县利欧农业专业合作社	下槐镇西沟村
	平山县恒昌农业专业合作社	温塘镇东马舍口村
栾城区	普天菌业农业专业合作社	栾城区环城西路
	宇达食用菌农业专业合作社	何庄
	山川农业专业合作社	北屯
灵寿县	灵寿县灵洁食用菌专业合作社	灵寿县灵寿镇南托村
	灵寿县丰汇食用菌专业合作社	灵寿县狗台乡南朱乐村
	灵寿县冀乐食用菌专业合作社	灵寿县狗台乡南朱乐村
	灵寿县金海食用菌种植专业合作社	灵寿县狗台乡南城东村
	灵寿县庆玉种植专业合作社	灵寿县狗台乡苏凡同村
	灵寿县振达种植专业合作社	灵寿县青同镇苗朱乐
	灵寿县军辉种植专业合作社	灵寿县陈庄镇西村
正定	海雷种植专业合作社	西汉村
	沙平方蔬菜合作社	西里双村
	盛洋食用菌合作社	陈家疃村
	祥瑞食用菌合作社	高平村
	海城蔬菜种植专业合作社	陈家疃村
藁城区	菇益种植合作社	西里村
	鸿福鑫顺种植服务专业合作社	西里村
乐亭县	乐亭县绿康食用菌合作社	乐亭县中堡镇安各庄村
	乐亭县再新果蔬专业合作社	乐亭县姜各庄镇桥头刘庄村
	乐亭县群晖果蔬专业合作社	乐亭县庞各庄乡苑庄子村
	乐亭县乐东食用菌专业合作社	乐亭县姜各庄镇东南庄
滦南县	滦南县鑫旺食用菌合作社	滦南县程庄镇汪二村
	滦南县益群食用菌合作社	滦南县青坨营镇前姜村
迁安市	迁安市利益食用菌种植专业合作社	迁安市杨各庄镇小套村
	迁安市民赢食用菌种植专业合作社	迁安市杨各庄镇代家沟村
	迁安市圣弘农业食用菌种植基地	迁安市杨各庄镇大贤庄村
迁西县	迁西县虹泉食用菌专业合作社	迁西县白庙子乡黑洼村
	迁西县小伙食用菌专业合作社	迁西县白庙子乡黑洼村

（续）

所在县（市、区）	合作社名称	地　址
迁西县	迁西县群发食用菌专业合作社	迁西县罗屯镇水泉村村
	迁西县舞茸源食用菌专业合作社	迁西县兴城镇白龙山村
	迁西县东营食用菌专业合作社	迁西县太平寨镇马庄子村
	迁西县鑫禾食用菌专业合作社	迁西县新集镇河东寨村
	迁西县广全食用菌专业合作社	迁西县三屯镇王珠店村
玉田县	玉田县富民农民专业合作社	玉田县林头屯乡樊庄子村
遵化市	遵化市众鑫食用菌专业合作社	遵化市平安城镇平三村
	遵化市平安食用菌种植专业合作社	遵化市平安城镇平三村
	遵化市明锦食用菌专业合作社	遵化市平安城镇平二村
	遵化市富泰食用菌专业合作社	遵化市平安城镇东贾庄村
	遵化市美宜佳食用菌种植专业合作社	遵化市平安城镇平四村
	遵化市盈收食用菌种植专业合作社	遵化市平安城镇平四村
	遵化市旭丰食用菌专业合作社	遵化市平安城镇西潘庄村
	遵化市宝伞食用菌专业合作社	遵化市平安城镇平一村
	遵化市龙海食用菌种植专业合作社	遵化市平安城镇平一村
	遵化市冠泰食用菌专业合作社	遵化市平安城镇平一村
	遵化市祥盛食用菌专业合作社	遵化市平安城镇平一村
	遵化市顺浩食用菌专业合作社	遵化市平安城镇莲藕池村
	遵化市鑫丰缘蔬菜种植专业合作社	遵化市平安城镇西门庄村
	遵化市安杰食用菌专业合作社	遵化市平安城镇中滩村
	遵化市丰鑫缘食用菌专业合作社	遵化市平安城镇京五营村
	遵化市鑫农农产品专业合作社	遵化市平安城镇京五营村
	遵化市慧超食用菌专业合作社	遵化市平安城镇姚各庄村
	遵化市丰春源食用菌专业合作社	遵化市东新庄镇王各庄村
	遵化市利东食用菌专业合作社	遵化市东新庄镇王各庄村
	遵化市和裕食用菌专业合作社	遵化市东新庄镇西草场村
	遵化市金乾食用菌专业合作社	遵化市东新庄镇王各庄村
	遵化市益民康农产品专业合作社	遵化市东新庄镇东新庄村
	遵化市国江食用菌专业合作社	遵化市东新庄镇王各庄村
	遵化市济群食用菌专业合作社	遵化市东新庄镇王各庄村
	遵化市保海食用菌专业合作社	遵化市东新庄镇西梁子河村
	遵化市庆荣食用菌专业合作社	遵化市东新庄镇小马坊村
	遵化市星峰食用菌专业合作社	遵化市马兰峪镇关三村
	遵化市绿然食用菌专业合作社	遵化市兴旺寨乡张庄子村

（续）

所在县（市、区）	合作社名称	地　　址
	遵化市正和伟业食用菌专业合作社	遵化市汤泉乡关山口村
	遵化市荣发食用菌专业合作社	遵化市刘备寨乡宫里村
	遵化市鑫垅北虫草专业合作社	遵化市刘备寨乡马各庄村
	遵化市航成食用菌种植专业合作社	遵化市刘备寨乡宫里村
	遵化市兴科食用菌专业合作社	遵化市刘备寨乡科道屯村
	遵化市辉煌食用菌专业合作社	遵化市平安城镇东门庄
	遵化市鼎祥食用菌专业合作社	遵化市平安城镇平一村
	遵化市天煜食用菌专业合作社	遵化市平安城镇平四村
	遵化市盛禾食用菌种植专业合作社	遵化市平安城镇平一村
	遵化市良香食用菌专业合作社	遵化市平安城镇东门庄
遵化市	遵化市王各庄蔬菜合作社	遵化市东新庄镇王各庄
	遵化市晶鑫北虫草专业合作社	遵化市刘备寨乡马各庄
	遵化市广军果蔬专业合作社	遵化市新店子镇王迷寨
	遵化市宏信食用菌种植专业合作社	遵化市堡子店镇夏庄子
	遵化市尚禾园公司中实益民合作社	遵化市堡子店镇郎仲庄
	遵化市绿雨食用菌专业合作社	遵化市小厂乡洪山口村
	遵化市天禾金虫草专业合作社	遵化市铁厂镇刘庄村
	遵化市当世食用菌种植专业合作社	遵化市团瓢庄乡西寺村
	遵化市德龙食用菌专业合作社	遵化市平安城镇李庄子
	遵化市明鑫北虫草专业合作社	遵化石门镇周家村
	遵化市鼎程食用菌专业合作社	遵化市石门镇提举坞村
辛集	辛集市鼎信食用菌种植专业合作社	辛集市田家庄乡东张口村
	辛集市艺达果蔬专业合作社	辛集市田家庄乡东张口村
宁晋县	宁晋县盛吉顺食用菌种植专业合作社	宁晋县凤凰镇刘路村
	宁晋县绿华食用菌种植专业合作社	宁晋县苏家庄镇西丁村
	宁晋县绿邱种植专业合作社	宁晋县贾家口镇连邱村
	宁晋县青乐食用菌专业合作社	宁晋县四芝兰镇屈家庄村
	宁晋县昌华食用菌种植专业合作社	宁晋县大陆村镇常家庄二村
	宁晋县付丰食用菌种植专业合作社	宁晋县凤凰镇孟村
	宁晋县瑞青食用菌种植专业合作社	宁晋县北河庄镇翟村
	宁晋县中现食用菌种植专业合作社	宁晋县唐邱镇唐邱四村
	宁晋县奋进食用菌种植专业合作社	宁晋县唐邱镇孔小营二村
	宁晋县耀宗食用菌种植专业合作社	宁晋县凤凰镇薛庄村
	宁晋县运涛食用菌种植专业合作社	宁晋县耿庄桥镇马家台村

（续）

所在县（市、区）	合作社名称	地　址
宁晋县	宁晋县金元食用菌种植专业合作社	宁晋县凤凰镇八里庄村
	宁晋县先河食用菌种植专业合作社	宁晋县四芝兰镇三芝兰村
	宁晋县众民食用菌种植专业合作社	宁晋县苏家庄镇伍烈霍村
	宁晋县康硕食用菌种植专业合作社	宁晋县凤凰镇孟村
	宁晋县洁绿食用菌种植专业合作社	宁晋县四芝兰镇侯家佐村
	宁晋县金希食用菌种植专业合作社	宁晋县凤凰镇薛庄村
	宁晋县新颖食用菌种植专业合作社	宁晋县四芝兰镇西曹固村
	宁晋县维江食用菌种植专业合作社	宁晋县苏家庄镇西丁村
	宁晋县源森食用菌种植专业合作社	宁晋县四芝兰镇佃户营村
	宁晋县凯大食用菌种植专业合作社	宁晋县北河庄镇素邱二村
临城县	临城县富辉食用菌种植专业合作社	石城乡王家辉村
	临城县菇发食用菌种植专业合作社	赵庄乡孟家庄村
	临城县必成农作物种植合作社	鸭鸽营乡梁村北街
	临城县瑞发食用菌种植园	临城镇解村村
	临城县创石食用菌种植园	临城镇解村村
	临城县诚信农作物种植专业合作社	赵庄乡店上村
	临城县尚天农作物种植专业合作社	东镇东羊泉
	临城县石丰家庭农场	石城乡东台峪
	临城县鼎立农作物种植专业合作社	石城乡西冷水
柏乡县	柏乡县为民菌业农民合作社	柏乡县路家庄村
开发区	邢台市安民食用菌专业合作社	邢台市开发区王快镇康庄铺
临西县	临西县万合食用菌种植专业合作社	摇鞍镇务头村
	临西县嘉恒食用菌种植专业合作社	老官寨镇郑湾村
	临西县金祥食用菌种植专业合作社	摇鞍镇务头村
隆尧县	隆尧县运超农产品种植专业合作社	千户营乡邢家营村
任县	任县绿岗农作物种植合作社	任县开发区岗上村
沙河市	沙河市节节高家庭农场	沙河市赞善办赞善村北
	沙河市水磨源食用菌专业合作社	沙河市蝉房乡水磨头村西
	沙河市美食康食用菌合作社	沙河市桥东办普通店村北
	沙河市栗玉家庭农场	沙河市蝉房乡小汉坡村
威县	威县硕金农作物合作社	常庄乡何庄村
	威县鑫华食用菌种植合作社	威县高公庄乡前高村
邢台县	邢台县邢昌食用菌种植专业合作社	邢台县浆水镇川林村
	邢台县香阃食用菌种植专业合作社	邢台县将军墓镇折户村

（续）

所在县（市、区）	合作社名称	地　　　址
南和县	南和县宏飞蔬菜种植专业合作社	南和县三召乡侯一村
	康怡家庭农场	南和县郝桥镇东薛屯
广宗县	广宗县菌山食用菌专业合作社	广宗县大柏社村
新河县	众乐种植专业合作社	新河县东董村
	鸿运种植专业合作社	新河县刘秋口村
张北县	张北昶超蔬菜种植专业合作社	张北县大西湾乡生意村
赤城县	张家口德康生物技术有限公司	三道川乡三道川村
	赤城县康绿达菌业有限公司	云州乡三山村
	赤城县众兴食用菌种植专业合作社	龙门所镇程正沟村
	沽源县云峰食用菌合作社	沽源县小厂镇毡房营村
涿鹿县	涿鹿县连丰菌业专业合作社	涿鹿县五堡镇胡庄村
阳原县	阳原县信义种植专业合作社	井儿沟乡上八角村
	阳原县心向种植专业合作社	要家庄乡小庄村
	李春明种植专业合作社	浮图讲乡泥泉村
博野县	金茹源食用菌种植服务农民专业合作社	博野县小店镇白庄村
阜平县	阜平县鑫阜达食用菌种植专业合作社	阜平县王林口镇刘家沟村
	阜平县尊丰景润农业开发有限公司	阜平县砂窝乡龙王庄村
	阜平县禹顺食用菌种植专业合作社	阜平县北果园乡吴家沟村
	阜平县阜海食用菌农民种植合作社	阜平县砂窝乡龙王庄村
	阜平县志源黑木耳种植专业合作社	阜平县砂窝乡上堡村
	阜平县发旺木耳种植专业合作社	阜平县砂窝乡盘龙台村
	阜平县彬耀食用菌合作社	阜平县大台乡柏崖村
	阜平县雄雄尖食用菌种植合作社	阜平县城南庄镇栗树漕村
	阜平县瑞嘉食用菌专业合作社	阜平县王林口乡东王林口村
大名县	大名县冠亿家庭农场	大名县西付集乡西大江村
	旧治乡前南门口村种养农民专业合作社	大名县旧治乡南门口村
	大名县绿珍食用菌专业合作社	大名县大街镇王董村
	大名县御森家庭农场	大名县红庙乡冠厂村
	大名县旧治乡李一牌农民专业合作社	大名县旧治乡李一牌村
成安县	成安县万家福农民食用菌种植专业合作社	成安县柏寺营乡下河疃村
	成安县福瑞食用菌种植专业合作社	成安县李家疃镇白范疃村
磁县	农邦种植专业合作社	磁州镇西来村村北
	绿之源家庭农场	磁州镇甘草营村
复兴区	邯郸市复兴区瑞日种植农民专业合作社	邯郸市复兴区西小屯村西南

所在县（市、区）	合作社名称	地　　址
冀南新区	顺友家庭农场	林坦镇杨洼村
	新鑫专业合作社	马头镇后台街
	宝润食用菌种植合作社	辛庄营乡李家庄
	志田农业专业合作社	南城乡东河口村
邱县	邱县硕鑫粮棉种植专业合作社	邱县香城固镇东张庄村东
	邱县颐和生物科技有限公司	邱县香城固镇马兰村东
	邱县旺盛食用菌种植合作社	邱县香城固镇马兰村南
	邱县博蕈食用菌种植专业合作社	邱县香城固镇付东村东
	邱县顺发有限公司	邱县香城固镇东赵屯村南
曲周县	曲周县利祥食用菌种植专业合作社	曲周县槐桥乡政府北50米
	曲周县二刚食用菌种植专业合作社	槐桥乡崔赵庄村南
	曲周县沐旺食用菌种植专业合作社	槐桥乡崔赵庄村东南
魏县	魏县福来食用菌专业合作社	院堡乡中三中村
	魏县三益菌菜专业合作社	棘针寨乡王横村
广平县	广平县吉丰食用菌种植专业合作社	广平县东张孟乡牛庄村
	胜营镇胜北食用菌种植基地	广平县胜营镇胜营村
	广平县振刚食用菌	广平县胜营镇王庄村
邯山区	鑫睿食用菌种植合作社	南堡乡被寨中村东
肥乡区	肥乡区顺祥食用菌合作社	邯郸市肥乡区肥乡镇高庄村
峰峰矿区	邯郸市峰峰天润种植专业合作社	义井镇马庄村
景县	景县科优园现代农业示范园专业合作社	景县王瞳镇贾村
冀州区	冀州区金缘食用菌种植合作社	冀州区冀州镇彭村
	冀州区盛鑫食用菌种植专业合作社	冀州区周村镇东高村
高新区	衡水市开发区景芝源灵芝种植专业合作社	高新区大麻森乡任家坑村
深州市	文明食用菌种植合作社	唐奉镇柴屯

参考文献

安玉发，2020. 我国生鲜农产品流通渠道优化的有益探索 [J]. 中国流通经济，34 (11)：126.

白丽，李忠民，林志慧，2016. 河北食用菌产业园区发展问题及其对策 [J]. 河北经贸大学学报（综合版），16 (1)：82-85.

白丽，张润清，赵邦宏，2015. 河北食用菌产业的现状与发展对策 [J]. 食药用菌，23 (3)：174-178.

白丽，张润清，赵邦宏，2015. 农户参与不同产业化组织模式的行为决策分析——以河北食用菌种植户为例 [J]. 农业技术经济 (12)：42-51.

白丽，张润清，赵邦宏，2015. 我国食用菌产品出口结构及竞争力分析 [J]. 北方园艺 (10)：162-165.

白丽，2018. 河北食用菌产业化组织模式研究 [M]. 北京：光明日报出版社.

班然，2015. 中国农产品流通链条建设存在的问题及对策 [J]. 经济研究参考 (12)：24-25.

鲍大鹏，2020. 食用菌杂交育种中的科学问题 [J]. 食用菌学报，27 (4)：1-24.

毕武，刘瑞林，周大元，等，2017. 我国食用菌工厂化生产现状与发展趋势 [J]. 林业机械与木工设备，45 (6)：12-14.

曹斌，2020. "十四五"时期推进我国香菇产业高质量发展的前景和实现路径 [J]. 食用菌学报，27 (4)：25-34.

陈青，2018. 食用菌菌棒工厂化生产技术指南 [J]. 中国食用菌，37 (2)：81-83.

陈世通，李荣春，2012. 食用菌育种方法的研究现状·存在的问题及展望 [J]. 安徽农业科学，40 (10)：5850-5852.

陈书法，韩服善，李宗岭，2012. 食用菌液体菌种自动接种机设计与试验 [J]. 农机化研究，34 (12)：152-155.

陈晓东，2018. 我国现行"标准"中与香菇产业有关的若干指标分析比较 [J]. 食药用菌，26 (3)：169-172.

陈义媛，2018. 农产品经纪人与经济作物产品流通：地方市场的村庄嵌入性研究 [J]. 中国农村经济 (12)：117-129.

揣敬平，2015. 北方地区玉米芯栽培平菇技术 [J]. 农业开发与装备 (3)：126.

崔书彬，牛得学，刘庆，等，2020. 食用菌装袋封口接种一体机的设计 [J]. 机械制造，58 (12)：45-47，62.

代晓菲，2019. 云南食用菌产业生产、流通和消费研究 [J]. 中国食用菌，38 (4)：62-64.

戴天放，徐光耀，卢慧，等，2020. 江西食用菌产业发展现状、问题与建议 [J]. 中国食用菌，39 (9)：94-99.

丁湖广，丁荣辉，丁荣峰，2010. 食用菌加工新技术与营销 [M]. 北京：金盾出版社.

丁冉，曹成茂，李赞松，等，2016. 一种食用菌菌棒自动码棒机的设计 [J]. 中国农机化学报，37 (5)：112-117.

董娇，张琳，邰丽梅，等，2019. 我国食用菌菌种标准及栽培标准现状分析［J］. 中国食用菌，38
　（11）：98-101.

董士雪，葛颜祥，2017. 山东省食用菌价格变动特征及其影响因素分析［J］. 农业展望，13（12）：
　12-17.

杜连启，2018. 新型食用菌食品加工技术与配方［M］. 北京：中国纺织出版社.

杜树旺，张合庆，王志军，2007. 浅议食用菌产业风险与防范化解策略［J］. 食用菌（4）：1-3.

段朝兵，2019. 食用菌的管理与栽培技术探讨［J］. 农业开发与装备（5）：189-190.

付立忠，吴学谦，吴庆其，等，2005. 我国食用菌种质资源现状及其发展趋势［J］. 浙江林业科技（5）：
　45-50.

刚爱书，2016. 邢台市宁晋县食用菌产业发展现状［J］. 中国农业信息（18）：144-145.

葛颜祥，胡继连，耿翔燕，2016. 香菇价格波动特征及其影响因素分析——基于济南匡山农产品综合批
　发市场香菇价格数据［J］. 食用菌，38（2）：1-4.

耿献辉，薛洲，陈凯渊，2020. 我国生鲜农产品流通渠道研究［M］. 北京：经济管理出版社.

宫志远，韩建东，杨鹏，2020. 食用菌菌渣循环再利用途径［J］. 食药用菌，28（1）：9-16.

宫志远，2020. 食用菌高效栽培技术有问必答［M］. 北京：中国农业出版社.

桂明英，王刚，郭永红，等，2006. 食用菌育种技术的研究进展［J］. 中国食用菌（5）：3-5.

郭海燕，韩晓东，2016. 承德市食品滑子菇标准化生产技术［J］. 农业开发与装备（8）：111-112.

郭普宇，杜春梅，薛春梅，2018. 食用菌线下体验线上销售模式的应用研究［J］. 中国管理信息化，21
　（6）：130-131.

郭士环，郭士晶，2019. 食用菌栽培技术［M］. 北京：中国农业出版社.

郭晓帆，杨蓓蕾，王欣悦，等，2018. 食用菌加工产品发展前景分析［J］. 现代园艺（4）：21.

韩服善，王建胜，2012. 食用菌液体菌种自动接种机控制系统设计［J］. 包装与食品机械，30（1）：
　37-40.

郝涤非，许俊齐，2019. 食用菌栽培与加工技术［M］. 北京：中国轻工业出版社.

贺国强，魏金康，邓德，等，2017. 北方地区羊肚菌日光温室栽培难点及关键技术［J］. 蔬菜（9）：
　65-67.

侯瑞明，2018. 食用菌的经济价值及其加工利用分析［J］. 农产品加工（11）：74-76.

侯兴军，2015. 唐县食用菌循环利用模式［J］. 现代农村科技（10）：19.

胡清秀，张瑞颖，2013. 菌业循环模式促进农业废弃物资源的高效利用［J］. 中国农业资源与区划，34
　（6）：113-119.

滑帆，邢万里，刘富强，等，2020. 河北林下栽培食用菌发展现状与对策探讨［J］. 农业与技术，40
　（14）：130-132.

黄蓓蓓，2019. 浅析食用菌加工产品及其发展前景［J］. 农业开发与装备（7）：135-136.

黄小云，沈华伟，韩海东，等，2019. 食用菌产业副产物资源化循环利用模式研究进展与对策建议［J］.
　中国农业科技导报，21（10）：125-132.

黄秀声，翁伯琦，黄勤楼，等，2010. 食用菌菌渣循环利用对农田生态环境的影响与评价指标［J］. 现
　代农业科技（22）：268-271.

江炳坤，2007. 我国食用菌种质资源以及生产现状的研究［J］. 苏南科技开发（8）：9-11.

蒋炳和，2011. 北方半地下式菇房栽培金针菇技术［J］. 食用菌，33（5）：44-45.

金硕，刘天文，王升厚，2013. 北方双孢菇箱式立体栽培新技术［J］. 农业与技术，33（7）：99.

李博，2020. 信息技术在食用菌工厂化生产中的应用［J］. 黑龙江科学，11（18）：108-109.

李东奇，葛文光，张雪梅，2013. 富岗苹果营销策略创新性的研究［J］. 黑龙江农业科学（6）：

127 - 133.

李京，2016. 浅述灵寿县农业产业现状及发展策略 [J]. 河北农业 (1)：57 - 59.

李坤，2014. 河北农村经纪人队伍建设问题研究 [D]. 保定：河北农业大学.

李磊，张博然，李辉，2020. 河北珍稀食用菌产业影响因素分析 [J]. 北方园艺 (18)：137 - 143.

李磊，2021. 河北珍稀食用菌产业综合效益评价研究 [D]. 保定：河北农业大学.

李梦雅，2021. 河北食用菌工厂化发展影响因素研究 [D]. 保定：河北农业大学.

李平，何艳，王维薇，2018. 东亚国家食用菌贸易态势及竞争力分析——以中日韩为例 [J]. 中国食用菌，37 (6)：72 - 78.

李庆海，徐闻怡，2021. 农民合作社对棉花种植户减贫增收的影响 [J]. 世界农业 (10)：81 - 92，104，128.

李艳华，胡佳，罗杰，等，2019. 从经济视角对比 5 种食用菌菌渣资源化利用模式 [A]. 中国环境科学学会环境工程分会，中国环境科学学会 2019 年科学技术年会——环境工程技术创新与应用分论坛论文集 (四)：3.

李应华，2009. 食用菌栽培与加工 [M]. 北京：金盾出版社.

李玉，吕景东，尚晓冬，等，2017. 一种适宜于北方地区的香菇高产栽培技术 [J]. 甘肃农业科技 (6)：91 - 92.

李长田，谭琦，边银丙，等，2019. 中国食用菌工厂化的现状与展望 [J]. 菌物研究，17 (1)：1 - 10.

李铮，杜晨雨，2021. 新型培养料栽培食用菌研究现状及展望 [J]. 山西农经 (5)：145 - 146.

廖明亮，2020. 现代食用菌栽培技术研究 [M]. 哈尔滨：黑龙江教育出版社.

刘桂娟，曹红竹，王秀清，等，2020. 平泉市发展食用菌的优势及菌渣多级循环利用现状 [J]. 农技服务，37 (8)：85 - 86.

刘红耀，谭树新，温利华，2016. 邯郸市食用菌产业存在的问题及对策研究 [J]. 农业科技管理，35 (1)：88 - 90.

刘建华，张志军，2010. 食用菌保鲜与加工实用新技术 [M]. 北京：中国农业出版社.

刘建平，2014. 北方地区利用棉秆栽培双孢蘑菇高产技术 [J]. 食用菌，36 (4)：54 - 55.

刘欣，于天颖，王琛，2013. 我国食用菌工厂化生产现状与发展趋势分析 [J]. 农业科技与装备 (12)：72 - 73.

陆玮，王伟新，2011. 我国脐橙市场价格预测——基于 SARIMA 模型的实证分析 [J]. 中国证券期货 (9)：114 - 116.

栾泰龙，郑焕春，2016. 食用菌菌包微波灭菌条件的筛选 [J]. 中国食用菌，35 (5)：28 - 33.

罗育，朱智，2015. 北方室内金针菇栽培瓶栽技术 [J]. 农业与技术，35 (14)：153.

吕作舟，车洪，王明俊，等，2015. 食用菌 200 问：高效栽培与加工 [M]. 北京：化学工业出版社.

马林林，2017. 中国农产品批发市场经营效率分析 [D]. 北京：北京林业大学.

马宁，2018. "互联网＋"视角下农产品销售渠道优化研究 [J]. 北方园艺 (11)：191 - 195.

马秀云，刘琦艳，2018. 北方秋冬季平菇栽培技术及注意事项 [J]. 吉林蔬菜 (Z2)：30.

苗冠军，付国，张红艳，等，2015. 北方袋式全熟料滑子菇高产栽培技术 [J]. 吉林蔬菜 (6)：30 - 32.

穆洪丽，张忠伟，2014. 食用菌生产过程中消毒与灭菌方法 [J]. 特种经济动植物，17 (3)：46 - 49.

潘辉，郭倩，陈晟，2016. 高压灭菌过程中食用菌培养料的温度变化规律研究 [J]. 食药用菌，24 (5)：320 - 321.

彭虹，2020. 中国食用菌出口影响因素主成分分析与变化趋势预测 [J]. 中国农机化学报，41 (10)：125 - 131.

骈跃斌，王华，古晓红，等，2014. 北方大棚平菇高产栽培技术探析 [J]. 农技服务，31 (9)：2.

阮南，肖利伟，2011. 利用食用菌加工废液生产饲料酵母的初步研究［J］. 河北化工，34（11）：
　　38－40.

石惠，2020. 食用菌品牌形象设计对健康产品消费行为的影响［J］. 中国食用菌，39（10）：174－176.

石琼，2015. 农产品经纪人生存现状、发展思路与对策——基于对浙江省农产品经纪人协会的调查［J］.
　　商业经济研究（8）：26－28.

时冰，管中显，张振喜，2017. 食用菌全开放操作接种技术［J］. 食药用菌，25（4）：259－261.

司伟伟，2015. 食用菌对称式液体菌接种机及控制系统设计［D］. 北京：中国农业机械化科学研究院.

宋丽丽，2019. 河北农产品经纪人队伍建设问题研究［D］. 秦皇岛：燕山大学.

宋卫东，2020. 食用菌固体菌种接种机的使用与保养维护［J］. 农业开发与装备（10）：34－35.

宋晓丹，柯小霞，2021. 基于特色产业集群导向的食用菌产业发展路径［J］. 北方园艺（6）：144－149.

孙光辉，2017. 北方错季香菇立棒生产技术［J］. 现代农村科技（6）：23－24.

孙浩迪，陈鹏飞，汪涵君，2020. 山东省食用菌菌渣资源化利用探析［J］. 南方农业，14（5）：
　　108－109.

孙焕弟，2019. 食用菌接种温度对污染率的影响［J］. 河北农业（11）：26－27.

孙占刚，2013.2012年我国工厂化生产食用菌发展特点分析［J］. 食药用菌（4）：1－3.

邰丽梅，董娇，张琳，等，2020. 中国香菇产业与标准化发展现状分析［J］. 中国食用菌，39（5）：
　　8－16.

唐亚楠，白丽，赵邦宏，2015. 河北食用菌产业发展模式分析［J］. 黑龙江农业科学（8）：107－110.

唐亚楠，赵邦宏，2015. 基于层次分析法的迁西县栗蘑产业影响因素分析［J］. 北方园艺（22）：
　　181－185.

滕玉艳，2018. 北方反季节地栽香菇栽培技术探究［J］. 农业与技术，38（4）：128.

田贵生，2015. 河南西峡香菇不断扩大出口的做法及启示［J］. 对外经贸实务（6）：47－49.

田红娥，2006. 唐县食用菌产业发展现状及对策［J］. 特种经济动植物（12）：36－37.

田佳钰，田文芳，李磊，2020. 平山黑木耳特优区建设研究［J］. 合作经济与科技（17）：16－19.

汪鳞，1992. 河北选育出雪白木耳新种［J］. 中国食用菌（4）：34.

王德林，2005. 辛集市液体菌种地栽黑木耳喜获丰收［J］. 农民致富之友（5）：8.

王福安，2018. 产业扶贫是精准扶贫的根本出路——对承德双承生物科技股份有限公司产业扶贫的调查
　　分析［J］. 中国商论（10）：160－161.

王贺祥，刘庆洪，2012. 食用菌采收与加工技术［M］. 北京：中国农业出版社.

王立安，2020. 食用菌保鲜与加工技术手册［M］. 北京：中国农业科学技术出版社.

王立安，2012. 食用菌栽培常见问题解答［M］. 石家庄：河北科学技术出版社.

王瑞清，严俊杰，黎志银，等，2016. 食用菌栽培料中的农药在常压灭菌过程中的分解规律研究［J］.
　　食药用菌，24（4）：239－241.

王睿，2019. 我国食用菌产品出口结构与产能过剩态势研究［J］. 中国食用菌，38（12）：77－79.

王维薇，李平，2016. 我国食用菌价格历史波动特征及其影响因素的分析［J］. 农村经济与科技，27
　　（19）：5－9.

王卫国，李玉薇，王芳，等，2011. 食用菌栽培袋的微波灭菌研究［J］. 食用菌，33（2）：60－62.

王怡杰，樊庆林，2017. 冷凉山区黑木耳高产栽培技术［J］. 农业与技术，37（18）：82－83.

王子豪，白丽，张润清，等，2019. 河北食用菌价格波动特征及预测分析［J］. 河北农业大学学报（社
　　会科学版），21（2）：11－18.

王子豪，2019. 河北双孢菇产业竞争力分析［D］. 保定：河北农业大学.

魏军，赵青青，石世达，等，2021. 不同容器室内栽培食用菌的应用与研究［J］. 中国食用菌，40（9）：

93 - 97.

温秋林, 陆娟, 2015. 北京市消费者食用菌消费行为与消费需求分析 [J]. 北方园艺 (14)：197 - 200.

谢福泉, 2021. 福建省食用菌产业发展变化研究与对策建议 [J]. 北方园艺 (1)：143 - 152.

修翠娟, 2012. 北方双孢菇栽培技术要点 [J]. 西北园艺 (蔬菜)(3)：36 - 38.

徐加明, 2005. 对县域经济发展中融资瓶颈问题的思考 [J]. 理论导刊 (12)：64 - 65.

许玉, 张润清, 白丽, 2017. 河北食用菌价格的市场风险度量与预测——基于风险价值法角度 [J]. 蔬菜 (9)：42 - 48.

薛芳, 2019. 中国食用菌出口国际竞争力定量测算 [J]. 中国食用菌, 38 (8)：95 - 98.

薛天桥, 2020. 河南西峡香菇生产与出口多元化的思考 [J]. 中国食用菌, 39 (9)：230 - 232.

闫海生, 2021. 我国合成橡胶产业现状及未来发展分析 [J]. 化工新型材料, 49 (2)：38 - 42.

闫鸿嫒, 2017. 食用菌培养基配制及灭菌技术 [J]. 蔬菜 (5)：63 - 64.

严玲, 姜庆, 王芳, 2011. 食用菌菌渣循环利用模式剖析——以成都市金堂县为例 [J]. 中国农学通报, 27 (14)：94 - 99.

杨容容, 2016. 食用菌生产中培养料的不同处理对灭菌效果的影响 [D]. 晋中：山西农业大学.

杨文建, 王柳清, 胡秋辉, 2019. 我国食用菌加工新技术与产品创新发展现状 [J]. 食品科学技术学报, 37 (3)：13 - 18.

叶丽燕, 李哲, 2019. 我国食用菌栽培技术改良及其应用推广 [J]. 中国食用菌, 38 (4)：21 - 23.

尹英明, 2020. 承德县食用菌产业发展现状与对策 [J]. 乡村科技 (7)：66 - 67.

余桂平, 冯洋, 王刚, 等, 2020. 食用菌菌棒套袋装备的发展探究 [J]. 农业开发与装备 (6)：19 - 20.

喻港, 严奉宪, 2011. 食用菌购买意愿影响因素的实证分析——基于武汉市的调查 [J]. 天津农业科学, 17 (3)：74 - 76.

袁学军, 2018. 食用菌栽培加工学 [M]. 北京：中国农业科学技术出版社.

张宝军, 2016. 平泉县反季节香菇栽培模式研究 [J]. 北方园艺 (4)：143 - 145.

张浩, 张焕仕, 王猛, 等, 2014. 我国食用菌栽培技术研究进展 [J]. 北方园艺 (5)：175 - 179.

张金霞, 蔡为明, 黄晨阳, 2020. 中国食用菌栽培学 [M]. 北京：中国农业出版社.

张金霞, 陈强, 黄晨阳, 等, 2015. 食用菌产业发展历史、现状与趋势 [J]. 菌物学报, 34 (4)：524 - 540.

张金霞, 2002. 我国食用菌菌种现状和改进途径商讨 [C]. 中国科学技术协会, 四川省人民政府.

张俊飚, 李波, 2012. 对我国食用菌产业发展的现状与政策思考 [J]. 华中农业大学学报 (社会科学版)(5)：13 - 21.

张俊飚, 李鹏, 2014. 我国食用菌新兴产业发展的战略思考与对策建议 [J]. 华中农业大学学报 (社会科学版)(5)：1 - 7.

张俊飚, 田云, 程琳琳, 2014. 2012—2013 年度中国食用菌价格变化特征分析 [J]. 食药用菌, 22 (4)：198 - 203.

张玲, 杨露, 马泰, 等, 2019. 农业产业扶贫效果评价研究——以平泉市食用菌产业为例 [J]. 河北农业大学学报 (社会科学版), 21 (1)：78 - 87.

张敏, 姚祥坦, 张月华, 2010. 珍稀食用菌大棚简易栽培试验 [J]. 中国食用菌, 29 (4)：2.

张瑞桃, 李彤, 刘贺, 等, 2019. 河北灵寿县食用菌产业发展现状研究 [J]. 农村青年 (7)：13 - 14.

张润清, 白丽, 李辉, 2018. 河北食用菌产业发展风险及应对 [N]. 河北农民报, 07 - 12 (A3).

张晓旺, 张贺斌, 阎富龙, 2020. 双孢蘑菇栽培技术 [J]. 河北农业 (12)：60 - 61.

张智, 符群, 2011. 食用菌栽培与加工技术 [M]. 北京：中国林业出版社.

赵春艳, 邰丽梅, 陈旭, 等, 2020. 2015—2018 年我国食用菌出口情况分析 [J]. 中国食用菌, 39 (9)：

1 - 7.

赵帆，2020. 生鲜食用菌供应链管理运营模式分析 [J]. 中国食用菌，39（8）：105 - 107.

赵海凤，2015. 北方平菇立体栽培技术 [J]. 农民致富之友（23）：20.

赵敏，2020. 互联网经济背景下食用菌保鲜流通模式的优化 [J]. 中国瓜菜，33（9）：103 - 107.

赵明，2018. 食用菌生产过程中灭菌原理及方法 [J]. 河北农业（9）：25 - 26.

赵铁军，2018. 遵化市食用菌灭菌方式的优缺点分析 [J]. 现代农村科技（5）：108.

赵卫锋，罗智霞，2020.2000—2018 年中国食用菌出口国际竞争力分析 [J]. 中国食用菌，39（3）：
    101 - 103.

郑国民，2020. 承德县液体菌种栽培食用菌关键技术应用研究 [J]. 农业开发与装备（8）：2.

郑玉权，李尚民，范建华，等，2019. 食用菌菌渣资源化利用研究进展 [J]. 安徽农学通报，25（12）：
    39 - 40，146.

中国食用菌产业年鉴编辑委员会，2020. 中国食用菌产业统计年鉴（2019）[M]. 北京：中国食用菌产
    业年鉴编辑委员会.

周婕，2019. 基于 AHP 的山东省农业适度规模效益测度 [J]. 中国农业资源与区划，40（1）：68 - 73.

周亚红，郝刚立，陈康，2014. 食用菌菌渣基础特性分析 [J]. 湖北农业科学，53（9）：4.

朱留刚，孙君，张文锦，2018. 食用菌产业有机副产物综合利用研究进展 [J]. 福建农业学报，33（7）：
    760 - 766.

朱香澔，段振华，刘艳，等，2018. 食用菌菌棒微波灭菌工艺优化 [J]. 北方园艺（23）：143 - 149.

图书在版编目（CIP）数据

河北食用菌产业经济分析及组织创新研究 / 张润清
等编著. —北京：中国农业出版社，2022.8
　　ISBN 978-7-109-29834-7

　　Ⅰ.①河… 　Ⅱ.①张… 　Ⅲ.①食用菌—产业经济—研
究—河北 　Ⅳ.①F326.13

中国版本图书馆 CIP 数据核字（2022）第 149453 号

中国农业出版社出版
地址：北京市朝阳区麦子店街 18 号楼
邮编：100125
责任编辑：孙鸣凤　肖　杨
责任校对：刘丽香
印刷：北京印刷一厂
版次：2022 年 8 月第 1 版
印次：2022 年 8 月北京第 1 次印刷
发行：新华书店北京发行所
开本：787mm×1092mm　1/16
印张：19.75
字数：500 千字
定价：108.00 元